道 路 土 工 要 綱

（平成21年度版）

平成 21 年 6 月

公益社団法人　日 本 道 路 協 会

序

　我が国の道路整備は,昭和29年度に始まる第1次道路整備五箇年計画から本格化し,以来道路特定財源制度と有料道路制度を活用して数次に渡る五箇年計画に基づき,経済の発展・道路交通の急激な伸長に対応して積極的に道路網の整備が進められ整備水準はかなり向上してまいりました。しかし,平成21年度から道路特定財源が一般財源化されることになりましたが,都市部,地方部を問わず道路網の整備には今なお強い要請があり今後ともこれらの要請に着実に応えていくことが必要です。

　経済・社会のIT化やグローバル化,生活環境・地球環境やユニバーサルデザインへの関心の高まり等を背景に,道路の機能や道路空間に対する国民のニーズは多様化し,道路の質の向上についても的確な対応が求められています。

　また,我が国は地形が急峻なうえ,地質・土質が複雑で地震の発生頻度も高く,さらには台風,梅雨,冬期における積雪等の気象上きわめて厳しい条件下におかれています。このため,道路構造物の中でも特に自然の環境に大きな影響を受ける道路土工に属する盛土,切土,あるいは付帯構造物である排水施設,擁壁,カルバート等の分野での合理的な調査,設計,施工及び適切な維持管理の方法の確立とこれら土工構造物の品質の向上は引き続き重要な課題です。

　日本道路協会では,昭和31年に我が国における近代的道路土工技術の最初の啓発書として「道路土工指針」を公刊して以来,技術の進歩や工事の大型化等を踏まえて数回の改訂や分冊化を行ってまいりました。直近の改訂を行った平成11年時点で「道路土工-のり面工・斜面安定工指針」,「道路土工-排水工指針」,「道路土工-土質調査指針」,「道路土工-施工指針」,「道路土工-軟弱地盤対策工指針」,「道路土工-擁壁工指針」,「道路土工-カルバート工指針」,「道路土工-仮設構造物工指針」の8分冊及びこれらを総括した「道路土工要綱」の合計9分冊を刊行しています。また,この間の昭和58年度には「落石対策便覧」を,昭和

61年度には「共同溝設計指針」を刊行しました。

　しかし，これらの中には長い間改訂されていない指針もあるという状況を踏まえ，道路土工をとりまく情勢の変化と技術の進展に対応したものとすべく，このたび道路土工要綱を含む道路土工指針について全面的に改訂する運びとなりました。

　今回の改訂では技術動向を踏まえた改訂と併せて，道路土工指針全体として大きく以下の3点が変わっております。

① 指針の利用者の便を考慮して，分冊化した指針の再体系化を図ることとし，これまでの「道路土工要綱」と8指針から，「道路土工要綱」及び「盛土工指針」，「切土工・斜面安定工指針」，「擁壁工指針」，「カルバート工指針」，「軟弱地盤対策工指針」，「仮設構造物工指針」の6指針に再編した。

② 性能規定型設計の考え方を道路土工指針としてはじめて取り入れた。

③ 各章節の記述内容の要点を枠書きにして，読みやすくするよう努めた。

　なお，道路土工要綱をはじめとする道路土工指針は，現在における道路土工の標準を示してはいますが，同時に将来の技術の進歩及び社会的な状況変化に対しても柔軟に適合する土工が今後とも望まれます。これらへの対応と土工技術の発展は道路土工要綱及び道路土工指針を手にする道路技術者自身の努力と創意工夫にかかっていることを忘れてはなりません。

　本改訂の趣旨が正しく理解され，今後とも質の高い道路土工構造物の整備及び維持管理がなされることを期待してやみません。

平成21年6月

　　　　　　　　　　　　　　日本道路協会会長　　藤　川　寛　之

まえがき

　道路土工指針は昭和 31 年に発刊され，その後の道路土工技術の進歩と社会の要請により 6 分冊化されました。そして，昭和 58 年には，これら 6 分冊の道路土工指針全体のボリュームが膨大であることから，道路土工全般について総合的に判断をして各指針を的確に運用するための手引き書として道路土工要綱が作成されました。

　その後も道路土工要綱及び各指針の改訂がなされましたが，近年の道路土工に関連する分野の新たな法令の制定，近年の土工技術の目覚ましい技術開発を踏まえた新技術の導入しやすい環境整備や，学会や関連機関等における基準やマニュアル類の充実，技術水準の向上等への対応が必要となってきました。

　このため，道路土工指針検討小委員会の下に 6 つの改訂分科会を組織し，道路土工の体系を踏まえたより利用しやすい指針とすべく審議を行い，このたび本要綱を含む土工指針の全面的な改訂に至ることとなりました。

　道路土工指針全体に共通する，今回の主な改訂点は以下のとおりです。

① 指針の利用者の便を考慮して，分冊化した指針の再体系化を図ることとし，これまでの「道路土工要綱」と 8 指針から「道路土工要綱」と 6 指針に再編した。

（従来）	（今回）
「道路土工要綱」	「道路土工要綱」
「道路土工－のり面工・斜面安定工指針」	「道路土工－盛土工指針」
「道路土工－排水工指針」	「道路土工－切土工・斜面安定工指針」
「道路土工－土質調査指針」	「道路土工－擁壁工指針」
「道路土工－施工指針」	「道路土工－カルバート工指針」
「道路土工－擁壁工指針」	「道路土工－軟弱地盤対策工指針」
「道路土工－カルバート工指針」	「道路土工－仮設構造物工指針」※

「道路土工－軟弱地盤対策工指針」　　　　　（※今回は改訂せず）
「道路土工－仮設構造物工指針」

② 各分野での技術基準に性能規定型設計の導入が進められているなか，道路土工の分野においても，今後の技術開発の促進と新技術の活用に配慮した指針を目指し，性能規定型設計の考え方を道路土工指針としてはじめて取り入れた。

③ これまでも，道路土工に際して計画，調査，設計，施工，維持管理の各段階において，技術者が基本的に抱くべき技術理念を明確にすることを目的として記述していたが，より要点がわかりやすいように考え方や配慮事項等を枠書きとし，各章節の記述内容を読みやすくするよう努めた。

　また，「道路土工要綱」に関する今回の主な改訂点は以下のとおりです。

① これまでの「道路土工要綱」は，分冊化した指針の要点を取りまとめたものであったが，今回の改訂では，要綱を指針類の上位に位置付けるべきものとして道路土工の基本方針をとりまとめた「基本編」と，複数の指針類に共通する事項をとりまとめた「共通編」で構成することとした。

② 「基本編」では，道路土工指針の構成，道路土工に際して遵守すべき法令等，道路土工の計画，調査，設計，施工，維持管理の各段階における基本的な技術理念を記述した。

③ 「共通編」では，道路土工指針の再編に伴い，旧「道路土工要綱」，旧「土質調査指針」，旧「排水工指針」，旧「施工指針」に記載されていた，道路土工指針全体あるいは複数指針に渡る共通事項として，「調査方法とその活用」，「排水」，「凍上対策」，「施工計画」，「監督と検査」について，現在の技術動向や課題を踏まえて記述した。

④ さらに，「雨水貯留浸透施設」として，平成17年に策定された「特定都市河川浸水被害対策法」に基づいて，道路建設において雨水貯留浸透施設を設置する際の考え方について新たに記述した。

　なお，本要綱は，道路土工全体における計画，調査，設計，施工，維持管理の基本理念と共通事項を記述するものであり，盛土，切土，擁壁，カルバート，軟弱地盤対策等の実施に当たっては，関連する6指針と本要綱とを併せて活用していただくよう希望します。

最後に，本要綱の作成にあたられた委員各位の長期に渡る御協力に対し，心から敬意を表するとともに，厚く感謝いたします。

平成21年6月

　　　　　　　　　　　　　　　　　道路土工委員会委員長　　嶋　津　晃　臣

道路土工委員会

委員長	嶋津　晃臣	
委　員	岩立　忠夫	梅山　和治
	太田　秀樹	岡崎　義治
	岡原　美知夫	岡本　　博
	小口　　浩	梶原　康之
	金井　道夫	河野　広隆
	木村　昌司	桑原　啓三
	古賀　泰之	古関　潤一
	後藤　敏行	佐々木　康
	塩井　幸武	下保　　修
	関　　克己	鈴木　克宗
	田村　敬一	常田　賢一
	徳山　日出男	苗村　正三
	長尾　　哲	中野　正則
	中西　憲雄	中村　俊行
	祢屋　　誠	馬場　正敏
	早崎　　勉	尾藤　勇伸
	平野　　勇	廣瀬　伸晴
	深澤　淳志	福田　正博
	松尾　　修	三木　博史
	三嶋　信雄	水山　高久
	見波　　潔	村松　敏光
	吉崎　　収	吉田　　等
	吉村　雅宏	脇坂　安彦
	渡辺　和重	

幹事	荒井　　猛	稲垣　　孝
	岩崎　信義	大窪　克己
	大下　武志	大城　　温
	川崎　茂信	川井田　実
	倉重　　毅	後藤　貞二
	小橋　秀俊	小輪瀬良司
	今野　和則	佐々木喜八
	塩井　直彦	杉田　秀樹
	前佛　和秀	田中　晴之
	玉越　隆史	長尾　和之
	中谷　昌一	中前　茂之
	福井　次郎	持丸　修一
	森田　康夫	横田　聖哉
	若尾　将徳	渡邊　良一

道路土工指針検討小委員会

小委員長　　古賀　泰之

委　　員　　荒井　　猛　　　五十嵐　己寿
　　　　　　稲垣　　孝　　　岩崎　信義
　　　　　　岩崎　泰彦　　　大窪　克己
　　　　　　大下　武志　　　大城　　温
　　　　　　川井田　実　　　川崎　茂信
　　　　　　河野　広隆　　　北川　　尚
　　　　　　桑原　啓三　　　倉重　　毅
　　　　　　後藤　貞二　　　小橋　秀俊
　　　　　　今野　和則　　　小輪瀬良司
　　　　　　佐々木喜八　　　佐々木　康
　　　　　　佐々木靖人　　　塩井　直彦
　　　　　　島　　博保　　　杉田　秀樹
　　　　　　前佛　和秀　　　田中　晴之
　　　　　　玉越　隆史　　　田村　敬一
　　　　　　苗村　正三　　　長尾　和之
　　　　　　中谷　昌一　　　中前　茂之
　　　　　　平野　　勇　　　福井次次郎
　　　　　　福田　正晴　　　藤沢　和範
　　　　　　森田　康夫　　　松尾　　修
　　　　　　三木　博史　　　三嶋　信雄
　　　　　　見波　　潔　　　持丸　修一
　　　　　　森川　義人　　　横田　聖哉
　　　　　　吉田　　等　　　吉村　雅宏
　　　　　　若尾　将徳　　　脇坂　安彦

	渡邊 良一	
幹　事	阿南 修司	石井 靖雄
	石田 雅博	市川 明広
	岩崎 辰志	小野寺 誠一
	甲斐 一洋	加藤 俊二
	倉橋 稔幸	神山 泰
	澤松 俊寿	竹口 昌弘
	土肥 学	浜崎 智洋
	樋口 尚弘	藤岡 一頼
	星野 誠	堀内 浩三郎
	松山 裕幸	宮武 裕昭
	矢野 公久	藪 雅行

道路土工要綱改訂分科会

分科会長　　三木博史

委員
荒井　猛	五十嵐己寿
稲垣　孝	岩崎泰彦
大窪克己	大下武志
大城　温	大原　泉
小口　浩	川井田実
北川　尚	桑原啓三
倉重　毅	古賀泰之
後藤敏行	小橋秀俊
小輪瀬良司	今野和則
榊原　隆	佐々木喜八
佐々木康	佐々木靖人
塩井直彦	塩井幸武
杉田秀樹	田中晴之
田村敬一	常田賢一
苗村正三	長尾和之
中前茂之	中谷昌一
西本　聡	尾藤　勇
福井次郎	福田正晴
藤沢和範	松尾　修
三嶋信雄	見波　潔
持丸修一	森川義人
横田聖哉	吉村雅宏
渡邉義臣	若尾　将徳
渡邊良一	

幹　事	阿　南　修　司	石　井　靖　雄
	石　川　雄　一	石　田　雅　博
	岩　崎　辰　志	稲　垣　由紀子
	宇田川　義　夫	落　合　富士男
	乙　守　和　人	小野寺　誠　一
	甲　斐　一　洋	加　藤　俊　二
	北　村　佳　則	倉　橋　稔　幸
	神　山　　　泰	金　　　嘉　章
	佐々木　哲　也	佐　藤　厚　子
	澤　松　俊　寿	篠　原　正　美
	竹　口　昌　弘	堤　　　祥　一
	土　肥　　　学	戸　倉　健　司
	中　島　伸一郎	中　嶋　規　行
	橋　原　正　周	波　田　光　敬
	浜　崎　智　洋	樋　口　尚　弘
	藤　岡　一　頼	古　市　正　敏
	古　本　一　司	桝　谷　有　吾
	松　山　裕　幸	宮　武　裕　昭
	矢　野　公　久	藪　　　雅　行

目　　　次

基　本　編

第1章　総　　説 ………………………………………………… 1
1－1　適用範囲 ……………………………………………… 1
1－2　用語の定義 …………………………………………… 4
1－3　関連法規 ……………………………………………… 6

第2章　道路土工の基本的考え方 ……………………………… 11
2－1　道路土工の基本的考え方と技術的要点 …………… 11
2－2　道路建設の流れと土工計画 ………………………… 17
2－3　調　　査 ……………………………………………… 22
　　2－3－1　概略調査 …………………………………… 24
　　2－3－2　予備調査 …………………………………… 26
　　2－3－3　詳細調査 …………………………………… 28
　　2－3－4　施工段階の調査 …………………………… 30
　　2－3－5　維持管理段階の調査 ……………………… 30
2－4　設　　計 ……………………………………………… 31
2－5　施　　工 ……………………………………………… 35
2－6　工事の管理と検査 …………………………………… 36
2－7　維持管理 ……………………………………………… 37

共　通　編

第1章　調査方法とその活用 …………………………………… 45
1－1　一　　般 ……………………………………………… 45

－ i －

1－2	既存資料の収集・整理	46
1－3	現地踏査	63
1－4	地盤調査	77
1－5	気象関連調査	86
1－6	環境関連調査	88

第2章 排　　水 …………………………………… 100

2－1	一　　般	100
2－1－1	排水の基本	100
2－1－2	排水の目的	107
2－2	排水施設の計画	110
2－3	調　　査	115
2－3－1	調査計画	115
2－3－2	表面水に関する調査	117
2－3－3	地下水に関する調査	118
2－3－4	凍上対策に関する調査	124
2－3－5	施工の円滑化のための排水に関する調査	125
2－4	表面排水施設の設計	125
2－4－1	雨水流出量の計算	126
2－4－2	路面排水工の設計	137
2－4－3	のり面排水工の設計	161
2－5	地下排水施設の設計	163
2－5－1	地下排水工の計算	165
2－5－2	地下排水工の設計	166
2－6	構造物の排水施設の設計	167
2－7	排水施設の施工	172
2－7－1	路面排水工の施工	172
2－7－2	のり面排水工の施工	179
2－7－3	地下排水工の施工	180

2-7-4	施工時の排水	182
2-7-5	土取場・発生土受入地の排水施設の施工	183
2-8	排水施設の維持管理	184
2-8-1	排水施設の点検	185
2-8-2	排水施設の清掃	186
2-8-3	路面排水施設の維持管理	188
2-8-4	のり面排水施設の維持管理	189
2-8-5	地下排水施設の維持管理	190
2-8-6	横断排水施設の維持管理	191
2-8-7	構造物の排水施設の維持管理	192

第3章	凍上対策	194
3-1	一　般	194
3-2	凍上対策の検討	202
3-2-1	凍上対策に関する調査	202
3-2-2	凍結指数の算定	206
3-2-3	凍結深さの推定	206
3-2-4	理論最大凍結深さの算定	208
3-2-5	凍上性の判定	212
3-3	道路路床の凍上対策工法	214
3-3-1	置換工法	215
3-3-2	断熱工法	218
3-3-3	遮水工法	220
3-3-4	その他の凍上対策工法	221
3-4	歩道及び自転車道の凍上対策	222
3-5	道路構造物の凍上対策	223
3-5-1	のり面の凍上対策	223
3-5-2	排水施設の凍上対策	224
3-5-3	カルバートの凍上対策	226

3－5－4	擁壁の凍上対策	228
3－5－5	トンネルの凍上対策	230

第4章 雨水貯留浸透施設 ································ 233

4－1	一　般	233
4－2	施設の種類	244
4－3	施設の選定	247
4－4	施設の設計	253
4－5	浸透施設の配置上の留意事項	256
4－6	浸透施設の空隙づまり対策	256
4－7	施　工	258
4－8	維持管理	259

第5章 施工計画 ································ 262

5－1	一　般	262
5－2	工期の設定	263
5－3	施工計画の立案手順	265
5－3－1	施工計画立案のための情報収集	268
5－3－2	土量の配分計画	270
5－3－3	工区の区分及び施工順序	283
5－3－4	施工方法と機械の選定	284
5－3－5	工程計画の検討	294
5－4	工事用道路計画	300
5－5	建設機械の作業能力	300
5－6	土工の工事費	310
5－7	環境保全対策	311
5－8	安全管理と災害防止	315
5－9	都市部における土工	317
5－10	近接施工	323

第6章　監督と検査 ･････････････････････････････････････ 326
6－1　一　　般 ･･････････････････････････････････････ 326
6－2　監　　督 ･･････････････････････････････････････ 327
　6－2－1　施工条件の明示 ･･･････････････････････････ 327
　6－2－2　施工状況の確認 ･･･････････････････････････ 327
6－3　検　　査 ･･････････････････････････････････････ 329
　6－3－1　工事の検査 ･･･････････････････････････････ 329
　6－3－2　出来形の検査 ･････････････････････････････ 334
　6－3－3　品質の検査 ･･･････････････････････････････ 336
　6－3－4　合否判定の方法 ･･･････････････････････････ 338

巻末資料
資料－ 1　地震動の作用 ････････････････････････････････ 345
資料－ 2　岩の地質学的分類 ････････････････････････････ 355
資料－ 3　降雨の地域特性を示す係数 β^{10} 図 ･･････････････ 359
資料－ 4　全国確率時間降雨強度（R_n）図 ････････････････ 361
資料－ 5　流入時間の算出方法 ･･････････････････････････ 367
資料－ 6　下水管きょ布設例 ････････････････････････････ 369
資料－ 7　メチレンブルー凍結深度計による凍結深さの測定方法 ･･････ 370
資料－ 8　熱電対による凍結深さの測定方法 ････････････････ 374
資料－ 9　凍結指数 ････････････････････････････････････ 378
資料－10　多層系地盤の凍結深さの計算 ･･････････････････ 387
資料－11　雪の熱伝導率 ････････････････････････････････ 395
資料－12　凍上性判定のための土の凍上試験方法 ･･････････ 397
資料－13　土の凍上試験方法 ････････････････････････････ 412

基　本　編

第1章　総　説

1-1　適用範囲

> 道路土工要綱（以下，本要綱という）は，道路における土工構造物の工事に当たっての計画，調査，設計，施工及び維持管理に適用する。

(1)　道路土工構造物の定義と道路土工要綱の適用範囲

　道路における土工構造物とは，道路に必要な空間を得るために造成した盛土，切土等，土砂や岩石等の地盤材料を主材料として構成される構造物で，盛土及び切土に付帯するのり面保護工，排水工，擁壁，カルバート及び適切な支持地盤を得るための軟弱地盤対策工の総称である。また道路土工とは，これら土工構造物の計画から維持管理までを行う行為の総称である。

　本要綱は，これら土工構造物の工事に当たっての計画，調査，設計，施工及び維持管理に適用するもので，道路土工全体の基本事項について示す「基本編」，複数の指針に関連する共通事項について示す「共通編」で構成される。

　「基本編」は，以下について記述している。

第1章　総説：
　道路土工指針の体系，基本的な用語，道路土工を実施する上での関連法規。

第2章　道路土工の基本的考え方と技術的要点：
　①　道路土工及び道路土工区間を構成する土工構造物において配慮すべき事項。
　②　道路計画の段階で検討しておくべき事項や土工計画及び各土工構造物の計画，調査，設計，施工，維持管理との関連性。

③ 土工計画，調査，設計，施工，工事の管理と検査，維持管理等の基本的考え方．

④ 近年，社会的要請が高まっている環境・景観，ライフサイクルコスト，情報化施工，建設リサイクル，土壌汚染対策，新技術の活用促進等に関して，土工の各段階において配慮すべき事項．

「共通編」では，以下について記述している．

第1章　調査方法とその活用：
道路土工を実施する際に行う調査について，各種調査方法とその活用における留意事項．

第2章　排水：
盛土，切土，擁壁，カルバート等の道路土工における排水に関する共通事項．

第3章　凍上対策：
寒冷地における凍上被害の実態，凍上の発生機構，凍上の可能性の判定方法及び凍上対策．

第4章　雨水貯留浸透施設：
特定都市河川浸水被害対策法に基づき，道路建設が許可を要する雨水浸透阻害行為に該当する場合に，その対策工事として設置する雨水貯留浸透施設に関する技術的事項の一般原則及び留意事項．

第5章　施工計画：
道路土工における各種土工構造物の施工計画の策定や安全確保等の施工時における留意事項．

第6章　監督と検査：
道路土工における各種土工構造物を構築する際に，発注者が実施する工事の監督及び成果物の検査，及びそれぞれに関する受注者が実施する施工管理との関わり．

(2) 道路土工の種類と道路土工指針の構成

道路土工区間は，大きく「盛土部」と「切土部」の2つに分けられる．盛土部においては，盛土の造成とのり面の保護工とともに，状況によって擁壁やカルバ

ート等の構造物工や原地盤が軟弱な場合の対策工が行われ，切土部においては，切土面の成形とのり面の保護工が行われる。併せて「盛土部」及び「切土部」の背後及び近傍の自然斜面に対する必要な安定対策工が行われる。また，掘割道路の施工時の土留め工等，施工時の安全確保上必要な場合には仮設構造物工が行われる。今回の改訂では，これらの土工の種類に合わせて道路土工指針全体を再編することとした。これらの関連を整理すると，**解図1-1**のようになり，道路土工指針は以下のもので構成される。

1) 道路土工要綱
2) 道路土工-盛土工指針
3) 道路土工-切土工・斜面安定工指針
4) 道路土工-擁壁工指針
5) 道路土工-カルバート工指針
6) 道路土工-軟弱地盤対策工指針
7) 道路土工-仮設構造物工指針

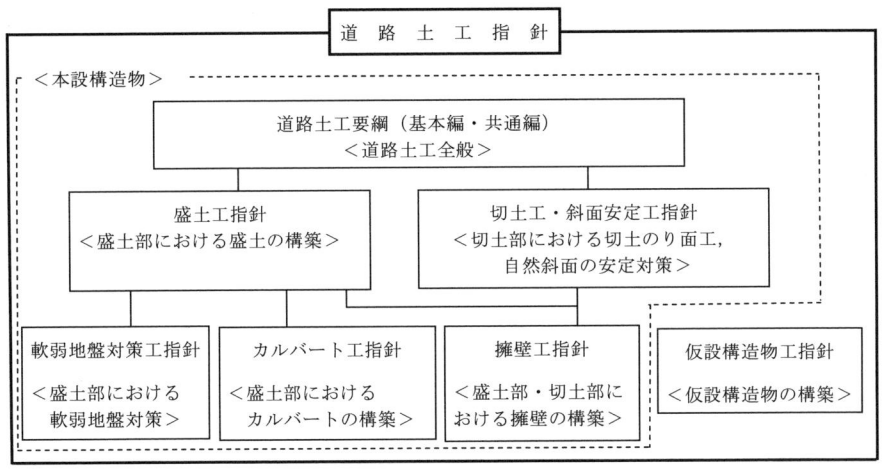

解図1-1　道路土工指針の体系図

したがって，本設構造物である盛土，切土及び自然斜面の安定対策，擁壁，カルバート，軟弱地盤対策工の各土工構造物の調査，設計，施工，維持管理につい

ては，本要綱を踏まえた上で関連する各指針に基づいて実施する。

　また，道路土工要綱及び道路土工指針は，国土交通省が行う一般的な国道工事を想定しており，規模，性格が相違する場合には各々の状況に応じて調整するものとする。

　なお，道路土工要綱及び道路土工各指針は技術基準ではないが，要点がわかりやすいように考え方や配慮事項を枠書きとした。

1－2　用語の定義

本要綱で用いる用語の意味は次のとおりとする。
(1)　盛土部，盛土，盛土工
　　路床面を原地盤より高くするために原地盤上に土を盛り立てて築造した道路の部分を盛土部といい，原地盤から路床面まで盛り立てた土の部分を盛土という。盛土工とはこの盛土を構築する一連の行為を指す。
(2)　切土部，切土，切土工
　　路床面を原地盤面より低くするために原地盤を切り下げて築造した道路の部分を切土部といい，原地盤を切り下げて形成された人工斜面から路床面までの部分を切土という。切土工とは原地盤を切り下げて人工斜面及び路床面を形成する一連の行為を指す。
(3)　のり面，斜面
　　盛土工または切土工によって形成された土の人工斜面をそれぞれ盛土のり面及び切土のり面という。斜面はこの盛土のり面及び切土のり面と，地山のままの自然斜面の双方を含んだ広義の意味で使われる場合があるが，ここでは，地山のままの自然斜面を指す。
(4)　路体
　　盛土における路床以外の土の部分。
(5)　路床
　　舗装の厚さを決定する基礎となる舗装より下の土の部分で，ほぼ均質な厚さ約1mの部分。盛土部においては盛土上部の，切土部においては原地盤の

所定の掘削面下約1mの部分。

また，均等な支持力をもつ路床面を得るために行った局部的な路床土の置換え部分，切り盛り接続部の緩和区間を埋め戻した部分等も路床に含める。

(6) 路盤

路面からの荷重を分散させて路床に伝える役割を持つ，路床の上に設けられた層。

(7) 舗装

コンクリート舗装の道路においてはコンクリート舗装版から路盤までを，アスファルト舗装の道路においては表層から路盤までをいう

(8) 擁壁，擁壁工

土砂の崩壊を防ぐために土を支える構造物で，土工に際し用地や地形等の関係で土だけでは安定を保ち得ない場合に，盛土部及び切土部に作られる壁体構造物を擁壁といい，擁壁を構築する一連の行為を擁壁工という。

(9) カルバート，カルバート工

道路の下を横断する道路，水路等の空間を確保するために盛土あるいは原地盤内に設けられる構造物をカルバートといい，カルバートを構築する一連の行為をカルバート工という。

(10) 軟弱地盤対策，軟弱地盤対策工

軟弱地盤の支持力増加，有害な変形・沈下の抑制，液状化の防止等を目的に実施される対策を軟弱地盤対策といい，軟弱地盤対策を行う一連の行為ないし工作物を軟弱地盤対策工という。

(11) 仮設構造物，仮設構造物工（仮設工）

道路本体を構成する本設構造物を構築するために，工事中一時的に造られる構造物を仮設構造物といい，仮設構造物を構築する行為を仮設構造物工という。その略称として仮設工と呼ぶこともある。

(12) 排水施設，排水工

道路各部の排水を良好にするとともに路面の滞水を防止するために土工構造物表面及び内部に設置される排水のための施設，及び流末処理施設等の総称を排水施設といい，排水施設を構築する一連の行為を排水工という。排水

施設を排水工と呼ぶこともある。
(13) レベル1地震動
　道路土工構造物の供用期間中に発生する確率が高い地震動。
(14) レベル2地震動
　道路土工構造物の供用期間中に発生する確率は低いが大きな強度をもつ地震動。

解図1-2に盛土・切土部の断面と代表的な部位の名称を示す。

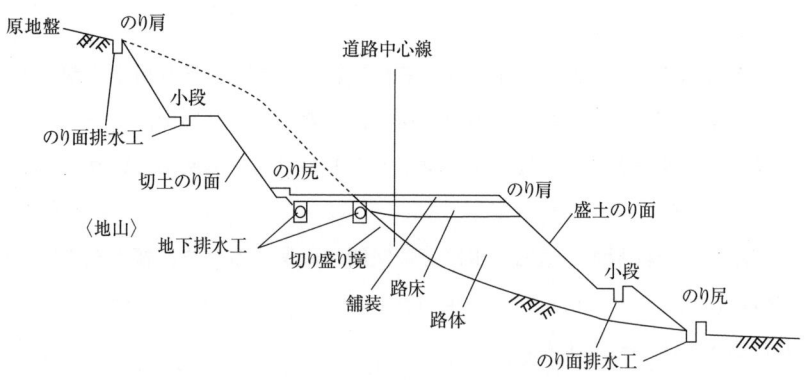

解図1-2　盛土・切土部の断面と代表的な部位の名称

1-3　関連法規

道路土工の計画，調査，設計，施工，維持管理等の各段階において，関連法規を遵守しなければならない。

　道路土工に関わる法規は，道路の計画の段階から，調査，設計，施工，維持管理の各段階まで種々のものがあり，その中には公共物を建設する際に共通に係わる法規も多く，これらを入れると相当数になる。このため，ここでは道路土工に特に関係が深いと考えられる法規について解説する。なお，法律とは別に地方自

治体が独自に条例によって規制している場合があるので注意を要する。

　道路事業は，道路に関して路線の指定，認定，管理，構造，保全，費用負担等基本的な事項を定めた「道路法」に基づいて行われるが，道路構造の一般的な技術基準については「道路構造令」で定められており，十分に熟知しておく必要がある。

　道路土工では，「河川法」，「海岸法」等の公共用地の占用関係法令をはじめ，路線が通過または影響を及ぼす地域に係わるあらゆる法律が常に関係してくる。特に土工による土砂災害の防止という観点からは，「砂防法」，「地すべり等防止法」，「急傾斜地の崩壊による災害の防止に関する法律」，「土砂災害警戒区域等における土砂災害防止対策の推進に関する法律」，「森林法」等の規制に注意する必要がある。また，都市部においては，「特定都市河川浸水被害対策法」が定められており，道路事業においても同法に基づき雨水の浸透に対し，配慮する必要がある。

　自然環境保全の面からは「自然環境保全法」や「自然公園法」，埋蔵文化財については「文化財保護法」に留意しなければならない。また，「環境影響評価法」に基づき，道路事業による環境への影響を評価する必要がある。景観に関しては「景観法」が定められている。

　調査の段階で，地質・土質調査の手段として発破を用いた弾性波探査を行うことがあるが，その際は「火薬類取締法」等の火薬類取扱いの関連法規の定めるところによらねばならない。

　道路土工の施工の段階になると，その性質上安全に関する法規が重要になってくる。労働安全については，「労働安全衛生法」及び同施行令，「労働安全衛生規則」，「クレーン等安全規則」等があるので，これらの定めるところによらなければならない。また，掘削作業で発破工法を採用する場合には，特に危険を伴うので，労働安全一般の法規のほか，「火薬類取締法」及び同施行令，施行規則，「火薬類の運搬に関する総理府令」，「火薬類運送規則」の定めるところにより保安対策を講じなければならない。

　工事のために迂回路を設ける場合は「道路構造令」により安全施設等を設置する必要が生じることがある。

大規模工事や山間へき地の工事で貯油所を設置する場合は「消防法」，建設機械の運搬を行う場合は「道路交通法」，「車両制限令」，そして工事現場における作業員宿舎の設置に当たっては，その構造，位置等の基準を定めた「労働安全衛生法建設業附属寄宿舎規程」等の各関連法規の定めるところによらなければならない。

　工事に起因する騒音，振動により工事現場周辺の生活環境に著しい影響を及ぼす場合の規制基準としては「環境基本法」に基づく「騒音規制法」，「振動規制法」があり，工事に伴う水質汚濁や大気汚染に対しては，「水質汚濁防止法」，「大気汚染防止法」，「特定特殊自動車排出ガスの規制等に関する法律」があるので，これらの法律によらなければならない。また，工事に起因するものではないが，事業区域に地盤汚染が存在する場合は，「土壌汚染対策法」等に配慮する。

　このほか，建設工事により発生する副産物のリサイクルについては，「循環型社会形成推進法」，「建設工事に係る資材の再資源化等に関する法律」が定められている。

　道路土工の実施に当たっては，これら関連法規（**解表1－1参照**）と併せて以下の技術基準類も参考にするとよい。

　　「道路橋示方書・同解説　Ⅰ共通編」
　　「道路橋示方書・同解説　Ⅲコンクリート橋編」
　　「道路橋示方書・同解説　Ⅳ下部構造編」
　　「道路橋示方書・同解説　Ⅴ耐震設計編」
　　「舗装の構造に関する技術基準・同解説」
　　「道路トンネル技術基準（構造編）・同解説」
　　「共同溝設計指針」

解表1-1　関係する法規の例

法　規　の　名　称	摘　　要
○道路及び道路交通関連	
道路法	昭和 27 年法律　第 180 号
〃　施行令	〃　27 年　政　　第 479 号
道路構造令	〃　45 年　〃　　第 320 号
車両制限令	〃　36 年　〃　　第 265 号
道路交通法	〃　35 年　法　　第 105 号
土砂等を運搬する大型自動車による交通事故防止等に関する特別措置法	〃　42 年　〃　　第 131 号
○労働安全及び危険物関連	
労働基準法	昭和 22 年法律　第 49 号
労働安全衛生法	〃　47 年　〃　　第 57 号
労働安全衛生規則	〃　47 年労令　第 32 号
クレーン等安全規則	〃　47 年　〃　　第 34 号
じん肺法	〃　27 年法律　第 30 号
建設業付属寄宿舎規定	〃　42 年労令　第 27 号
火薬類取締法	〃　25 年法律　第 149 号
火薬類の運搬に関する総理府令	〃　35 年総令　第 65 号
消防法	〃　23 年法律　第 186 号
危険物の規制に関する政令	〃　34 年政令　第 306 号
○公害防止及び環境保全関連	
環境基本法	平成　5 年法律　第 91 号
環境影響評価法	〃　 9 年　〃　　第 81 号
景観法	〃　16 年　〃　　第 110 号
騒音規制法	昭和 43 年　〃　　第 98 号
特定建設作業に伴って発生する騒音の規制に関する法律	〃　43 年厚・建告第 1 号
振動規制法	〃　51 年法律　第 64 号
大気汚染防止法	〃　43 年　〃　　第 97 号
特定特殊自動車排出ガスの規制等に関する法律	平成 17 年法律　第 51 号
水質汚濁防止法	昭和 45 年　〃　　第 138 号
排水基準を定める総理府令	〃　46 年総令　第 35 号
廃棄物の処理及び清掃に関する法律	〃　45 年法律　第 137 号
土壌汚染対策法	平成 14 年　〃　　第 53 号
自然環境保全法	昭和 47 年　〃　　第 85 号
自然公園法	〃　32 年　〃　　第 161 号
文化財保護法	〃　25 年　〃　　第 214 号
循環型社会形成推進基本法	平成 12 年　〃　　第 110 号
資源の有効な利用の促進に関する法律	〃　 3 年　〃　　第 48 号
建設工事に係る資材の再資源化等に関する法律	〃　12 年　〃　　第 104 号
○施工・品質管理	
公共工事の品質確保の促進に関する法律	平成 17 年法律　第 18 号
○公共用地の占有及び土砂災害関連	
河川法	昭和 39 年法律　第 167 号
河川管理施設等構造令	〃　51 年政令　第 177 号

法　規　の　名　称	摘　要		
海岸法	〃	32 年法律	第 101 号
港湾法	〃	25 年 〃	第 218 号
都市公園法	〃	31 年 〃	第 79 号
都市計画法	〃	43 年 〃	第 100 号
下水道法	〃	33 年 〃	第 79 号
砂防法	〃	30 年 〃	第 29 号
森林法	〃	26 年 〃	第 249 号
災害対策基本法	〃	36 年 〃	第 223 号
急傾斜地の崩壊による災害の防止に関する法律	〃	44 年 〃	第 57 号
地すべり等防止法	〃	44 年 〃	第 30 号
土砂災害警戒区域等における土砂災害防止対策の推進に関する法律	平成 12 年 〃		第 57 号
特定都市河川浸水被害対策法	平成 15 年 〃		第 77 号

第2章 道路土工の基本的考え方

2−1 道路土工の基本的考え方と技術的要点

> (1) 道路土工によって構築される切土・斜面安定対策，盛土，擁壁，カルバート，軟弱地盤対策等の土工構造物は，供用後長期間に渡り道路交通の安全かつ円滑な状態を確保するための機能を果たすことを基本的な目的とする。
> (2) 道路土工の実施に当たっては，使用目的との適合性，構造物の安全性，耐久性，施工品質の確保，維持管理の容易さ，環境との調和，経済性を配慮しなければならない。
> (3) 道路土工においては，土工の特質をよく踏まえたうえで，計画・調査・設計・施工・維持管理を適切に実施しなければならない。

(1) 道路土工構造物の役割

道路土工によって構築される切土・斜面安定対策，盛土，擁壁，カルバート，軟弱地盤対策等の土工構造物は，供用後の交通荷重に耐え，交通車両の安全かつ円滑な走行を確保するための舗装の基礎としての機能を果たすという第一の目的とともに，降雨，地震等の自然現象によって生じる大小の災害によって道路の受ける被害，並びに道路周辺の人命，財産に及ぶ被害を建設時から供用期間中の長期間に渡り，最小限にとどめなければならない役割が課せられている。

(2) 道路土工における配慮事項

道路土工を実施するに当たり常に留意しなければならない配慮事項を示したものである。
① 使用目的との適合性
　使用目的との適合性とは，土工構造物により形成される道路が計画どおりに交通に利用できる機能のことであり，通行者が安全かつ快適に使用できる供用性等を含む。

② 構造物の安全性

　構造物の安全性とは，死荷重，活荷重，降雨や地震の影響等の作用に対し，土工構造物が適切な安全性を有していることである。

③ 耐久性

　耐久性とは，土工構造物に経年的に劣化が生じたとしても，使用目的との適合性や構造物の安全性が大きく低下することなく，所要の性能が確保できることである。

④ 施工品質の確保

　施工品質の確保とは，設計においてその構造が使用目的との適合性や構造物の安全性を確保するために確実な施工が行える性能を有することであり，施工中の安全性も有していなければならない。このためには，構造細目等への配慮を設計時に行うとともに，施工の良し悪しが耐久性等の性能に及ぼす影響が大きいことを認識し，品質の確保に努めなければならない。

⑤ 維持管理の容易さ

　維持管理の容易さとは，供用中の日常点検，材料の状態の調査，補修作業等が容易に行えることであり，これは耐久性や経済性にも関連するものである。

⑥ 環境との調和

　環境との調和とは，土工構造物が建設地点周辺の社会環境や自然環境に及ぼす影響を軽減あるいは調和させること，及び周辺環境にふさわしい景観性を有すること等である。

⑦ 経済性

　経済性に関しては，ライフサイクルコストを最小化する観点から，単に建設費を最小にするのではなく，点検管理や補修等の維持管理費を含めた費用がより小さくなるように心がけることが大切である。

⑶　道路土工における基本事項

　土工の特質を踏まえて，道路土工に携わる技術者の判断の基礎となるべき諸事項を列挙すると次のとおりである。

（ⅰ）道路計画との整合と土工計画の重要性

道路土工の計画は，道路計画における①道路機能，②社会的制約，③建設技術上の制約の３つの検討項目すべてに密接な関係をもち，工事の大型化，迅速化への対応や，環境保全，防災対策，安全施工等への配慮や技術が求められている。そして，これらの工事の前提条件や制約条件を整理したうえで，具体的な建設手段を検討し，最も合理的な道路計画を作成することになるが，土工に係わる費用は道路建設工事費全体の約５割を占めるとも言われており，効率的な事業執行の面からも，土工計画を十分検討することが必要である。

(ⅱ) 道路計画上のコントロールポイントに対する配慮

　道路の計画段階において，大規模な崩壊や落石，地すべり，土石流等対策工で対応が難しい場合は，路線や構造形式の変更で危険地域を回避する対応を検討する。既設の道路の場合には通行規制等を併用することがあるが，道路を新設する場合には，計画段階において路線の要注意箇所を把握し，路線の選定・変更やトンネル，橋梁等による構造型式の選定等に反映させることが望ましい。

　特に，地すべり地等において大規模な盛土工や切土工を行うと思わぬ災害を引き起こすことがあるので，資料調査や地形判読，地質概査等により路線上の要注意箇所を把握するとともに，問題が予想される場合には，現地踏査，ボーリングや物理探査等によって事前に地形・地質・土質条件，施工予定地付近の既設ののり面・斜面における崩壊・変状等を十分に調査したうえで最適な路線や構造形式を検討する必要がある。

　また，大規模な切土は，自然・景観面でも影響が大きく，のり面保護工等での保全や再生には限界があるため，自然環境や景観保全上重要な場所においては，極力大規模な地形の改変を回避するような路線の選定や修正（小シフト），トンネルや橋梁への変更等を検討することが望ましい。

　さらに，沢部や断層破砕帯部に盛土する場合，地下水や湧水に対する注意を要する区域であるかどうかを図上で確認し，その後の対策の着眼点とする。

　最近では，災害発生危険性の観点ばかりでなく，(ⅻ)で述べるような土壌汚染等との遭遇も，道路計画上のコントロールポイントとなる事例が増えている。そのため，道路の計画・概略調査の早い段階から管理すべきリスクを軽減するような対応を検討しておくことが望ましい。

（ⅲ）地盤の巨視的な評価の重要性

　道路土工の調査，設計においては，構成地盤の力学的性質のみに着目した微視的な調査，試験，安定解析を行うのに先立って，それらを含む広い範囲の地形，地質的な観点からの巨視的な評価を行うことが重要である。切土・自然斜面等の安定を支配するものは，むしろ自然の営力に係わる要因の方が優位にあることが多く，切土工によって新たに露出した土や岩は，岩質や土質堆積状況等の素因，応力解放によるゆるみ，風化作用等が複雑に影響し，時間の経過とともに劣化が進行することをよく認識しておく必要がある。

（ⅳ）経験に基づく工学的判断の適用とその限界

　今回の改訂では，性能規定型の指針を指向し，土工構造物に要求される配慮事項を満足する範囲で，従来の規定によらない解析手法，設計方法，材料，構造等を採用できるようにしている。しかし，土工構造物の安定性を調査や試験，工学的計算の結果に基づいて定量的に評価し得る度合いは高くなく，既往の実績・経験等に照らして総合的に判断しなければならないことが多いため，土工構造物の設計では経験的技術が重視されてきている。例えば，盛土や切土の標準のり面勾配はその一例であり，所定の適用限界のもとで，かつ適切な排水工の設置と適切な施工等を前提に，我が国の自然環境のもとで交通に大きな支障となる被害が避けられる基準をこれまでの実績に照らして設定したものである。したがって，豪雨，地震等についても，特別な異常時を除いて考慮されているものと見ることができる。このような経験的技術の適用はこれまで通り可能であるが，適用限界を超えた高い盛土，大きな切土，近接して重要な諸施設がある場合等では，必要に応じて各種の解析や情報化施工等の適用を検討する。

（ⅴ）供用後の点検・補修・補強を通じた段階的な性能向上

　切土工・斜面安定工においては，想定される崩壊・落石・地すべり・土石流等の発生形態や道路への影響をよく検討したうえで必要な対策を実施する。ただし，予測の不確実性が大きいので，計画・調査・設計・施工のそれぞれの過程で，想定される崩壊等の発生形態や道路への影響の予測とその対策に最善を尽くしつつ，供用中の点検・補修・補強を通じて，段階的に性能を高めていくことを基本とする。また，崩壊・落石・地すべり・土石流等に対する発生源における抜本的な対

策がとりにくい場合は，土砂捕捉帯の確保や待ち受け対策を重視するとともに，全ての対策が完了するまでは必要に応じて事前通行規制等の災害回避策の併用を検討する。

(vi) 水の作用への配慮

道路土工においては，降雨，融雪，表面水，湧水，地下水等の水の作用が，施工条件を大きく左右すると同時に，完成後の土工構造物の品質や性能に大きく影響する。したがって，排水工は，盛土，切土・斜面安定工，擁壁，カルバート等の性能確保に極めて重要な役割を果たしており，適切に設置しなければならない。なお，最近の気候変動による異常な集中豪雨の頻発傾向に対し，必要に応じて，従来の排水性能に余裕をもたせることを検討する。

特に，降雨時・地震時の盛土の安定性は浸透水の影響が大きいので，沢部を渡る盛土や片切り片盛り等の浸透水の影響を受けやすい盛土では，特に盛土内の排水に留意する。なお，土中の浸透水の動きは地盤の地層構成，土質等の条件が複雑に関係するため，事前の調査のみによって正確に把握することは難しく，施工中に地下水や透水層の存在が判明することも多い。したがって，施工中においても常に地表水や浸透水の動きをよく観察し，適切に対応することが重要である。

(vii) 土の特性に応じた対応と日常の作業の重要性

土工では，土及び岩を取扱う量が多く，しかも土性の変化が大きいため，現地の土の特性を的確に判定し，それに合った工事を行うかどうかが，土工構造物の品質並びに経済性を大きく支配する。また，適切な締固め，水の処理といった日常の作業の蓄積と，綿密な配慮の集積が，土工の品質の良否を左右する鍵であるということをよく認識しておく必要がある。

(viii) 軟弱地盤対策の基本

軟弱地盤の性状は一般に複雑で，地盤の挙動や対策の効果を設計段階で確実に把握し，工事中あるいは工事後の盛土や構造物の挙動あるいは周辺への影響を正確に予測することは困難である。このため，必要に応じて試験盛土を行い，その結果を設計に反映したり，情報化施工により盛立て時や掘削時の安定性を随時確認しながら，その結果を設計定数や施工方法の見直しに反映させることが重要である。また，特に軟弱地盤の土工では，工期（時間）にゆとりがあれば比較的経

済的な工法選択の可能性が広がるので，工期と工事費の調整を図ることが重要である．さらに，軟弱地盤では，橋台やカルバート等の構造物と盛土との接続部における段差防止対策に特に配慮する必要がある．

（ix）切り盛り境や構造物と盛土との接続部での配慮

道路土工構造物は原地盤や盛土等の土の部分と，橋梁・トンネル・カルバート・擁壁等の人工材料の部分とが複合し連続したものである．道路土工構造物においてはこれまでの経験上，土の部分と構造物の部分との境界部，土の部分でも切り盛り境，片切り片盛りのような原地盤と盛土との境界部が，構造上の弱点になりやすい．そのため，このような箇所から弱体化が進行しないよう，特に留意する必要がある．

橋台，カルバート，擁壁等の剛性のある構造物と盛土との接続部では，裏込め，埋戻し部分の変形をなるべく少なくし，剛性のある構造物とのすり付けをよくするために，特に入念な施工が必要である．使用すべき材料を含めて施工法をよく検討するほか，カルバート等で機能的に問題がなければ，維持管理段階での柔軟な補修対応を前提に，盛土と一体となって変形し得る基礎形式の採用を積極的に検討する．

（x）施工段階における綿密な観察と設計の再検討

土工の場合，事前の調査のみでは土質条件等を完全に把握することは難しく，施工段階において当初予期しないことに遭遇することも少なくない．このような場合，直ちに調査を追加し，必要な設計変更を行うなどの臨機の処置をとることが特に大切である．このことは，「（v）供用後の点検・補修・補強を通じた段階的な性能向上」，「（vi）水の作用への配慮」，「（viii）軟弱地盤対策の基本」でも繰り返し述べてきたとおりである．土工の調査，設計段階に知り得た土質に関する情報は完全なものとは思うべきではなく，施工段階における綿密な観察によって設計時の条件を再検討しつつ完成を目指すものと考えておく必要がある．

（xi）不慮の事態に備えた設計上の配慮と施工上の対策

いかに綿密な計画を行っても，施工中に予測し得ない状況が生じて土工構造物が崩壊するといった事態にならないとは限らない．したがって設計・施工に当たっては，異常により崩壊等の災害が生じた場合を想定して，その被害を局部的に

限定し得るような設計上の配慮と施工上の対策を検討しておくことが重要である。
（xii）建設リサイクル，土壌汚染対策，新技術の活用促進等への配慮

　道路土工の実施に当たっては，建設リサイクル，土壌汚染対策，新技術の活用促進等への配慮が不可欠である。

　建設工事で発生する建設発生土や建設汚泥を自ら有効利用することはもちろんのこと，循環型社会構築の責務を担う立場から，他産業からの副産物を有効に活用することにも配慮しなければならない。また，道路土工における土壌汚染対策としては，自然由来もしくは人為的な汚染土壌に遭遇して対応を迫られる場合が大半であり，建設材料自体が土壌汚染の原因となる場合は比較的まれであるが，いずれも周辺環境に悪影響を及ぼさないよう適切に対応する必要がある。

　一方，最近では，建設技術に関する新技術情報提供システム（NETIS）における新技術の事後評価が充実し，評価結果のついた新技術情報が容易に入手可能になってきているので参考にするとよい。また，入札後VEやプロポーザル方式等の技術提案型の契約方式を積極的に活用し，新技術を導入しやすい環境を整備することも重要である。

2－2　道路建設の流れと土工計画

> (1)　道路における土工計画は，道路建設の流れに応じて，①道路機能，②社会的制約，③建設技術上の制約を総合的に判断し，最適な土工構造物の配置となるよう検討する。
> (2)　土工計画は，土工構造物における配慮事項を考慮し，調査，設計，施工，維持管理までを見通して，一貫性を持ったものとする。

(1)　**土工計画**
1)　道路建設の各段階における土工

　道路を建設し供用していく過程を大別してみると計画（道路計画調査，道路概略設計・計画路線決定），設計（予備設計，詳細設計），施工，維持管理の段階に分けることができ，**解図2－1**で示すような流れとなる。

土工計画はこれらの各段階の作業が合理的にしかも円滑にかつ意図どおりに進むように実施されるべきである。各段階における主要な事項をあげると，まず計画段階では，事業実施に当たっての設計に必要な知識，資料を得るため，既往資料の収集や現地踏査等に着手する。そしてそれを用いて計画路線案，代替路線案を作り（道路概略設計），技術的・社会的・経済的な観点から比較検討し計画路線を決定する。

　次に環境アセスメント等の事業化に向けた手続きを進めていくが，この段階では用地取得の関係から地元の自治体や土地所有者との折衝も並行して行われる。事業化が決定すると設計段階に入る。

　設計段階では，まず道路予備設計を行う。道路予備設計の段階では始めに簡単な現地踏査や地盤調査等を行い，中心線位置や大規模構造物の構造形式等を決定するので，この時点で土工構造物の概略設計を行う（盛土部，切土部の範囲や土工構造物の配置等）。さらに必要な調査や測量を実施し，道路用地の範囲を決定し，道路全体の構造物の形式及び概略の諸元を決定するので，この時点で土工構造物の予備設計を行う（擁壁等の構造物の構造形式等）。そして，詳細設計段階に入り用地取得とともに必要な調査を実施し，土工構造物を含め道路全体の各種構造物の詳細設計を行い，これに基づき積算を行い工事の発注（受注）へと進む。この詳細設計の段階では，予備設計の結果を詳細調査結果に基づいて現場の実情に即した形に修正し，妥当な施工方法，作業工程等を考え，これらに基づき設計図書を作成する。また，用地や各種の補償問題も重要な要素であり，これらの見通しが明らかになっていることが工事を円滑に進める上で極めて大切である。

　次に施工段階に入るが，ここでは設計された工事が受注者によって計画どおりに行われ，目的物が適切に所定の機能・品質を持つように築造されなければならない。したがって，受注者は施工を担当する立場で最適な施工計画を立てて工事に着手する必要がある。受注者は発注者の要求する目的物を築造するために，施工管理が重要な課題となり，これに関連した各種の試験・測定を実施する。施工管理は発注者の要求する目的物を完全に築造するために受注者が実施するものであるが，その実施方法等に関して受注者は発注者とよく協議し，承認を得る。一方，発注者は，所定の目的物が築造されるよう監督を行う。

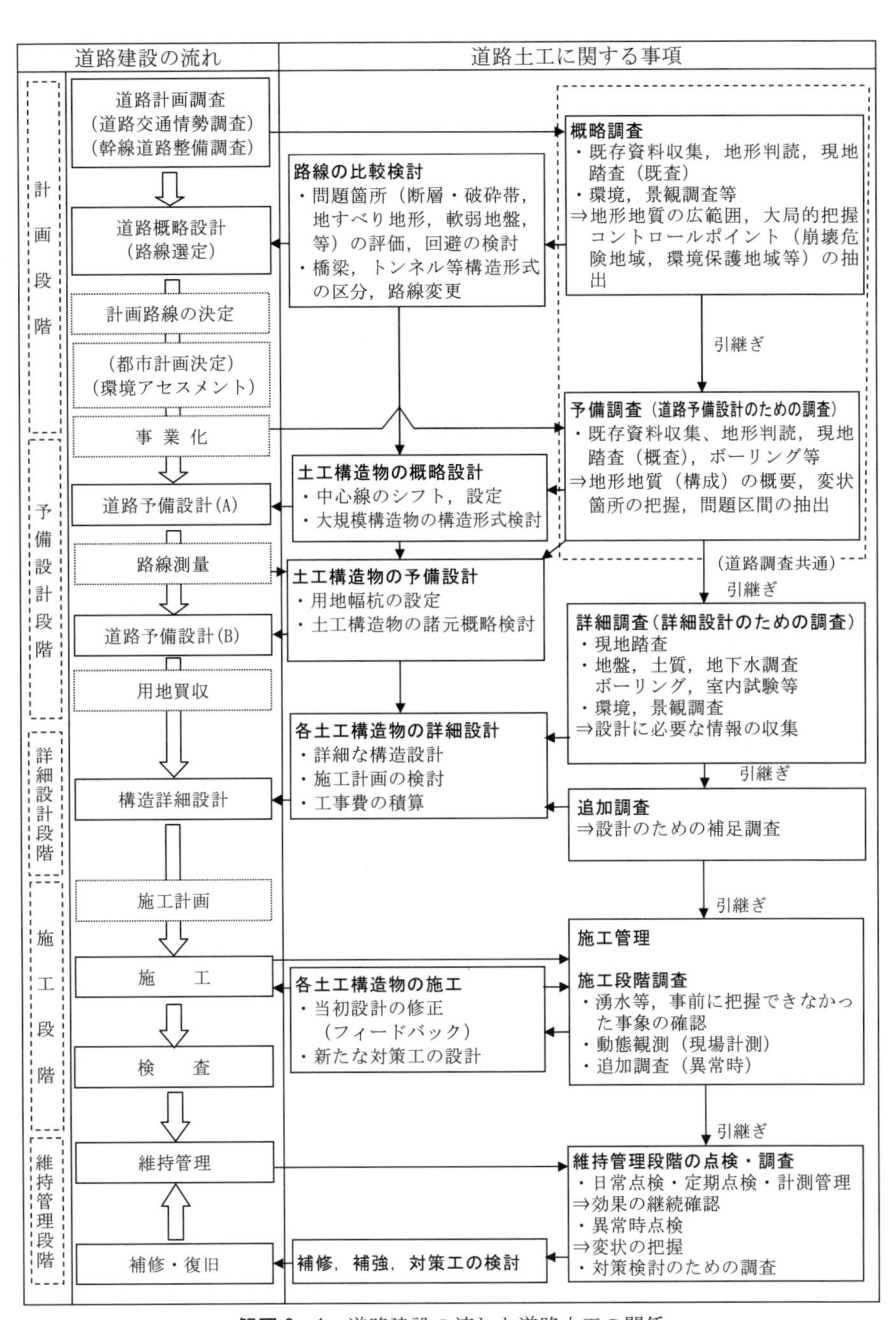

道路建設の流れ	道路土工に関する事項
計画段階	
道路計画調査 (道路交通情勢調査) (幹線道路整備調査)	概略調査 ・既存資料収集,地形判読,現地踏査(既査) ・環境,景観調査等 ⇒地形地質の広範囲,大局的把握 コントロールポイント(崩壊危険地域,環境保護地域等)の抽出
道路概略設計 (路線選定)	路線の比較検討 ・問題箇所(断層・破砕帯,地すべり地形,軟弱地盤,等)の評価,回避の検討 ・橋梁,トンネル等構造形式の区分,路線変更
計画路線の決定	
(都市計画決定) (環境アセスメント)	↓引継ぎ
予備設計段階	
事業化	予備調査(道路予備設計のための調査) ・既存資料収集,地形判読,現地踏査(概査),ボーリング等 ⇒地形地質(構成)の概要,変状箇所の把握,問題区間の抽出
道路予備設計(A)	土工構造物の概略設計 ・中心線のシフト,設定 ・大規模構造物の構造形式検討
路線測量	土工構造物の予備設計 ・用地幅杭の設定 ・土工構造物の諸元概略検討
道路予備設計(B)	(道路調査共通) ↓引継ぎ
詳細設計段階	
用地買収	詳細調査(詳細設計のための調査) ・現地踏査 ・地盤,土質,地下水調査ボーリング,室内試験等 ・環境,景観調査 ⇒設計に必要な情報の収集
構造詳細設計	各土工構造物の詳細設計 ・詳細な構造設計 ・施工計画の検討 ・工事費の積算
	↓引継ぎ
	追加調査 ⇒設計のための補足調査
施工段階	↓引継ぎ
施工計画	
施工	施工管理 施工段階調査 ・湧水等,事前に把握できなかった事象の確認 ・動態観測(現場計測) ・追加調査(異常時)
	各土工構造物の施工 ・当初設計の修正(フィードバック) ・新たな対策工の設計
検査	↓引継ぎ
維持管理段階	
維持管理	維持管理段階の点検・調査 ・日常点検・定期点検・計測管理 ⇒効果の継続確認 ・異常時点検 ⇒変状の把握 ・対策検討のための調査
補修・復旧	補修,補強,対策工の検討

解図 2-1 道路建設の流れと道路土工の関係

土工を含め建設工事は，一般の工場における製品の生産とは異なり，特定箇所に特定の目的物を築造するといういわゆる現場一品生産であり，また自然環境・社会環境の影響を受けやすく施工管理が難しいものである。発注者の監督と受注者の行う施工管理がお互いに協力し合い一体となって初めて良好な工事を行うことが可能になる。特に土工の場合は，事前の調査のみでは地盤条件等を完全に把握することは難しく，気象条件等を含め，当初予期しないことに遭遇することも少なくない。このような場合，直ちに調査を追加し必要な設計変更を行うなど臨機の処置をとることが特に大切である。

　工事完了後，発注者は所定の目的物が完成していることを検査によって確認し，受注者から引き渡しを受け，以後それを維持管理していく。この維持管理段階では，目的物が，所要の機能を十分に発揮し，長期に渡り安全性を保ち続けるように維持管理していかなければならない。特に土工構造物の場合は，地盤の不均質性が土工構造物の供用中にも影響する可能性があるため，点検，監視を怠らず構造物の挙動や変状等に注意し，必要に応じ調査を遅滞なく行い，補修・補強等の対策を講じていくことが大切である。

2）道路計画と土工計画

　道路を新たに計画する場合，道路本来の交通，輸送の機能面からの検討が先行するが，道路の持つ多面的な働きや役割から，関連して調査検討を要する項目は極めて多種多様で，またその内容も高度化してきている。したがって，よりよい道路計画を作るためには，道路に要求される諸条件を総合し，ある面では相反する条件をバランスよく調整することが特に大切である。

　道路計画の第一段階は，道路事業計画の策定であるが，「2−1」でも述べたようにこの段階の主たる検討事項は，①道路機能，②社会的制約，③建設技術上の制約であり，土工計画はこれらと密接な関係がある。この段階における多角的な検討は，土工計画の方向づけに極めて重要な意味を持つ。

　上記の，計画策定段階を経て，第二段階として建設手段を具体化することになるが，この段階においては前提条件や制約条件の整理，及び設計・施工基準等に適合した具体的な手段（設計・施工）を検討し，最も合理的な道路計画を作成する。橋梁，トンネル等の構造物を計画する場合も，その規模・構造を決定する際

には，取付け部等の関連する土工に十分な配慮を払う必要がある。また，土工に係わる費用の道路建設工事費全体に占める割合は相当に高く，効率的な事業執行の面からも，土工構造物について十分検討することが必要であり，その成果のいかんによっては，道路計画全体の良否に大きな影響があることを考えておかなければならない。

(2) 計画から管理までの一貫性

　道路は地域全体のみならず国民経済に対しても極めて大きな影響を持つものであるから，建設された道路は十分に機能を発揮するよう良好に管理すべきことは言うまでもない。さらに，開発行為による国土の変貌と社会一般の価値観の変化等から，道路に対する社会的要求も年々高度化し大きく変動してきている。このような環境のもとで道路資産を有効に整備し，維持管理していくためには，土工の分野においても計画から管理までの一貫した見通しが必要である。

　例えば山地部を切り開いて道路を建設する場合，将来の周辺地区の開発を想定しながら土工計画を立てる場合と，そうでない場合とでは計画に相当な相違が出てくることは明らかである。景観の面での配慮等も当然加わるが，例えば排水施設の配置等についても相違が出てくる。工事中においても，適切な排水施設を整備せずに土工を進めると工程はもとより，工事区域外の斜面の安定性にも悪影響を及ぼすことになる。完成後の維持管理も，適切な土工計画，設計がなされていない場合，災害にまで至らないとしても，維持管理が難しくなる。

　また，我が国の特殊性として，山地部における豪雨災害の問題があるが，これも当初の計画との関連が少なくない。道路建設の初期投資額の制約等のために十分な対策がとれない面もあるが，安全性，環境保全の向上をさらに考えた土工計画が望まれる傾向にある。

　将来の管理の省力化等も考えると，異常な外力が作用するとき以外は管理に手間をかけないですむような安全性を有する土工構造物を建設するよう心がけるべきである。

2-3 調査

> 土工構造物の計画，設計，施工及び維持管理の各段階に必要な情報を得るために各段階に応じて調査を適切に実施し，その結果を反映しなければならない。
> (1) 調査は，建設の段階に応じて以下に示すものがあり，系統的に実施する。
>   1) 概略調査
>   2) 予備調査
>   3) 詳細調査
>   4) 施工時の調査
>   5) 維持管理時の調査
> (2) 調査に当たっては，各段階に応じて適切に調査計画を立案し，実施する。

(1) **道路土工における調査の基本**

　道路の計画から維持管理の各段階に応じて要求される地形・地質・土質，環境条件等の情報の種類とその精度は一様でないので，これに対する調査の内容，規模も異なったものとなる。そのため一度だけの調査で道路土工に必要なすべての情報を得るのは適切ではなく，またそれは不可能なことである。したがって，計画から設計，施工，維持管理に至るまで，道路土工の各段階に応じて数次に渡り必要な調査を行って，設計，施工，維持管理に利用することが大切である。
　調査に当たっては，地盤の力学的性質に着目した詳細な調査，試験，安定解析を行うに先立って，それらを含む広い範囲の地形，地質的な観点からの巨視的な評価を行うことを忘れてはならない。
　解図2-1に見られるように，各段階で必要とする調査の種類は異なっており，その道路の地域的特性等を考慮して，目的にかなった適切な調査を適切な手法によって行うように心がけなければならない。

1) **概略調査**
　概略調査は，道路計画・概略設計段階で実施する。概略調査は，概略設計，予備設計に必要な情報を得るためのものであり，既存資料の収集整理，空中写真の判読，現地踏査によって地質・土質，地下水等についての情報のとりまとめを行

う。
2) 予備調査

予備調査は，予備設計段階で実施する。予備調査は，予備設計に必要なデータを得るために設計に先立って行う調査であり，路線全体の地質・土質状況を総括的に調査する。

3) 詳細調査

詳細調査は，詳細設計段階で実施する。詳細調査は，予備調査の内容を踏まえながら総括的に路線全体の地質・土質状況を調査するとともに，予備調査の結果明らかとなった道路建設上の問題となる箇所の地質・土質条件を明確にし，詳細設計に必要な情報を得ることを目的とする。

4) 施工時の調査

施工段階における調査は，工事中問題点が発見された際に，工事中の異常を早期に見いだし，適切な対応をとるために行う調査である。

5) 維持管理時の調査

維持管理段階における調査は，道路を良好な状態に維持するため，または破損等が生じたときの修繕・復旧等の対策工を施工するために行う調査で，異常が発生したとき，あるいは発生が予想されるときに行うが，特に注意を要する箇所については継続的に調査を行うこともある。

また，この章で示す調査の内容は，一般的な規模あるいは構造の道路の計画あるいは設計等を行うことを念頭において記述されている。この章の内容を必ずしもそのまま適用できない場合として次のような例がある。

① 特に規模が大きく重要な場合
② 新技術の活用等，一般的でない特殊な構造がとられる場合
③ 試験施工のようにパイロット調査的な役割をもつ場合

これらは，いわば特殊な場合として調査の内容を変えるのがよい。その際には道路土工各指針の基本的な考えを理解し，指針に示されたことを基本として状況に応じてこれを修正することにより調査を実施することが望ましい。

(2) 調査計画の立案

　調査に当たっては，現地の条件や調査目的に応じて，必要とされる精度と範囲等が異なることから，各段階で適切な調査計画を立案することが必要である。そのため，事前に資料を収集・整理することによりその後の調査が効率的となり，かつ経済的でもあることから，充分に資料を収集することが重要である。

　調査の具体的な内容については，「共通編　第1章　調査方法とその活用」の他，各指針を参照されたい。

2－3－1　概略調査

> (1)　概略調査は，計画路線を決定することを目的に，比較路線を含む道路計画地域周辺の地形・地質及び環境条件の概要を把握するために実施する。
> (2)　調査結果は，道路概略設計において路線の比較検討資料及び予備調査計画の立案に利用しやすいように整理する。

(1) 概略調査の概要

　概略調査は，路線の性格や道路の規格から規定される道路構造の基準を確保しながら多数の比較路線を描き，これらを総合的に検討して1本のルートに決める（道路概略設計）ために行う調査で，路線が不確定な時期であるので広範囲な調査を行う必要がある。

　このため概略調査では，比較路線を含む必要な調査対象地域について，既存の関連資料（地形図，地質図，周辺の他工事の地質・土質調査報告書及び工事記録，災害記録等）の収集・整理，空中写真の判読，現地踏査等により，計画地域を含む広範囲な地域の概略の地形，地質・土質，水理，災害，建設工事，環境，気象，文化財，鉱業権，関連する法令・条令等の情報を入手する。

　現地踏査では，収集した資料の整理結果の確認と関連する現地の詳細な情報を追加するとともに，地すべり等の斜面変動地形や軟弱地盤等の道路建設上問題となる箇所の発見及び問題の大きさを把握し，複数の候補路線の優劣等を比較するための基礎資料を得ることを目的として，巨視的な観点からの現地踏査を行う。

最近の土木工事の計画段階ではボーリング，物理探査等の現地立入調査が不可能なことが多いので，既存資料の利用と現地踏査による調査のウェイトが高くなっている。概略調査及び予備調査の内容として厳密に分けることは難しいので，両者の調査を合わせたものとなるが，既存資料の収集の対象とすべき主な項目は次のとおりである。
　① 計画地域の概略の地形，地質・土質，植生状況，土地利用状況
　② 道路建設上重大な障害となる軟弱地盤，地すべり，崩壊，土石流，落石等の状況，土壌汚染，廃棄物，自然由来の有害物質を含む地盤の分布状況
　③ 長大切土，高盛土，トンネル，橋梁の予定地域の地質概要
　④ 地表水，地下水に関する情報
　⑤ 維持管理に関する情報
　⑥ 同種工事における施工の難易及び発生した災害のタイプ
　⑦ 自然環境保全のための禁止または制限事項
　⑧ その他

計画路線が決まると，土工に関しては，基本断面，土工区間及び切土，盛土量の概要が明らかになり，通過点の施工基盤面が概ね定まるので，地形地質上の問題点も整理される。特に留意したいのは建設工事の難航が予想される箇所はできるだけ避けるという姿勢である。無理な計画を進めると，供用中の維持管理の段階まで困難な問題を持ち込むことになる。このようなことから，土工計画上から路線選定上のコントロールポイントとなる急傾斜の山岳地帯，地すべり地帯，崖すい地形，軟弱地盤，集水地形，断層，破砕帯，崩壊多発地域，環境保全地域等や廃棄物処理法や土壌汚染対策法による指定区域，不法投棄廃棄物や土壌汚染が懸念される区域，自然由来の有害物質を含む地盤の分布状況等については，特に注意しておくことが必要である。

(2) 調査結果の整理

調査結果は，大規模災害の発生が想定されるような危険箇所や，自然環境や文化財の保護地域等，道路建設上問題となるような箇所を路線検討のための図面にまとめる。

また，概略調査の結果は，予備調査で行う現地踏査と，その後の詳細調査の計画を立案する場合に非常に大切である。このため，概略調査結果を整理した資料は，予備調査以降でも活用するので利用しやすいように整理する必要がある。

調査の初期段階では，まず収集した地形図を編さんする作業がある。これは空中写真判読や現地踏査の基図になるものであり，できるだけ大縮尺（1/5,000～1/10,000）が望ましい。統一縮尺のものが部分的に欠如している場合は，全国をカバーしている 1/25,000 地形図(国土地理院発行)を拡大編さんする方法もある。

次に空中写真判読や現地踏査を実施する前に，既存の地質図や土地条件図を基図に移写し編集しておくことも重要な作業である。

気象資料や災害資料は，概略調査段階から詳細調査や設計段階まで活用されるため，使用目的を十分理解した上での整理方法が望まれる。

空中写真判読によって得られた情報は，既存資料の整理によって作成された地質編集図の上に重ねる形で予察図（空中写真判読図）として整理するとよい。この予察図から，地すべりや崩壊の分布と地質との関連性を容易に読み取ることができる。

踏査結果の一つの整理方法として，地質編集図を補完する形で「路線地質図」を作成することがある。この地質図は，後の詳細調査や土工計画等の基礎資料となるものである。

一方，予察図で示された問題箇所は，現地踏査で得られた情報を加えて「災害地形分類図」という形で整理することが望ましい。この分類図は，路線に影響を与える地すべり等の災害現象が表示されており，安定度評価や対策の概略検討も加えることによって，詳細調査計画の立案のための貴重な基礎資料となるものである。

2−3−2 予備調査

(1) 予備調査は，予備設計に必要な情報を得るためのものであり，概略調査結果を補足するための，資料の収集整理，空中写真の判読，現地踏査によって，地質・土質，地下水等についての情報のとりまとめを行う。また，道路の構

> 造，工費等に著しい影響を与える可能性のある地域については，物理探査，サウンディング，ボーリング等をできる限り実施するのが望ましい。
> (2) 調査結果は，道路の構造形式の選定や詳細調査の計画立案に利用しやすいように整理する。

(1) 予備調査の概要

　予備調査は，計画路線決定後，道路の予備設計・詳細設計の段階で必要な地質，土質，気象，環境等に関する情報を得るために行うものである。予備調査では，概略調査で得られた情報を踏まえ，道路の構造物の概略の形式を決定するために必要な調査を行う。

　現地踏査は，極めて重要な意味を持つ調査で，資料や観察事項の解釈および判断に高度の技術的知識を要するので，十分な経験を有する技術者が担当するようにし，繰り返し行う必要があるため，予備調査段階でも実施する。現地踏査では，崖，既設のり面や地形・地質を十分に観察し，必要に応じ試料を採取して土質試験を行う。また，同時に地元住民や地元自治体等にその地域の土地履歴や被災履歴等の関連情報を聴取することも重要である。

　道路の構造，工費等に著しい影響を与える可能性のある地域，例えば，崩壊多発地域，地すべりの恐れのある地域，軟弱地盤，大規模な切土の予想される箇所，橋梁予定地点，トンネル，切土等による著しい地下水の枯渇の恐れ等のある箇所等については，物理探査，サウンディング，ボーリング等をできる限り実施するのが望ましい。

　物理探査は，主として山間部の調査で，長大切土，トンネル等の重要構造物が予想される場合で，地質・土質等について特に検討を要すると思われる地域では実施することが望ましい。地山の地質状況，岩の掘削性，切土のり面の安定性の検討には弾性波探査が，地下水の状況を知るには電気探査が一般に用いられている。

　サウンディングは，軟弱地盤，構造物予定地点，高盛土箇所，土砂採取場等で，地質・土質について検討を要すると思われる箇所において実施する。一般に軟らかい地盤ではオランダ式二重管コーン貫入試験，スウェーデン式サウンディング

試験等が，硬い地盤では標準貫入試験等が行われる。

　ボーリングは，長大切土箇所，地すべり等斜面の安定に注意を要する箇所，橋梁予定地点，軟弱地盤，トンネル坑口等，特に地質・土質について検討を要すると思われる箇所において実施するのが望ましい。岩のボーリングでは原則としてオールコアボーリングとし，土質地盤では標準貫入試験を行い，得られた試料について目視による土の判別，自然含水比及び判別分類のための試験を行う。

　土質試験は，標準貫入試験の際にサンプラーより得られた試料について，自然含水比，判別分類のための試験等の土質試験を実施する。特に土工上問題となるような土質については，詳細調査に準じ乱さない試料の採取を行い，土質試験を行うことがある。

　各調査手法の詳細については「共通編　第1章　調査方法とその活用」及び各指針を参照されたい。

(2) 調査結果の整理

　調査結果は，概略調査で取りまとめた資料に，予備調査で新たに得られた情報を補充するとともに，各種試験・調査結果と合わせて詳細調査計画の立案において活用しやすいように整理する。

2－3－3　詳細調査

> (1) 詳細調査は，道路構造物の詳細設計に必要なデータを得るために設計に先立って行う調査であり，路線全体の地質・土質状況を総括的に調査するとともに，道路建設上の問題となる箇所の地質・土質条件を明らかにすることを目的とし，路線全域に渡って実施する。
> (2) 調査結果は，各土工構造物の詳細設計に反映されるよう適切に整理する。

(1) 詳細調査の概要

　詳細調査は，事業決定後に各道路構造物の詳細設計を行うことを目的として，確定した道路中心線に沿って路線全域に渡って実施するもので，現地踏査，物理

探査，サウンディング，ボーリング，及び室内試験等が主として行われる。詳細調査は路線全体の総括的な調査と，問題ある箇所あるいは特に検討を要する箇所の調査とを数段階に分けて行う。また，詳細調査において不足が生じた場合に追加調査を行うものとする。

　具体的な調査地点の選定に当たっては，道路構造，地形等を考慮して特に検討を要する区間に重点をおいた調査を計画するのが望ましいが，一度の調査のみで地質・土質に関する情報をすべて得ることは難しいこと，調査時点で道路構造がはっきり定まっていないこともあるので，まず適切な間隔でサウンディング，ボーリング，サンプリング及び土質・岩石試験を行い，地質・土質状況を総括的に把握する。さらに，各道路構造物の詳細設計を進める途中で道路構造の変更を行った場合，地質・土質条件あるいは地形条件の複雑な箇所，大規模な構造となる箇所，特殊な構造となる箇所等については，さらに重点的な調査を実施する。

(2) **調査結果の整理**

　土工構造物についても，各構造物の設計の観点から詳細調査を行うことになり，それぞれの詳細調査を適切に実施し，整理する必要がある。各構造物の主な視点は次の通りである。

① 盛土では，問題となる箇所の基礎地盤の確認，地下水等の調査，盛土材料の物性値等を把握する。
② 切土のり面・斜面では，抽出された問題箇所について安定を確保するために必要な条件を明らかにするため，地山の性状，地下水，湧水等状況を把握する。
③ 擁壁では，擁壁の安定性の観点から，擁壁に作用する外力に関する調査とその反力をうける基礎地盤部の性状を把握する。
④ カルバートでは，基礎地盤の支持力，土圧に影響する範囲の土の性質，地層の性状及び傾斜，地盤変位量，地下水の有無等を把握する。
⑤ 軟弱地盤対策では，対策の選定と対策工の詳細設計に必要となる，軟弱層の分布，地下水位，地盤定数等を，道路中心線上，場合によっては道路横断方向にも把握する。

2-3-4 施工段階の調査

> 施工段階の調査は，当初設計の前提となる地盤条件との差異や変状等の工事中に発生した異常を早期に見出し，適切な対応をとるために実施する。

　土工においては工事中に調査段階で予測できなかった状況に遭遇することが多い。その場合，改めて地盤条件等をよく調査し，その結果を設計に反映し，修正することをおろそかにしてはならない。土質に関する情報は，土工の調査，設計段階に知り得た情報では十分でない場合もあり，施工段階における綿密な観察・観測によって，必要に応じて追加の地盤調査を実施して，設計時の条件を再検討すること必要がある。

　例えば地すべり箇所においては，土工によって滑動が生じたかどうか，また土工によって地山に亀裂を生じた場合，その滑動が対策を講じなければならないほど異常であるかどうかを知るために観測を実施する。観測は，通常地盤伸縮計による移動量調査を行い，このほか変位杭・変位板による調査や傾斜計による調査を加える。これらの観測結果は直ちにグラフ化するなどして，予期しなかった挙動が生じた場合は，一刻も早く原因を追及し対策を講じることが肝要である。

　また軟弱地盤においては，情報化施工により沈下等の計測を行う必要がある。

　詳細については，関連する各指針を参照されたい。

2-3-5 維持管理段階の調査

> 維持管理段階の調査は，点検等により異常を発見した場合にその原因を把握し，修繕，復旧等の対策工に必要な資料を得るために実施する。

　維持管理のための調査は，維持管理において点検等の結果から危険が予想されるとき，あるいは実際に異常が生じたとき等に対策を検討するために実施する。

　土工構造物は，舗装や保護工等の構造物で地盤が被覆されている場合がほとんどで，通常の方法では地盤の状態を明らかにし得ないような状況であることが多

く，維持管理段階の調査方法は現地条件等からの担当技術者の判断によるところが大きい。

　このため，ケースバイケースで調査方法を検討する必要があり，画一的な調査方法を示すことは困難であるが，一応の考え方として，異常事態が発生した場合は現地踏査を主体とした緊急調査をまず実施し原因等の把握に努める。その結果に基づいて応急復旧対策の立案，恒久復旧対策のための調査方針を立てる。緊急現地踏査では，変状の詳細を把握することを主眼におき，クラックの位置や方向，深さ，はらみ出しの程度等を調査する。この場合，二次災害を防止するため，安全面に十分配慮しながら調査を実施する。変状の経時変化が処置の判断資料として重要となるので，変状の進行状況を測定調査（動態観測）する。また二次災害の発生によって一般交通に支障をきたす恐れがある場合は，迂回路等も含めて通行規制に備える必要がある。現地踏査の結果をもとに復旧のための本格調査を実施する。

2-4　設　　計

(1)　設計に当たっては，使用目的との適合性，構造物の安全性，耐久性，施工品質の確保，維持管理の容易さ，環境との調和，経済性について配慮しなければならない。
(2)　設計は，論理的な妥当性を有する方法や実験等による検証がなされた手法，これまでの経験・実績から妥当と見なせる手法等，適切な知見に基づいて行うものとする。
(3)　設計に当たっては，設計で前提とする施工，施工管理，維持管理の条件を定めなければならない。

(1)　設計における配慮事項
　本文は，土工構造物の設計に当たって考慮しなければならない基本的な事項を示したものである。土工構造物の設計では，「2-1」に示した土工構造物の配慮事項を十分に考慮するものとする。

ここに，今回の改訂では，性能規定型の指針を指向しているが，土工構造物については，調査や試験の結果に基づいてその挙動を定量的に評価し得る度合いは低く，既往の実績・経験等に照らし合わせて総合的に判断しなければならないことも多い。このため，各土工構造物の設計は以下より行うことを基本とした。

1) 切土工・斜面安定工の設計

　切土工・斜面安定工の設計に当たっては，本文に示した配慮事項を考慮した上で，路線選定段階での災害の回避を基本とし，対策を行う場合については，設計段階で個々の災害の発生形態に応じた対策を検討するとともに，設計段階のみならず，施工，維持管理段階で順次性能を高めてゆくことを基本とした。詳細については，「道路土工－切土工・斜面安定工指針」を参照されたい。

2) 盛土，擁壁，カルバート，軟弱地盤対策工の設計

　土工構造物の内，盛土，擁壁，カルバートの設計に当たっては，(1)に示した配慮事項のうち，使用目的との適合性，構造物の安全性について，想定する作用に対する使用性，修復性，安全性の観点から要求性能を設定し，それを満足することを照査することを基本とした。軟弱地盤対策工の設計においても，軟弱地盤上に構築される土工構造物に対して要求性能を設定することを基本とした。詳細はそれぞれの指針によるが，概略を示すと以下のとおりである。

　土工構造物で想定される作用は (1)常時の作用，(2)降雨の作用，(3)地震動の作用，(4)その他があり，設計に当たっては，構造物の特性，設置箇所等の諸条件により適宜選定するものとする。

　ここで，地震動の作用としては，「道路橋示方書　Ⅴ耐震設計編（平成14年）」に規定されるレベル1地震動及びレベル2地震動の2種類の地震動を想定することを基本とする。ここに，レベル1地震動とは供用期間中に発生する確率が高い地震動，また，レベル2地震動とは供用期間中に発生する確率は低いが大きな強度を持つ地震動をいう。詳細は巻末の「資料－1　地震動の作用」を参照するのがよい。その他の作用としては，低温による凍上等の環境作用等があり，構造物の設置条件により適宜考慮する。

　要求性能は，安全性，供用性，修復性の観点から，想定する作用と重要度に応じて設定する。

ここで安全性とは想定する作用による土工構造物の変状によって人命を損なうことのないようにするための性能をいう。供用性とは想定する作用による軽微な変形や損傷に対して土工構造物が本来有すべき通行機能,避難路や救助・救急・医療・消火活動・緊急物資の輸送路としての機能等を維持できる性能をいう。修復性とは想定する作用よって生じた損傷を修復できる性能をいう。
　土工構造物の要求性能の水準は以下を基本とする。
　　性能1：想定する作用によって土工構造物としての健全性を損なわない性能
　　性能2：想定する作用による損傷が限定的なものにとどまり，土工構造物と
　　　　　しての機能の回復が速やかに行いうる性能
　　性能3：想定する作用による損傷が土工構造物として致命的とならない性能
　性能1は安全性，供用性，修復性すべてを満たすものである。土工構造物の場合，長期的な沈下や変形，降雨や地震動の作用による軽微な変形を全く許容しないことは現実的ではない。このため，性能1には，通常の維持管理程度の補修で土工構造物の機能を確保できることを意図している。性能2は安全性，修復性を満たすものであり，土工構造物の機能が応急復旧程度の作業により速やかに回復できることを意図している。性能3は供用性・修復性は満足できないが，安全性を満たすものであり，土工構造物には大きな変状を伴うが周辺施設等に致命的な影響を与えないことを意図している。
　重要度の区分は，以下を基本とする。
　　重要度1：万一損傷すると交通機能に著しい影響を与える場合，あるいは，
　　　　　　隣接する施設に重大な影響を与える場合
　　重要度2：上記以外の場合
　重要度は，土工構造物が損傷した場合の道路機能への影響と，隣接する施設に及ぼす影響の重要性を総合的に勘案して定める。
　設計に当たっては，構造物の要求性能を，想定する作用と重要度に応じて，上記の要求性能の水準から適切に選定する。一般的な土工構造物の要求性能の目安を**解表2-1**に例示する。

解表2-1 土工構造物の要求性能の例

想定する作用	重要度	重要度1	重要度2
自重・交通荷重		性能1	性能1
降雨の作用		性能1	性能1
地震動の作用	レベル1地震動	性能1	性能2
	レベル2地震動	性能2	性能3

(2) **設計手法**

　今回の改訂では，性能規定型指針を指向している。これにより，従来の方法（または規定）に基づいた設計も可能であるが，(1)に示した要求される事項を満足する範囲で従来の規定によらない解析手法，設計方法，材料，構造等を採用できるようになった。この場合には，要求される事項を満足するか否かの判断が必要となるが，道路土工指針では，その判断として，論理的な妥当性を有する方法や実験等による検証がなされた手法等，適切な知見に基づいて行うことを基本とした。ただし，地盤の性状は一般に複雑で，地盤の挙動や対策の効果を調査・設計段階で確実に把握し，工事中あるいは工事後の各土工構造物の挙動あるいは周辺への影響を正確に予測することは極めて困難である。このため，土工構造物の設計に当たっては類似土質条件の地点の施工実績・災害事例等を十分に調査し，総合的な立場より決定することが必要である。したがって，必要に応じて試験施工を行い，その結果を設計にフィードバックすることが重要である。

　また，これまでの経験・実績から妥当と見なせる手法（材料，施工方法等）については，その適用範囲において用いてよいこととした。例えば，切土の標準のり面勾配や盛土の標準のり面勾配はその一例である。

(3) **設計で前提とする条件**

　土工構造物の安定性，耐久性は，設計のみならず施工の善し悪し，維持管理の程度により大きく依存する。このため，設計に当たっては，設計で前提とする施工，施工管理，維持管理の条件を定めなければならない。

2−5 施　工

> (1) 施工は，設計で前提とした施工条件を満足しなければならない。ただし，設計時に想定し得ない施工中の挙動には臨機応変に対応する必要がある。
> (2) 施工に当たっては，十分な品質の確保に努め，安全を確保するとともに，環境への影響にも配慮しなければならない。

(1) 施工の基本

　施工の基本は，目的の構造物が所要の機能・品質を持つように設計図書に示されている形状・品質の道路を現地の地形，地質等に整合させながら的確に築造することである。しかし，土工の場合，対象となる地盤や材料となる土砂や岩は全て天然に生成されたもので，その性状は複雑多様であることから，事前調査では完全な条件の把握は難しく，また，自然の気象条件下で行われるため，気象の季節的特徴や降雨と浸透水等の影響を強く受けながらの作業であるなど，予期せぬ事態に遭遇することも少なくない。

　このため，施工管理が重要であるとともに，状況に応じた調査を追加し必要な設計変更を行うなど臨機の処置をとることが特に大切である。また，必要に応じて情報化施工等を行いつつ，現場の状況に柔軟に対応する必要がある。特に，土は流水によって浸食されやすく，水の浸透によって著しく強度が低下するため，施工中の土工構造物の強度が低下したり円滑な施工が阻害されることがあるので，地表水及び地下水の処理を良好にすることが必要である。

(2) 施工における配慮

　施工は，土工構造物の目的とする十分な品質を確保するために実施するものである。特に，土工構造物の施工では，水や基礎の処理，締固め等が構造物の安定性に大きく影響することから，十分な配慮が必要であり，発注者と受注者は常に意志の疎通を図ることが重要である。また，災害の防止並びに周辺の自然環境，社会環境（例えば振動，騒音，大気汚染等）に対して十分に配慮して施工を進める必要がある。円滑な工事の推進を期するためには，これらのことを十分認識し

て施工することが必要である。

施工の詳細については,「共通編　第5章　施工計画」及び各指針を参照されたい。

2-6　工事の管理と検査

> (1)　目的物が,所要の機能と品質を有するように施工され,工事が決められた工期内に安全かつ円滑に実施されるよう工事の管理を行う。
> (2)　工事の検査は,適切な時期に,工事が契約どおり実施されているかを観察,検測,試験,そのほかの手段によって行う。

(1)　工事の管理

道路工事においては,計画,設計し仕様を定めた構造物が,所定の形状寸法及び品質をもち,所定の工期内に適正な工事費で完成させるために,工事の管理を適正に実施する必要がある。工事の管理には,工事の目的である品質・工期・原価といったものの管理と,機械・労務・資材・安全等目的を遂げるための手段の管理があり,一般に前者を施工管理,後者を現場管理という。

また,土木工事は一般に請負工事で行われるため発注者と受注者があり,それぞれの立場で必要とされる管理の内容やポイントは異なる。道路工事は公共事業であることが多く,必要とされる施工管理については発注者が示す工事の仕様書等の中で定められ,受注者はそれらの実施が義務付けられる。発注者は,受注者が施工管理を実施して適切に工事を行っているかを確認するための監督を実施する。

(2)　検　　査

発注者は,目的の構造物が適切な品質で構築されているかを確認するための検査を実施する。検査は,工事完了時のみではなく,部分的に完成した途中段階でも行うのがよい。途中段階で検査を行う理由には2つあり,第1に工事のある段階で次の段階へ進んでよいかを判定するため,第2に工事完成後では品質等の確

認が困難なものに対応するためである。合格，不合格の判定は出来形と品質の両方について行う。出来形とは工事により作られた土工構造物の位置，寸法，数量等であり，品質とは材料である土の締固め度，強度等を指す。

検査は普通，抜取り検査によって行い，観察等の補助手段を併用するが，検査の方法は工事の内容，所要時間，経費等を考え，簡便かつ効果的なものであると同時に精度の高いものを選ぶ。例えば，土工の出来形検査で断面変化の大きいところでは検査を密に，観察の結果前後となじみの悪い部分等があれば，測定を追加するなど適切な措置を講じる。また，品質検査における締固め度の試験では，盛土のり面付近や構造物付近等，施工上の弱点となりやすい箇所に特に注意を払い，効果的な検査を行う。

詳細については，「共通編　第5章　施工計画」，「共通編　第6章　監督と検査」を参照されたい。

2－7　維持管理

> 工事完了後，土工構造物が所要の機能を十分に発揮し，長期に渡り構造物の安全性を保ち続けるように維持管理を行わなければならない。

(1)　維持管理の目的

維持管理の目的は，重要な社会資産である道路の保全と効率的な運用を行い，常に道路を良好な状態に保ち，安全で円滑な交通の確保を図ることである。道路は，絶えず多種多様な交通条件や，厳しい気象条件にさらされているため，年を経るに従い老朽化，ぜい弱化するものであり，また，建設時には予想されなかった条件の変化により，変形破損することがある。膨大な量の道路資産の維持管理を効率的に行うためには，できるだけ長期的な維持管理計画を立てて，補修・補強等の作業が短期間に集中しないように配慮することが望ましい。さらに，道路に対する社会的要請は年々高度化・多様化しており，維持管理は極めて重要なものとなっている。

(2) 維持管理業務の構成

維持管理の内容は，平常時における維持管理計画の立案・更新，点検，維持補修，防災対策，履歴の記録，災害時における調査，応急対応及び災害復旧等の業務より構成される。維持管理業務の一般的な流れを**解図2-2**に示す。

1) 防災業務の計画検討

維持管理を効率的に行うためには，まず防災業務の計画を整える必要がある。これには，台帳の整備や通行規制基準の設定等を行うことが望ましい。特に，変状の可能性のある，ないしは過去に被災履歴のある土工構造物については，台帳を作成し関連する情報を記録しておくことが重要である。なお，必要に応じて被災履歴や対策履歴の詳細を記録した図面の整備等を行うのが望ましい。

2) 点検

維持管理では日頃の点検による異常や破損の早期発見が重要である。発見が早ければ，対策も立てやすく効果的な措置が可能で，安全の確保も容易である。点検を効果的に実施するためには，道路のそれぞれの部分の構造上のポイントについて日頃から建設時の資料，維持管理の経過等を整理しておくことが重要である。

点検は，その時期や目的によって防災点検，平常時点検（日常点検，定期点検），臨時点検等の種類がある。

以下に，それぞれの点検の要点を述べる。

（ⅰ）防災点検

防災点検は，土工構造物及び斜面の地形・地質等の周辺の状況，既設対策工の効果，災害履歴等を専門技術者等により詳細に点検するものである。防災点検では，道路に隣接するのり面・斜面や土工構造物について，問題があると判断される箇所を抽出するとともに，その後の平常時点検や対策の進め方を検討するための防災対策の基本となるものである。このため，防災点検によって要注意箇所を抽出し，箇所毎に専門技術者等の精査により平常時点検において着目すべき点等を記した様式（防災カルテ）を作成し，また点検の頻度，範囲等の必要事項はあらかじめ定めて効率的に点検が進められるようにしておくことが望ましい。防災カルテの作成に当たっては，**解図2-3**に示すように，資料調査及び地表踏査等の

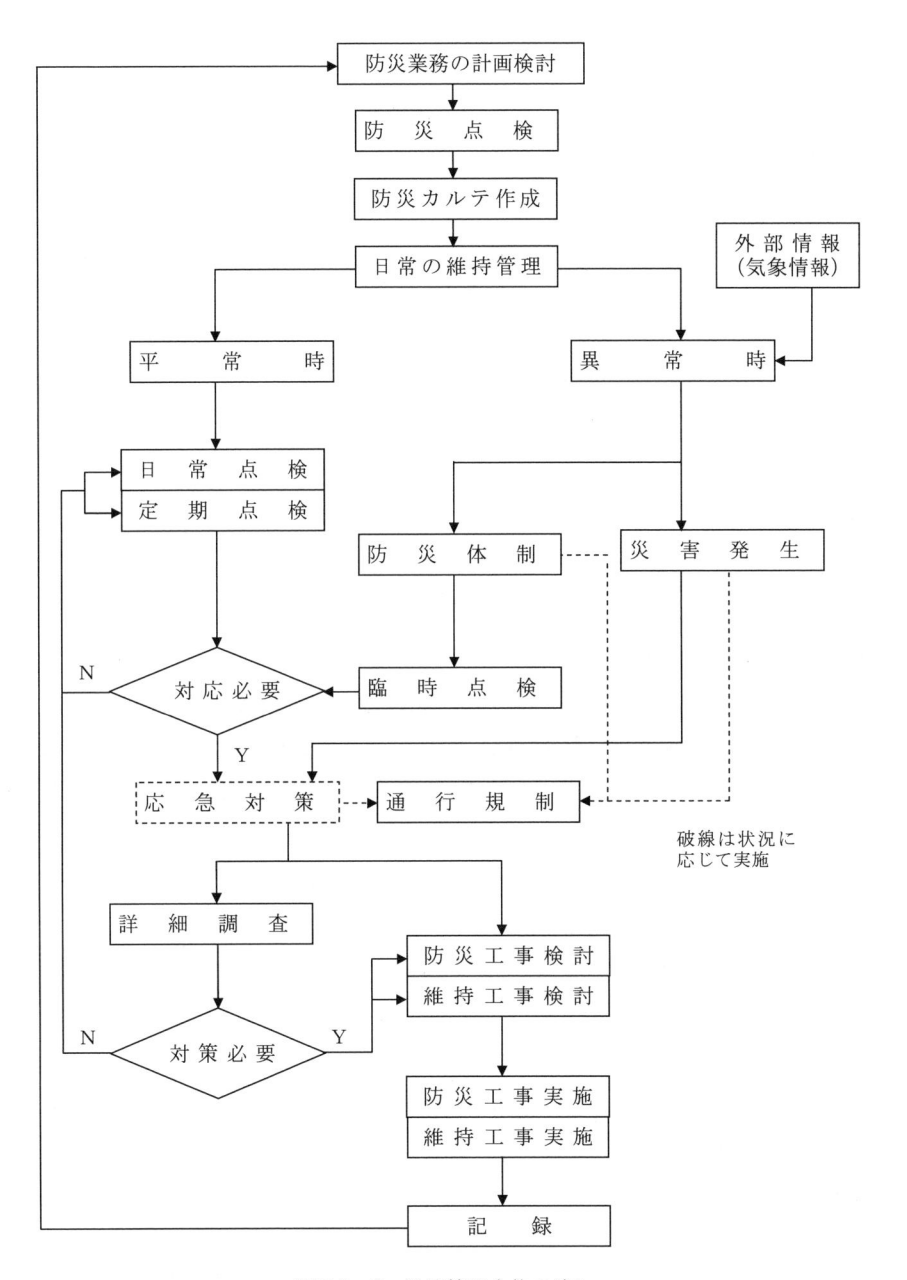

解図 2−2 維持管理全体の流れ

「詳細踏査」により，対象箇所の状態を詳細に調査し，災害に至る可能性のある要因の把握及び状態の評価を行うが，「詳細踏査」のみで困難な場合には，さらに地質調査や計測機器を用いた観測等の「詳細調査」を行うのがよい。

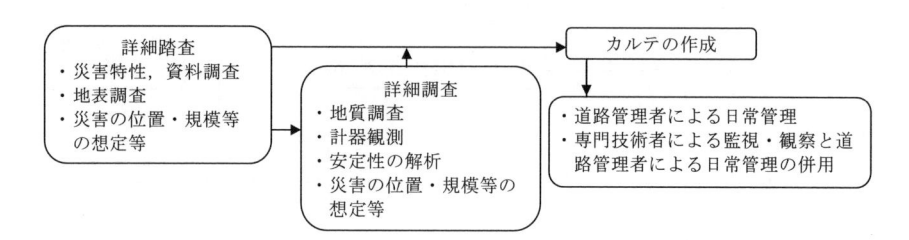

```
┌─────────────────┐      ┌─────────────┐
│  詳細踏査       │      │ カルテの作成 │
│ ・災害特性，資料調査 │ → ┌─────────────┐ → └─────┬───────┘
│ ・地表調査      │   │  詳細調査    │         ↓
│ ・災害の位置・規模等 │   │ ・地質調査   │  ・道路管理者による日常管理
│   の想定等      │   │ ・計器観測   │  ・専門技術者による監視・観察と道
└─────────────────┘   │ ・安定性の解析 │    路管理者による日常管理の併用
                      │ ・災害の位置・規模等│
                      │   の想定等   │
                      └─────────────┘
```

解図2-3　防災カルテ作成のフロー

(ⅱ) 平常時点検

平常時点検は，主に日常点検及び定期点検よりなる。日常点検は，道路パトロール車等から視認可能な範囲を目視で点検するもので，変状の早期発見を目的としたものである。また，道路の利用状況を日常的に点検するものである。定期点検は，徒歩にて点検対象に可能な限り接近して，防災点検等で発見された変状等の経過観察と早期発見をするためにできる限り細部に渡り点検するもので，各点検箇所の防災カルテ等に示されている点検時期にあわせて比較的長い間隔（例えば半年や年に1回程度）で実施するものである。平常時点検では，変状の有無や変状の進行状況等の経時的な変化について防災カルテに記録し，補修や対策工の計画等の策定の資料として活用することが重要である。

(ⅲ) 臨時点検

臨時点検は，地震，降雨等の後，あるいは平常時点検を補完するために，必要に応じて実施するものである。豪雨や地震が発生すると，道路土工部ではのり面崩壊，排水溝の閉塞による土砂流出，排水不良による盛土や擁壁等の崩壊，横断排水路の呑はけ口の翼壁部分の洗掘，あるいは沈下等を生じる場合がある。地震，降雨等により災害が発生した場合あるいは臨時点検で災害に至るような変状が確認された場合に，対応策を検討するための資料収集を目的に災害時の調査を実施する。

なお，山腹斜面のような道路の区域外からの原因によって破損したり，通行が不能となることもある。この場合，当該区域の管理者等による対策が第一であるが，道路管理者としても注意することが望ましい。

3) 維持補修・防災対策

維持補修・対策は，点検によって把握された変状に応じて行い，大きく「道路構造の保全管理」と「防災管理」の2つに分けられる。前者は①経年変化により老朽化した植生や構造物の補修等をする現状維持のための保全作業であり，後者は②変状・崩壊を監視する業務，③危険防止のための対策を行う工事である。

①の保全作業は，土工構造物の機能を十分発揮させるもので，植生の追肥，落石防護工の裏の堆積土砂の除去，排水溝に溜った土砂の除去等の作業を定期的に行うものである。

②の監視業務は，のり面・斜面や土工構造物の変状等を監視するもので，変状の兆しがあれば必要な調査や計測を行い，その経時的変化より安定性（健全度）を判定するものである。

③の対策工事は，災害等を未然に防止するための対策と，災害発生後の復旧のための対策がある。前者は，崩壊等の危険性があるのり面・斜面や土工構造物に対しての補強や，事前に不安定土砂の除去を行うこと等がある。後者は，崩壊土砂の排土等を行い，その後の災害を防ぐ対策工を施工し道路の復旧を行うものである。

4) 記録の活用

維持管理においては，防災性を向上させるために，調査から施工段階までにおける地質・土質等のデータ，点検結果及び被災履歴，補修・補強履歴等の維持管理上必要となる情報を長期間に渡って保存し，活用していくことが重要である。このため，過去の被災履歴，対策工の実態，地形・地質情報等を踏まえて災害危険箇所を把握し，必要に応じて防災管理基図（道路防災マップ）等を整備し，道路区域及び周辺斜面の範囲からの災害への対応や，状況に応じて維持管理の重点化等を検討することが望ましい。

5) 異常時の対応

異常時としては，変状の兆候が現れこれが進行中でいずれ災害になると予測さ

れる場合と，すでに災害が起きた場合とがある。異常時には以下のような対応をとる必要がある。

（ⅰ）通行の禁止・制限

異常あるいは破損部分を発見した場合には，まず，それによる交通事故を予防し，破損の拡大を防ぐ措置をとることが重要である。このため通行の禁止または制限あるいは応急対策をその程度に応じて，弾力的に行う必要がある。規制を行う場合には，規制方法，迂回路の指定及び交通安全対策等の交通処理に十分配慮する必要がある。また，応急対策を行う場合は，本復旧施工時の障害や手戻りを生じないように考慮しておかねばならない。

以下に述べる調査や対策の実施も含めて，二次災害の防止を第一に考慮する必要がある。

（ⅱ）原因の調査と対策

具体的な対策の検討に当たっては，まず正確に原因を把握する必要がある。しかしながら，実際には多くの原因が重なり，また，例えば災害等の異常時には，原因の調査のための立入りができなかったり危険であったりして簡単には把握し得ない場合もあるので，応急措置も含めて変状の内容に応じて可能な調査から早急に行い，弾力的な対策を講じていく必要がある。地すべりや構造物等の構造的な変状の場合は，変状の連続観測や定期的な調査を十分に行う必要がある。

対策について，まず第1に留意すべき点は，「水の処理」である。のり面・斜面の崩壊，盛土，擁壁等の崩壊といった土工構造物に関連する災害は，排水溝の閉塞等の排水不良による水の影響によるものが多い。このため設計・施工段階と同様，土工構造物の維持管理の大きなポイントは水である。

第2には，土工構造物の，計画や設計の趣旨を理解することである。どんな設計にも必ず前提条件があり，それを整理しておくことが，維持管理上重要である。近年は，建設技術の進歩や，土地・空間の有効利用等の社会的要請により地形や気象等自然条件の厳しい箇所において道路が建設されることが多いので，条件変化に対応するためにも設計条件の整理は重要である。

第3には，各種工法，技術の特徴，適用の範囲をよく整理して，対策工法を選択することである。

また，対策の実施に当たっては，交通に与える障害，沿道の環境に及ぼす影響等に留意し，被災した箇所の場合には原形復旧とするか，さらに補強した復旧とするか被災原因を十分に検討して同じ要因で再度被災することがないように弾力的に対応することが必要である。

(ⅲ) 災害復旧制度の活用

　道路等の公共土木施設は国民生活の安寧を保つうえで極めて重要で，その災害復旧については，緊急に行うことが必要であるため，公共土木施設の維持管理に関する本来の道路法等の法律に加えて，「公共土木施設災害復旧事業費国庫負担法」（以下「負担法」という）がある。そして負担法に適合する要件を備えた災害に対しては，災害復旧事業としてその復旧に要する費用の一部を国が負担することとしており，その適用についても留意しておく必要がある。

　災害復旧制度は，被災した施設の原形復旧を目的としているが，原形復旧が不可能な場合には，当該施設の被災前の効用を復旧するための施設を作ることも，原形復旧に含まれている。また，被災した施設を原形復旧することが著しく困難または不適当な場合において，これに代わる施設を設置することも原形復旧とみなされる。このため，災害復旧対策の計画に当たっては制度の主旨を踏まえた上で，前述のように弾力的な対応を心がけるのがよい。

共　通　編

第1章　調査方法とその活用

1-1　一　般

>　本章は，道路土工を実施する際に行う調査について，各種調査方法とその活用における留意事項について述べるものである。
>　調査は，大きく次の3つに分類される。
> (1)　土工構造物の構造設計のために実施する地盤の地質構造や力学特性に関する調査。
> (2)　土工構造物の設計・施工において必要な気象条件を把握するために実施する気象関連調査。
> (3)　建設工事における保護・保全対象，生活環境等の周辺環境への影響，建設環境条件等を把握するために実施する道路建設全般における環境関連調査。

(1)　**地質構造，力学特性に関する調査の目的**

　土砂災害の防止及び各種構造物の安全性の確保は，道路建設において重要事項の1つである。このため，土砂災害の防止や土工構造物の設計に関して地盤の地質構造や力学特性を知ることを目的に，道路建設の流れに沿って得られた情報を受け渡しながら，資料調査，現地踏査，地盤調査を段階的に実施する。

　これらの詳細については「1-2　既存資料の収集・整理」，「1-3　現地踏査」，「1-4　地盤調査」を参照されたい。

(2) 気象関連調査の目的

　道路建設においては，排水工や凍上対策，植生を活用したのり面保護等，降雨，日照，気温等の気象条件を考慮した対応が必要なものがある。また，建設工事を実施する際も，気象条件に合わせて施工工程や施工方法に配慮することも必要である。これらに対応することを目的として，気象関連調査を実施する。
　これらの詳細ついては「1−5　気象関連調査」を参照されたい。

(3) 環境関連調査の目的

　環境保全，地盤汚染，廃棄物処理等の問題は、道路建設においても近年重要な位置づけになっている。このため，道路建設の自然環境・社会環境への影響や建設環境条件を知ることを目的として環境関連調査を実施する。環境関連調査は，それぞれの目的に応じて道路建設の各段階で個々に実施するものが大半である。
　これらの詳細については「1−6　環境関連調査」を参照されたい。

1−2　既存資料の収集・整理

> 　計画路線選定のための検討資料として，関連する地域の，地形，地質・土質，土壌，地下水，自然環境，その他の関連資料を収集し，設計・施工上の障害となる事項を抽出する。

　道路土工において問題となる箇所には，地形，地質・土質，土壌，地下水，自然環境（気象条件を含む），人為的な要素（文化施設や居住環境等の道路建設における周辺状況）等，様々な要因が関係していることが多い。このため，調査に当たっては，これらに関する基本的な資料をできる限り収集することが肝要である。ここでは土砂災害の観点での，既存資料の収集・整理について示す。なお，土壌・地下水・自然環境・その他人為的な要素に関する調査については「1−6　環境関連調査」を参照されたい。
　路線選定時に設計・施工上問題となる箇所を判読するときに利用しやすい資料の例を**解表1−1**に示す。以下，地形図，地質図，地盤図，空中写真，既存土質調

査資料，及びその他の資料（工事記録，災害記録，土地条件図等）の収集と整理する上で考慮すべき利用の着眼点を述べる。

解表1－1　問題となりやすい箇所の判読に適する資料の例

問題と なりやすい箇所 \ 資料	地形図	地質図	地盤図	空中写真	災害記録	土地条件図
地すべり	◎	×	×	◎	◎	◎
断層	○	◎	×	◎	×	×
崩壊地	◎	×	×	◎	○	◎
軟弱地盤，後背湿地 三角州等	○	×	◎	◎	×	◎
崖すい	◎	×	×	◎	×	×
段丘	◎	◎	×	◎	×	◎
扇状地	◎	○	×	◎	×	◎

◎：適している　○：ある程度は可　×：不可

(1) 地形図

地形は長い年月における自然の気象条件，例えば豪雨や地震による斜面変動，地質的な変動等の影響を受けた状況を表しているため，道路土工における地質的な問題箇所の多くは，地形的な特徴として判読できることが多い。このため，地質調査における重要な基礎資料である。

1) 種類

地形図には，国土交通省国土地理院発行の 1/50,000，1/25,000，1/10,000 の地形図と，都市計画区域では都道府県及び市町村によって発行された 1/10,000，1/5,000，1/2,500 の地形図がある。また，路線の計画区域については，それぞれの機関で図化した 1/5,000～1/2,500，1/1,000 の地形図がある。さらに，山地部では，林野庁または都道府県の作成した1/5,000 の森林基本図がある。なお，地域によっては，航空レーザー測量によって得られた高精度の地形図が入手できる場合がある。

2) 発行状況

国土交通省国土地理院の地形図は市販されており，1/50,000，1/25,000 地形図は全て作成されている。1/10,000 地形図については，未測地・未作成区域がある。また，地表を250mメッシュや50mメッシュに区切り，その中心点の標高データを数値化した国土地理院発行の数値地図が，(財)日本地図センターで販売されている。

3) 利用の着眼点

地形は地表面が現在までに受けてきた浸食・風化・堆積・地盤変動・地震等の自然の営力の結果を表したものである。山地部では，岩石・地層の硬軟の差，地層の走向・傾斜・岩目（岩盤中に発達する層理・片理・節理等の割目），断層破砕帯等が，浸食作用の差として表れる。平地部では河川によって運ばれ堆積した砂・砂礫または内湾等の静かな環境で堆積したシルト・粘土等が，等高線の形状及び微地形（わずかな標高差等の局地的な地形）によって表される。

地形図は空中写真，地質図等と併せて判読すると道路建設上障害または問題となる箇所を推定することができる。**解表1－2**に地形判読の着眼点を示す。

(2) 地質図

地質図は，地形図の上に地球の表層を構成する各種岩層の分布，相互関係（重なり方），地質構造等の地質調査結果を色彩や模様で表示し，地層の境界・走向・傾斜・断層・しゅう曲等を記号で表したものである。

1) 種類

（独）産業技術総合研究所地質調査情報センター発行の全国的なものと，都道府県によって発行された各行政単位毎のもの等がある。地質調査情報センター発行のものは 1/500,000，1/200,000，1/75,000，1/50,000 の種類がある。また，都道府県発行のものは 1/500,000 または 1/200,000 程度のものが多い。

さらに，国土交通省発行の土地分類基本調査による土地分類図（都道府県別）の中に表層地質図（1/200,000 が主で，場合により 1/100,000）がある。そのほか，(財)国土技術研究センターの土木地質図（1/200,000）等がある。

解表1-2 地形判読の着眼点

地 形	地形判別の着眼点	道路建設上の問題点
地すべり	等高線の乱れにより判別。地すべり頭部には馬蹄形状の滑落崖及びこれに続く凹凸のある緩傾斜地・末端隆起部がある。土地利用状況としては千枚田等の水田に注意する。	地すべり地における頭部の盛土，末端部の切土，地下水位への影響のある工事等は地すべりを誘発する恐れがある。
段 丘	山間部中流域の河川沿岸に発達し，数段の平坦面（段丘平坦面）と段丘線には急傾斜の崖が発達する。	切土による広範囲の地下水位低下，湧水量，位置によっては切土のり面の崩壊をまねく。
扇状地	河川が山地から，急に本流または平地に流れ出た場合に，上流から運搬してきた土砂・礫を堆積して，傾斜の緩い扁平な円すい状の地形を形成する。地形図では谷の出口を原点として，同心円状の等高線で表される。	地下水位は一般に低いが，末端部では高くなる。末端部では切土による地下水の渇水が問題になる。土石流発生の危険がある。
後背湿地	自然堤防（現河道，旧河道の両岸に堆積した高さ数m，幅10～数100mぐらいの帯状の高まりで砂地盤）の背後にある低平な平地で，細粒物質（粘土，シルト，細砂）の含有率が高く，局所的に有機質土を含む。普通水田，湿地になっている。一般に軟弱地盤を形成しやすく，洪水時には滞水が起きる。	軟弱地盤で盛土の安定・沈下が問題になる。
三角州	静かな入海や内湾に注ぐ河川の河口部に発達する三角州または扇状の低平な平地で，地盤の標高は5mを超えることは少ない。	軟弱地盤層が厚く，盛土の安定・沈下が問題になり，橋梁等の基礎となる支持層が一般に深い。また，都市部等では地下水の揚水による地盤沈下が問題となる。
崖すい	急傾斜面上の風化岩層が，重力の作用により落下して半円すい状のルーズな堆積をつくる。一般に山裾に急傾斜をなして堆積している。	土砂がルーズな状態で堆積しているので，水を含むことが多く，下端部のものほど危険である。
断層地形	断層に沿う地層は破砕され弱線を形成する。そのため浸食作用により特徴をもった地形を示す。断層鞍部・断層小丘の連続，崩壊地の連続長い距離に渡る直線状谷の存在，滝，地形急変点の連続等の特徴ある地形を示す。	断層に沿う岩石は破砕されて，トンネル工事では湧水，土圧等の問題が多い。切土のり面は崩壊の恐れが多い。

2) 発行状況

地質調査情報センター発行のものは市販されているが, 1/50,000 及び 1/75,000 の地質図は未作成の区域がある。

3) 利用の着眼点

市販されている地質図は, 計画路線付近の地質の大要は分かるが, 道路土工の設計・施工に必要な工学的性質を把握するには十分ではない。ただし, **解表1-3～1-5**に示すような利用方法が考えられ, 断層の存在, 崩壊, 地すべりを起こしやすい地質の分布状況, 地層の走向傾斜等に着眼することにより設計・施工上注意すべき問題点をある程度予測することができる。

解表1-3 地質図の着眼点と利用できる事項

着眼点		利用できる事項	地質図	地質図幅説明書	地質断面図
地層の分布・構成・岩質		岩石の種類・硬軟, 建設上問題となる岩石か否かの判定	◎	◎	○
地層・割目の走向・傾斜(岩目)		切土のり面の安定状況*(流れ盤, 受け盤等), 掘削の難易(岩目の間隔により判断)	◎	◎	○
構造	断層	切土のり面の安定状況, トンネル掘削による湧水, 土圧状況(断層の位置・規模, 破砕帯の幅, 断層粘土の有無)	◎	◎	○
	しゅう曲	切土のり面の安定状況(堆積岩のうち, 泥岩, 貢岩のようなものはしゅう曲の際に乱され割目ができる)	◎	◎	○
変質の程度		切土のり面の安定状況(変質して粘土化していることが多い), 盛土材料の品質, トンネル掘削による土圧状況		◎	
鉱山		鉱山のある概略の位置	○	◎	
石材		石材・砕石等の材料の岩質及び産地	○	◎	

◎;よくわかるもの　○;わかるもの

＊道路土工－切土工・斜面安定工指針参照

解表1-4　地質図利用上の着眼点と問題点の予測

着眼点	設計・施工上注意すべき問題点の予測				
	掘削の難易	材料の選定	切土のり面の安定	基礎地盤の判定	地すべり地の判定
岩　　質	○	砕　石　◎ 土取場　◎	◎	○	○
走向・傾斜・岩目	○		◎	○	○
断　　層			◎		○
風化の程度	○	土取場　○	◎	◎	○
変質の程度			◎		○

◎；予測がしやすいもの　　○；特定の場合に予測できる

解表1-5　設計・施工上問題となりやすい岩質

岩　　質	問題となる理由	岩　石　名
膨張性の岩石	応力解放及び浸水により膨張して、強度が低下する。発生材は土性が悪い。切土のり面、トンネル等で問題が多い。	蛇紋岩，泥岩，頁岩，凝灰質の推積岩，風化した結晶片岩，滑石，温泉余土
風化が進みやすく，風化後の土性が悪いもの	掘削時の新鮮な時は硬いが，風化の進行が早く，土砂化すると性質がよくない。	変朽安山岩，泥岩，頁岩，粘板岩，凝灰岩，緑色片岩，黒色片岩
多孔質な岩石	風化しやすく，骨材として使用するときの吸水率が高い。	凝灰岩，安山岩の一部
岩目（層理・片理・節理）の発達した岩石	岩目（層理・節理・片理）が極めて発達していて、この岩目からすべりが生じ，切土のり面の崩壊となる。	片岩，粘板岩，頁岩

(3) 地盤図

地盤図は，その地域において実施された多数のボーリング柱状図を収集し，地質学及び土質工学的に検討を加えて統一整理したものである。ボーリング位置，基盤の状態，成層状況，地盤の性質，支持層の位置等についてまとめ，柱状図も整理収録されている。

1) 発行状況

東京，名古屋，大阪等の大都市と臨海工業地帯等では地盤図が作成されていることがある。また，近年では，いくつかの機関からボーリングデータ等が公表されている。例えば，国土交通省の事業において蓄積されたボーリングデータ等が（独）土木研究所に設置されたポータルサイトから無償で入手できるほか，各地方の協議会等で収集されたボーリングデータがＣＤで販売されている場合もある。

2) 利用の着眼点

多数のボーリング柱状図を整理したものであるから，計画地区の基礎地盤の概要を知るには便利である。しかし，既往の調査はその目的によってデータの記載内容や精度が異なっているため，あくまで参考資料とし，実際の設計・施工においては，独自の調査によって地質状況を確認すべきである。

構造物の基礎形式・構造・工法等を概略検討するときには，地盤図から基礎地盤の形状，支持層までの深さ，成層状態等の概要が把握できる。さらに軟弱地盤の規模，地盤沈下，地下水等の調査にも利用できる。

⑷ 空中写真

空中写真測量に用いた密着写真を使い，実体視することにより，地形解析を行い，土質・地質調査にも役立てることができる。

1) 種類

空中写真には，白黒写真，赤外線写真，カラー写真，カラー赤外線写真等がある。赤外線はもやの透過率がよく，その映像は濃度によって水の存在を示すなどの特色がある。赤外線写真は，この性質を利用して水の分布調査や考古学の調査にも使用される。カラー写真は映像の明暗ばかりでなく，対象物の色調の差を利用できる。カラー赤外線写真は，もやの透過力を持つと同時に植生の検出（枯死樹木の検出）に便利で，植生調査に利用される。

2) 発行状況

空中写真には各種の縮尺のものがあるが，広範囲に渡って地形，地質を観察するには 1/20,000～1/40,000 程度のものが適当である。局所的な路線選定には 1/5,000～1/10,000 程度のものが適当である。国土交通省国土地理院では，日本

全国に渡る 1/40,000 の空中写真や，1/15,000，1/8,000 等のより詳細な空中写真があり，農林水産省林野庁には 1/20,000 の空中写真がある。また他機関の公共工事計画区域には，その機関によって撮影された写真測量用の各縮尺の空中写真がある。

3) 利用の着眼点

空中写真による地質，土質の推定には限界があり，そのため現地踏査による確認修正が必要である。空中写真判読及び解析は，地質調査会社，航空写真会社（航測会社）等が専門的に実施している。

空中写真における地形・地質・土質の判読要素を**解表 1－6** に示す。

解表 1－6　空中写真を用いた地形・地質・土質の判読要素と得られる情報

判読要素		得られる情報
地形	大地形	谷，盆地，平野，台地，丘陵，山地等の大地形からの分類。岩盤が主体か，未固結の堆積物が厚いかなどの大まかな判定。
	色調	岩質，土質，含水状態等の推定。植生による色調が土質，土壌等の変化を示す。
	土地利用の状態	作物と樹木の違いが，土質や基盤岩の違いを表すことがある。土地利用は地形との対応がよい（地すべり地と千枚田等）。
	線状模様（フォトリニアメント）	地形，色調等が線状に連続するのが認められることがあるが，これは断層の存在等地質構造の異常を示すことが多い。

（i）地形の判読

地形学の基礎的な知識を利用した大地形の分類を行う。これによって計画地域の地質・土質の概略を推定する。大地形の分類においては，山地・丘陵地・平野部等の区分，比高，水系の密度や水系の形状，斜面や谷の形状等の観察を行い，計画路線の地域の地形的特徴を大まかに区分しておくことが重要である（**解図 1－1～解図 1－3** 参照）。

（ii）色調による判読

色調及びこれに類する判読項目として明暗，肌理（きめ）等がある。

固結粘土，排水の良好な砂地盤は含水比が低いため白く，粒径の小さな含水比の大きい土及び有機質土は暗く写真に写る。特に軟弱地盤は写真写りの暗さと，標高の低さからその存在と分布が推定できる。

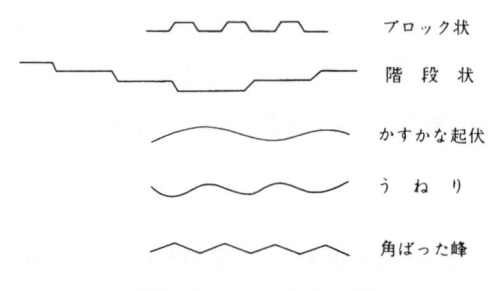

解図 1−1　地表面の形状

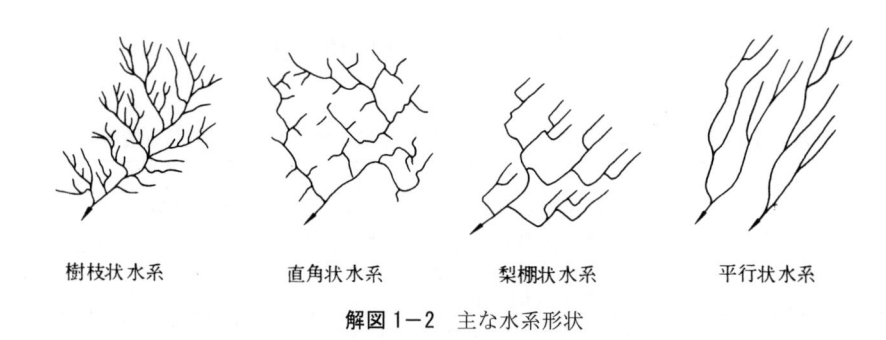

- ブロック状
- 階段状
- かすかな起伏
- うねり
- 角ばった峰

解図 1−2　主な水系形状

- 樹枝状水系
- 直角状水系
- 梨棚状水系
- 平行状水系

呼称	横断形状	縦断形状	代表的地質・土質
V型		小谷(ガリ)の縦断	砂・砂礫土及びすべての岩石
U型		小谷(ガリ)の縦断	シルト，まれに石灰岩
粘性土型		小谷(ガリ)の縦断	粘土・シルト質粘土 ガリが広いほど，透水性が低い。

解図 1−3　小谷の横断・縦断形状

「肌理」は写真上で階調の異なる映像の集合が作る全体の感じを指し,写真の縮尺によって変化する。

(ⅲ) 土地利用

農業地域では,作物・樹木の違いが土質や基盤岩の違いを示すことがある。また耕作地の排水溝,かんがいあるいは土壌流出防止柵等を観察して,土性や水事情が推定できることもある。

農業地域以外でも,例えば採鉱場や,土石採掘場の存在が地質・土質判読の手がかりとなることもある。自然植生の分布状況の違いも地質の違いを示すことが多い。

(ⅳ) 線状模様

線状模様とは主に地質構造に起因していると判断される,広域的な直線状あるいは緩い弧状に配列した地形的特徴(流路の直線的なものを含む)である。線状模様には天然の現象を示すものと,道路・田畑・送電線等人工的にできたものがある。天然にできたものでも,卓越風によって生じた風紋や樹木の傾き,溶岩・洪水の流下痕跡等,非地質的なものと,断層・破砕帯等地盤の弱線を示す地質的なものに大別される。このうち地すべり・斜面崩壊に関係があるのは地質的なものである。

線状模様の判読は次のような要素で行う。

ⅰ) 地形的なもの
① 断層崖の存在
② 直線的な谷(断層谷)の存在
③ ケルンコルやケルンバットの連続した存在
④ 特定方向に並行する地形の存在
⑤ 稜線や川の流路の系統的なずれ
⑥ 山腹斜面の傾斜変換点が直線的に連続する場合
⑦ 河川の流路が著しい直線を示したり,規則的な蛇行がみられる場合
⑧ 湖沼・温泉・湧水点・崩壊地,地すべり地が一直線上に並んでいる場合
⑨ その他地形的急変部・水系異常・河成段丘面が落差をもったり,ずれを生じている場合等

ⅱ) 植生によるもの

　天然の植生は表土層の含水状況や，基盤の破砕状況を示しており，成長度が直線的によいもの，あるいは好湿性樹種の直線状の繁茂等は，断層・破砕帯の存在を暗示している。しかし，地形的なものから推定するより難しい場合が多い。

ⅲ) 写真の色調，または階調によるもの

① 土壌に覆われた部分で写真の色調または階調の変化が長く線状に現れる場合

② ある直線的な境界をもって，色調または階調が変化している場合

　これらも，一枚一枚の写真の色調や階調が異なる場合があり，植生による場合と同様判読が難しい場合が多い。

(ⅴ) 崩壊地・地すべり地の判読

　一般的な地形・土質を把握した上で空中写真の実体視により，地すべり地形等を探し出す。既に崩壊，地すべりを起こした斜面は，その形態的特徴を直接捉えることができることが多い。例えば山腹の等高線の乱れ，斜面上部に存在する沼や湿地，滑落崖の存在，舌状に下方に張り出した地塊等が地すべり地判読のヒントになる。一方，土工事により新しく崩壊を招くであろうと思われる特定斜面を探すことは難しい。しかし，掘削により崩壊を起しやすい崖すい，断層破砕帯等の存在を予測することは可能である。現地踏査による確認を欠くことはできないが，写真上ではフォトリニアメントとして現れる地形上（時には色調上）の特徴を捉えることにより，崩壊を起しやすい箇所を知ることができる。厚い崩積土を大きく切土するような路線を選定することを防ぐには，斜面変換線の追跡による地形分類が効果を発揮することもある。

　新たに発生する岩盤の地すべりを空中写真から発見することは難しい。このような地すべりは典型的な地すべり地の特徴があらわれない。しかし，地山に多少のゆるみが生じている場合には，山腹の緩斜面の存在や等高線の乱れ，沢の分布の異常等，周囲と異なる地形的特徴が見られることがあるので，このような微地形に留意する。これらの地形的な特徴の他，地すべり地等には土地利用上に特徴が認められる。地すべりにはほとんど地下水が関係しており，地下水の地表への浸出と粘土の存在が，その土地の農業への利用を容易にしている。河川やため池

が存在しない傾斜地での階段状の耕地が周辺の山林や岩石を露出した傾斜地と著しい対照をなす場合，それが崖錐や粘性土の存在を示唆し，特に水田に利用されている場合，地すべり地の可能性が大きい。少なくともそのような斜面を掘削する場合，及び頭部盛土する場合は十分検討する必要がある。

(5) 既往土質調査資料

計画路線付近の道路，鉄道及び構造物等の工事において実施されていた土質調査報告書を収集する。

既往の土質調査報告書が，そのまま利用できる場合は少ないが，現地踏査結果と合わせて縦横断図に記入整理すれば，計画路線に沿う大体の地盤構成，例えば，平地部では概略の沖積層の厚さ，洪積層または基盤の深さ等，山地部では表土の厚さ，岩盤の深さ等を概略推定できる。

1) 収集と整理

公表されているもの以外は，計画区域に工事実績を持っている機関（国土交通省，都道府県，市町村，鉄道事業者，道路事業者，電力会社等）に問い合わせてみることが必要である。収集した資料の調査位置を 1/25,000～1/50,000 程度の地形図にプロットして各地点の位置を確認し，各柱状図から推定した土質を縦横断図に記入する。

2) 利用の着眼点

調査報告書に示されている柱状図をはじめとする調査・試験結果は次に示す事項に注目して整理すれば，その概略の土性を知ることができる。

① 盛土の基礎地盤…N値，自然含水比，地下水位，土粒子の密度，粒度，間隙比，圧縮指数，一軸圧縮強さ，地質状況
② 切土の原地盤…N値，自然含水比，粒度，液性限界，塑性限界，地下位，地質状況，岩石の分類
③ 盛土材料…粒度，自然含水比，液性限界，塑性限界，最大乾燥密度，コーン指数，岩石の分類

（i）N値

盛土の基礎地盤を評価するうえで，N値は有益な指標となる。N値による基礎

地盤判定の目安を**解表1-7**に示す。

解表1-7 N値による基礎地盤判定の目安

	N値	硬　軟	注　意　事　項
粘性土	0～4	やわらかい	注意を要する軟弱地盤であり精密な土質調査を行う必要がある。
	5～14	中～かたい	安定については大体問題はないが，沈下の可能性がある。
	15以上	非常にかたい	安定及び沈下の対象としなくてよいが，中小構造物の基礎地盤としては20以上が望ましい。
砂質土	0～10	ゆるい	沈下は短期間に終わるが，土工構造物の設計に当たっては考慮する必要があり，地震時に液状化のおそれがある。
	10～30	中位	中小構造物の基礎地盤となり得る場合もあるが，一般に不十分である。
	30以上	密	大構造物の基礎地盤としては，50以上(非常に密)が望ましい。

また、切土部においては，地質がローム層，しらす，崩積土等の場合は、のり面の安定性を検討する際の不安定土層厚の推定に利用できる。ただし，切土の対象は風化や変質を受けた岩盤等が対象となるため非常に不均質であり，直接的な指標ではなく目安としての利用となる。

(ⅱ) 自然含水比

粘性土の土性を知る上で最も重要なのは自然含水比である。土のせん断強さ，圧縮特性等の力学特性はすべて自然含水比と直接の関係があるので，自然含水比を知れば沈下と安定の傾向を推定することができる。**解表1-8**に，自然含水比による粘性土地盤判定の目安を示す。

切土対象が風化泥岩のような粘性土であれば，含水比の違いを参考にのり面の安定性を検討する際の不安定土層厚の推定に利用できる。

(ⅲ) 土粒子の密度

土粒子の密度は大体 2.30～2.75 の間にあるものが多く，あまり変動の大きいものでない。2.5 以下の値をとるものは有機物を含んだ土であり，含水比が高い場合は何らかの対策が必要となることがある。

解表1-8　自然含水比による粘性土地盤判定の目安

自然含水比 w_n (%)	注　意　事　項
30%以下	多少の沈下量はあるが、ほとんど問題ない土といえる。
30%～70%	一軸圧縮強さは100kN/㎡以下の土が多く、精密な土質調査が必要な場合が多い。
70%～100%	軟弱な土地であり、層厚が厚い場合には沈下対策が問題になる。安定についても注意を要する。
100%～200%	安定対策には十分な検討が必要であり、全沈下量も大きい。一般には有機物を含む。
200%以上	安定対策には十分な検討が必要であり、全沈下量もきわめて大きい。ピート等の有機質土である。

注）一次堆積の火山灰土(関東ローム等)は自然含水比が100%前後であるが、一軸圧縮強さは60kN/㎡以上であり、沈下、安定については、道路盛土であれば、ほとんど問題ない。

（ⅳ）初期間隙比

飽和した粘土では、初期間隙比は $e_0 = w_n \rho_s / 100$ で求められるので、ρ_s が正確に分からない場合でも含水比さえわかっていれば ρ_s を大体 2.7 くらいに仮定して e_0 を推定することができる。

（ⅴ）圧縮指数

自然含水比または液性限界を求めれていれば圧縮指数は求まるので、沈下量の概略を推定することができる。

（ⅵ）盛土材料

盛土材料としては、粒度、特に礫及び粒径 $75\mu m$ 以下の細粒分の含有量及び自然含水比等が問題になるが、突固め試験の結果がわかっている場合には最大乾燥密度と最適含水比等も合わせて整理しておく必要がある。

(6) その他の資料

前項までに述べた資料以外にも、路線選定時の調査に利用できる資料が多い。これらの資料としては、工事記録、災害記録、土地条件図、土地利用図、地すべり分布資料、関連する法令・条例、気象資料、文化財に関する資料、自然環境に関する資料、土壌汚染に関する資料等がある。

1) 工事記録

道路、鉄道、河川あるいは建築物等の周辺施設の工事記録を集める。工事記録

には設計・施工上の問題点が含まれているので，新しい計画には役立つことが多い。土質調査報告書及び他の資料と合わせて検討する必要がある。

工事記録を利用する場合の着眼点を次に示す。

① 盛　土…高盛土の有無，盛土高さ，すべり崩壊の有無，盛土構造，のり面勾配及び保護工法，盛土の圧縮沈下量，基礎地盤の沈下量，盛土材料の土質及び産地，施工性，施工法，トラフィカビリティ

② 構造物…基礎工の種類と根入れ深さ，地盤状況，沈下状況，施工法，湧水状況，排水対策

③ 切　土…のり面勾配，小段幅及びその位置，のり面の風化浸食状況，のり面崩壊・地すべりの有無，のり面保護工の種類，地下水位，湧水状況等

④ 難工事…難工事の原因と対策工法（地質，土質，施工法等）

これらの記録を整理・検討し，とりまとめておくとより具体的な問題点を把握できる。

2) 災害記録

計画路線付近の地すべり・山腹崩壊・土石流・落石等の災害記録（気象資料等の要因を含む）を集めて整理する。これらの災害記録は，国土交通省，農林水産省（治山事務所），鉄道事業者，道路事業者，都道府県（土木部，林務部及び農地部等の関係部局），気象庁，日本気象協会（支部）等で調べるとともに，地元住民の話も参考にするのがよい。

整理の着眼点を次に示す。

① 地すべり，山腹崩壊は，ある程度地形・地質・気象と関連が深いので，地形及び地質の相似した地域では，ほぼ同じ型の地すべり・山腹崩壊が起こりやすい。従って計画地域内外にこれらの災害記録がある場合，特に地形や地質に関する資料を調べ整理する必要がある。

② 計画地域外の近隣地域も含めて地すべり，山腹崩壊，土石流，落石等の災害発生記録を調べると，その地域での災害の発生及び運動の仕方について予測ができる。

③ これらの資料から得られた情報は，発生箇所別に整理し地形図にプロットしておく。なお，得られた情報を次のように整理しておくと便利である。

地域名，場所，発生日時，災害発生時の全降雨量，発生時日雨量，運動または崩壊状況及び規模，地質状況，過去の経歴。

3） 土地条件図

土地条件図は，土地の性状や生い立ち，地盤の高低，干拓・埋立の歴史を調査し，まとめたものである。土地条件図は1/25,000の地形図を用い，地形分類（土地の形態や性状を示す）と地盤高（特に低地地盤の極めて微細な地盤の高低を示した地盤高）の区分を行うとともに，防災や開発に関係のある各種施設や機関の配置も示している。

現在では，水害予防対策だけの目的に限定せず，広く土地保全，土地開発，土地利用の高度化等の目的に利用されている。なお，この土地条件図に類するものとして治水地形分類図，土地分類図等もある。

① 発 行 状 況…国土地理院が縮尺1/25,000で発行している。
② 利用の着眼点…土地条件図は地形分類が行われているので，路線建設時に障害や問題となる軟弱地盤及び地すべり地等の位置が分かる。

地形分類として，山地，台地（段丘を含む），低地の3つに大分類されている。山地部ではさらに斜面の形状と斜面傾斜角によって9種類に色別分類され，地すべり地や崩壊地等は記号で表示されている。台地や段丘は，形成された時期により，高位面，上位面，中位面，低位面の4種に色別され，さらに崖すいや土石流堆等の山麓堆積地形が色別されている。低地は微高地（扇状地，自然堤防，砂丘，砂州等で，地盤がややよく排水も良好），一般面（谷底平野，氾濫平野，三角州，後背湿地，旧河道等），頻水地形（天井川，高水敷，低水敷，湿地，埋立地等の出水あるいは水位変化によって冠水する）に分類されている。これらと地盤高を併せて考えると軟弱地盤等を想定することができる。

4） 土地利用図

土地利用図は，都市，村落，耕地，林地，産業施設，交通等の項目に分けて土地利用の現況を示したものである。

関連するものとしては国立公園，自然公園，特別史跡，名勝，天然記念物，林地の種類，伐開跡地等で色，記号等で容易に識別できる。

① 発行状況…国土地理院の他にかなり多くの省庁や地方自治体で作成して

いる。
　② 利用の着眼点…製作年次の異なる土地利用図の比較によって，過去からの土地利用の変化を知ることが可能である。特に都市化と地形との関連を知ることができる。

5) 地すべり分布資料

　資料としては，建設省（現国土交通省）河川局，農林水産省構造改善局，林野庁で共同作成した「日本の地すべり」，防災科学技術センター発行の「地すべり地形分布図」，各都道府県で調査した地すべり分布図等がある。これらの一部はインターネットからも入手できる。

　「日本の地すべり」は，地すべり地を 1/600,000～1/250,000 の地図上にプロットしたものと，全国地すべり危険箇所一覧表とからなる。

　しかし，これらの資料に含まれている地すべりが，地すべり危険地のすべてではないことに留意する必要がある。

6) 関連する法令・条例

　道路土工に関連する各種法令・条例として，土砂災害を対象としたものと自然環境の保全を目的とするものの２つに大別される。これらについては，「基本編　1－3　関連法規」を参照されたい。

7) 調査結果の整理

　調査結果については，地形図に記号等で表示し，下記に示す事項を参考にとりまとめておくことが望ましい。特に路線選定に重大な影響を与える大規模な軟弱地盤地帯，地すべり地帯，山腹崩壊の激しい地域，脆弱な岩質の地域，断層破砕帯，大規模な集水地形，関連法規による規制地域，その他道路建設上重大な障害となる事項についてはできるだけ詳細に検討及び記述をするとともに，その位置や範囲を記入する。

　① 資料調査の総括検討事項
　② 概括的な土質，地質平面図（1/50,000～1/10,000 程度）
　③ 概括的土質，地質縦断図
　④ 災害記録
　⑤ 気象データ（降水量・降雪量，気温等災害や地域環境に関連するもの）

⑥　既存資料一覧表

1-3　現地踏査

> 現地踏査は，調査の重点地域及び問題点の把握，及び総合的な判断を行うことを目的として，調査の各段階において地形，地質・土質，地下水，植生状況，土地利用状況等を適切な精度で調査する。

　現地踏査は比較的経済的にでき，しかもかなりの精度で地形，地質・土質，地下水等の概要を把握できるので，ボーリング等の本格的調査を合理的にすることができる。この調査は道路計画段階から実施し，工事対象となる箇所において災害や環境等の道路建設上の問題がないかを把握するために行う。特に計画路線付近の災害については，よく観察するとともに，地元住民の話，地元自治体の出先等の意見を聴取することが極めて有効である。

　現地踏査は調査の必須手段で，路線選定や比較検討のために既存資料の収集・整理と併せて行う概略調査のみならず，予備調査や詳細調査の調査地点の選定（計画立案），調査結果の総合的な判定の段階においても頻繁に行うよう心掛けることが必要である。

(1)　準　　備

　現地踏査の精度を確保するためには，精度の高い地形図を準備することが肝要である。特に地すべり等の問題の多い地域の踏査において，精度の高い地形図がない場合には，必要に応じて新たな測量図の準備も検討する。

　現地踏査に際しては，目的に応じて携行できる範囲で携行品を決めることが必要である。下記に示すような簡単な調査用具を携行する。

①　収集した資料（地質図，空中写真，記録等）
②　地形図
③　ハンマ及びクリノメータ
④　ハンドショベル

⑤　カメラ
⑥　ハンドレベル及び巻尺
⑦　スクリューオーガ
⑧　サウンディング試験機（ポータブルコーン貫入試験機等）
⑨　方眼紙及び野帳
⑩　試料袋及びラベル

　軟弱地盤調査にはサウンディング，盛土材料調査等では試料採取を行い，また山間傾斜地の切土のり面，構造物の基礎，トンネル調査には露頭でクリノメータや簡易測量器具を使って岩の走向傾斜測定を行うなど，重点箇所についてはできるだけ詳細な調査を行うことが大切である。

(2) **調査事項**

　現地踏査に当たっては，次に示す項目の調査を行う。
　①　露頭
　②　地形（斜面変動地形や集水地形等），地質
　③　既存の道路，構造物等の現況
　④　地表の状態及び植生
　⑤　地下水位，湧水箇所及び水理の状況

　踏査に当たって，問題と思われる箇所では，スケッチ，写真撮影を行い，整理に役立てる。

1)　露頭の調査

　調査対象地域及びその付近に見られる道路，鉄道等の切土のり面，石切場，発生土ストックヤード，宅地造成地，地すべり，山腹崩壊箇所，谷筋等にあらわれた露頭について直接観察して岩質，土質及びその成層状態を調べることが必要であり，この場合，岩の露頭と転石とを混同しないように注意を要する。

　露頭の調査に当たっては，特に**解表1－9**の項目について注意を払う必要である。

解表 1-9 露頭の調査項目

調査項目	露頭の観察・調査事項
未固結堆積物	礫・砂・粘土・砕せつ物の分布状況・厚さ・締まり具合 礫の大きさと形状，マトリックスの粒度，含水状態，転石の安定性
岩　　質	岩石の種類及び名称，硬軟の度合（やわらかい，やややわらかい，ややかたい，かたい，非常にかたい）
地層の層理	走向傾斜，堆積の状況（互層），（切取り面が地層の走向傾斜と一致すると崩壊が起こりやすい），しゅう曲構造
岩の割目及び節理	割目の開口程度，走向，傾斜，間隔，連続性，密着性，粘土の存在の有無，斜面との角度，水のしみ出し，湧水等
風化及び変質	規模，分布，やわらかさ，粘土化，湧水状況，特に第三紀層，まさ，変朽安山岩，蛇紋岩，温泉変質，傾斜との角度
破砕帯，断層	走向，傾斜，範囲，破砕の程度，幅，充てん物の状態，粘土の狭在の有無，水のしみ出し，湧水，斜面との角度
湧水及び表面水	湧水の位置，水温，量，圧力の観測，帯水層，しゃ水層，地下水面，表面水の位置及び分布，土質の含水状態及び冬期における凍結融解の状況，飲料水，かんがい用水等の概況

2) 地形・地質の調査

地形・地質と，考えられる地すべり，崩壊，土石流，落石，軟弱地盤等の範囲，規模及び断層の方向と規模あるいは地質の巨視的判断等を地形，地質の状況に応じて**解表 1-10** に示す項目について注意して調査を行う。

（ⅰ）岩石台地（浸食段丘）

海や川の浸食によって平坦化された台状の段丘地形（普通浸食段丘という）をいう。浸食面上には堆積物がほとんどないか，あっても薄い。

（ⅱ）礫台地（堆積段丘）

海岸や現河川（または旧河川）沿いに分布する台状や階段状の地形（普通堆積段丘という）をいう。堆積物は砂礫のみによりなり，排水性がよい。

（ⅲ）谷底平野

山地，丘陵地，台地の中に，浸食と堆積によって形成された最も低いひも状の低平地である。この低平地を谷底平野という。谷底平野には現在河川がある場合とない場合があり，普通，堆積物は薄い。

解表1-10 地形の調査項目

地　形	現地踏査の調査事項
岩　石　台　地	被履物質の状況，比高，かたさ，分布
砂　礫　台　地	被履物質の状況，比高，崩壊状況，地下水の状況（地下水面を切る切土は施工及び維持が困難）
火　山　灰　台　地	堆積物質の状況，崩壊状況，地下水の状況（地下水面を切る切土は施工が困難，のり面崩壊の恐れがある）
溶　岩　台　地	比高，厚さ，かたさ
谷　底　平　野	堆積物質の状況，河川及び地下水の状況
扇　状　地	〃　　　　　　　〃
三　角　州	〃　　　　　　　〃
海　　　　岸	砕波の海岸線からの距離，飛散状況，沿岸流の方向
河　川　敷	堆積物の状況，基盤の露出状況
干　　　　潟	干満差，堆積物の状況
地　す　べ　り　地	地すべりの位置，亀裂の状態，すべり面の性質，活動状況（方向及び規模），地下水，植生等の被害状況，土地利用状況，池の分布
崩　壊　地	崩壊以前の推定地形，原斜面傾斜，崩壊面の方向，傾斜，湧水，植生状況
泥流及び土砂流	形状，起伏，植生の状況（土工は困難になりやすい）
崖　す　い	植生の状況，構成物質の状況，地下水の状況（大きい崖すいの切土は極めて困難で地すべり，崩壊を起こしやすい）
砂　　　　丘	植生の状況，砂丘の形態，移動の速さ，飛砂の状況
低　湿　地	湿潤の程度，植生，堆積物質の状況
天　井　川	比高，幅，伏流水の状況
傾　斜　変　換　線	上下斜面の傾斜角，地形の連続性（岩質及び断層等の推定），浮石の程度

（iv）傾斜変換線

　山地部において斜面傾斜が急激に変化する点がある。この点を傾斜変換点と呼び，これが連続する場合，傾斜変換線という。傾斜変換線は，断層破砕帯等の弱線の存在，岩種，岩質の硬軟の差を表す。

3）既存の道路等の現況調査

　現地踏査の際，地形・地質を調査するだけでなく，周辺の既存道路等の現況を調査することにより，設計・施工に利用できる貴重な情報が得られる。

（i）のり面の現況

ⅰ）盛土

　道路，鉄道等の盛土について，次の項目について現地調査を行う。

　　盛土高，のり面勾配，小段の位置・間隔・幅，のり面保護工（土羽土の有無，

植生及び構造物による保護)の状況,植物の種類・生育状況,湧水,浸食,変状,崩壊,周辺への障害(引き込み沈下による家屋の傾き,田畑への影響,排水施設の不要等)の状況等

ⅱ) 切土

盛土同様,次の項目について調査を行う。

切土高,のり面勾配,小段の下図・位置・間隔・幅・排水施設,地質・土質の状況,のり面保護工の現況,植物の種類・生育状況,湧水,浸食,変状,崩壊の状況,落石・雪崩等の防護工の現況等

(ⅱ) 自然斜面の現況

自然斜面については自然斜面の形状,平均勾配,地質・土質の状況,変状,崩壊の状況,斜面上の浮石・転石の有無,斜面下の落石の状態,植生の状況,落石防護工,なだれ防護柵等の位置・延長・間隔・構造・問題点等について現況を調査する。

(ⅲ) 路面の現況

舗装の破損状況,切土・盛土との接続部の状況,盛土部の沈下状況(特に構造物との接続部),地すべりによる隆起,沈下状況,補修状況,被災状況,道路周辺の排水状況,大雨時の冠水状況等を調査する。

4) その他の踏査

(ⅰ) 地表の状態及び植生の観察

湿田,乾田,沼沢地,畑地等の地表の区分は,土質区分,軟弱地盤の規模,地下水位等に深い関係がある。晴天が続いた場合でも,山腹等の地表が湿潤状態を示していれば,湧水に伴う崩壊の可能性が察知できる。切土路床面で車両の通過するときの状況を降雨直後に観察すれば,盛土材料としての問題点を発見することもできる。

植物の種類・大きさ(高さ)・茂みの程度・根の状態・地すべり等に伴う幹の変曲の有無は,土質,地すべり地下水の程度を知る手がかりとなる。

(ⅱ) 地下水位,湧水箇所及び水理の状態

地表,山腹,切土のり面等にあらわれた地下水の状態と大量の湧水箇所または代表的な井戸の水位を明確にしておくとともに,河川の状況(天井川であるかど

うか，流水量，その他），水路の排水の良否，その他を調べておく。
　（ⅲ）砂地盤，粘土地盤

　砂丘あるいは洪積層等の粘着性のない砂地盤を切土する場合，地表水，地下水によって落石，崩壊，土砂流出が生じることがある。このような土質に対するのり面勾配，保護工に注目する。砂丘，砂州等が並列しているときはその中間帯に注目する（軟弱地盤）。

　洪積粘土層はそれ自体がかなり硬く安定上の問題は少ないが，砂層と互層をなしていることが多く，この場合地下水の浸透が著しいことがあるため，のり面安定に特別の注意を払わなければならない。また，粘土のり面の緑化は一般に困難であり，客土を使用するのり面植生工が採用されている。
　（ⅳ）構造物の変状

　建物，擁壁，電柱，トンネル，井戸，石垣その他構造物の変状を調査する。

(3) 現地踏査の主な着眼点

　次に示すような地形，地質の場所では，道路建設上特に障害となる場合が多いので，十分に注意を払って踏査する。

1) 段丘

　切土によって広範囲に渡って地下水位の低下を生じ，近隣の井戸に影響を与えたり，切土のり面や路床部に地下水が浸出したりして被害を与えることがある。

　調査に当たっては，砂礫層の厚さ，締まり具合，玉石の大きさ，混合度，安定度，水利用状況を調べるとともに砂礫層と下部の岩盤あるいは不透水層の境界面の位置，形状，地下水の多少に注意するとともに基盤が粘土化しやすいか，周辺斜面に落石崩壊，地すべりが発生しているかどうかを調査する。

2) 崖錐

　谷川に沿う山地には崖錐の発達している場合が普通である。岩塊や土砂がルーズな状態で堆積したものであるから，浸透水が多く切土，盛土ともに崩壊・地すべりが多い。

　調査に当たっては，崖錐の安定状況，河川の増水による洗掘状況，斜面勾配，厚さ，地下水，転石の大きさ，混合度，岩盤との境界面あるいは土砂中の粘土面

等を注意するとともに背後斜面の急崖を観察して，今後も崩壊が継続するかどうかを観察する。崖錐地の一般的な特徴は次のとおりである。

① 切り立ったような急な山腹斜面が中途から急に緩い勾配の傾斜地に移り，急な地山には岩石が，傾斜地には岩屑が多い。

② 谷間にできた崖錐地には，杉，竹等の好湿性の植生が多い。また谷間でない場合は，桑，桐等を栽培していることが多い。

③ 崖錐の下部に道路等がある場合は，石積みが数段設けてあることが多い。

3) 断層

一般に断層，破砕帯では，断層角礫，粘土を伴っているが，その状態は均質でない。断層粘土を伴った部分は不透水帯となり，割目の多い部分では帯水層になりやすい。したがって，断層の周辺では地下水位の高まる部分を生じ，崩壊，地すべりの原因となることが多い。断層の傾斜が斜面と同一方向の場合には，その傾向が著しい。山地で鞍部（ケルンコル）を形成している凹部には，断層帯の存在する場合が多いので注意を要する。断層及びその周辺の破砕状況，幅，連続性，充填物の状態，粘土の有無，湧水状況，断層と斜面との関係，既往災害との関連に注目する。

4) 傾斜層（不連続面の方向性）

層理面，片理面，節理面，断層面，シーム等は，強度や透水性の異なる不連続面である。これらは，すべりを起こしやすい力学的な弱面であるとともに浸透水の通路となる面である。これらの不連続面が，斜面の傾斜方向と一致するいわゆる流れ盤になると滑動しやすくなる。特に，浸透水によって不連続面が軟弱化するような場合には，その傾向が著しい。

調査に当たっては，不連続面と切土面との傾斜関係，硬軟互層（軟質部の水に対する抵抗性），割目の開口程度，粘質部の存在，湧水状況等に注目するとともに落石，崩壊，地すべりの頻度，厚さを調査する。

5) しゅう曲

地層がしゅう曲作用を受けると，背斜軸や向斜軸付近には応力が集中し，断層や割目等の不連続面が発生することが多い（特に背斜軸付近が著しい）。これらの不連続面に沿って背斜軸から向斜軸に向かう箇所で，崩壊，地すべりが多い。斜

面と地層,断層,破砕帯等の走向傾斜に注目するとともに既往の災害を調査する。
6) 透水層の位置,性状

切土,盛土の崩壊と密接に関係する。断層,破砕帯,砂礫等の透水層の位置,性状,透水状態,パイピング現象に注意する。

7) 地すべり地

現在大規模な地すべり運動を起こしている場所を明らかにすることは簡単であるが,規模が小さく既に運動の止まった過去の地すべり地を知ることはかなり困難であるので,過去の記録や住民からのヒアリング結果等を極力参考にする必要がある。踏査は,斜面対岸の山腹の数地点(対岸山腹を川に沿って移動する)より,全体の地形勾配,傾斜変換点を観察して地すべり地形の特徴を把握してから,地すべり地内を詳細に調査する。踏査に当たっては,次のような点について観察する。

① 平均勾配,傾斜変換点,平面地形,土地利用,地すべり範囲,移動方向,河川渓流との関連,計画路線との位置関係,地すべり履歴等
② 地すべり頭部の馬蹄形状の滑落崖,亀裂,池沼の分布,階段状の緩傾斜地,末端隆起部
③ 第三紀層,特に凝灰質砂岩,頁岩,泥岩等の多い新第三紀の地層,角閃岩,結晶片岩,古生層,蛇紋岩地帯,地質構造上の破砕帯の多い地域及び温泉地帯,粘性土と砂の互層からなる洪積層
④ 道路・擁壁・橋梁・トンネル・石垣その他の構造物に被害を与えた痕跡,樹木・電柱・石塔等の傾斜,道路勾配の急な変化,河川・道路の異常なカーブ
⑤ 地すべり地の上部の粘土層の滑面(ただし,一般には地すべり地の上部は亀裂,断崖等からなる階段状地形を形成している)

8) 山腹崩壊

風化の著しい花こう岩地帯,しらす地帯,新第三紀層や構造線沿いの古・中生代の地層では断層や破砕帯等の地質構造に基づく崩壊や岩石の破壊に起因する崩壊が少なくない。

一般に,表土,崩積土,強風化岩,基盤等の強度や透水性の異なる境界面(不

連続面）で崩壊を起している例が多い。

　崩壊は，地形的には斜面の傾斜角が35～45度以上の急傾斜面に多く発生している。特に，上部の地形が水を集めやすい場合には，浸透水，地表水の集中による土層の含水，浸食，強度低下，間隙水圧の上昇，パイピング等が崩壊を引き起こしている。

　全体的な地形，崩壊形状，植生，将来の見通し等を把握するためには，空中写真と対比しながら遠方または対岸から観察し，その後崩壊地内を踏査する必要がある。踏査に当たっては次のようなポイントについて観察する。

① 全体的な地形
　　勾配，斜面形状，植生，湧水，崩壊範囲，計画路線との関係
② 崩壊地
　　勾配，斜面形状，崩壊の規模，崩壊土砂の堆積状態，崩壊上方斜面の変状，崩壊拡大の可能性，既設の防災対策
③ 地質・土質
　　地層面，割目等の不連続面の方向性（流れ盤，受け盤），割目・破砕の程度，風化，変質，透水層の位置・性状，硬軟の互層状態，水によって強度低下を起しやすい岩質の存在（凝灰質岩石），パイピングの可能性

9) 土石流

　土石流は，渓床勾配が15度以上で渓床上に移動可能な堆積土砂が存在するか，上流で比較的大きな山腹崩壊の恐れがある場合に発生しやすい。

　古い土石流堆は渓口部に扇状地状に堆積し，林地，畑地として利用され，安全な斜面とみられがちであるが，将来において土石流の恐れがあるので，上流部の斜面及び渓流の状況には特に注意する必要がある。現地調査における留意点は以下のとおりである。

① 全体の地形状況
　　過去の土石流被害と計画路線との関係，渓流勾配，上流斜面の形状及び勾配
② 土砂供給源
　　上流山腹における崩壊・地すべりの発生状況及び発生の可能性，植生，渓

流堆積物の状況（分布範囲，厚さ，勾配，粒径分布）
　③　流下部
　　　渓流の状況（勾配，屈曲状態，側方浸食，岩塊，植生）
　④　堆積部
　　　土石流堆の厚さ，勾配，分布範囲，岩塊・砂礫の粒径分布
10）落石，岩盤崩壊
　落石や岩盤崩壊は，降雨，地震時に発生することが多いが，これらとは無関係に晴天時にも発生することがある。落石には，転石型落石と浮石型落石がある。岩盤崩壊には，すべり型やトップリング型等がある。
　転石型落石は，崖すい，段丘堆積物，火山砕せつ物等で代表される岩塊，玉石，礫とそれらを充填する固結度の低い土砂からなる斜面で発生する。地表水や湧水によって土砂が浸食され，岩塊等が表面に浮出し，バランスを失って抜け落ちるものである。
　浮石型落石は，岩目の多い硬岩からなる斜面で発生するものと，硬岩と軟岩（風化浸食に弱い）の互層からなる斜面で発生するものがある。
　岩盤崩壊は，地形的には海食崖や山地の急峻な岩盤斜面等，斜面勾配が概ね60度程度以上の斜面で発生することが多いが，流れ盤の弱層がある場合には，それ以下の角度の斜面でも発生することがある。地質的には，柱状節理等の連続した亀裂が発達・開口し崩壊する場合，塊状の砂岩等の間に脆弱な凝灰岩層等があり風化等で崩壊する場合，火山角礫岩等の比較的亀裂が乏しい岩盤が海食崖等の地形場におかれることで二次的に亀裂が発達して崩壊に至る場合，砂岩頁岩互層等が高角度で分布し，トップリングにより次第に変形して崩壊に至る場合等がある。
　落石や岩盤崩壊については，遠方または対岸から斜面を観察するとともに，落石や岩盤崩壊の発生源である山中まで踏査する必要がある。現地調査における留意点を以下に示す。
　①　全体の地形状況
　　　勾配，斜面形状，計画路線との関係
　②　発生源
　　　浮石型落石・岩盤崩壊：急崖露頭部の位置，高さ，勾配，割目間隔，割れ

目の連続性，開口亀裂，流れ盤となる弱層の有無，岩盤のトップリング変形の有無，湧水

転石型落石：転石の分布，形状，大きさ，埋没程度，締まり具合，斜面勾配，湧水状況

③ 落下経路

斜面の凸凹，勾配，露頭及び転石の分布（方向変換，バウンド），植生

④ 運動形態

すべり運動，回転運動，飛躍運動（斜面勾配，形状，露岩状況，植生状態より）

⑤ 停止位置

実績調査（落石の大きさ，個数，量）

11）蛇行河川の山腹

蛇行河川の河岸浸食及び山腹崩壊の状況を調査する。

12）表土，強風化帯，転石の分布

切土のり面の崩壊の中で頻度が最も高いのが表土，強風化帯，転石の小崩落である。これらは斜面の末端部等で浸透水によって不安定化する。

現地踏査では斜面勾配，表土・強風化帯の厚さ，転石の分布，透水層の位置・性状，湧水状態，崩壊箇所，崩壊土量に注目する。

13）扇状地

山奥に発達した緩傾斜地は，扇状地である場合が多い。扇状地では，河道が定まらず絶えず流路を拡張する。さらに土石流が生じる可能性も大きい。

14）河川横断箇所

道路が河川を横断する箇所では，河川の蛇行性に注目する。特に，蛇行河川の片側浸食は河岸の崩壊を伴い，蛇行後に発生した沼沢は多くの場合で軟弱地盤を形成している。

15）軟弱地盤

自然堤防・砂丘・海岸砂州の後背地域，せき止め沼沢地，三角州，臨海埋立地等に発達しており，一般に水田，湿田，空地になっていることが多い。特に台地や山地に平坦な湿田，水田が入り込んでいる地域は，著しい軟弱地盤になってい

ることが多い。

　現地踏査に当たっては，道路の変状（路面の平坦性，クラック），横断構造物の沈下・移動・クラック，構造物前後の道路の段差，のり先側溝の沈下・蛇行，家屋の破損状況，電柱の配列，土地利用状況（水田，空地になっていることが多い）等に注目する。

16）蛇紋岩

　蛇紋岩は，風化により急速に粘土化し地すべり崩壊の原因となる場合が多く，トンネルでは著しい土圧を発生する。

　新鮮な部分は堅硬緻密であるが，風化・粘土化した部分は岩質が著しく不規則なことが多いので調査には十分な注意が必要である。蛇紋岩は，秩父古生層や片岩類等の古期の地層に付随して分布することが多い。また，構造線，変成帯に沿って分布しているので，蛇紋岩だけではなく，周辺の他の岩石も破砕されて，崩壊，地すべりが多いことに注意する必要がある。輝緑岩，かんらん岩，角閃岩等も同様の性質を示すことがある。

17）結晶片岩

　異方性が強く偏平な割れ方をする。風化が進めば薄くはげるように細片化する。絹雲母片岩，石墨片岩，滑石片岩，千枚岩の風化の著しい部分では，大規模な地すべり，崩壊を起こすことが多い。

　斜面勾配と岩石の片理面の関係，岩質（風化，粘土化）に注目して調査する必要がある。

18）変質岩

　蛇紋岩，火山岩，凝灰岩の中には，かなりの範囲に渡って極度に変質し，ベントナイトや粘土になっている部分が存在することがある。また，温泉余土のように熱水変質作用によって岩石が劣化したり粘土化している部分があり，落石，崩壊，地すべりの原因となっていることが多い。

　踏査に当たっては変質の規模，分布，やわらかさ，粘土化の程度，湧水状況，水質（pH）に注目するとともに周辺の災害状況も調査する必要がある。

19）花こう岩類

　落石，崩壊が多い岩石である。新鮮堅硬な岩盤から砂状を呈するものまである。

風化の段階によっては砂状のまさの下位に硬岩の残留岩塊があり，その周囲が軟質のまさによって構成されている場合がある。

新鮮な花こう岩では浮石型の落石が多いので，節理や割目の発達状況，斜面勾配に注目する。砂状になっている花こう岩は，乾燥，凍結，表流水，地下水等による表面はく離，あるいはガリ（掘れ溝）の状況に注目する。岩塊とその周囲が軟質なまさによって構成されている部分では，まさ部分の浸食によって転石型の落石が多くなる。砂状を呈する一歩手前の風化花こう岩は掘削時には岩盤であるが，運搬，盛土時に土砂化することが多い。

花こう岩は，一般に落石，崩壊が多い岩石で，土石流が発生しやすい。渓谷における土砂の堆積状況，岩塊の大きさ，量等に注目する。

20）火山岩

火山岩は，溶岩の急激な冷却収縮による規則正しい柱状・板状節理が発達しているので透水性が高く，異方性が強い。溶岩一枚の厚さは，あまり厚くなくかつ不規則である。溶岩層の上位と下位は，急激に冷却され自破砕部を形成しているため，強度はもろい。また，凝灰岩や凝灰角礫岩を間に挟む場合や溶岩層の下位に風化岩盤，旧表土，軽石，砂礫層が存在する場合が多い。

斜面の傾斜，節理の開口状況，ゆるみ，湧水状況，他の地層との関係に注目する必要がある。

21）凝灰質岩石及び泥岩

新第三紀の凝灰岩，凝灰角礫岩，凝灰シルト岩，泥岩は固結が不十分である。掘削によるゆるみ，応力解放，含水量の変化によって，当初固結していたものが短時間に粘土化し，地すべりや崩壊を起こすことがある。

新第三紀中新世の地層は特に注意が必要であり，東北（日本海側），北陸，山陰地方のグリーンタフ地域がその代表といえる。

このほか，これらの岩石の特徴は軟岩としてリッパ等によって掘削されたものが，積込み運搬，敷均し，締固めの段階では，膨潤，スレーキング現象によって岩，岩片としての性質を失い，粘性土としての性質を持ち，トラフィカビリティや盛土の安定性に問題をきたすことが多い。

このような岩石の分布地域では地すべり，崩壊を起しやすいので地層の走向・

傾斜，風化状況（特に粘土化），地すべり地形に注意する必要がある。

22) 硬軟互層

　砂岩と軟質泥岩または風化粘板岩が互層をなしている場合，火山地帯の溶岩と火山噴出物が互層している場合（すなわち透水性や浸食に対する抵抗性が異なる場合）には，軟質部が崩壊することによって硬質の砂岩や溶岩がオーバーハング状となり大きな崩壊を起こすことがある。

　軟質部の性状，地下水湧出状況，地層の走向・傾斜と斜面との関係について特に注意を要する。

23) 石灰岩

　石灰岩は，比較的硬く均質であるが，地下に空洞が存在することがある。構造物基礎のときには特に注意する必要がある。空洞を発見することは困難であるが，計画地付近の空洞の存在状態，溶食を受けた割目の有無，割目の方向性等に注意するとともに周辺の地下水位の急激な変化に注目する。

24) ローム

　自然斜面では高さ10m前後の垂直な斜面がみられるが，未固結で含水比が高く，乾燥による柱状の割目ができやすく，浸食に対する抵抗性も弱い。また含水比によってせん断強度が急変する。

　盛土材料としては含水比が高く，こね返すと著しく強度が低下し，施工機械のトラフィカビリティが得られない。

　さらに，急速施工を行うと施工中盛土内に過剰間隙水圧が発生し，のり面のはらみ出しや崩壊を起こすことがある。

25) しらす

　しらすは白色の砂質堆積物で火口から噴出し堆積したままの一次しらすと，一次しらすが流水によって運搬堆積した二次しらすがある。

　一般に，固結度が弱く透水性に富むので，雨水の浸透，洗掘が著しいためのり面崩壊に注意する必要がある（特に二次しらす）。

　現地踏査に当たっては，次の点に注意する。

　① 一次しらすと二次しらすの区別

　② 縦浸食（ガリ浸食）の状況

③ 自然斜面及び人工斜面の勾配及び安定状況
④ しらす上部の表土層の境界面の状況
⑤ 崩壊状況

(4) 調査結果の整理

資料調査と同様に，現地踏査の結果を以下に示す項目を参考に地形図に記号等で表示し，とりまとめておくことが望ましい。

① 総括的検討事項
② 土質・地質平面図，土質・地質縦断図（1/50,000～1/10,000程度）
③ 現地踏査位置図（1/50,000～1/10,000程度）
④ 災害状況調書
⑤ 切り盛り土工等の現況調査

1－4 地盤調査

> 土工構造物の計画，設計，施工及び維持管理に必要な情報を得るために，適切な方法により地盤調査を実施する。

地盤調査を進めるに当たっては，土工事の内容を十分理解し，上記のようなことをよく認識して総合的な見地から均整のとれた地盤調査を行い，その活用を図っていくことが大切である。そのためには，建設用材料としての土砂や岩の特殊性や道路土工の基本的な考え方について，十分熟知しておかなければならない。これらについては，「基本編 第2章 道路土工の基本的考え方」を参照されたい。

解図 1－4 に道路土工で行う地盤調査の分類を示す。以下，道路土工におけるこれら地盤調査方法の活用の考え方や留意点を述べる。なお，これら地盤調査方法の各土工構造物における具体的な活用の考え方は道路土工各指針を，各調査方法の詳細については，（社）地盤工学会発行の「地盤調査の方法と解説」及び「土質試験の方法と解説」や関連 JIS 等を参照されたい。

```
地盤調査 ──┬── 物理探査
           ├── サウンディング
           ├── ボーリング
           ├── サンプリング（試料採取）
           ├── 室内試験
           ├── 原位置試験
           ├── 現場測定・試験施工
           └── 岩及び土砂の分類
```

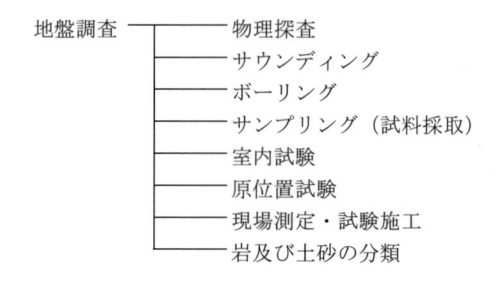

解図1-4　道路土工で行う地盤調査の分類

(1) **物理探査**

　物理探査は，地質構造を物理的性質の差異を利用して主に地表から探査し，これを推定する方法である。物理探査は観測する物理量によって多くの種類に分かれるが，道路土工計画の資料を得る目的としては，弾性波探査及び電気探査が利用される。なお，前記の調査資料を補完する目的で，ボーリング孔を利用して物理検層が行われることがある。

　物理探査によって得られる情報は，地盤の中における地震波の伝播速度あるいは電気比抵抗分布といったある種の物理量であって，施工性等を示唆する一つの資料とはなるが，直接地盤の工学的性質そのものを示すものではない。また観測手段がもっている本質的制約からある範囲の平均的な値を示すにすぎない場合が多いが，その反面ボーリングのような点の調査とは異なり，測線に沿って連続的に地質状態が分かるという利点がある。物理探査は，初期段階に地盤の概略の状態を簡易に把握するための調査として最も有効である。弾性波探査によって断層破砕帯を示唆するような低速度帯が検出された場合，これがボーリング調査地点の選定に役立つと同時に，無意味な調査を割愛できること等は，物理探査の有効な利用法の一例といえる。ただし，ごく僅かな切土区間，あるいは地層構成が比較的単純であることが，かなりの確度をもってあらかじめ推定されるような地域に対しては，あえて物理探査を実施する必要がない場合もあるので，調査計画策定の段階で現地の状況に応じ取捨選択することが望ましい。

　なお，さらに精度の高い調査資料が要求される詳細設計の段階においては，こ

れに加えてボーリング，サウンディング，原位置試験等と併せて，場合によってボーリング孔を利用しての各種物理検層を実施するとよい。

(2) サウンディング

　サウンディングには，種々の型式のものが考案されている。我が国で多用されているのは，標準貫入試験，スウェーデン式サウンディング，オランダ式二重管コーン及びポータブルコーン貫入試験等である。

　サウンディングは，パイプまたはロッドの先端につけた抵抗体を地中に挿入し，これに貫入・回転・引抜き等の力を加えた際の土の抵抗から土層の分布とその強さの相対値を判別する手段である。機構上，一部の方法を除いては土の試料を採取するようになっていないので，土層の土質・土性を別な手段で調べなければならないという短所がある。しかし，その反面，器材が比較的軽便で，かつ操作も簡単であるという長所があるので，例えばボーリング，試料採取，室内試験，原位置試験，物理探査等の他の調査手段を適切に組み合わせて行えば，経済的に地盤の特性を把握するのに役立つ。

　サウンディングは，器材の特徴に応じて路線選定，詳細設計，施工管理等の道路土工の各段階の地盤調査に利用できる。このため，調査目的に対して，機能と精度が見合うサウンディング方法を選択する必要がある。

　例えば，柔らかい土層に標準貫入試験を適用しても，その土層の強さの相対的差異を判定するには精度が低い。このような場合には，オランダ式二重管コーン試験，三成分コーン貫入試験の方が目的に最も適合し，スウェーデン式サウンディングがこれに次ぐ。しかし，資料を採取し観察と併せて室内試験を行う場合には，標準貫入試験の方がよい。また，ボーリング地点間の柔らかい粘性土やゆるい砂の層厚や相対的な強度分布をボーリングをせずに調査したい場合には，オランダ式二重管コーン試験，三成分コーン貫入試験，ポータブルコーン貫入試験，スウェーデン式サウンディング等を用いることになる。

(3) ボーリング

　地盤調査におけるボーリングは次のような目的で行われる。

① ボーリングの操作によって試料を採取する（コアボーリング）。
② サンプラーによる試料採取や原位置試験を行うための孔をつくる。

岩のボーリングは①の役割に重点があるとともに，ボーリングの状況そのものが調査上の有益な情報となる。土砂のボーリングは②の役割を期待する場合がほとんどである。

試料採取とそれらの室内試験あるいは原位置試験を適切に配したボーリングは，その地点の地盤の深さ方向の物理的特性，力学特性を，他の調査手段より高い精度と信頼度で提供する。踏査・物理探査・サウンディング等固有の長所を持つ他の調査手段を組み合わせれば，必要な範囲の地盤特性を把握できる。地盤の状況と調査上の必要性によって，ピット・横坑・トレンチ等による試掘を考えねばならないことがある。これらの方法は，多量または大型の試料採取，土層の連続的ないし精密な観察及び原位置試験等を実施する場合の有効な手段である。

ボーリングの深度は，通常の箇所では支持地盤が厚さ5mに渡って確認されるまでを原則とするが，切土部では路面下2m程度，地すべりの恐れのある箇所では想定すべり面下または想定路床面下5m程度のうちの深い方，また，土工構造物基礎としてはN値15以上が確認されるまでを目安とする。

(4) サンプリング（試料採取）

構造物の設計や施工を行う場合，土の変形やせん断強さ等の力学特性を始め，土の基本的性質を知るために行う各種の室内試験は，採取した試料で行われる。このように試料採取は土に関する問題解決に不可欠であり，また，すべての室内試験の前提にもなる。

乱さない試料の採取は，地盤や既に施工された盛土の単位体積重量及び強さと変形等の力学特性を調べる室内試験を行う必要があるとき，あるいは連続した乱さない試料の観察を必要とするとき行う。

普通の試料観察，判別分類のための室内試験，これから施工する盛土材料の締固め及び強さと変形等の特性を調べる室内試験のためには，乱した試料でもよい。ただし，この場合でも自然含水比が採取時から変化しないような扱いをする必要がある。

乱さない試料とは，地盤や既に施工した盛土等の土粒子の配列や骨組及び含水量等になるべく変化を与えないような方法で採取された試料であり，乱した試料とは，それらが変化した状態で採取した試料である。ただ乱した試料でも，自然含水比の変化は採取時とその後の試料の扱いに注意すれば，実用上支障のない程度にすることができる。

　試料の採取方法には，大別して次の4つの方法がある。

① 所要の深さまでボーリングで削孔し，適当なサンプラーで採取する方法。（乱さない試料及び乱した試料）
② サンプラーで直接採取する方法。（乱さない試料及び乱した試料）
③ オーガボーリング及びコアボーリング。（おおむね乱した試料）
④ 露頭，ピット等から，人力によって採取する方法。（乱さない試料及び乱した試料）

(5) 室内試験

　サウンディングや原位置試験のみで土の性質を十分に明らかにすることができない場合は，構造物の設計等の目的に室内試験で諸定数を求める場合が多い。

　試料は判別分類及び締固めの試験のためには乱した試料でよいが，強度及び変形特性，透水性の試験には乱さない試料を準備するのが原則である。ただし，締め固めた土について強度や変形に関する性質を調べるときには，乱した試料を締め固めて供試体を作製して実施する。なお，地盤の透水試験の場合にも乱さない試料を用意することは不可能なことが多いので，乱した試料を用いることがある。

　試験法は，ほとんどのものがJISやその他で規格化されている。

(6) 原位置試験

　土や岩の工学的性質は，採取した乱さない試料を試験することによって明らかにできるが，採取した試料には地中応力の解放等避けられない要素もある。またすべての土や岩から乱さない試料を採取できるわけではない。したがって室内試験からだけでは，土の工学的性質を把握することは困難である。採取した試料に対して実施する室内試験やサウンディング等の調査手法では，不十分あるいは確

認困難な地盤の状態や性質を調べるのが原位置試験である。

比較的よく用いられる原位置試験には次のようなものがある。

ボーリング孔内水平載荷試験，平板載荷試験（JIS A 1215 参照），現場CBR試験（JIS A 1211 参照），砂置換法による土の密度試験（JIS A 1214 参照）。

(7) 現場測定及び試験施工

現場測定及び試験施工は，盛土や切土を行うことで基礎地盤や地山に沈下や水平変位等が発生したり，地下水位置によっては盛土・切土のり面の安定性が懸念される現場において，工事方針や施工方法の検討に必要な基礎地盤や地山の挙動を推定することを目的として施工着手前や施工中に必要に応じて行う。

1) 沈下

道路土工において沈下が問題となるのは，軟弱地盤上の盛土及びその周辺の沈下，高い盛土の圧縮沈下等である。軟弱地盤上の盛土の場合，水平変位等を同時に観測し，基礎地盤の動態観測として広義の施工管理に利用されている。沈下の測定は基礎地盤の最終沈下量の推定，軟弱地盤の圧密沈下に起因する盛土材料のくい込みの算出のために行われる。

沈下の測定方法は，地盤の沈下，土工構造物（盛土等）の圧縮沈下，構造物の沈下等の測定対象によって異なる。適用に当たってはその目的と精度，測定位置，測定時間，予測沈下量等の条件を考慮し，適切な方法及びその組合せを選択する必要がある。

2) 水平変位，ひずみ，傾斜

地すべり，斜面，基礎地盤等のすべり破壊に関連して，土塊のひずみや変位あるいは地盤の傾斜を測定する機会は極めて多い。例えば，軟弱地盤上に盛土する場合，水平変位を管理しながら施工したり，斜面のすべり破壊を予測するために土塊のひずみや変位等を測定する。これらの測定に関しても沈下と同様に，それぞれの目的や，測定位置，測定期間，測定範囲，精度等を考慮して，適切な方法を選択することが必要である。

3) 地下水

地下水は，のり面・斜面の崩壊，擁壁やその他の構造物の変状，路床の軟弱化

等，道路に悪影響を与えることが多いので，道路の建設，維持管理の段階では地下水の浸透をできるだけ防止するように考慮する必要がある。地下水に関して明らかにすべき事項は次のようなことである。

① 地下水位の分布または地下水圧（被圧地下水か不圧地下水かの区別）
② 透水層または帯水層の広がり，不透水層の広がり
③ 地下水流の方向，水脈，かん養源等

これらは，単独の調査によりわかるものではなく，ボーリング，サウンディングをはじめとした広範な地盤の調査結果と地形，地質の知識を総合して地下水の状態を判断しなければならない。また，地下水と道路との関係について，道路近傍のみに着目することは適切ではなく，地下水が道路に与える影響はかなり広範囲に渡ることを認識し，調査範囲は他の調査に比較して十分広く考えておくのが望ましい。

地下水には季節的な変動がみられるので，地下水位（水圧）の高い時期あるいは地下水量（湧水量）の豊富な時期（主として夏期，積雪地にあっては融雪期等）に調査を実施するとともに，できれば季節的な変化を観測するよう心掛けるのがよい。

地下水（あるいは湧水）の調査を特別に実施する必要があるのは，次のような場合である。

（i）地山の切取りを行う場合

計画路線の位置が切土前の地下水位よりも低くなるかどうか確かめ，地下水位以下に現れる透水層（帯水層）の位置，厚さ，傾斜の程度と方向，透水係数等を明らかにしておく。ボーリングによるほか，地山の露頭部分の地層及び湧水の観察等から上記の事項を判断する。

（ii）地盤を切下げる場合

地盤を切下げて道路を作る場合（アンダーパス等），地盤の土層構成，地下水位，地下水圧等を詳しく観察し，切下げ面が透水層にあたるかどうか，帯水層ごとの被圧・不圧の別，被圧の場合はその圧力，それぞれの帯水層の独立性及び透水層の透水係数等を明らかにする必要がある。透水係数は，現場透水試験，室内透水試験（ボーリング等により試料を採取して実施），粒度分布からの推定等，い

くつかの方法で数多く求める方がよい。
(ⅲ) 軟弱地盤の場合

軟弱（粘性土）層の下に砂層がある場合に，軟弱層は透水性が低いことが多いので，砂層の地下水は被圧状態となっていることがある。沈下解析においてこの下部砂層を排水層とみなすことができるかどうかを判定するとき，あるいはサンドパイル等の排水促進を目的とした軟弱地盤改良工を施工する際に，この下層砂層に到達させるのが適切かどうかなどを検討するためには，このような砂層の地下水圧を正しく知る必要がある。

(ⅳ) 仮設工を施工する場合

構造物の箇所であることからボーリングが実施されているのが原則で，上記ⅱ)に準じて検討すればよい。

(ⅴ) のり面，擁壁等の構造物に変状が生じた場合

構造物の変状の主要原因として，水の影響があげられる。特に，排水処理を誤ったためと思われる変状が多いので，復旧対策のために特に地下水（あるいは湧水）の状態を詳細に調査する必要がある。

(ⅵ) 地盤沈下地帯の場合

広域地盤沈下地帯では，圧縮性の高い粘性土層の下にある帯水層の水圧が低下して上部粘性土層の沈下を引き起こすことが多いので，必要に応じて帯水層の地下水圧（被圧であることが多い）を長期観測する。

4) 試験施工

試験施工は，工事の設計方針，施工方法等を検討するために，本格的な工事の着手に先立って実際の現場で施工を試みることである。試験施工には，本工事に先がけて別途に行われる大規模なものから，施工着手前あるいは施工中随時行われる比較的簡易なものまで種々あるが，通常の事前調査では得られない貴重な情報が得られ，設計・施工の確実性を高めることから，必要に応じて十分に活用することが望ましい。

(9) 岩及び土砂の分類

岩及び土砂の分類は，設計・施工に当たって岩や土砂の性質の概略を知るため

解表 1-11 土工における岩及び土の分類

名　　称		説　　明	適　　用	日本統一土質分類法による土の簡易分類との対応
岩または石	硬　　岩	亀裂がまったくないか，少ないもの，密着の良いもの	弾性波速度 3,000m/sec以上	
	中　硬　岩	風化のあまり進んでいないもの（亀裂間隔30～50cm程度のもの）	弾性波速度 2,000～4,000m/sec	
	軟　　岩	固結の程度の良い第4紀層，風化の進んだ第3紀層以前のもの，リッパ掘削できるもの	弾性波速度 700～2,800m/sec	
	転　石　群	大小の転石が密集しており，掘削が極めて困難なもの		
	岩塊・玉石	岩塊・玉石が混入して掘削しにくく，バケット等に空げきのできやすもの	玉石まじり土，岩塊起砕された岩ごろごろした河床	
土	礫まじり土	礫の混入があって掘削時の能率が低下するもの	礫の多い砂，礫の多い砂質土，礫の多い粘性土	礫 {G} 礫質土 {GG}
	砂	バケット等に山盛り形状になりにくいもの	海岸砂丘の砂 まさ土	砂 {S}
	普　通　土	掘削が容易で，バケット等に山盛り形状にし易く空げきの少ないもの	砂質土，まさ土 粒度分布の良い砂条件の良いローム	砂 {S} 砂質土 {S} シルト {M}
	粘　性　土	バケット等に付着し易く空げきの多い状態になり易いもの，トラフィカビリティが問題となり易いもの	ローム 粘性土	シルト {M} 粘性土 {Cs}
	高含水比粘　性　土	バケット等に付着し易く特にトラフィカビリティが悪いもの	条件の悪いローム 条件の悪い粘性土 火山灰質粘性土	シルト {M} 粘性土 {Cs} 火山灰質粘性土 {V} 有機質土 {O}
	（有機質土）			高有機質土 {Pt}

注）上表の説明は出現頻度の多いものについてのものであり，土は特にその状態によって大きく変化するので注意すること。

に必要である。各種の指針，仕様書等の記述の中で用いる岩及び土の名称を統一しておくことによりその内容が正確に共通の基盤のうえで理解できることになる。

実際に岩と土砂の分類が必要となるのは，次のような場合である。

① 地盤調査結果の表示（土質・地質柱状図，土性図等の作成）
② 盛土及び切土の標準のり面勾配の判定
③ 材料の適否の判断（捨土の判定，路床土，裏込め土等の選定）
④ 土量変化率の判定

⑤ 施工方法と建設機械の選定(掘削方法の選定及びその計画)
⑥ 建設機械の作業能力の算定
⑦ のり面保護工,擁壁等の計画(工種の選定及び土圧等の計算)

いずれも関連する他の指針において,土質名に対応して土砂の性質の概略の評価,計算に用いる数値等が示されているが,それぞれの記述における土砂の名称が統一されている必要がある。そのためには岩及び土砂の分類を正しく行わなければならない。

解表1－11に土工における岩及び土の分類を示す。

岩及び土の工学的分類については,「資料－2 岩石の地質学分類」及び「土質試験の方法と解説」((社)地盤工学会)を参照されたい。

1－5 気象関連調査

> 気象関連調査では,道路建設の各段階における道路構造や施工法の検討及び工期の決定に必要な調査と,維持管理面や防災対策から必要な調査として,①気象状況調査,②排水に関する調査,③凍上に関する調査を実施する。

気象関連調査には,道路建設の各段階における道路構造や施工法の検討及び工期の決定に必要な調査と,維持管理面や防災対策から必要な調査とがある。

気象関連調査は,道路の計画をはじめ,設計,施工及び将来に渡る維持,修繕,災害復旧等道路本体の管理から見ても重要な調査であり,地域の特殊性等も含めた基礎的な調査や災害記録等も重要な資料となる。調査の内容は気温,降雨・降雪,凍結,風,波等があり,各々地形・地質・土質との因果関係が絡み合う場合が多いので,正確な調査を元に,予想されるケースについて詳細に検討しなければならない。以下,気象状況調査,排水に関する調査,凍上に関する調査の概要を述べる。

(1) **気象状況調査**
1) 気温

気温は施工方法，品質管理，工期等，適切な施工体制を定めるために重要な調査項目である。一般に月平均気温，最暖月平均気温と最寒月平均気温の年較差，地域により異なる気温型等を整理して計画，設計の基礎資料とする

2) 降雨

道路土工において必要な降雨関係の資料は，降雨強度と降雨日数である。主な降雨強度は時間雨量と連続雨量であり，時間雨量は排水工の検討に必要な資料となり（詳細は，「共通編　第2章　排水」及び「資料－3，4」を参照のこと），連続雨量は道路本体及びのり面の安定の検討に用いられる。雨量は地域，地形条件，標高差により変化するので，その実態を事前に調査しておく必要がある。建設時における降雨は，工期，施工方法，品質管理の方法等に大きく影響する。特に工事中の降雨に対しては，仮排水や盛土及び切土のり面の崩落，現場内から流出する泥水等に対する対策を検討し，工事の手戻りや第三者に及ぼす影響をなくすようにする。

3) 雪

降雪に関しては，降雪日数，日積雪量，降雪量累計，最大積雪深等が道路の幅員構成や道路付属施設の設計に利用される。工事の面では施工方法，仮設備，工期等に積雪が影響する。

4) 風

風の調査は，年間を通しての主風向，風速等を調査し，築造される道路が周辺部にどのような影響を及ぼすかを検討する。工事中には表土が乾燥し砂塵が生じ現場周辺に被害を及ぼすことがあるので，散水，飛砂防止ネット等の使用についても考慮しておく必要がある。

5) 波

波については，その打上げ高さ，洗掘，及び汀線移動が主なものである。したがってこの調査は，海と道路の位置関係の把握が重要であり，このため汀線距離，海浜，海底勾配の調査が必要となる。この他に，台風や津波に関する既存資料を収集し，これらをもとに洗掘，波の打上げ，消波工等の検討を行う。また，湖やダム湖等も調査の対象となる場合がある。

(2) 排水に関する調査

　水は，土工構造物の安定に大きく影響するため，適切な排水を実施することが重要である。このため，当該地域の降雨特性や春先の融雪水に関連した降雪や気温の変化等の気象（上記①気温，②降雨，③降雪を参照），集水地形，地下水等の調査を行う。排水に関する調査の詳細は，「共通編　第2章　排水」を参照されたい。

(3) 凍上に関する調査

　凍上は路面の不陸，春先の融解による路床・路盤の支持力低下やのり面の崩壊，その他擁壁・カルバート・排水溝等の構造物の変状等，様々な被害をもたらす。土中にアイスレンズ（氷晶）が発生し凍上が発生する要素はいろいろあるが，主要なものとして次の3点があげられ，しかもこれらの条件が重なったときに凍上現象が起こる。

① 温度：気温の低下による地盤の深さ方向への温度勾配が，アイスレンズ発生に都合の良い状態になること。
② 土質：地盤の土質が細粒分を含み，凍結するときにアイスレンズを形成するものであること。
③ 水分：地下水位が高く，未凍土側から凍結面への水分の補給が十分なこと。

　このため，周辺の凍結深さや気温の状態を調べ，凍結探さ内に使用される材料は土の凍上試験により凍上性の材料であるかどうかの確認を行っておくとよい。詳細については「共通編　第3章　凍上対策」を参照されたい。

1-6　環境関連調査

> 　環境関連調査では，道路建設による自然環境や文化財等の保全・保護対象や生活環境等の周辺環境への影響調査及び建設環境に関する調査を実施する。

(1) 周辺環境への影響に関する調査

　道路建設に当たっては，自然環境・景観，文化財等の保全・保護対象や建設工

事を実施する際の生活環境への影響について，計画段階から予測調査を行い，十分な対策を検討することが円滑な事業遂行を図るうえでの必須条件であり，それぞれに関して，道路を計画する周辺地域の環境への影響について，その計画の熟度，地域特性に応じて調査する。また，「環境影響評価法」の対象となる道路事業においては，同法に基づいて適切に環境影響について調査・評価を行う必要がある。

1) 自然環境に関する調査

自然環境に関する調査としては，気象，地象（地形，地質）及び植物，動物に関する調査がある。地形，地質については，地形や環境が切り盛り等によって変貌するので，その影響がどのように現れるかを調査する。

植物，動物については，地形の変化や地下水の変化が植物や動物に与える影響を調査し，保全に努めるよう道路構造，施工方法等について検討する。

特に，切土部では地下水に対する影響の調査が重要である。大規模な切土工等を行う場合，地下水位の低下，地下水脈の分断等が生じ，周辺地域の地下水状況に影響を与えることがある。このような可能性について事前に十分調査を行っておく必要がある。具体的な調査手法については，「1-4 地盤調査 (8) 現場測定及び試験施工 3) 地下水」及び「2-3-3 地下水に関する調査」によるものとする。また，対策方法等については「地下水流動保全のための環境影響評価と対策」（（社）地盤工学会）等を参考にするとよい。

2) 自然景観に関する調査

地形の改変が大きい場合は，対象地域に適合した構造とするための調査検討を行う。

3) 文化財に関する調査

「文化財保護法」に基づく埋蔵文化財については，道路の計画段階から文化財包蔵地を極力さけるよう努めるが，止むを得ず通過しなければならない場合は事前に関係機関と十分協議し，調整する必要がある。一般の場合，教育委員会に委託し，工事着工前に文化財包蔵地の発掘調査を実施しているが，調査完了区域であっても十分注意して施工する必要がある。文化財包蔵地が多く点在する地域では，常に地層や出土物に注意して施工しなければならない。なお，工事中に埋蔵

文化財を発見した場合は，工事を中止し速やかに県や市町村の関係者と協議し，必要な措置を講じなければならない。

調査に当たっては，文化財関係機関から資料を収集し，地形図に文化財に関するデータを全て入力した計画区域内埋蔵文化財包蔵図を作成する。この図には，文化財の種類や遺跡の性格を詳しく記入し，ルート選定の資料とする。

（ⅰ）保存調査

文化財の重要度に応じて保存しなければならない遺構等がある場合には保存部分の範囲，深さ等関係機関と協議して調査する。

（ⅱ）発掘調査

文化財関係機関と協議により当該文化財の記録を保存する場合は，文化財保護法に基づき発掘調査を行う。

（ⅲ）資料整理

発掘調査が完了した時点で，速やかに発掘調査の実施結果に基づき発掘記録を作成する。

4) 生活環境に関する影響調査

建設工事による大気汚染，騒音，振動，土砂流出による水質汚濁，土運搬による土砂飛散・塵埃，盛土による地盤沈下及び側方流動，切土による水の枯渇，建設用地内で遭遇する汚染土壌や廃棄物，建設資材等による土壌汚染や悪臭等は工事現場周辺の生活環境に影響を及ぼし，工事実施上のあい路になることがある。またこれらは細目に分類され評価基準や範囲が定められており，適切に調査を実施する。

その他，生活環境として調査が必要と思われる項目には，電波障害，日照阻害，廃棄物等（「(2) 建設環境に関する調査」を参照）があり，必要な項目を選定して調査する。

また，工事の計画実施に当たっては，生活環境を守り，工事の円滑な執行を図るために，関連法規等に留意しつつ工法・建設機械の選定，作業方法等，細心の注意を払う必要がある。

5) 有害物質含有土等に関する調査

火山地帯・海岸地帯等においては，ヒ素，鉛等の重金属・硫黄・塩分等の植生

や構造物に有害な物質を多量に含んでいる場合がある。これらの有害物を含む土は，植生の根付きを阻害したり，構造物の腐食・劣化を助長したりして，道路の保全上の問題に加え，周辺の生活環境への悪影響を生じることがある。したがって，既往の実績等によりそのような恐れがあると判断される場合には，盛土材料や切土等について化学的性質の調査を行う。

また，土工に伴って低地の水路排水や地下排水を行うことがよくある。その際に水底土砂に有害物質が予想される場合は，土工に伴う排出水を採取して排水基準にしたがって水質試験を行い，その結果が基準値を上まわる場合は処理方法の検討を行う。

以上のように，周辺環境への影響に関する調査は多くの項目に分けられていることから，道路建設に伴って，発生する可能性の高い環境項目について関係地域の特性を踏まえて調査するとともにその条件や，保全対策について必要に応じて十分な調査検討を行う。

なお，これらの調査方法の詳細については「道路環境影響評価の技術手法」（（財）道路環境研究所），「地盤調査の方法と解説」（（社）地盤工学会），「建設工事で遭遇する地盤汚染対応マニュアル」（（独）土木研究所），「建設工事で遭遇するダイオキシン類汚染対応マニュアル」（（独）土木研究所），「最終処分場跡地形質変更に係る施行ガイドライン」（環境省）を参考にするとよい。

(2) 建設環境に関する調査

建設環境に関する調査は，道路建設工事を実施する上で必要な周辺環境条件等を把握するために実施するもので，近接構造物，埋設物及び危険物の有無，資機材の搬入・搬出経路の状況，騒音・振動等の規制状況，施工時期，工程，使用機械，作業空間等の制約及び施工中の仮排水の方法等を調査する。

1) 沿道施設，地下埋設物等に関する調査

都市近郊で工事を実施する場合においては，都市土木に関する種々の調査を実施し，計画の時点で関係機関と十分な調整を行う必要がある。建設工事に直接関係するものとしては，沿道家屋，地下埋設物，近接構造物の調査等があり，慎重な配慮が必要である。

(ⅰ) 家屋調査

　土工に伴い，周辺の家屋損傷あるいは井戸枯渇や電波障害等の被害が発生する場合がある。

　計画段階において被害の影響が大きくなると予想される場合は，極力被害を最小限にとどめるための対策工法についても検討を行う。最終的には，工事に起因して発生した被害に対しては，因果関係を調べ事業損失関係の検討を行う。

ⅰ) 事前調査

　何らかの被害が予想される場合には，工事着工前に近隣の家屋，工作物の柱，壁，屋根，構造体，門，塀等の状況を調べ，正確な家屋平面図を作成して種類，構造，面積，経過年数，損傷の概要，写真等必要事項を記載した家屋調査一覧表を作成し，工事前の現況を把握しておく。

ⅱ) 中間調査

　工事が長期に渡る場合や周辺で他の事業が工事を実施する場合は，工事の区切りがついた時点で中間調査を事前調査と同一の方法で行い，当該工事による影響を調べる。

ⅲ) 事後調査

　工事完了後に事前調査と同じ位置を同じ要領で調査し，比較し当該工事の影響を確認する。

(ⅱ) 井戸枯れ等の調査

　地下水の高い地域で切土や床掘りを行う場合は，施工計画時点で地下水を調査し，生活用水や農業用水等にどのように利用されているかを調べ，その影響が大きいと予想される場合は計画の見直しを行い極力影響を少なくしなければならない。工事に伴って，施工段階で一時的に枯渇する場合が多いため，井戸水が生活用水及び養殖物関係の養魚場や野菜類にどのように利用されているかを調べて施工計画を立てる。また必要に応じて観測井戸を設けて工事期間中定期的に観測し，常に水位の変動の状況を調査する。

　井戸枯渇の場合にも，因果関係を判定するための事前調査と事後調査の結果を対比する。

　また，地下水位の高い箇所における軟弱地盤対策として各種地盤改良を行う場

合や，地下構造物周辺に行う薬液注入等においては，水質変化が起きることがあるので，流水の利用状況を調査し排水計画等を検討する。

(ⅲ) 電波障害

家屋連担地域で高盛土や高架構造を計画する場合は，電波障害が予想されるので調査地域を想定して事前調査を行い，影響範囲や家屋数を調べ，対策方法を含めた検討を行う。電波障害調査は，まず机上で計算し，障害範囲と観測点を定めた現地調査を行う。

机上計算は，道路構造を正確に定めると同時に，必要に応じて遮音壁の高さも含めた計算を行うとよい。現地調査の測定は，電波の性質ごとに分け電波障害区分図を作成する。電波障害の対策は，個別アンテナと共用アンテナ対策の両方に対して検討するとよい。

また，障害のある地域で長期間に渡って工事を行う場合は，完成時に手戻りの少ない対策を事前に検討しておくことが望ましい。

(ⅳ) 地下埋設物の調査

地下埋設物としては，水道，ガス，電気，電話，下水道等があり，特に市街地では，古い埋設物で台帳に記載されていないもの，また埋設されてはいるが現在使用されていないものや位置が違っているもの等があるので注意を要する。

設計に当たっては，対象区間の埋設物関係図を作成し，埋設物の種類，形状，寸法，深さ等を調査する。特に複雑な場所については企業者の立会いにより，試掘を行ったうえで施工計画を立てるものとする。

地下埋設物の調査は，既設道路の拡幅や線形改良に伴う現道部の調査と，新設道路の場合に分けられる。現道の場合には，電話，電気，ガス，水道，下水道等多くの占用物件が埋設され，位置関係が複雑となっているので，発注者は，占用企業者に形状寸法，材質，位置，深さをできるだけ正確に確認すると同時に，必要箇所については試掘して目視確認を行う。

拡幅や線形改良等を計画する場合は，なるべく大きな移設を伴わないように配慮する。また下水道の場合は自然流下が多いため，土被り厚さを考慮して縦断勾配を決めるとよい。

新設道路の場合も交差道路等に埋設物件があるので十分注意する。大規模な支

障物件の移設は，極力少なくすると同時に工事中損傷事故がないように調査する。

また，工事中土被り厚さが少ない埋設物の上を自動車が通過する場合には，覆工板を敷設するなどの防護も検討する。

(v) 近接構造物の調査

近接する重要構造物の調査対象としては，建物，河川，道路，鉄道構造物や鉄塔等のように主構造が地盤の上にある構造物と，トンネルのような地中にある構造物に分けられる。これらの構造物は，土工に伴って地盤を改変し，土圧が変化して構造物に変状が生じたり，切土による地下水位の低下が原因で構造物が沈下や傾斜を起こす恐れや，土砂荷重を除去することによる浮上現象や変位が生じたりすることがあるので，重要構造物については事前に十分調査し，土工の影響について対応策を含めた検討を行うことが望ましい。

① 建物については，基礎地盤をはじめ，建物の用途，種類や施工年次を調べる。次に，躯体構造型式と合わせて基礎の支持構造も調べて平面図や横断図に正確に記入し，条件の悪い箇所では土工の影響による土圧の変化や基礎構造物に与える問題点について検討する。

② 河川，道路，鉄道等に近接して土工を行う場合には，各管理者と協議し，各々の基準に合わせた計画を行うと同時に施工方法についても協議する。

③ 送電線の場合，鉄塔類は一般に切土の場合に問題が多い。特に，切土による地すべりや斜面崩壊に伴う鉄塔の変位や倒壊に注意する。また，地下水位の高い軟弱地盤で掘削を行うと地下水低下による沈下現象が生じるので，あらかじめ基礎構造を調べて影響の有無と道路構造や施工方法について調査検討する。

また，送電線の場合は，計画道路の建築限界と電圧から定められた離隔距離の関係についても調査しておくことが重要である。

④ 既設トンネルは，種々の構造と用途から多くの種類に分けられ管理されている。しかし，なかには用途廃止されたもの，また位置や形状が不明なものもあるので注意して調査する。トンネル調査は各管理者から資料提供を受けるとともに，トンネルの断面，形状，地質構成や土被り厚さを調べ図面を作成する。トンネル上で土工を行う場合で土被り厚さが薄い場合は，上載土砂や自動車荷重がトンネルに伝達され，構造上問題が生じる場合があるので地盤補強等の検

討が必要である。また，地下水位の高い軟弱な地山を切土すると従来安定していたトンネル本体に変状を生じることもあるので，十分な調査検討が必要となる。

以上のように土工に起因して既設構造物に影響を及ぼすことが予想されるときは，十分な調査を行うとともに施工時に動態観測を行い挙動を把握しながら適切な対策を講じなければならない。

2) 建設発生土の調査

建設工事に伴い副次的に発生する土砂（以下，建設発生土）の場外における処分は受入地の制約等から困難になってきている。そのため，計画段階から建設発生土の処分については適切に考慮しておく必要がある。特に，山岳道路の建設の場合には建設発生土の発生量を抑制するため，切土量と盛土量のバランスに配慮することが重要である。近年，建設発生土にセメントや石灰等の固化材を混合して土質性状の改善を図り，盛土材や埋戻し材として有効利用することも可能になってきている。

このため，土工の計画時点で建設発生土の発生と利用，処分が想定される場合には，対象となる土壌について試料を採取し，「建設発生土利用基準」（国土交通省）をもとにその試料を分類し，現地の建設発生土の性状を把握する。併せて，土質改良プラントやストックヤード等の整備状況や設置の可能性，建設発生土の運搬，利用方法等の調査を行い，建設発生土の有効利用の可能性についても，検討しておくことが望ましい。その際には，「建設発生土利用技術マニュアル（第3版）」（（独）土木研究所）等を参考にするとよい。

なお，建設発生土として利用が可能な土砂以外に，シールド工事等により発生した高含水比の土砂や泥水等の建設汚泥，汚染土壌や自然由来の重金属等を含有する土壌があり，それらが発生する場合には特に対応に留意が必要である。建設汚泥については「廃棄物の処理及び清掃に関する法律」，汚染土壌や自然由来の重金属等を含有する土壌については，「土壌汚染対策法」及び「ダイオキシン類対策特別措置法」に基づいた取り扱いが必要である。その際には，「建設汚泥再生利用マニュアル」（（独）土木研究所），「建設工事で遭遇する地盤汚染対応マニュアル（暫定版）」（（独）土木研究所），「建設工事で遭遇するダイオキシン類汚染対応マ

ニュアル（暫定版）」（（独）土木研究所）等を参考にするとよい。

　河川及び湖沼周辺の在来地盤の掘削土の処分を行う場合，掘削土の有害物質の有無を把握するために，水底土砂を採取して底質調査を行うとよい。

　また，河川で長年に渡り浮遊物質等が堆積された場所では，必要に応じ細菌検査も実施するとよい。

3)　建設廃棄物の調査

　建設工事に伴い副次的に発生する廃棄物（以下，建設廃棄物）は，生活環境の保全と公衆衛生の向上を図るため「廃棄物の処理及び清掃に関する法律」及び「建設工事に係る資材の再資源化等に関する法律」等に基づき，適正に処理及び再資源化を図る必要がある。土工の計画時点で建設廃棄物の発生と処理が想定される場合は，その発生量を極力少なくするとともに，その処理及び再資源化方法について調査する。

4)　危険物に関する調査

（ⅰ）有害ガスの調査

　土工に関連する有害ガスの調査が必要となるのは，有機質土砂による埋立地やゴミ捨場等の浅い地層からガスが発生する場合と，火山帯，温泉地帯等や在来地盤そのものの地層構成から地中にガスが存在する場合とがある。火山帯，温泉地帯等高温で地下水が存在する場合には，水蒸気の噴出もあるため，注意が必要である。

　ガス調査は，切土や構造物の掘削等の面積や深さに応じたガス調査を行うとよい。ガスの形態は，遊離ガス，溶存ガス，吸着ガス等がある。ガス分析の結果有害なガスが検出された場合は，ガスの性質や濃度を詳細に調べ悪臭，有毒，引火性等，各々ガスの性質に応じた適切な措置を検討する。

（ⅱ）不発弾の調査

　道路敷及び道路予定地内に存在する残存不発弾に関する信頼できる情報連絡や確認依頼があった場合は，道路管理者は関係機関と協議して不発弾の位置や数を正確に調査する。

　不発弾の探査法には，鉄類の磁気的性質を利用するもの，電気的性質を利用するもの，または電磁波を利用するものがあるが，一般的には鉄類の強磁性を利用

する方法が最も有効な探査法である。
① 一次探査は，磁気探査法により不発弾埋没位置を調査する。不発弾の位置や個数が明確な場合は比較的確認が簡単であるが，複数の場合には一群を調査し，磁気異常点の正確な位置や深さを算定する。
② 二次探査は，掘削確認探査により行う。この調査は，素掘による方法と素掘が不可能なときの矢板等を用いた締切りによる場合とがある。締切りによる場合は，締切りの範囲や施工方法について事前に十分な検討を行う。掘削は自衛隊の専門家による立会のもとに慎重に作業し，不発弾が発見された場合は，自衛隊の専門家による直接確認を行うとともに，関係機関と不発弾処理につき協議するものとする。

5) 土取場・発生土受入地に関する調査
（ⅰ）土取場の調査

概略の土工計画によりその工区の土量の過不足が明らかとなった段階で，盛土材料が不足する場合には他に土取場を求め，盛土材料を補給することになる。土取場を選定する際には，必要な補給土量に応じていくつかの土取場を候補地とし，それぞれについて地形，土質，運搬距離，運搬経路，工事用道路，周囲の環境，埋蔵文化財，補償関係，地元関係，条例の規制等の諸条件について調査し，十分に検討を加え，その工事に最適な土取場を選定するようにしなければならない。このほか，土取可能量をあらかじめ把握するために，簡単な実測量を行うか，空中写真測量図等を利用した机上測量を行うこともある。

土取場の土質条件は，盛土の品質，建設機械のトラフィカビリティ，締固め方法等に関連するので，土のコンシステンシー，粒度，自然含水比等を入念に調査することが必要である。

土質条件がほぼ同一の場合は，一般には運搬距離の短い方が経済的に有利な土取場といえるが，単に運搬距離だけでなく，その運搬経路も重要な比較条件である。特に，住宅地域，通学路，交通量の多い区間，踏切・信号等のある経路を通過しなければならない土取場はできるだけ避けるようにするのが望ましい。土取場によっては既設道路から新たに工事用道路を設けたり，工事用車両の交通量に応じて一部舗装するなどの必要があり，これが工費に及ぼす影響はかなり大きい

ものとなる。

　土取後は，宅地または工場用地あるいは公共用地として利用されることが多いが，あらかじめ土取後の跡地利用の計画に合わせ，土取場内及びその周辺の環境の保全並びに防災上の措置に十分留意する必要がある。場合によっては，その内容により途中で土取量を修正したり土取方法を変更せざるを得ないこともあるので，調査に当たってはこの点についても注意しなければならない。

（ⅱ）発生土受入地の調査

　発生土受入地は，切土から発生する余剰土や不良土を受入れることから，できるだけ切土箇所に近い場所に選定することが経済的に望ましい。しかし，条件によっては土地所有者と協議の上，**解図 1-5** に示すように道路の高さ近くまで埋め戻す方が，のり面の施工費の面から考えても有利な点が多く，調査に当たってはこれらも対象に入れておくとよい。ただし，埋戻した凹地やその背後の地山部から盛土内に水が浸透し盛土の安定性を損なう恐れがあるため，表面排水施設だけではなく地下排水工や横断カルバートを適切に設置する必要がある。また発生土受入地はできるだけ道路近傍の箇所に選定すれば運搬作業を工事現場内で済ますこともでき，余剰土の場合，盛土と並行して作業を進めることもできるなどの利点がある。

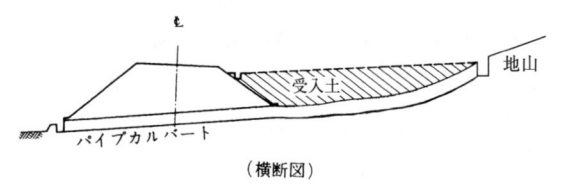

（横断図）

解図 1-5　凹地を利用した発生土受入地の例

　不良土の受入れの場合は，施工中及び施工後，雨水等により土砂の流出や崩壊が起こる恐れがあるため，これらの危険のない場所またはこれらに対する必要な対策（土留め壁，パイプカルバートの設置，のり面保護工の施工等）についても十分調査し選定しなければならない。発生土受入地の選定に当たっても土取場と同様，その跡地利用の有効性と受入後の環境保全並びに防災上の措置に十分留意する必要があり，これらを勘案したうえで経済的な発生土受入地を選定すること

が大切である。

(ⅲ) 土地利用に関する法規

我が国の土地は各所で各種利用規制を受けており，土取場・発生土受入地の確保が年々困難になってきている。**解表1-12**は主な土地利用規制を取りまとめたものであるが，土取場・発生土受入地の選定に当たっては候補地がこれらの土地利用規制の対象地域に入っているか否かを調査する必要がある

解表1-12　主な土地利用規制

規制の目的	土地利用規制のある地域・地区名（法令名）
環境保全	自然環境保全地域　　（自然環境保全法） 自然公園地域　　　　（自然公園法） 保安林　　　　　　　（森林法） 緑地保全地区　　　　（都市緑地保全法）
防　災	砂防指定地　　　　　（砂防法） 急傾斜地崩壊危険区域（急傾斜地の崩壊による災害の防止に関する法律） 地すべり防止区域　　（地すべり等防止法） 災害危険区域　　　　（建築基準法）
治　水	河川区域　　　　　　（河川法） 河川保全区域　　　　（　〃　） 河川予定地　　　　　（　〃　）
都市計画	市街化区域　　　　　（都市計画法） 市街化調整区域　　　（　〃　） 宅地造成工事規制区域（宅地造成等規制法）
農業関連	農地　　　　　　　　（農地法） 農用地区　　　　　　（農業振興地域の整備に関する法律） 農業振興地域　　　　（　　　　〃　　　　）

(ⅳ) 発生土の外部受入先の調査

近年，土地不足や環境問題のために発生土受入地を確保することが困難になっている。このため，「発生土を他の建設工事の資源として有効利用する」という姿勢が必要となってきている。発生土の有効利用を図るためには，土を建設資材として用いる工事を積極的に探し，土を搬出する側と受け入れ側の工事時期や土質条件等を十分に調査するとともに，これらの条件が合致する範囲でできるだけ多量の土を活用するよう努めることが大切である。一般に，土を大量に使用する工事として宅地造成工事や臨海部の埋立工事等があり，これらの工事計画についての情報を収集して関係各機関との協議を行うのがよい。

第2章 排　　水

2-1　一　般

> 本章は，盛土，切土，擁壁，カルバート等の排水について共通する技術的事項を述べるものである。

　それぞれの土工構造物の排水工を実施するに当たっては，本章と各指針を併せて参照されたい。また，本章では，土工部以外の，街路の路面排水や都市トンネル，地下横断施設等の排水についても記述している。

2-1-1　排水の基本

> 排水は，道路を建設・維持管理するうえで重要要素の一つであり，道路の計画・設計・施工・維持管理の各段階において，現地の自然条件，地形条件等を十分に把握し，適切に対応しなければならない。

　我が国は地形が急峻で地形条件が悪く，降水量が多いなど自然条件が厳しく，さらに近年は台風や集中豪雨等の局所的な豪雨が頻発している状況にある。
　そのため，降雨，地下水による道路の弱化・崩壊を防ぐための道路の排水の重要性は極めて高く，排水対策は道路土工の最も基本的な事項である。また，道路の円滑な走行性を確保するためにも，降雨時に路面が滞水しないようにしなければならない。降雨，地下水のいずれも，その様相は現地の自然条件や地形条件等に強く依存するものであるため，これらをよく調査・把握した上で適切な排水対策を行うことが大切である。
　以下では，道路排水に関する基本的事項として，「(1)　排水の種類」，「(2)　のり面に及ぼす水の影響」及び「(3)　地中水の影響」について説明する。

(1) 排水の種類

　道路土工で排水の対象となる水には，降雨，融雪，表面水，湧水，地下水等がある。排水は，目的と対象によって表面排水，地下排水，のり面排水，構造物の裏込め部や構造物内の排水等に分けられる。

　排水及び排水施設の種類について**解図 2−1**，**解図 2−2**に示す。また，目的，対象等から分類したものを**解図 2−3**に示す。

① 表面排水

　表面排水は，降雨または降雪によって生じた路面及び道路隣接地からの表面水を排除するために行う。

② 路面排水

　路面排水は，降雨または降雪によって生じる路面の滞水を防止するために行う。

③ のり面排水

　のり面排水は，盛土のり面，切土のり面あるいは自然斜面を流下する水や，のり面から湧出する地下水によるのり面の浸食や安定性の低下を防止するために行う。

④ 道路横断排水

　道路横断排水は，道路が在来の水路あるいは渓流等を横断する場合，及び降雨または降雪によって生じた道路隣接地からの表面水をカルバート等道路横断構造物により排除するために行う。なお，道路横断施設の詳細については，「道路土工－カルバート工指針」によるものとする。

⑤ 地下排水

　地下排水は，地下水位を低下させるため，及び道路に隣接する地帯並びに路面・のり面から浸透してくる水や，路床から上昇してきた水をしゃ断したり，すみやかに除去するために行う。

⑥ 構造物の排水

　構造物の裏込め部の湛水や構造物内の漏水及び降雨，降雪により生じた表面水等を除去するために行う。

　これらの排水の種類に対応して，側溝，小段排水溝，道路横断排水工等各種の排水工がある（**解図 2−3 参照**）。これら排水施設の工種選択や配置の計画に当た

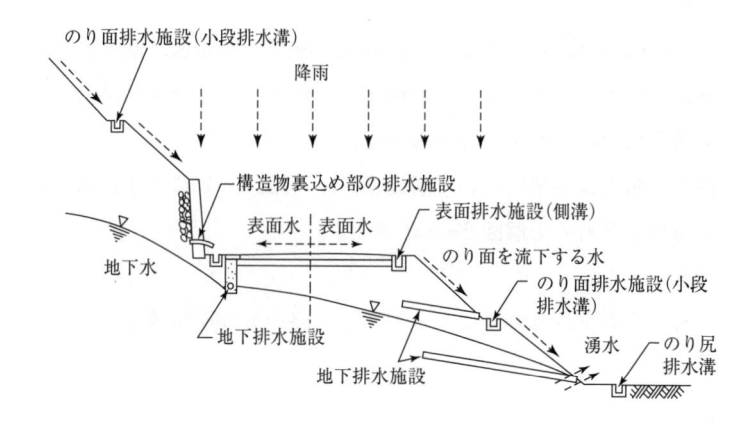

解図2−1 排水の種類

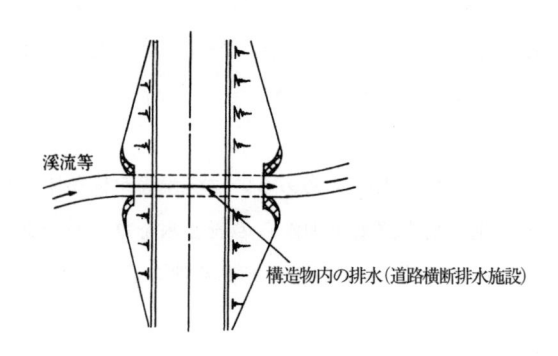

解図2−2 排水の種類

っては，それぞれの機能に応じた設計流量を流し得る十分な排水能力と適切な流速を確保するように配慮しなければならない。

　また，土工工事の施工時における準備排水や仮排水等は，工事の成否における重要な事項である。施工の円滑化を図るための排水の詳細は「道路土工−盛土工指針」及び「道路土工−切土工・斜面安定工指針」によるものとする。

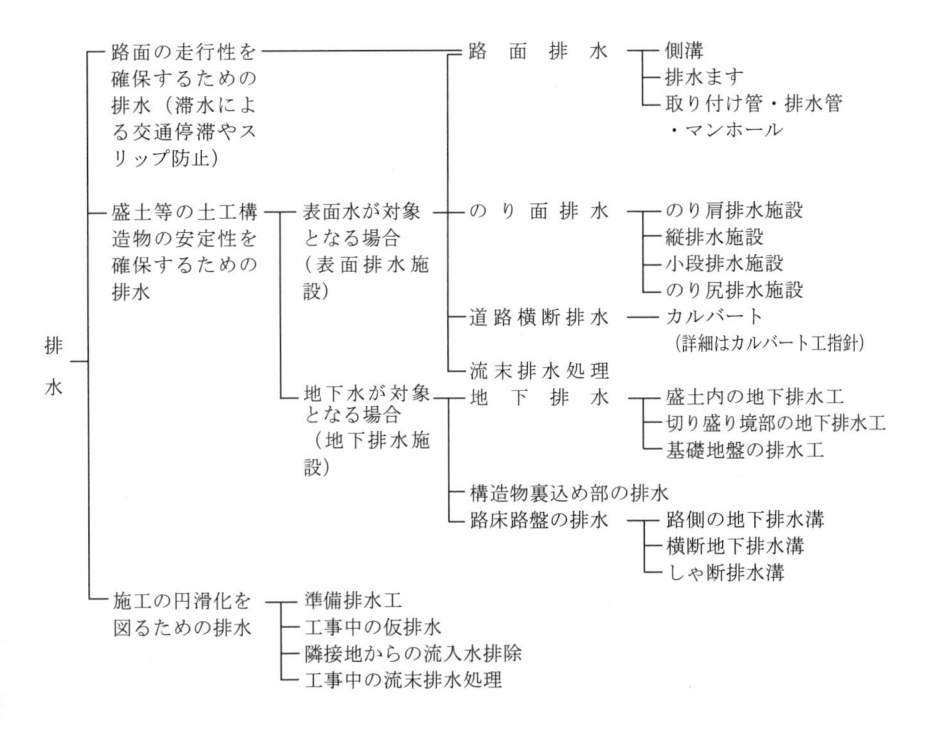

```
          ┌ 路面の走行性を ──────── 路 面 排 水 ┬ 側溝
          │ 確保するための                    ├ 排水ます
          │ 排水（滞水によ                   └ 取り付け管・排水管
          │ る交通停滞やス                      ・マンホール
          │ リップ防止）
          │
          │ 盛土等の土工構 ┬ 表面水が対象   ┌ のり面排水 ┬ のり肩排水施設
          │ 造物の安定性を │ となる場合     │            ├ 縦排水施設
          │ 確保するための │ （表面排水施   │            ├ 小段排水施設
          │ 排水           │ 設）           │            └ のり尻排水施設
排        │                │                ├ 道路横断排水 ─ カルバート
水 ───────┤                │                │                （詳細はカルバート工指針）
          │                │                └ 流末排水処理
          │                │
          │                │ 地下水が対象 ┬ 地 下 排 水 ┬ 盛土内の地下排水工
          │                │ となる場合   │             ├ 切り盛り境部の地下排水工
          │                │ （地下排水施 │             └ 基礎地盤の排水工
          │                  設）         │
          │                               ├ 構造物裏込め部の排水
          │                               └ 路床路盤の排水 ┬ 路側の地下排水溝
          │                                                ├ 横断地下排水溝
          │                                                └ しゃ断排水溝
          │
          └ 施工の円滑化を ┬ 準備排水工
            図るための排水 ├ 工事中の仮排水
                           ├ 隣接地からの流入水排除
                           └ 工事中の流末排水処理
```

解図 2-3　道路排水の分類

(2) のり面に及ぼす水の影響

　一般にのり面に及ぼす水の作用は，のり面を流下する雨水によるのり面の浸食と，のり面内に浸透した地中水によるのり面の安定性の低下とに大別される。

　上部斜面やのり面に降る雨水は，浸透能力を超えればのり面を流下し，のり面を浸食する。浸食の形態には，のり面をほぼ均一な厚さで浸食する層状浸食，流水が各所に集まって細流となって流れるときに起こるリル浸食，のり面で筋状に集まった水の洗掘作用により次第に大きな溝を作るガリ浸食等がある。

　浸透量（浸透能）は，降雨強度や土質，含水状態，地下水位，地表面の傾斜，植生の程度等よりに異なるが，一般に砂質土が大きく，粘性土は小さい。

　地中水の浸透によるのり面の安定性の低下は，土の単位体積重量の増加の他に，土の強度の低下や地中の間隙水圧の増加をもたらした結果生じるものである。切

土のり面の湧水は，地下水や地中に浸透した雨水が原因であり，盛土のり面の湧水は，路面や地山から盛土部に浸透した水が原因となる。のり面の湧水は，のり面を浸食する恐れのあるほか，場合によっては湧水の流出する地層に沿ってすべり面が形成され，のり面崩壊の原因となることもあるので特に注意しなければならない。一般に，盛土部と切土部の境界は地表面からの浸透水が集まりやすいので湧水の量が多い。

(3) 地中水の影響
1) 土の中の水

土の中に含まれている水は形態によって次のように分類される。

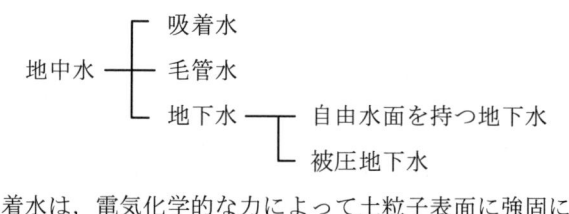

```
地中水 ┬ 吸着水
       ├ 毛管水
       └ 地下水 ┬ 自由水面を持つ地下水
                └ 被圧地下水
```

このうち吸着水は，電気化学的な力によって土粒子表面に強固に付着した半固体的な性質を持つ水で，かなり強く加熱しないと分離しない。毛管水は土中の間隙の毛管力並びに重力の作用を受け土中に保持され移動する水である。路床，路盤では，地下水面から毛管作用によって水が上昇し，土の支持力やせん断強さを減少させる原因になることが多い。地下水は自由水ともいわれ，重力の作用によって土中を自由に移動することができる水である。これらを模式的に示したのが**解図2-4**である。

一般に地下水は自由水面を持っている場合と，持っていない被圧地下水との二つに分類され，この運動はダルシーの法則に支配される。

以下では，吸着水を除いた毛管水と地下水について解説する。

2) 地下水の動き

降雨あるいは融雪によって生じる地表水が地下に浸透することによって，地下水はかん養される。土の中に浸透した水は，一般に下方に向って移動し，地盤内の不透水性の層に達するとその上にたまり，いわゆる地下水を形成し，地下水面ができる。

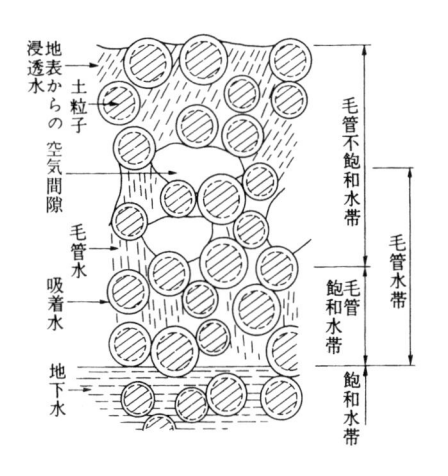

解図 2-4 土の中の水

　地下水の有無や地下水面の高さは，地盤を構成する地層に大きく左右される。
　地盤条件によっては，自由水面を持つ地下水の他に被圧地下水ができ，湧水として地表に湧出する。解図2-5に地下水の形態を模式図で示すが，実際の地盤の構成は複雑なので地下水はさまざまな形態をとる。

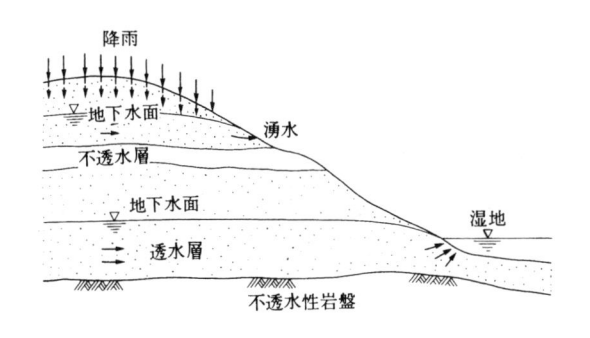

解図 2-5 地下水の形態[2]

　解図 2-6 に地下水の状態についてのいくつかの例を示す。地下水面より下にある土の間隙は水でおおむね飽和されているが，地下水面より上方へ離れるに従って含水量も低下する。しかし，一般に地下水面付近の土は地下水面より上であ

っても毛管力によって水が吸い上げられ，ほとんど飽和している場合が多い．毛管力の大きな所へ向って水は移動するので，例えば地表面の土が乾燥すると毛管力が増大し，水分が下方から補給される．細粒土は粗粒土よりも毛管力が大きく，含水比の高いことが多い．毛管水が平衡を保っている土の含水量と地下水面上の高さとの関係を示したのが **解図2-7** である．地下水面より上の土の含水量は，地

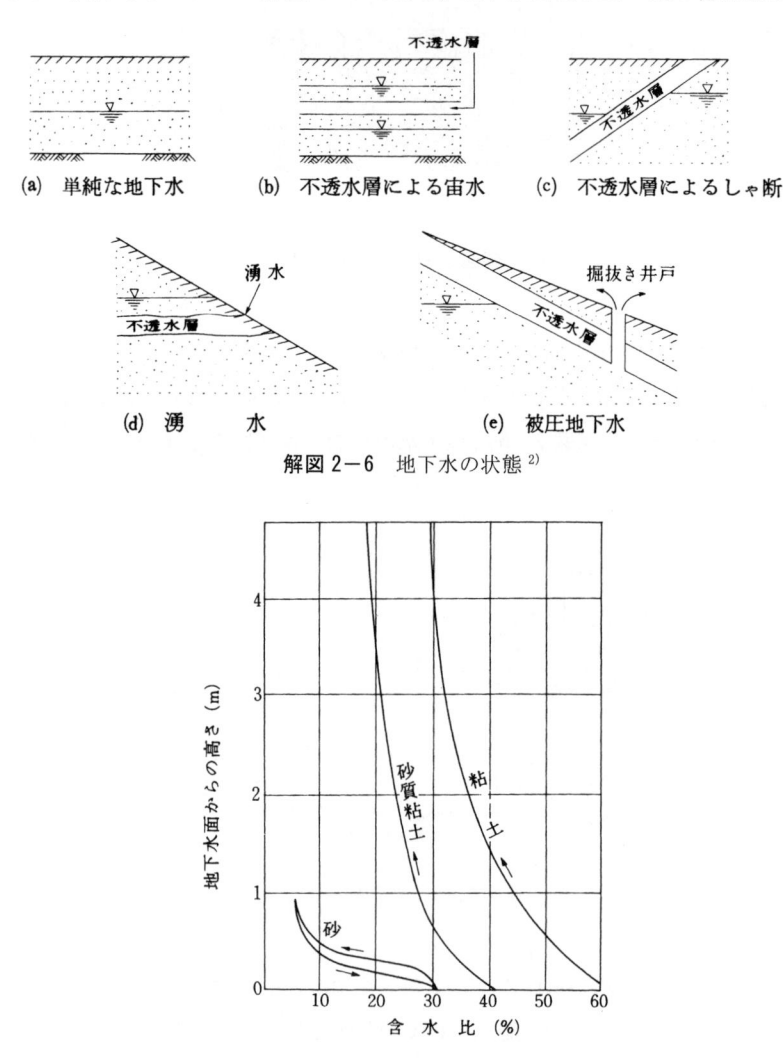

解図2-6 地下水の状態[2)]

解図2-7 水面からの高さと土の含水比の一例[2)]

表面からの蒸発が起こっても毛管力によって水が補給されるため，ごく地表面付近を除きそれほど大きな変化が起こらないのが普通である。

　また，季節によって地下水はかなり変動するのが普通であり，また近隣の湖沼，河川の水位と密接な関連を持つこともある。さらに，地下水位はポンプによる汲み上げ，かんがい等の人工的な影響によっても大きく昇降することがある。

2-1-2　排水の目的

> 道路排水は，以下を目的として行う。
> (1)　降雨，融雪，地表水，地下水による道路土工構造物や舗装の弱化・崩壊の防止
> (2)　路面の滞水による交通の停滞やスリップ事故の防止
> (3)　施工時のトラフィカビリティの確保や盛土材の施工含水比の低下

(1)　土工構造物及び舗装の弱化・崩壊の防止

　土工構造物の安定にとって，排水は最も重要な問題である。道路土工における排水の第一の目的は土工構造物及び舗装の健全性を確保することである。降雨，融雪により路面，のり面あるいは隣接地帯から道路各部に流入する地表水や地下水をできるだけ速やかに排除し，雨水による斜面の洗掘，崩落，あるいは地下水位の上昇等による道路土構造物の弱化・崩壊を防止するとともに，路盤・路床部の地下水を排除して舗装の劣化・損傷を防止するように努めなければならない。

1)　水による土工構造物の被害・損傷

　水が直接あるいは間接の原因となり生じる被害も多い。以下にそれらの例を示す。

　①　地下水位の上昇や浸透水によるのり面崩壊

　　軟弱で固結度の低い地層からなる斜面や地質構造的に不安定要因をもつ斜面が，地下水位の上昇に伴って大規模に崩落する。盛土部においては，周辺からの地下水の供給が豊富な地形条件に盛土した場合に，間隙水圧の作用により崩壊することがある。

② 降雨の浸透に伴う盛土のり面の表層すべり

のり面付近の締固めが不十分な場合や，砂質土，シルト等飽和度の上昇により強度が著しく低下する材料を用いたときに発生する。

③ 雨水の浸食によるガリーの発生

特に細砂，まさ土，しらす等浸食を受けやすい土に多く，排水施設が不十分な場合に生じ，放置すると深い崩壊に至る場合がある。

④ 表面排水のオーバーフローによる洗掘等

排水溝の屈曲点，集水ます，路面排水の呑み口等で多く発生し，盛土のり面を洗掘する。ときには大規模な崩壊に至ることもある。

⑤ 道路横断排水工の通水断面不足・閉塞

土砂・流木が堆積していたり，あるいはもともと通水断面が不足していると豪雨時の集水を流下させることができず，上流側に湛水し，さらにはオーバーフローして，谷側の盛土のり面を洗掘崩壊に至らせる。上流からの流木や土砂が呑み口を閉塞して湛水・オーバーフローに至ることも多い。

⑥ 地盤の沈下・変形による舗装の亀裂からの浸水

舗装の亀裂からの浸水は，舗装の弱化を引き起こしたり，あるいは長期間放置しておくと盛土本体にゆるみ領域を形成して豪雨時の崩壊の素因になることがある。

⑦ 埋設管からの漏水

埋設管からの漏水は，細粒分の流出により路面の陥没を引き起こす可能性があり，ポットホールや支持力低下に起因すると思われる亀裂が生じた場合には，その可能性についても留意する必要がある。

⑧ 凍上による路面の不陸やのり面構造物，擁壁等の損傷

凍上現象により，路面の不陸やコンクリート構造物の損傷が生じる。これらの対策については，「共通編　第3章　凍上対策」によるものとする。

⑨ 地震による影響

地山からの湧水等により盛土内の地下水位が高い状態で地震動を受けると，盛土内の間隙水圧が上昇し大規模な崩壊となる場合がある。

土工構造物の弱化・崩壊防止のための排水工は，これら直接的あるいは間接

的な水の作用による被害・損傷を防止するために設けられるもので，十分な調査に基づき排水工が最も効果を発揮するように設計，施工することが大切である。

2) 水による舗装の劣化・損傷

つぎに，舗装の劣化・損傷と排水の関係については以下の通りである。

① 路床・路盤の排水の不備による舗装の劣化・損傷

排水が良好でないと路床・路盤等の支持力が減少し，また，路床土の細粒土が浸透水によって路盤内に移動したり，ときによっては，舗装の継目や側端部，亀裂から地表に流れ出て舗装の破損の原因になることもある。コンクリート舗装の目地あるいは亀裂からの噴泥は，地下排水や路盤排水の悪い場合に生じるもので，舗装を著しく損なう。同様な現象がアスファルト舗装で生じると，表層の細かいひびわれに泥が流れこみ，ひびわれが再び閉じることがなくなり，舗装の破損が著しく促進される。さらに，特に交通荷重によって路盤材料の分離を起こし，安定性を失い強度の低下を招く。土中の水分が増加し，飽和もしくは飽和に近い状態になると，砂質系の土であっても土中に間隙水圧が生じてきて土粒子間の有効応力が減少し，強度の低下を生じる。

また，施工中に行うプルーフローリングでも，路床土に含水量の多い部分があると変形が著しくなることはしばしば経験されることである。

② 凍上による舗装の劣化・損傷

寒冷地において、地下水位の高い原地盤を掘削して道路を建設するような場合には，地盤からの浸透水の影響により凍土が発生することによって路床，路盤が軟弱化し，舗装が著しく損傷することがある。

舗装の劣化・損傷を防止するための排水工は，原地盤や隣接地から流入してくる水をしゃ断または排除するために地下排水溝を設けて地下水位を低下させ，舗装を良好な状態に維持することが大切である。なお，舗装のための排水については「舗装設計施工指針」を併せて参照されたい。

(2) **路面の走行性の確保**

路面の排水が悪いと降雨や融雪等によって水たまりが生じ交通が停滞したりスリップ事故をひき起こしたりすることになるため，道路の設計・施工及び維持

管理に当たっては舗装や構造物と同様に，路面排水工にも十分な配慮が必要となる。

(3) 施工性の確保

施工の円滑化を図るための排水工は，施工面の軟弱化を防ぎ施工機械のトラフィカビリティを確保するものであり，逆に施工中の排水が悪いと工期を著しく遅延させる結果にもなる。また，草木を伐開除根することにより，降雨時に滞水や土砂が工事区域外に流出することもあるので注意を要する。工事施工前に行う準備排水あるいは施工中の排水は仮設的あるいは応急的な排水工となる場合が多く，そのためにあまり重要視されない面があるが，最近では環境保全や災害防止の立場から軽視できなくなってきていることに注意すべきである。したがって，調査の段階から準備排水，工事中の排水，隣接地からの水の排除等についても十分留意して，計画することが大切である。なお，施工の円滑化を図るための排水の詳細は「道路土工－盛土工指針」及び「道路土工－切土工・斜面安定工指針」によるものとする。

2－2 排水施設の計画

(1) 排水施設は，計画道路の種類，規格，交通量及び沿道の状況を十分考慮して，その排水能力を設定しなければならない。
(2) 排水施設は，土工構造物の構造，周辺集水域における地形・地質・地下水の状況等を考慮して，適切な排水系統を計画するとともに，目的と機能に応じた適切な排水工種を選定するものとする。
(3) 道路からの排水が周辺地域へ悪影響を及ぼさないよう，適切に流末処理を行わなければならない。

(1) 排水能力の計画

道路排水の対象は主として降雨であり，いかなる強い降雨の場合でも完全に排水することが望ましいが，これを完全に実施することはその発生頻度との関係か

ら必ずしも合理的とはいえない。したがって，排水施設の能力は，計画道路の種類，規格，交通量及び沿道の状況を十分考慮するとともに，個々の排水施設についても排水の目的，排水施設の立地条件，計画流量を超過した場合に予想される周辺地域に与える影響の程度，経済性を考慮して設定しなければならない。

表面排水施設に関する排水能力は通常，n年確率降雨で設定される計画雨量強度から求められる（下記[参考]を参照）。ただし，地下排水施設については通常，地下水浸透量の定量的な予測が難しいため，既往の工事実績や現地状況の観察結果から豪雨時においても十分と思われる排水能力を持つよう配慮する。

なお，最近は気候変化による異常な集中豪雨が頻発する傾向にあるが，地下横断施設（アンダーパス）を設ける場合や，地形条件により路面冠水が発生しやすい道路，及び万一路面冠水が発生した場合の影響の大きい地域においては，最新の情報をもとに，必要に応じて排水能力に余裕を持たせるなどの検討をすることが望ましい。この場合，下記〔参考〕に示された標準的な降雨確率年以上の確率年を採用することを検討するほか，地下横断施設においては異常冠水を知らせる警報装置を設置する（「2-6 構造物の排水工の設計」参照）などの対策もあるので，併せて検討するのがよい。降雨確率年の設定に当たっては，流末の下水道，河川等の管理者と事前に協議する必要がある（「(3) 流末処理」参照）。

〔参考〕 表面排水施設の計画基準の目安として，道路区分による選定基準を**参表2-1**に，**参表2-1**により選定された区分に応じた排水施設別の採用確率降雨年の標準を**参表2-2**に示す。

参表2-1 道路区分による選定基準（参考）

計画交通量 （台/日） \ 道路の種別	高速自動車国道及び自動車専用道路	一般国道	都道府県道	市町村道
10,000以上	A	A	A	A
10,000～4,000	A	A，B	A，B	A，B
4,000～500	A，B	B	B	B，C
500未満	－	－	C	C

注）う回路のない道路については，その道路の重要性等を考慮して，区分を1ランク上げてもよい。

参表2−2 排水施設別採用降雨確率年の標準（参考）

分類	排水能力の高さ	降雨確率年	
		(イ)	(ロ)
A	高い	3年	10年以上(ハ)
B	一般的		7年
C	低い		5年

注）(イ)は路面や小規模なのり面等，一般の道路排水施設に適用する。
　　(ロ)は長大な自然斜面から流出する水を排除する道路横断排水工，平坦な都市部で内水排除が重要な場所の道路横断排水工等，重要な排水施設に適用する。
　　(ハ)道路管理上，構造上重要性の高い沢部の盛土等の道路横断排水工については30年程度とするのがよい。

(2) 排水系統の計画・排水工種の選定

　道路土工は盛土や切土等の工事により原地形を改変し，地表水・地下水の流れを変化させる。また，道路排水は道路用地内だけでなく，その周辺の集水域に降る降雨も対象にしなければならず，また排水施設で集めた水を適切に流末処理しなければならない。したがって，道路排水施設はこのような状況をよく調査把握した上で，排水系統を計画する必要がある。盛土・切土部における排水系統の考え方の例を**解図2−8**に示す。

　排水系統を計画するに当たっての主な留意事項は以下のとおりである。

① 集水域を含む原地形における地表水・地下水の状況を把握するとともに，土工構造物を構築した後の流況を適切に予測すること。

② 集水区域あるいは周辺地域が将来において開発されることが予想される場合には，その影響も予め考慮しておくのがよい。

③ 盛土・切土だけでなく，接続する橋梁やトンネルも含めて連続する道路構造物を一体として，排水系統を大まかに区分する。

④ 多量の雨水を1箇所に集中させるようなことは極力避け，計画降雨を超えた場合に予想される流況と土工構造物への影響度合い等も勘案した上で，できるだけバランスよく分散排水させる。

⑤ 特に地下水については，施工段階になって初めて多量の湧水箇所等が確認されることが多いので，排水施設を追加したり配置を変更するなど適宜計画修正していくこと。

施工中の排水ネットワーク(例)

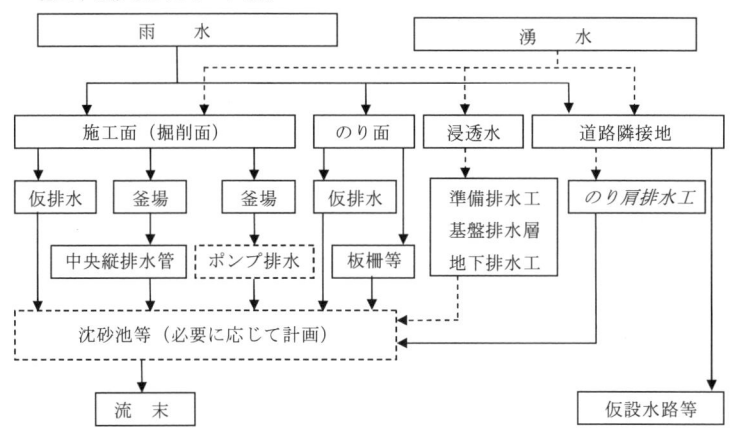

```
                    ┌─────────┐           ┌─────────┐
                    │  雨 水  │           │  湧 水  │
                    └────┬────┘           └────┬────┘
         ┌──────────┬────┴────┬──────┐         │
    ┌────▼─────┐ ┌──▼──┐ ┌────▼────┐ ┌─▼────────────┐
    │施工面(掘削面)│ │のり面│ │ 浸透水  │ │  道路隣接地   │
    └──────────┘ └─────┘ └─────────┘ └──────────────┘
```

施工面(掘削面)	のり面	浸透水	道路隣接地
仮排水／釜場／釜場	仮排水	準備排水工／基盤排水層／地下排水工	のり肩排水工
中央縦排水管／ポンプ排水	板柵等		

沈砂池等(必要に応じて計画)

流 末 ／ 仮設水路等

工事完成後の排水ネットワーク(例)

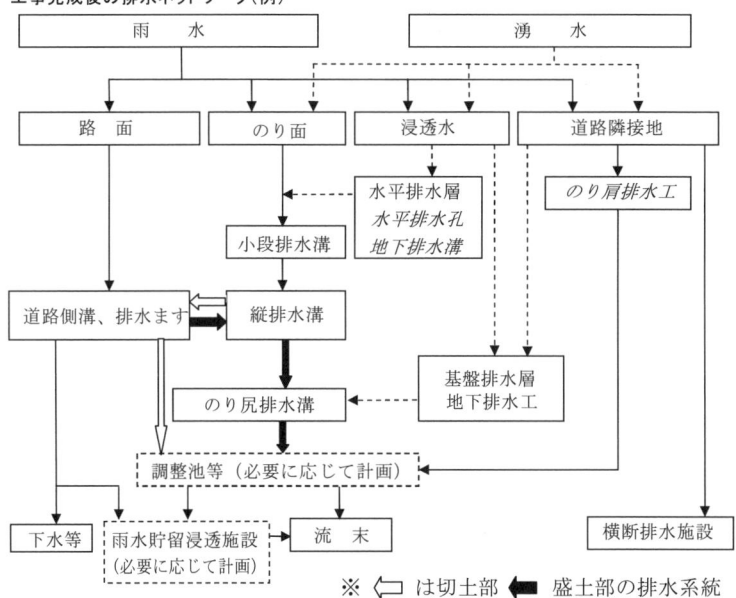

雨 水		湧 水	
路 面	のり面	浸透水	道路隣接地
	小段排水溝	水平排水層／水平排水孔／地下排水溝	のり肩排水工
道路側溝、排水ます ← 縦排水溝			
	のり尻排水溝	基盤排水層／地下排水工	

調整池等(必要に応じて計画)

下水等 ／ 雨水貯留浸透施設(必要に応じて計画) ／ 流 末 ／ 横断排水施設

※ ⇦ は切土部　⬅ 盛土部の排水系統
※ 斜字は主に切土のり面における排水施設
※ 点線は湧水・浸透水に対する水の流れ
※ 実線は表面水に対する水の流れ

解図 2-8　盛土・切土部における排水系統の考え方の例

⑥ 排水の流末となる河川，排水路あるいは下水道等への導き方や受容可能流量等について事前にそれぞれの管理者とよく調整をしておく必要がある。
⑦ 道路建設が特定都市河川浸水被害対策法に定める規制要件に該当する場合には，所定規模の雨水貯留浸透施設を設置することにより，流末への雨水流出を抑制する必要がある（第4章参照）。
⑧ 流末となる河川や下水道等の能力が不足するなど，流末の確保が困難な場合にも雨水貯留浸透施設により流出抑制を図ることがあるが，施設の種類，規模及び設置場所の選定に当たっては，維持管理方法も含めた慎重な検討が必要である。特に，雨水を地下に浸透させるタイプの施設を計画するときは，道路及び周辺構造物への影響や浸透能力の長期性能について慎重な検討を要する。

また，**解図 2-3** に示したように，排水施設はその目的，対象等に応じて各種の工種があるが，これら排水施設の工種選定や配置の計画に当たっては，それぞれの機能に応じた設計流量を流し得る十分な排水能力と適切な流速を確保するように配慮しなければならない。

(3) **流末処理**

道路区域及びその周辺地域より集めた排水の流末を適切に処理していない場合には，市街地においては局所的に浸水被害をもたらしたり，あるいは地方の山地部道路では下流側の斜面の崩壊やときには土石流を引き起こしたりする事例が過去にみられる。したがって，流末処理は決しておろそかにできないものである。

流末処理の方法には，河川や排水路，あるいは下水道へ導く方法，自然放流する方法，及び貯留・浸透させる方法等がある。

地方部の道路の排水は，極力河川あるいは排水路まで導くよう計画すべきである。この場合それぞれの管理者と事前に協議する必要がある。

市街地の道路の排水は，一般に下水道施設に放流される。したがって，その処理に当たっては，下水道管理者と十分調整をとる必要がある。

また，小規模な側溝で導かれる雨水や，のり尻に側溝を設けない場合にのり面

を流れた雨水等は自然放流されることがある。このような場合，山林原野等ではさほど問題は起こらないが，田畑等に流入する時は，悪影響を及ぼさないよう措置すべきである。

さらに最近は，都市部における治水計画の一環として，雨水が短時間に集中して河川へ流入するのを防ぐため，調整池を設けることが行われているほか，雨水貯留浸透施設等によりピーク流量を抑える方法も試みられている。雨水貯留浸透施設の詳細については，「共通編　第4章　雨水貯留浸透施設」によるものとする。

2-3　調　査
2-3-1　調査計画

> 排水施設を計画，設計するための調査は，表面水，地下水，凍上等に関する調査を合理的，機能的，経済的に行うと同時に，施工性及び維持管理に必要な情報を得るために行う。

解図2-3に示された排水の種類別に，対応する調査項目の大略を示すと**解図2-9**のようになる。また，**解表2-1**は調査項目と調査目的との関係を整理したものである。

実際の調査に当たっては特に下記に示すような点に注意を要する。
① 　表面水が局部的に集中して流れるような箇所
② 　地山からの湧水の多い箇所
③ 　地下水の状況
④ 　後背地が集水地形である箇所
⑤ 　集めた水を排除する流末の状況

なお，地盤中の浸透水の状況は地盤の地層構成，土質等の条件が複雑に関係するため，事前の調査のみによって正確に把握することは難しく，施工中に地下水や透水層の存在が判明することも多い。したがって，施工中においても常に地表水や地下水の動きについてよく観察することが大切である。

1)　気象調査

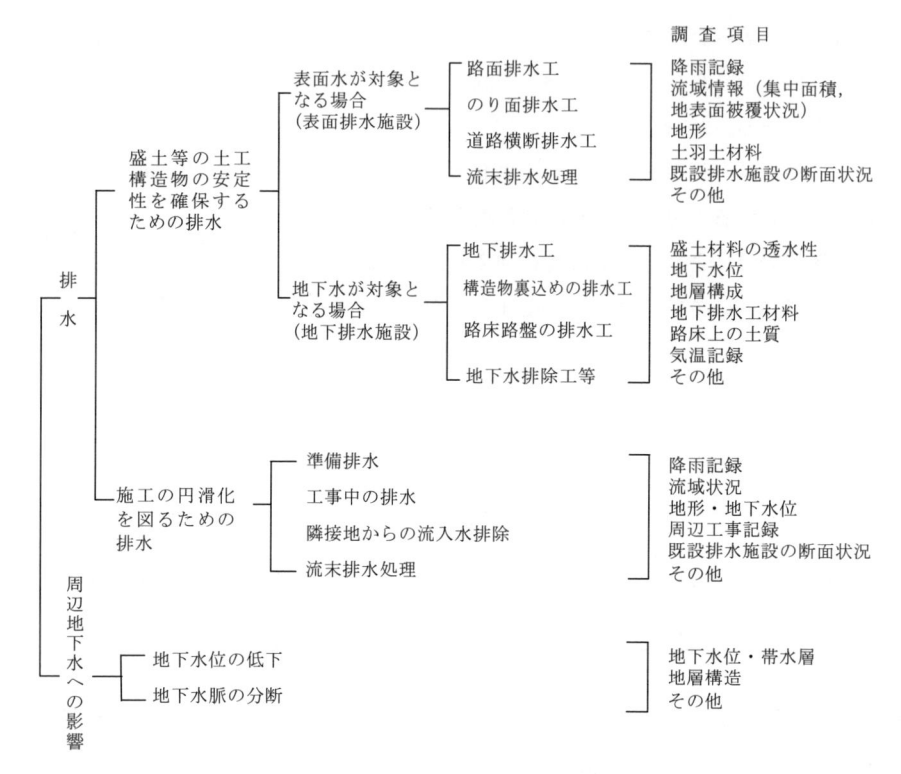

```
                                      ┌ 路面排水工      ┐ ┌ 調査項目
                      ┌ 表面水が対象と │ のり面排水工    │ │ 降雨記録
                      │ なる場合       ┤ 道路横断排水工  ├─┤ 流域情報（集中面積，
      ┌ 盛土等の土工  │ （表面排水施設）│                │ │   地表面被覆状況）
      │ 構造物の安定  │                └ 流末排水処理    │ │ 地形
      │ 性を確保する  ┤                                  │ │ 土羽土材料
      │ ための排水    │                ┌ 地下排水工      │ │ 既設排水施設の断面状況
      │               │ 地下水が対象と │ 構造物裏込めの排水工 │ その他
      │               │ なる場合       ┤                │ │ 盛土材料の透水性
      │               │ （地下排水施設）│ 路床路盤の排水工├─┤ 地下水位
 ┌ 排 ┤                └                │                │ │ 地層構成
 │ 水 │                                 └ 地下水排除工等  │ │ 地下排水工材料
 │    │                                                   │ │ 路床上の土質
 │    │                                                   │ │ 気温記録
 │    │                                                   │ └ その他
 │    │
 │    │               ┌ 準備排水       ┐                    ┌ 降雨記録
 │    │ 施工の円滑化  │ 工事中の排水   │                    │ 流域状況
─┤    ┤ を図るための  ┤ 隣接地からの流入水排除 ├─────────────┤ 地形・地下水位
 │    │ 排水          │                │                    │ 周辺工事記録
 │    │               └ 流末排水処理   ┘                    │ 既設排水施設の断面状況
 │    │                                                     └ その他
 │
 │ 周辺
 │ 地下           ┌ 地下水位の低下                     ┌ 地下水位・帯水層
 └ 水への ────────┤                                    ┤ 地層構造
   影響           └ 地下水脈の分断                     └ その他
```

※地すべり及び土石流に関する排水の調査は「道路土工－切土工・斜面安定工指針」によるものとする。

解図 2−9 排水の種類とその調査

解表 2−1 排水施設の計画のための調査

	調査項目	調査目的・趣旨
1	気象	流出量の算定 排水計画 凍上対策 除雪，融雪対策
2	地形及び地表面の被覆状況	流出量の算定 地下浸透流の予測
3	土質と地下水等	排水計画 地下排水工の決定 のり面排水工の決定 凍上対策
4	同一排水系統に含まれる地域にある既設排水工の断面と状況及び排水系統	流出量の算定 新規排水系統の計画

気象調査は，排水施設を計画するうえで最も重要な要素であって，排水施設の構造，規模を決定する場合の基本となるものである。

　気象調査は，局地的に頻繁に豪雨を記録するなど，地形的な地域性を有する場合において，必要に応じ計画地域付近の降雨量，降雪量，気温，凍結深さ，月別降雨日数等について過去の記録の調査を行うものとし，気象台，消防署，学校やAMeDASデータ等の記録を収集する。また，計画地点にできるだけ近い場所で行われた他の工事の実績を参考にするとよい。

2) 地形及び地表調査

　一般に地形及び地表面の状況に関しては，現地踏査を行うことによって，地図の判読からだけでは得られない詳細な資料を得ることができる。

　集水区域内の地表面の状況や傾斜，あるいは周辺地域の開発等の人為的な要因による地表状態の改変によって流出係数の値は異なるので，地形及び地表調査に当たっては，十分注意を払わなければならない。

　また，特にのり面排水工，地下排水工のためには，地すべり，崩壊の有無，斜面の浸食状況，植生の状況等を調査することが重要である。

3) 土質と地下水

　地下排水工，のり面排水工，及びトンネル，擁壁等の構造物の排水工の設計に当たっては，地下水位，地下水の動き，湧水の状況，透水層の位置と透水係数及び不透水層の深さ等をおおよそ把握しておかなければならない。

　一般に，道路の設計に当たっては路線に沿ってある間隔でボーリングを行い，土質試験が実施されている場合が多いので，土質と地下水に関する調査は，予備調査，現地踏査によりその概要を掌握するとともに，土質試験等の結果を利用する。収集した資料の検討や現地踏査等の結果，さらに必要があればボーリングを追加実施する。

2-3-2　表面水に関する調査

　表面水に関する調査は，気象調査と地形及び地表面の状況等の流域状況について調査するとともに，のり面施工箇所，周辺の地形，地表面の状況，土質，

> 地下水の状況，流末等を勘案し，適切に実施する必要がある。

　降雨または降雪による表面水や近隣地域から道路内に流入する水等を対象とする表面排水施設の場合には，降雨記録と流域状況を調べることが主な調査となる。

　流域状況については，道路敷地内及び隣接地の双方について流出係数を推定するため，地表面の被覆性状，地域の用途分類等による地表面の種類別にその面積を求める。特に山岳地帯においては傾斜地が多く，集水範囲も不明確な場合が少なくないので，空中写真等を併用して集水面積を求めるようにするとよい。

　さらに，土石流を発生させる可能性のある渓流を横断する道路の場合は，その可能性，対策に関連する調査も実施する必要がある。調査方法，範囲，項目等については「道路土工－切土工・斜面安定工指針」によるものとする。

　のり面排水工は，のり面を流下する表面水によるのり面の浸食を防止することが目的となるので，盛土のり面の土羽土に用いる材料のほかに，のり面工箇所及びその周辺の地形，地表面の状況，土質，地下水の状況，既設排水系統等についても十分調査する。特に，表面水の集まりやすい箇所，すなわち沢地形，凹地，陥没跡地，小崩壊跡地，長大なのり面となる箇所及び盛土区間の急カーブで片勾配になるような箇所については，湧水や降雨水の集水性状について入念な調査が必要である。また，細砂，まさ土，しらす，段丘礫層等の主として砂質土からなるのり面の場合は，表面水による浸食に弱いので，特別の注意を要する。

　また，表面水に対しては流末の排水施設の能力についての調査も必要である。

2－3－3　地下水に関する調査

> 　地下水に関する調査は，土質及び地層の状態について，予備調査，現地踏査によりその概要を掌握する。また，必要に応じてボーリング，サンプリング等を実施し，地下水位，地下水の動き，湧水の状況，透水層の位置と透水係数及び不透水層の深さ等を十分に把握する必要がある。

　盛土等の土工構造物の崩壊は，前述した表面水と併せて浸透水及び湧水が原因

となって生じることが多い。したがって，傾斜地盤上の盛土，谷間を埋める盛土，片切り片盛り，切り盛り境では地山からの湧水が盛土内へ浸透し，盛土を不安定にすることが多いため，地下水の実態について十分な調査が必要である。

また，堀割道路等の地中構造物を構築するに当たっては，地下水流の阻害，地下水上昇や地震時の液状化による浮き上がり防止の観点からの調査が必要である。土に含まれている水は土の工学的性質に大きな影響を持つので，土質調査を含めて地下水の地質構成と帯水機構，帯水層の帯水能力，周辺の利水状況，湧水量等の状況についての十分な調査を行う必要がある。

地下水調査は２段階に分けて実施することが好ましく，前段では「問題箇所の合理的な抽出」が目標となり，後段では「問題の程度を把握する」ことが目標となる。

1) 道路の計画段階に必要な地下水調査

道路計画の段階では，道路建設が地下水の挙動に影響を及ぼす可能性のある箇所を合理的に把握することが必要である。したがって、この段階の地下水調査では，既存資料収集，航空写真の利用，補足的・概観的な踏査，聞き込み等で資料を収集し，現況の地下水機構，水収支の予備的な考察を加え，地下水障害が生じる場所であるかどうかを予察する。

その結果，検討の必要があると判断された箇所・区間については，可能な範囲で代表的な井戸・湧泉等での測水，主要河川・水路の流量観測，主要箇所のボーリング地質調査・電気検層，土地利用状況調査等を行っておけば精度が著しく向上する。

地下水変動の予測は推定による部分が多く，極めて困難な調査であるが，逆に現況を概略的ではあっても注意深く調査・検討することで，その基本事項をかなりの精度で把握することができる。

また，地下水位は季節によって大きく変動する場合があるので，季節変動に十分注意する必要がある。例えば，ため池の近傍では，季節的に昇降する池の水位を反映して，地下水位も季節的に変動することもある。このような場合には，年間を通しての地下水の状況を調べるため，地下水位の観測井戸を設置することが必要になる場合もある。

2) 道路の設計及び施工に必要な地下水調査

　設計・施工の段階では，地下水の影響度合いを把握し，適切な対応を実施することが必要となる。道路土工構造物の規模や地下水の状況は現場毎に多様であるから，当然のことながら現地の実情に合わせて地下水調査を行うすることが必要である。

　対象道路周辺での地下水の性状把握のためには，代表的な井戸，湧水等による水位・水量の変化，主要河川や水路における流量観測，主要箇所のボーリングによる地質調査，電気探査，現場透水試験等を現地の状況に応じて行い，地盤の地層構成と地下水の状況等について詳細に検討を加える。

　特に崖錐堆積物，断層，破砕帯，硬軟互層等からなる斜面は，砂礫層や砂層等の透水性の高い地層が介在していることが多く，これが帯水層となり，浸透水や地下水を供給してのり面崩壊等を誘発することになるので，地層構成，透水性，地下水の変動等について十分に調査することが重要である。

　また，地下水排除工を比較検討する必要のある場合は，比較的固定的な条件となる地形，地質，帯水層，利水施設（用水路，排水路，揚水井戸等），土地利用状況等に関する詳細な調査と，比較的長期間を要する観測を主体とする変動実態を把握するための調査とに分けて実施する。

3) 主な地下水調査の方法

　地下排水施設の設計には地下水位が重要な要素となる。調査手法は，既存資料調査，現地踏査，ボーリング地質調査，電気検層，電気探査，揚水試験等があり，対策工が必要と判断された地区では詳細調査を行う。道路設計のための調査資料を最大限利用すれば，若干追加する程度で十分な場合も多いので重複しないように注意しなければならない。

ⅰ）既存資料調査

　地質図，航空写真は，地層の成層状態，透水性，地下水の状態等を知る重要な手がかりとなる。一般に，乾燥した粗粒の土は航空写真では明るく写り，粘土，シルト，有機質土等は暗く写る。また，写真に写った構造物，例えば耕作地の人工水路や，あるいは地表に繁茂する植物の状態等から，その地域の地下水位の高さを知ることができる。なお，写真判読に関しては専門書[3]を参照されたい。

ⅱ）現地踏査

　地下水の浸み出す場所は，不透水層上に砂礫層があったり，破砕帯があったりするといった地層構成の特徴を持つ。また，これらの地点では，地表に繁茂する植物が周辺と異なっている場合が多いので，現地踏査の際に湿地帯や湧水のある地点の発見を容易にすることもある。

　地形を台地，扇状地，丘陵地，砂丘あるいは低平地等に区分したとき，それぞれの地形区分毎に地下水に特色がある。以下に現地踏査に当たっての留意すべき事項を示す。

① 台地の地下水

　台地は，河岸に発達する段丘あるいは海岸段丘等の緩く傾斜した広い面積を持つ。我が国では，第四紀洪積世に形成された台地が良く発達し，段丘層（砂，礫層）の上に火山活動による火山灰層が覆っていることが多い。**解図 2－10** に台地の模式的な断面図を示す。

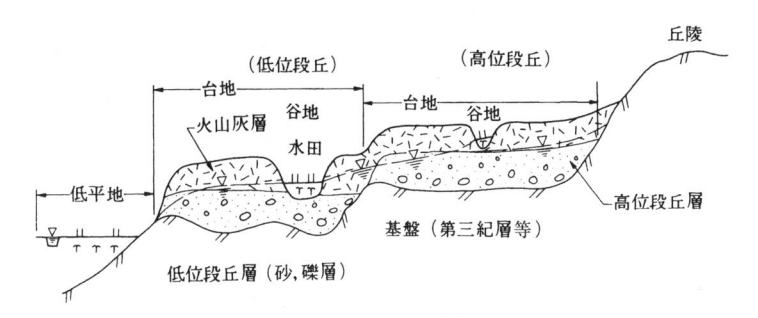

解図 2－10　台地の模式断面図

　台地では，一般には地下水位が低く，表層の火山灰層中に水位があることは少ない。地下水面付近すなわち段丘層に接した部分では，火山灰が粘土化してやや透水性が悪くなっていることが多く，降雨直後に宙水を一時的に生じることがある。火山灰層は，一般に吸水性が高く透水係数が大きいため，50mm程度の降雨はほとんど吸収されてしまい表面流出しないことが多い。

　台地に入り込んでいる谷地での農業用水は，台地からの湧水を直接あるいは貯水池と組み合わせて利用していることが多いので，ため池が多く見られる台地で

の排水計画は，特に注意が必要である。

② 扇状地の地下水

　扇状地は，河川が山地より平地に流下する時に勾配が急に小さくなるため，土石が扇状に堆積して形成される地形である。分布する地層は，粗粒礫層，砂層を主体とする。細粒土層の厚さは一般に 1 m 程度である。**解図 2－11** に扇状地の模式図を示す。

　地下水位は，扇頂部～扇央部で比較的低く，扇端部で湧泉が見られるなど高くなっている。そこでの河川は，主要流路を含めて扇央部で枯れ沢となることが多く，扇端部で明確な水路を形成するようになる。なお扇頂部～扇央部では，降雨の多くは浸透し，地下水かん養地域となり，基盤に沿って扇端部方向に流動する。

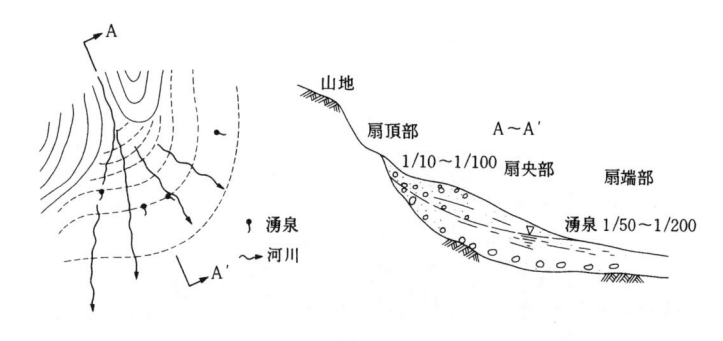

解図 2－11　扇状地の典型的な地形

③ 丘陵地の地下水

　我が国の丘陵地は，ほとんどが第四紀高位段丘及び火山活動に起因するもので，第三紀層が分布する地域，その他中世層・古世層，貫入岩（主として花崗岩）の地層からなる山地の周辺部に見られるものがある。分布する地層の種類も極めて多岐に渡り，一概に言えないが，沢の発達が進み尾根～谷・沢間の斜面勾配は 1/10 ～1/50 程度であることが多い。

　傾斜が大きいところから降雨の大部分は流出し域外に排水されるが，一部は湿った表土中に保留され，一定の時間の遅れを伴って再流出する。また，下に続く台地，平地への地下水かん養をなしていることが多く，移行部である崖錐層内で

の貯留量はかなり大きい。地すべり，崩壊現象も多く見られる。

④　低平地の地下水

　低平地では自然堤防，後背湿地が特徴的な地形である。分布する地層は緩い砂質土・軟弱な粘性土，河道部自然堤防では砂または砂礫，後背湿地では有機質土等がある。自然堤防は微高地（50〜100 cm）をなし，古くから集落が発達する。解図2-12はその様子を示したものである。一般に勾配の小さい地域であるため，地表水，地下水は反復利用されていることが多い。水収支からは，地表流入と流出との差がほぼ蒸発散量に等しく，地下水流動は一定の広さ以上になればほとんどないと考えて良い。

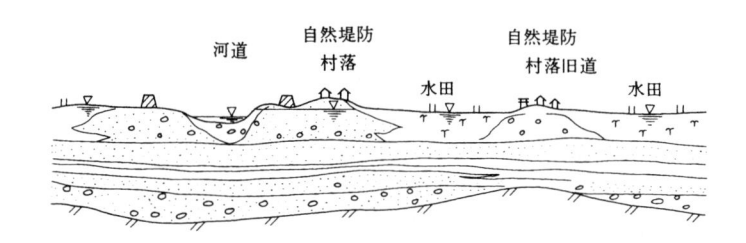

解図2-12　低平地の典型的な地形と地下様式

ⅲ）ボーリング地質調査

　ボーリングによる調査を行っていれば，地下水位も記録されているのでその資料を利用することができる。地下水位の高さのみを調べるならば，オーガーを用いて孔を掘ることで目的は達せられる。

　孔を掘削して地下水位を測定する場合，地盤の透水係数が小さいと孔の中の水位が上昇するのに時間がかかるので，孔の掘削後しばらく放置してから水位を測定する。ボーリング孔で水位を調べるときも同様である。

　また，水位は一般に季節的に大きく変動するので，地盤の条件等を考慮に入れ，最高水位を知るように努める。透水層を貫入して孔を掘った場合，孔内水位は透水係数の一番大きい透水層の水頭の影響を受けやすいので注意を要する。

　一般には削孔の間隔は100m程度でよいが，透水層を含んだ複雑な地層が存在

する場合や斜面に有害と思われる湧水のある場所等では間隔を密にする。

この他，排水施設の流量を決定するための調査として，透水係数の測定を行う場合がある。透水係数の測定方法については，「地盤調査の方法と解説」((社)地盤工学会)[4]で示す地下水調査の各調査方法を参照するものとする。なお，透水層内の浸透流は決して一様ではなく，透水性の高い砂礫層，砂層，あるいは破砕帯，断層等の水みちに集中して流れることが多く，調査方法の選定が悪いと判断を誤ることがあるので注意を要する。

iv）物理探査・電気探査

地下水調査の手段として，物理探査あるいは電気探査等が適用されることがある。物理探査では浸透流の経路に関係のある岩の位置を，また電気探査では含水量の異なる地層の分布の概要を，それぞれ知ることができる。物理探査・電気探査の実施方法については，「地盤調査の方法と解説」((社)地盤工学会)[4]によるものとする。

2-3-4　凍上対策に関する調査

> 凍上対策に関する調査は，地盤の土質，地下水位，気温等を十分に考慮して凍結深さの推定及び凍上対策を立案するために実施する。

寒冷地における路床・路盤，切土のり面や附帯する排水施設，擁壁・カルバート等の構造物の基礎等では，地下水による土の凍上作用のもたらす影響が極めて大きい。

凍上とは，地盤中にアイスレンズ（氷晶）が発生し，それが成長することによって地面が隆起する現象をいう。土の凍上を判定する方法や具体的な凍上対策を考える上で必要な凍結深さの求め方及び各種の凍上対策のための調査の詳細については，「共通編　第3章　凍上対策」によるものとする。

2−3−5 施工の円滑化のための排水に関する調査

> 施工の円滑化のための排水に関する調査は,地形,地下水位等を十分に考慮して流入表面水,浸透水を推定し,必要な排水計画を立案するために実施する。

施工の円滑化のための排水に関する調査には,土工現場の準備排水,土取場・発生土受入地の排水,施工時の排水がある。土工現場,土取場・発生土受入地の排水に関しては,地形,地下水位等を考慮して流入表面水,浸透水を推定し,必要排水計画を立てる。特に,土工に伴う泥水の処理が不適切で,工事地区から工事地周辺の田畑へ溢れ出すことがあるので注意を要する。

2−4 表面排水施設の設計

> 表面排水施設は,路面,のり面,及び近隣地域から道路内に流入する降雨や融雪水を道路外に速やかに排除して,道路構造物の安定性を確保し,通行車両の走行に対し支障とならないように設計しなければならない。

路面に降った雨水や道路隣接地から到達する水を排除する施設を表面排水施設と呼ぶ。

表面排水施設で排除する水は以下のように分類できる(**解図 2−1**,**解図 2−3** 参照)。

(1) **道路敷地内の水**

主として道路敷地内のうち,路面に降った雨水,融雪水等をいう(のり面排水については別途「道路土工−盛土工指針」,「道路土工−切土工・斜面安定工指針」にて詳細を記載する)。

(2) **隣接地から到達する水**

道路敷地外に降った雨水,融雪水等のうち,道路に影響を及ぼすものをいう。これは次の二つに区分できる。

1) 隣接する沢等から流出する水

　沢及び水路等の出口を横断する道路にあっては，道路施設の安全を護るために道路を横断して排除しなければならない水をいう。ときによって多量の流木，土砂，岩石を含むことがある。

2) 隣接する小規模な斜面，または山地から流出する水

　道路の構造上，道路敷地に流入するため，当然排除しなければならないものと，隣接地の排水施設の不備によりやむを得ず受けなければならない水をいう。

　本節では，表面排水施設の対象となる雨水流出量の計算法，表面排水施設の設計法について述べる。なお，積雪地域で散水消雪を行う道路の表面排水施設の設計に当たって，散水量等の算定が必要となる場合には「道路防雪便覧」[5]を参照して検討するのがよい。

2−4−1　雨水流出量の計算

> 　排水施設の能力を定めるためには，その排水施設で処理しなければならない流量，主として雨水流出量を知る必要がある。雨水流出量の算定は，原則として，合理式（ラショナル式）を用いて計算するのが望ましい。

　雨水流出量の算定手順を，フローチャートとして**解図2−13**に示す。ただし，実際上**解図2−13**の繰返し部はチェック程度にとどめ流達時間を1〜2回仮定して行う。具体的には，まず流達時間の項を参照して流達時間を仮定する。この段階では流量が求められていないので，流下時間の算定はできないことから，流達時間は仮定値とならざるを得ない。次に，この時間に対応する降雨強度を決定する。この降雨強度から流出量の計画値が求められる。この流出量に対応する流達時間を再び求め，先に仮定した流達時間に近い値となるかどうかを検証する。流達時間の差が大であれば再度仮定値を与えて計算を繰り返す。

　一般には，仮定値が計算値より小であれば試算を打ち切ってよいが，その目安は仮定値と計算値の差が仮定値の2割以内程度とすることが望ましい。

　解図2−13に示す主な項目を以下に説明する。

1) 降雨確率年の決定

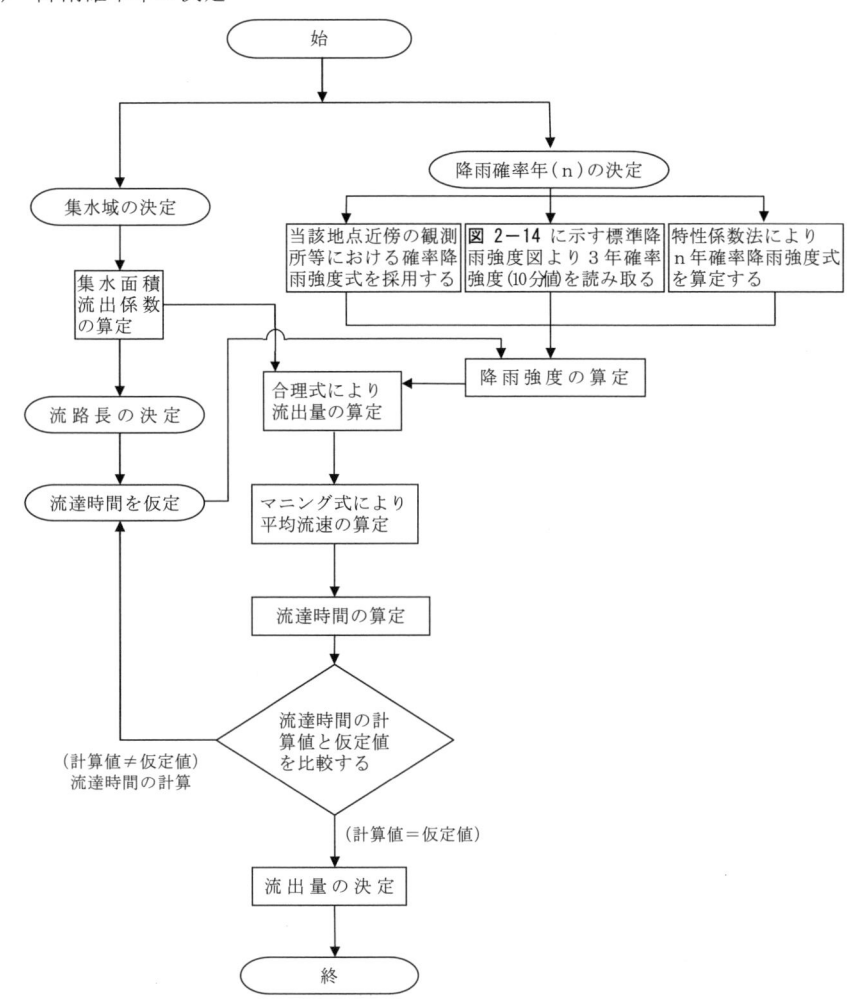

解図 2−13 雨水流出量の算定手順

排水施設の規模を定めるためには，降雨強度算定のための確率年を決定しなければならない。この確率年は交通の確保と構造物の安全を目標とするものであり，表面排水については**参表 2−1**，**参表 2−2**を参考として決めるとよい。

ただし市街地の道路において，その雨水を下水道に排水する場合には，構造物

の安全性を考慮の上,下水道管理者と協議し確率年を定めるものとする。

特に横断排水路の場合には,沿道の民家,田畑に対し,湛水による被害を与えないように**参表2-2**を参考にして適切な確率年を選ぶことによって,排水施設の能力に余裕を持たせなければならない。

特定都市河川浸水被害対策法に基づいて設置する雨水貯留浸透施設の降雨確率年については,第4章による。なお,雨水貯留浸透施設を設置した場合でも,下流の排水施設の規模を縮小したり省略してはならない。雨水貯留浸透施設の有無にかかわらず,所定の降雨確率年の雨水流出量を排水できるよう,排水施設の規模を定める必要がある。

2) 降雨強度の算定

合理式による雨水流出量の算定においては,降雨が集水区域の最遠点から流下してくるまでの時間,すなわち流達時間 t (min) に対応した降雨強度 I (mm/h) を求めることが必要である。そのためには,任意の継続時間に対応する降雨量を過去の観測資料から抽出して,各流達時間に対する降雨強度に換算する方法が用いられる。この方法は,実測された降雨強度の資料から任意の継続時間に対応した降雨量の毎年最大値を用いて,その生起確率の評価を行って降雨強度式を作成するものである。

しかし,流出量の算出に含まれる各種の誤差要因等を勘案した結果,実測したデータを用いて厳密に各流達時間毎の降雨強度を求め確率評価することは,実務上から不必要と判断し,本要綱では次の三方式を採用することとした。

① 近傍観測所の確率降雨強度式の適用
② 標準降雨強度図の利用
③ 特性係数法の適用

側溝のような路面排水工の設計には,上記②の方法を用いることができる。

道路を横断するカルバートの通水断面を決定するなどの,重要な排水施設の設計に当たっては,上記①の方法によるのがよい。ただし,近傍における雨量観測所の降雨量の資料が得られない場合には,③の方法によるのがよい。

(i) 近傍観測所の確率降雨強度式の適用

降雨強度式のうち,一般に使用されているものは,次のタルボット式である。

$$I = \frac{a}{t+b} \quad \cdots\cdots\cdots\cdots\cdots\cdots\cdots\cdots\cdots\cdots\cdots\cdots\cdots\cdots\cdots\cdots\cdots\cdots\cdots\cdots\cdots (解2-1)$$

ここに，I　：降雨強度（mm/h）

　　　　a, b：対象とする地域によって異なる定数

　　　　t　：降雨継続時間（min）

降雨継続時間 t は，「(6) 流達時間の算定」の項で求められる流達時間である。t が10分以下となる場合には，時間決定の精度，経済性等から $t=10$ 分として計算する。

この式を作成するには，任意の継続時間に対する降雨量の資料を必要とする。道路排水を計画する地点の近傍の雨量観測所の資料を入手し，その生起確率を評価して作成することとなるが，既に市町村等の下水道部局では降雨強度式が作成されている場合が多いので，これらの資料を活用してよい。なお，下水道部局では，通常5年から10年の確率が採用されていることが多いので，確率年が異なれば，資料の見直しを必要とする。

一般に短時間，特に60分以下の降雨強度の資料は得にくい場合が多いので，既往の調査成果等を活用することが望ましい。

(ⅱ) 標準降雨強度図の利用

路面排水等の流達時間が極めて短くかつ街きょますのように数多くの設計をしなければならない場合には，**解図2-14** に示す標準降雨強度を用いることができる。

これは，3年確率10分間降雨強度全国図として作成したものである。すなわち，全国約150地点における気象官署の1961〜2008年の48年間の降雨資料から3年確率10分間雨量強度を求め，また，全国約1,300地点におけるAMeDAS観測所の1976〜2008年の降雨資料から，後述の(ⅲ)の方法で求めた3年確率10分降雨強度の分布を参照しつつ，原則として都道府県毎の代表的な降雨強度を設定し，全国マップとしたものである。**解図2-14** は（公社）日本道路協会のウェブサイトでも提供されている。また，2008年以降の降雨資料も用いて求めた標準降雨強度図も併せて提供されているので，参照されたい。この図に示す値を用いる場合には，次の点に注意しなければならない。すなわち，この図を作成するに当たっ

標準降雨強度図
(1961-2008年気象官署データに基づく3年確率10分間降雨強度)

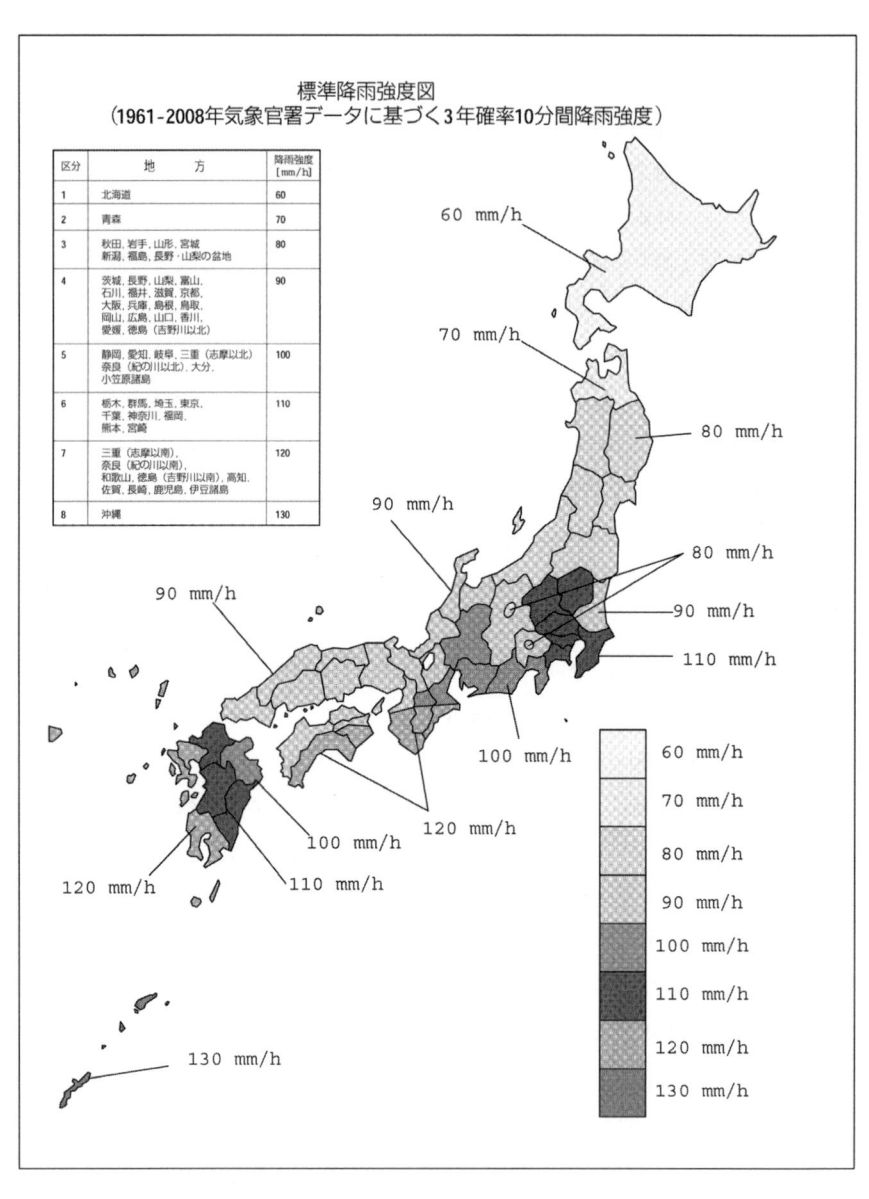

区分	地　方	降雨強度[mm/h]
1	北海道	60
2	青森	70
3	秋田，岩手，山形，宮城，新潟，福島，長野・山梨の盆地	80
4	茨城，長野，富山，石川，福井，滋賀，京都，大阪，兵庫，島根，鳥取，岡山，広島，山口，香川，愛媛，徳島（吉野川以北）	90
5	静岡，愛知，岐阜，三重（志摩以北），奈良（紀の川以北），大分，小笠原諸島	100
6	栃木，群馬，埼玉，東京，千葉，神奈川，福岡，熊本，宮崎	110
7	三重（志摩以南），奈良（紀の川以南），和歌山，徳島（吉野川以南），高知，佐賀，長崎，鹿児島，伊豆諸島	120
8	沖縄	130

解図 2−14　路面排水工等に用いる標準降雨強度（3年確率10分間降雨強度）

− 130 −

て用いられた基礎データは都市部を中心としたものであり，山岳部等の地形的な要因による降雨量増加を考慮に入れなければならない場合は，2～4割の割増しをする必要がある。

(ⅲ) 特性係数法の適用

降雨強度式を簡単に求める方法として，岩井・石黒[6]によって提案された特性係数法がある。この方法は，降雨資料のうち60分雨量と10分雨量のみを使用して確率降雨強度式を求めるものであり，従来行われてきた確率計算法とほとんど変わらない精度であることが知られている。

特性係数法によって式(解2-1)の形の確率降雨強度式を求める場合の特性係数式は，式(解2-2)のようになる。

$$I_n = R_n \cdot \beta_n = R_n \cdot \frac{a'}{t+b} \quad \cdots\cdots\cdots\cdots\cdots\cdots\cdots\cdots\cdots\cdots\cdots\cdots (解2-2)$$

ここで，I_n ：n年確率の降雨強度 (mm/h)

　　　　R_n ：n年確率60分降雨強度 (mm/h)

　　　　β_n ：n年確率特性係数

　　　　t ：降雨継続時間 (min)

　　　　a', b ：定数

a', bの各定数は，$t = 60$分で$\beta_n = 1$という条件での60分雨量と10分雨量とから算出されるβ_n^{10}を用いて，式(解2-3)のように求められる。

$$\left.\begin{array}{l} a' = b + 60 \\ b = (60 - 10\beta_n^{10})/(\beta_n^{10} - 1) \end{array}\right\} \quad \cdots\cdots\cdots\cdots\cdots\cdots (解2-3)$$

ここに，β_n^{10} ：10分間n年確率特性係数

β_n^{10}は，n年確率における60分と10分との降雨強度比であり，以下のように算出する。

・ $\beta_n^{10} = I_n^{10} / I_n^{60}$ $\quad\cdots\cdots\cdots\cdots\cdots\cdots\cdots\cdots\cdots\cdots\cdots\cdots\cdots\cdots\cdots\cdots$ (解2-4)

I_n^{10} (mm/h) と I_n^{60} (mm/h) については，観測資料から確率分布形を決定した後に，統計的に求める必要がある。

上述した特性係数法では，確率年nに応じて異なるβ_n^{10}を用いなければならないが，10分間n年確率特性係数β_n^{10}は確率年nにあまり影響を受けないことを

利用して,確率年に関して平均化された10分間特性係数 β^{10} を用いる簡略化した方法もある[7]。すなわち,地域特性のみを示す係数として捉えるものである。以下ではこの方法により設計降雨強度 I_n を求める手順を述べる。

（イ）　降雨の継続時間は雨水の流達時間 t (min) に等しくとる。

　　　降雨継続時間 t (min) は,「6) 流達時間の算定」の項で求められる流達時間に等しくとる。

（ロ）　降雨の地域特性を示す10分間特性係数 β^{10} を「資料－3」より求める。

（ハ）　n 年確率設計降雨強度 I_n を次式によって求める。

$$I_n = R_n \cdot \beta \quad \text{(mm/h)} \quad \cdots\cdots\cdots\cdots\cdots\cdots\cdots\cdots\cdots\cdots\cdots\cdots\cdots\cdots\cdots\cdots\cdots\cdots \text{(解2-5)}$$

ここに,n 年確率60分降雨強度 R_n は「資料－4」より求め,また β は降雨の継続時間 t と10分間特性係数 β^{10} によって決まる補正係数で,次式（解2-6）により求める。

$$\beta \begin{cases} = \beta^{10} & (t \leq 10\text{min}) \\ = (60+b)/(t+b) & (t > 10\text{min}) \end{cases} \quad \cdots\cdots\cdots\cdots \text{(解2-6)}$$

$$b = (60 - 10\beta^{10})/(\beta^{10} - 1)$$

ここに,「資料－3」に示す10分間特性係数 β^{10} は,全国150箇所の気象官署における48年間（1961～2008年）の降雨資料から,確率年3,5,7,10,20,30年に対応する10分間降雨強度と60分間降雨強度の比を求め,それらの平均値をとって図示したものである。また,n 年確率60分降雨強度 R_n は,全国約1,300地点のアメダス観測地点における33年間（1976～2008年）の降雨資料から、確率年3,5,7,10,20,30年に対応する値をそれぞれ求め図示しており,「資料－4」には3年確率60分間降雨強度の全国図を示している。各確率年の R_n の全国図は（公社）日本道路協会のウェブサイトで提供されている。また,2008年以降の降雨資料も用いて求めた β^{10} 及び R_n の全国図も併せて提供されているので,参照されたい。

3) 集水面積

　表面排水施設が受け持つべき集水面積は,その地形条件及び周辺排水施設の整備状況をもとに決定する。

　集水面積も表面排水施設の目的によって,①道路敷地内のみの場合,②道路敷

地内及び隣接するのり面または平地の双方の場合，③隣接する沢等の比較的大規模な隣接地の場合に分けられる。

路側の側溝等は，①あるいは②に該当し，カルバートのような横断排水工は③に該当する。

隣接地から流出する水が下水道に直接排水されていない場合には，集水面積はそれらの全部と考えなければならない。また，隣接地に別系統に導くための排水ますが設置されている場合でも，その地域内の雨水の一部が道路敷地内に流れ込むこともあるので，十分に調査したうえで集水面積を定めなければならない。

道路を新設する場合，一般には盛土，切土により，今までの水の流れを変えることも多く，特に隣接地から流出する表面水を受ける排水施設が必要な場合がある。また，集水域はのり面等傾斜地になることも多く，さらにその集水範囲の不明確な場合も少なくないので注意が必要である。

山岳地帯における道路排水施設に用いる集水面積は，特に慎重に定めなければならない。そのためには，地形図及び航空写真を用いるとよい。

なお，集水面積は後述する合理式（ラショナル式）及び流出係数の算定に用いられるので，地表面の種類別に求めておくことが必要である。

4) 流出係数の算定

流出係数は，降雨及び流域の特性等に応じて異なるものであり，一義的には決めにくい。そのため，各機関でいろいろな値が用いられている。本要綱では，路面排水工等の降雨確率年の低い排水施設に対して**解表 2－2** (a)，(b) を，またカルバートのように降雨確率年の比較的高い排水施設に対して**解表 2－3** を示す。

ただし，**解表 2－2** (a) は米国[8]や我が国の下水道施設の設計[9]に用いられているものを参考に独自に編集したものであり，大部分は実測値に基づいた値であるが，路面，のり面についてはその根拠となるデータは十分でない。そのため，路面，のり面に対しては 0.7〜1.0 程度の値が用いられている例が多い。なお，路面において，通常舗装と排水性舗装の流出係数は同様とする。

また，「特定都市河川浸水被害対策法」による規制対象に該当する場合には，平成 16 年国土交通省告示第 521 号[10]の定める流出係数（「共通編　第 4 章　**解表 4－3**」参照）を用いる必要がある。

解表 2−2(a)　地表面の工種別基礎流出係数 [8), 9)]

地表面の種類		流出係数
路　面	舗　　装	0.70〜0.95
	砂　利　道	0.30〜0.70
路肩, のり面等	細　粒　土	0.40〜0.65
	粗　粒　土	0.10〜0.30
	硬　　岩	0.70〜0.85
	軟　　岩	0.50〜0.75
砂質土の芝生	勾配　0〜2％	0.05〜0.10
	〃　　2〜7％	0.10〜0.15
	〃　　7％以上	0.15〜0.20
粘性土の芝生	勾配　0〜2％	0.13〜0.17
	〃　　2〜7％	0.18〜0.22
	〃　　7％以上	0.25〜0.35
屋　　根		0.75〜0.95
間　　地		0.20〜0.40
芝, 樹林の多い公園		0.10〜0.25
勾配の緩い山地		0.20〜0.40
勾配の急な山地		0.40〜0.60
田, 水面		0.70〜0.80
畑		0.10〜0.30

解表 2−2(b)　用途地域別平均流出係数 [9)]

敷地内に間地が非常に少ない商業地域及び類似の住宅地域	0.80
浸透面の屋外作業場等の間地を若干もつ工場地域及び若干庭がある住宅地域	0.65
住宅公団団地等の中層住宅団地及び1戸建て住宅の多い地域	0.50
庭園を多く持つ高級住宅地域及び畑地等が割合残っている郊外地域	0.35

解表 2−3　流出係数 [11)]

路面及び法面	0.70〜1.0	市　　街	0.60〜0.90
急峻の山地	0.75〜0.90	森林地帯	0.20〜0.40
緩い山地	0.70〜0.80	山地河川流域	0.75〜0.85
起伏ある土地及び樹林	0.50〜0.75	平地小河川流域	0.45〜0.75
平坦な耕地	0.45〜0.60	半分以上平地の大河川流域	0.50〜0.75
たん水した水田	0.70〜0.80		

土地利用が単純でない場合には,その構成面積比率（P_i）による加重平均値を用いる。

$$C = \Sigma (P_i \cdot C_i) \quad \cdots\cdots\cdots\cdots\cdots\cdots\cdots\cdots\cdots\cdots\cdots\cdots\cdots\cdots\cdots\cdots \text{（解 2-7）}$$

ここに，C：流出係数の加重平均値

P_i：構成面積比率

C_i：各面積の流出係数

5) 雨水流出量の算定

雨水流出量の算定は，合理式（ラショナル式）により算出することが望ましい。合理式（ラショナル式）を式（解2-8）に示す。

$$Q = \frac{1}{3.6 \times 10^6} C \cdot I \cdot a \quad \cdots\cdots\cdots\cdots\cdots\cdots\cdots\cdots\cdots\cdots\cdots\cdots \text{（解 2-8）}$$

あるいは

$$Q = \frac{1}{3.6} C \cdot I \cdot A$$

ここに，Q：雨水流出量（㎥/sec）

C：流出係数

I：流達時間内の降雨強度（mm/h）

A：集水面積（㎢）

a：集水面積（㎡）

合理式には，次のような仮定，特徴が含まれている。

① 合理式は，集水区域最遠点からの雨水が計画地点に流達した場合に最大流出量になると仮定している。そのため流達時間の把握が重要である。本来は，流達時間はもちろん，流出係数も降雨強度によって変化するものである。

② 流達時間に相当する時間内に降る雨の平均強度を降雨強度とする。路面排水等の流達時間の短い雨は主に雷雨等の短時間に集中して降る雨が対象となるが，横断排水等で流域面積が大きく流達時間が長い場合（1時間以上）には梅雨や台風による降雨が対象となる。

6) 流達時間の算定

流達時間 t は，集水区域の最遠点から排水施設に達するまでの時間（流入時間

t_1）と管きょ等を流れて計画地点に達するまでの時間（流下時間 t_2）に分けられる。

$$\left.\begin{array}{ll}\text{路面排水の場合} & t = t_1 \\ \text{排水管, カルバートの場合} & t = t_1 + t_2\end{array}\right\} \cdots\cdots\cdots\cdots (\text{解}2-9)$$

として設計を行う。

（ⅰ）流入時間は地表の状況，勾配，集水区域の大きさ，形状そのほか多くの要素に左右される。しかし，一般には過去の経験から斜面長に応じて，山地で15～30分，切土面で3～5分，都市域で5分，等の値をとって十分といえる。なお，流入時間の算出方法については「資料－5」を参照されたい。

（ⅱ）流下時間は雨水流出量を求めようとする地点で，そこより上流の側溝，管きょ等の最長延長をそれらの平均流速で割ったもので近似される。

7）平均流速の算定

平均流速は一般にマニング式（解2－10）で求める。

$$v = \frac{1}{n} R^{2/3} i^{1/2} \cdots\cdots\cdots\cdots\cdots\cdots\cdots\cdots\cdots\cdots\cdots\cdots (\text{解}2-10)$$

ここに，v：平均流速（m/sec）
　　　　n：粗度係数（sec/m$^{1/3}$）
　　　　R：径深（m）（$= A/P$；A：通水断面積，P：潤辺長）
　　　　i：水面勾配（あるいは流路勾配）

流下時間 t_2（sec）は

$$t_2 = L/v \cdots\cdots\cdots\cdots\cdots\cdots\cdots\cdots\cdots\cdots\cdots\cdots\cdots\cdots (\text{解}2-11)$$

として求める。ただし，Lは流路長（m）を示す。式（解2－10）中の粗度係数 n は**解表2－4**の値を使用する。

都市部においては，平均流速は側溝で0.5～1.0m/sec，小径管の排水管では0.6～1.0m/sec，大口径管では0.8～2.0m/secが目安とされている。

解表 2−4 マニングの粗度係数 n [11), 12)]

水路の形式	水路の状況	n の範囲	n の標準値
カルバート	現場打ちコンクリート		0.015
	コンクリート管		0.013
	コルゲートメタル管（1形）		0.024
	〃　　　　（2形）		0.033
	〃　　　　（ペービングあり）		0.012
	塩化ビニル管		0.010
	コンクリート2次製品		0.013
ライニングした水路	鋼, 塗装なし, 平滑	0.011〜0.014	0.012
	モルタル	0.011〜0.015	0.013
	木, かんな仕上げ	0.012〜0.018	0.015
	コンクリート, コテ仕上げ	0.011〜0.015	0.015
	コンクリート, 底面砂利	0.015〜0.020	0.017
	石積み, モルタル目地	0.017〜0.030	0.025
	空石積み	0.023〜0.035	0.032
	アスファルト, 平滑	0.013	0.013
ライニングなし水路	土, 直線, 等断面水路	0.016〜0.025	0.022
	土, 直線水路, 雑草あり	0.022〜0.033	0.027
	砂利, 直線水路	0.022〜0.030	0.025
	岩盤直線水路	0.025〜0.040	0.035
自然水路	整正断面水路	0.025〜0.033	0.030
	非常に不整正な断面, 雑草, 立木多し	0.075〜0.150	0.100

2−4−2　路面排水工の設計

> 路面排水工は,「2−4−1」で算定された雨水を側溝から流末まで流下させるものであり, 適切な工種及び流下能力を有する排水工を選定して設計する。

　路面排水工とは, 路面への雨水, 融雪水等を集水し, 流末施設まで流下させることをいう。一般に路面には横断勾配や縦断勾配が付されており, これにより路側の側溝へ集水する。側溝に集水された雨水や融雪水等は, 自然流下により排水ますに集められ, 市街地部道路においては, 排水ますの取付管, 排水管を経て, マンホールへ導かれる。マンホールからは, 下水本管により流末施設へ流下させ処理する。山地部道路においては排水ますから縦排水溝を経て沢・水路等の流末へ導かれる。

路面排水工は，舗装種別により排水の方法が異なる。通常舗装では，路面上を流れるが，排水性舗装では雨水を排水機能層に浸透させた後，下部の不透水層上を流れ，側溝に設けられた孔または導水管等によって集水ますに達する。なお，透水性舗装については，路面排水を路盤下部に透水させることを目的にしているが，流出量の算定においては通常舗装と同様に扱うものとする。なお，排水性舗装の詳細については，「排水性舗装技術指針」[13]，透水性舗装の詳細については，「道路路面雨水処理マニュアル」((独)土木研究所)[14]等を参照されたい。

(1) **道路の勾配**

路面への降雨や融雪による路面上の水を排除するため，適切な道路勾配を確保しなければならない。道路勾配の設計に当たっては，路面の水を十分に排除するとともに，交通車両の走行に対して安全かつ支障のないように配慮しなければならない。

1) 横断勾配

(i) 路面

路面の横断勾配は，降雨あるいは融雪による路面上の水を側溝や街きょに導くために，路面の水を十分に排除するとともに，交通車両の走行に対して安全かつ支障のないものでなければならないので，両者を満足させる値を設定しなくてはならない。

横断勾配は一般に気象，線形，縦断勾配，路面の種類等を考慮して決定する。

路面排水のためには，路面の凹凸あるいは表層の透水性が大きければ横断勾配を大きくすることが必要であるが，一般には道路構造令に従ってコンクリート舗装及びアスファルト舗装については1.5～2.0％，その他の路面については3～5％を標準とする。

(ii) 路肩

一般に路肩は，路体の保護あるいは交通の側方余裕のために設けられるが，排水施設として兼用される場合もある。

歩車道の区別された道路において，路肩の横断勾配は車両交通に支障のない限り大きくとる方が路面排水にとっては有利である。

路肩の横断勾配が大きい場合は，路面の通水幅が縮小し，側溝の流れは縁石よりに集まるために排水ますへの落下流量もおのずと増大する。一方で，路肩部分を走行する自転車にとっては，エプロン部等の急勾配かつ表面の滑らかさにより，走行性を著しく害する可能性もあるので注意しなければならない。

　高速道路等の高規格の道路で路肩が広くとれる場合は，車両交通の安全性から路面の横断勾配と等しく 1.5〜 2 ％をとるのが普通である。この場合には排水ます等の排水能力は低下し，路面の通水幅が増大するが，その幅を路肩内で留めることを考慮しなければならない。

（ⅲ）歩道

　歩道の横断勾配の値は，道路構造令第 24 条により 2 ％を標準とする（「道路の移動円滑化整備ガイドライン」（国土交通省）を適用する場合には，一般に 1 ％を標準とする）。また，歩道内に植樹帯が連続する場合には植樹帯内に流入させる等，歩道への滞水を生じさせないことを考慮する必要がある。

2）　縦断勾配

　縦断勾配の緩急は，雨水の流達時間に大きな影響を与えるほか，排水ますによって雨水を排除している道路においては，ますの落下率にも影響を与える。雨水の流達時間は，縦断勾配が急なほど短くなるので，縦断勾配の大きい場合には設計降雨強度が大きくなり，排水施設の規模は大きくなる。また，縦断勾配があまりに急になると雨水は路面を縦断方向に流下しやすくなり，排水ますで処理されなくなるので，このような場合には，側溝並びに排水ますの規模，配置等には注意を要するほか，排水ますの形状についても検討しなければならない。例えば縦断勾配が 4 ％以上になると側溝の流れは射流となり，排水ますふたの形状によっては，その落下率が 50％以下にまで低下することがある。

(2)　標準設計の使用

　側溝及び排水ますの設計において，一般的な断面に対しては標準設計を用いると便利である。ただし，標準設計の対象外の場合については，別途構造計算等を行い，構造寸法等を決定する必要がある。

　各組織では標準設計を作成し業務の省力化に役立てているが，ここではその一

例として「国土交通省制定土木構造物標準設計」[15]について概要を示す。

側溝に対しては，L型側溝とU型側溝が示されており，U型側溝では小規模断面（B×H=600 mm×600 mm未満）についてはプレキャスト製品を使用するものとして収録せず，これよりも大きい規模の断面の場所打ちコンクリート構造について収録されている。なお，設計流量と設置勾配がわかれば，ただちに形状寸法を検索できる。さらに，ふたのない場合，ふた付きの場合，路側の場合，路側以外の場合等の使用区分にも対応できるようになっている。

また，排水ますに対しては，ふたにT荷重相当の影響を考える場合と考えない場合について収録されており，排水ますに取り付く側溝の断面に応じて検索できる。

さらに，排水管として用いるパイプカルバートについても，管種，管径等の異なる数種類のものが収録されている。なお，排水管として用いるパイプカルバートについては「道路土工－カルバート工指針」によるものとする。

標準設計の利用に際しては，現場の設計条件が標準設計の適用条件内であることを確認しなければならない。また，本要綱等の準拠する基準・指針類の改訂に応じて，標準設計も改訂されるため，最新のものを利用するよう留意しなければならない。また，標準設計に収録された現場打ちコンクリート構造についてもプレキャスト化が図られているものもあり，現場打ち構造とプレキャスト製品について，経済性，施工性，維持管理等を総合的に評価し，最適なものを選定する必要がある。

(3) 側　　溝

側溝は，雨水や融雪水等の流入量に対して，十分な断面を確保するとともに，適度な流速を保つように設計しなければならない。

1) 側溝断面の決定法

側溝の排水能力は一般に，式（解2-12）によって定める。

$$Q = A \cdot v \quad \cdots\cdots\cdots\cdots\cdots\cdots\cdots\cdots\cdots\cdots\cdots\cdots\cdots\cdots\cdots\cdots\cdots\cdots\cdots (\text{解}2-12)$$

ここに，Q：排水量（m³/sec）

A：通水断面積（m²）

v：平均流速（m/sec）

　上式における平均流速 v は式（解2-10）によって定められる。

　側溝の流速が大きすぎると表面の磨耗や洗掘の起こる恐れがあり，反対に小さすぎると土砂等が堆積するので，設計に際してはこのようなことが起こらないように注意して側溝の勾配，断面を定めなければならない。流速は底面及び側面の種類によって異なるが，**解表2-5**に許容される平均流速の範囲を示した。なお，コンクリート側溝の値は下水道(雨水管きょ)で採用されている値[9]を準用したものであるが，道路の縦断勾配が大きいときには許容流速を超えることがある。管きょの最大流速は，土砂等の混入による損傷等を考慮して設定されているものであるが，道路側溝は管きょと異なり，万一損傷が著しくなっても取り替えは比較的容易であることから，許容流速をある程度超えることも許容されると考えられる。ただし，この場合，跳水に伴う溢水・洗掘が生じないよう側溝断面に余裕を持たせたり，勾配変化部付近にふたを付けるなどするのがよい。

　なお，断面決定に当たっては，次のような点に注意しなければならない。

① 一般に土砂等の堆積による通水断面の縮小を考慮して設計上は，式（解2-12)の計算に用いる水深に対して少なくとも20%の余裕をみておくのがよい。

② 特に豪雨の際に大量の土砂等が流入する恐れのある場合は，さらに十分な通水断面積を考慮しておくのがよい。

解表2-5　許容される平均流速の範囲（参考）

側溝の材質	平均流速の範囲（m/sec）
コンクリート	0.6 ～ 3.0
アスファルト	0.6 ～ 1.5
石張りまたはブロック	0.6 ～ 1.8

2) 種類と構造

　側溝には，芝張り側溝，石張り側溝，石積側溝，コンクリート側溝（L形，U形等），アスファルト混合物を用いた側溝等がある（**解図2-15～2-18参照**）。

排水性舗装に接続する側溝の場合には，不透水層上を流れる水を集水できるよう，側溝に水抜き穴を設ける必要がある。これが難しい場合は，導水管等を用いて街きょますに誘導する必要がある。

(ⅰ) 芝張り側溝，石張り側溝

側溝の底面の洗掘を防ぐために芝，玉石等を張って補強したもので，形状は**解図2-15**に示すような曲面が多い。

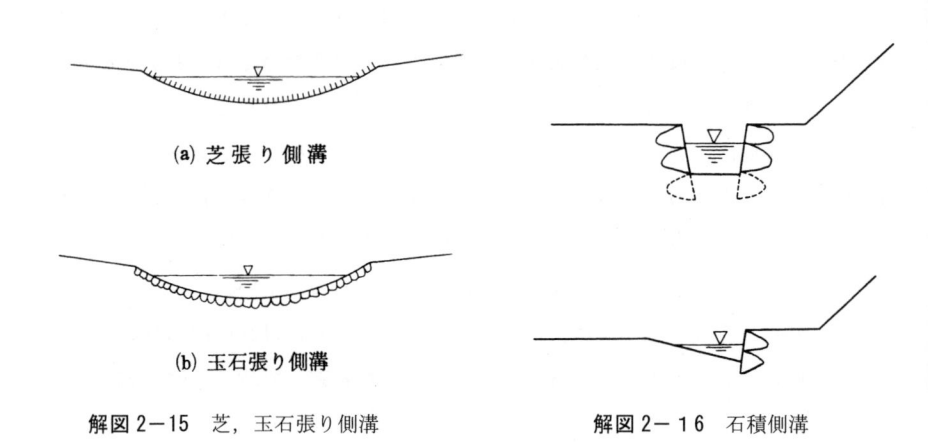

(a) 芝張り側溝

(b) 玉石張り側溝

解図2-15 芝，玉石張り側溝

解図2-16 石積側溝

(ⅱ) 石積側溝，ブロック積側溝

解図2-16に示すように側溝の側面を石積もしくはブロック積にしたもので，底は必要に応じて石張りまたはコンクリート張りで保護する。

(ⅲ) コンクリート側溝

コンクリート側溝は我が国で最も広く用いられているもので，断面形状としてはL形，U形，半円形，円形側溝等がある（**解図2-17**）。構造的には無筋コンクリート及び鉄筋コンクリート造りで，プレキャスト製品を用いたもの，プレキャスト製品と現場打ちコンクリートを組み合わせたもの及び全体を現場打ちとしたものに区別される。また，街きょ側溝として，L型側溝とU型側溝やL型側溝と円形側溝等の様々な組合せがあり，これらについて経済性・施工性・維持管理等を総合的に評価し，最適な組合せを選定する必要がある。

① L形側溝

L形側溝は，日本工業規格（JIS A 5372）や国土交通省制定土木構造物標準設計等に形状寸法が定められている。

　なお，路肩側溝は，JIS A 5372 コンクリート境界ブロックの歩車道境界ブロック（プレキャスト製品）と側溝（エプロン部が場所打ちコンクリート）を兼ねた

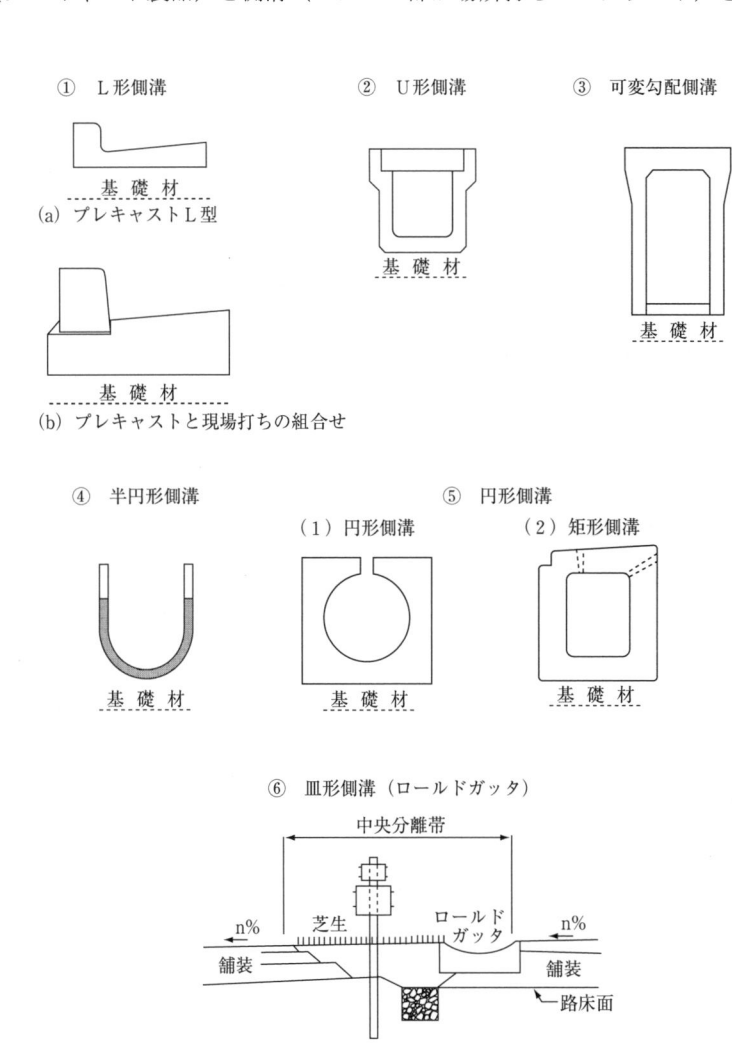

① L形側溝
(a) プレキャストL型
(b) プレキャストと現場打ちの組合せ

② U形側溝

③ 可変勾配側溝

④ 半円形側溝

⑤ 円形側溝
（1）円形側溝
（2）矩形側溝

⑥ 皿形側溝（ロールドガッタ）

解図 2-17　コンクリート側溝

構造であり，歩道部がマウントアップ形式の場合とフラット形式の場合を標準化している。セミフラット形式とする場合は，ブロックを変更する必要がある。輪荷重が直接作用した場合は破損しやすいので，側溝の下は堅固な基礎とし，必要に応じてコンクリートによる基礎工を行う。また，プレキャスト製品を用いる場合においては，施工性の向上を目的として敷モルタルを用いることがある。

② U形側溝

U形側溝には，日本工業規格（JIS A 5372）や国土交通省制定土木構造物標準設計等に形状寸法が定められている。なお，これらの側溝及びふたの利用に当たっては，輪荷重が作用する場所に使用するもの，作用しない場所に使用するものに区分されているので注意する必要がある。

また，U形側溝には，事故防止や歩道等の有効利用を考え，市街地や交通量の多い道路では，ふたを取り付けるのが望ましい。

③ 可変勾配側溝

可変勾配側溝は，底面のインバートコンクリート厚さを調整することにより，自由な勾配設定が可能であることが特徴であり，道路勾配では流末に流下させることが困難な箇所に用いる。

④ 半円形側溝

半円形側溝は，JIS製品（鉄筋コンクリートフリューム及び鉄筋コンクリートベンチフリューム：JIS A 5372）が使用されており，流量の小さい箇所及び大きな側圧の作用しない箇所に用いられる。

⑤ 円形側溝

円形側溝は，前記のL形とU形の機能を合わせ持つように考えられた側溝である。この側溝は，スリットが連続するものや不連続のものがあるが，このスリットに鋼製の蓋を用いるものが一般的である。また，内空形状が円形の他に矩形や楕円形のタイプ等があるため，経済性，排水性，維持管理等を総合的に判断し，最適な構造を決定する必要がある。

⑥ 皿形側溝（ロールドガッタ）

コンクリート皿形側溝（ロールドガッタ）は水深が浅く通水断面が小さいので流量の小さい箇所に適しており，主に自動車専用道路の分離帯等の排水に用いら

れている。

(ⅳ) アスファルト混合物を使った側溝

アスファルト混合物を使った側溝は，解図2−18に示すものがある。一般に，

(ⅰ) アスファルトカーブの例

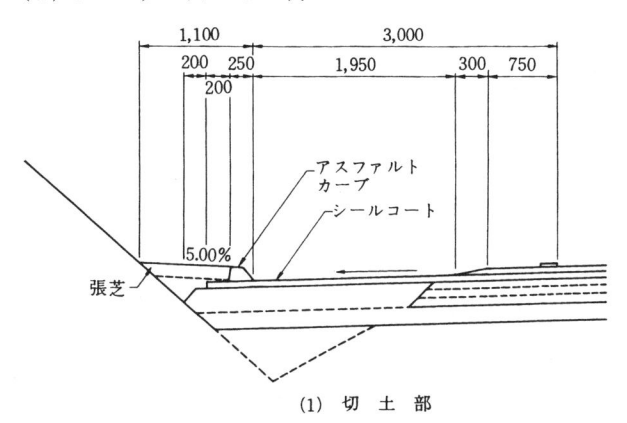

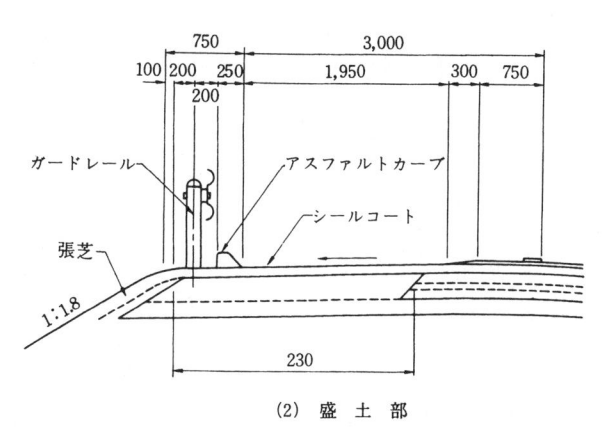

(1) 切土部

(2) 盛土部

(ⅱ) 皿形側溝の例

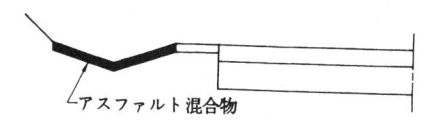

解図2−18　アスファルト混合物を使った側溝の例（単位：mm）

アスファルトカーブは完成時に，皿形側溝は仮設時に用いられる。特にアスファルトカーブを盛土区間で用いる場合に，その末端が側溝や縦排水溝等に確実に接続されるよう留意することが大切である。

(4) 排水ます

　排水ますは，側溝等からの流入量に対して，路面に湛水しないように，十分な間隔と排水能力を確保するよう設計しなければならない。

　一般に，側溝の水は排水ますを経て下水管きょ等に流入する。排水ます設置間隔の大小，あるいは排水ます1個の排水能力の大小が路面湛水量に直接影響する。落下口を小さくしたり，間隔を大きくすると，排水管へ流入する水量は減少し，路面湛水量は増大する。逆に，落下口を大きくしたり，間隔を狭めると排水管への流入量は大きくなり，路面湛水量は少なくなる。

　特に路面湛水量の増大は，路上交通に多大の影響を与えるため，排水ますの配置計画（間隔の決定）に当たっては十分留意する必要がある。

1)　排水ますの種類と構造

　排水ますを分類すると，その形状から街きょますと縁石ますに大別できる（**解図 2－19 参照**）。

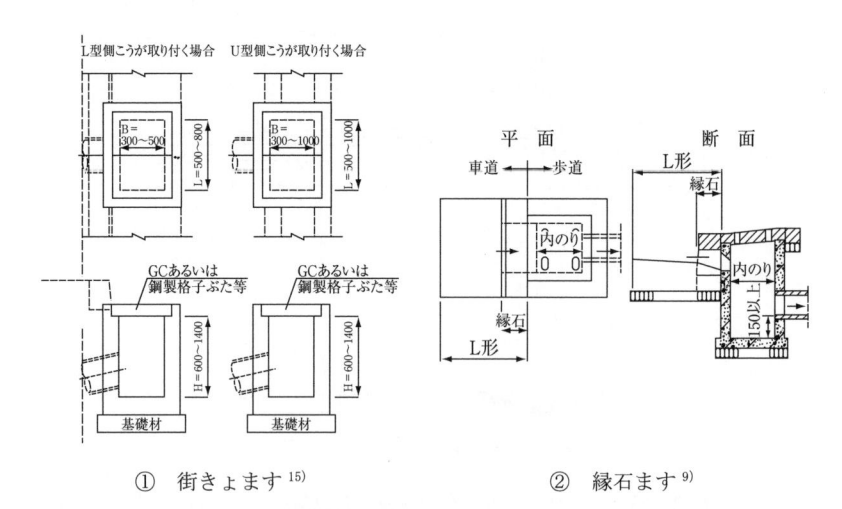

① 街きょます [15]　　　　② 縁石ます [9]

解図 2－19 排水ますの種類

これらについて簡単な説明を施すと，次のようである．
① 街きょます…側溝を直接横切って流水の落下口を有するもの．落下口を覆うふたは多くの種類がある．ますふたの形や大きさを加減することにより，あらゆる勾配の道路に適合させることができる．
② 縁石ます……側溝に面する縁石を通じた水流の落下口を有するもの．水理学的には横越流せきと同様な性質のものである．落下口が路面に表れないという利点を有するが，縦断勾配の大きな道路には不適当であり，また落下能力も側溝ますに劣る．

街きょますの能力は，ふたの構造によって支配される．街きょますのふたは，第一に排水能力の大きなことが要望され，同時に，自動車荷重等の外力に対しても相当の安全性が必要である．しかし両者の要求は相反するため，これらを十分に満足させるためには落下穴の仕切り方法とともに，構造材料を十分に吟味することが必要である．

落下穴の仕切り方法は，縦仕切り形，横仕切り形，縁石側に縦仕切りを有し他を横仕切り形にした混合形，格子形等に大別できる（解図2－20）．

最近では，幅員の大きい道路では落下率の大きい鋼製格子ふたが多く用いられるようになっている．なお，鋼製格子ふたは，自動車荷重の作用を頻繁に受けるような場所では，その作用により破損したり，あるいは跳ね上がったりすることがないよう，必要に応じて工夫を施すのが望ましい．縦仕切り形は自転車の車輪の落ち込み等の恐れのある場所への適用を避けるのがよい．

縁石ますは，積雪地域においては，縁石ます前面の完全除雪を行わなければ落下能力がかなり低下する．また，これを補うためにます長を伸ばせば構造上の欠陥ともなりかねないので注意を要する．

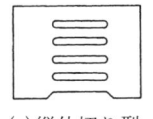

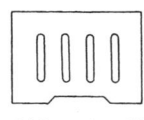

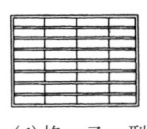

(a) 縦仕切り型　(b) 横仕切り型　(c) 混合型　(d) 格子型

解図2－20　街きょますのふたの種類

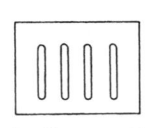

2) 配置

排水ますの設置間隔は，後述する計算により求められる。道路の幅員，側溝の排水能力によっても異なるが，一般に20〜30m程度が用いられている。ただし，縦断勾配がゼロまたはゼロに近い道路では，一般に20m程度が用いられている。なお，集水のためのますを必要としない円形水路，スリット側溝等の場合は，ますの最大間隔は，維持管理上決定される。

解図2-21のように縦断勾配が谷部になる区間は，谷部の最低部に必ず1箇所設置し，その前後3〜5m離れて1箇所ずつ設置するとよい。特に山地部道路で谷を横断する高盛土等では，将来の沈下により道路縦断勾配が変化することがあるので，そのようなことを見越して盛土区間中央部に排水ます及び縦排水溝を必要に応じて設けるよう配慮する。

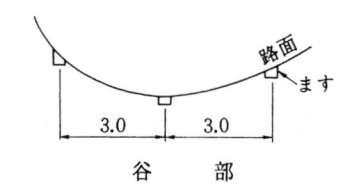

解図2-21 谷部でのます配置（単位：m）

交差点や分岐点，縦横断曲線が組み合う箇所では，路面の形が不規則となり，排水上不都合が生じやすい。そのような箇所では路面の等高線（コンター）を5〜10cm間隔で描き，排水上及び自動車の走行上不都合が生じないようにしなければならない。また，原則として横断歩道内には設置しない。

排水ますは，個々の集水面積が不均衡にならないように配置しなければならない。**解図2-22**に第3種第3級（車道と同一面の幅員6m）の道路の交差点における等高線とますの配置の一例を示す。図に記入されている矢印の方向は水の流れる方向（下っている方向）を示している。また，破線は等高線を示している。

解図2-23は緩和曲線やS曲線を有する道路での配置例を示している。(a)図は縁線の中心線からの高さで，(b)図は平面形の曲率図，(c)図は平面図，(d)図は縦断面図を示している。この目的に使う縦断面図は横の縮尺に対して縦方向を

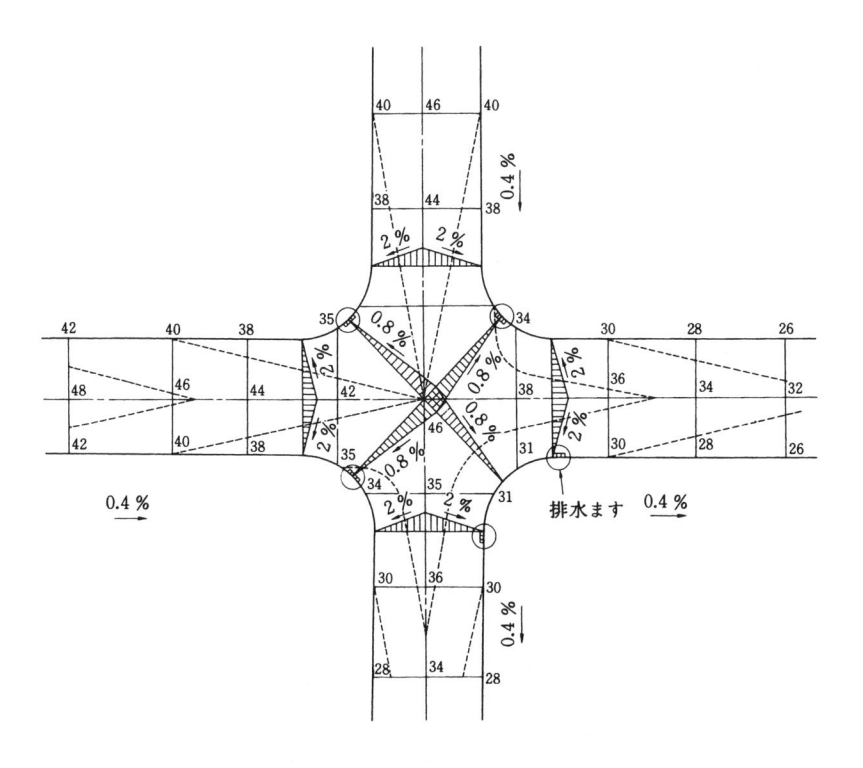

解図 2-22 交差点における排水ますの配置例（単位：cm）

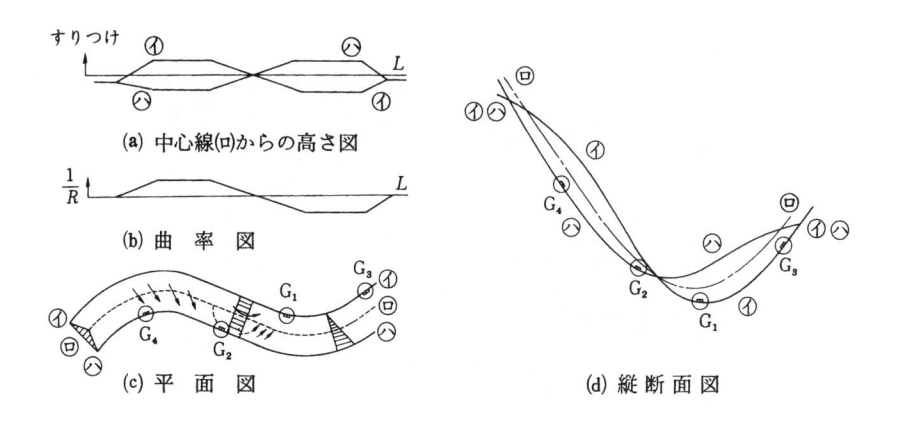

(a) 中心線(ロ)からの高さ図

(b) 曲率図

(c) 平面図

(d) 縦断面図

解図 2-23 S曲線を有する道路でのますの設置例

25～50倍にして描くのがよい。縦断面図には，中心線（ロ）及び両側線（イ，ハ）の3本とも描く。この線形では，S曲線の変曲点付近で上からの水が平面図上に点線で示したような流れ方をしないように，G_2の点にも排水ますが必要である。また，このような場合は延長の長いものが望ましく，地域性を考慮して**解図2－24**に示すように格子形街きょますふたを連続して設置する場合もある。その他立体交差しているところや，水底トンネルの入口あるいは交差点等で道路に急な縦断勾配がついている場合には，**写真2－1**に示すような横断溝の設置を検討することもある。ただし，横断溝は維持管理上の問題が生じることも多い（「2－7－3　地下排水工の施工」参照）ので十分な配慮が必要である。

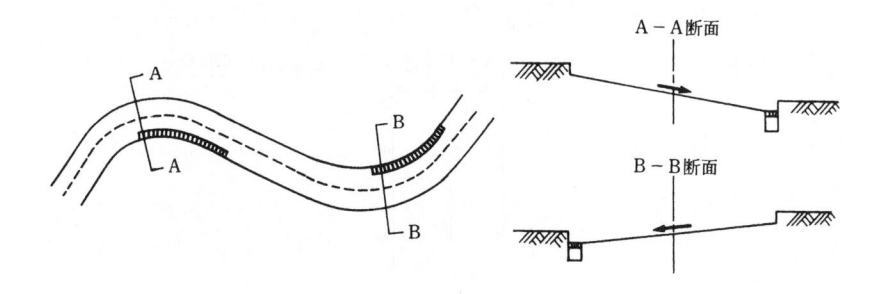

解図2－24　S曲線を有する道路での連続する格子形排水ますふたの設置例

写真2－1　横断溝の例

3) 排水ますの最大間隔，構造及び大きさの決定法

排水ます（街きょます）の間隔の設計のフローチャートを**解図2-25**に示す。縁石ますの場合には，落下率（排水ますの落下流量／ます上流端の側溝流量）の決定の手順が若干異なる。

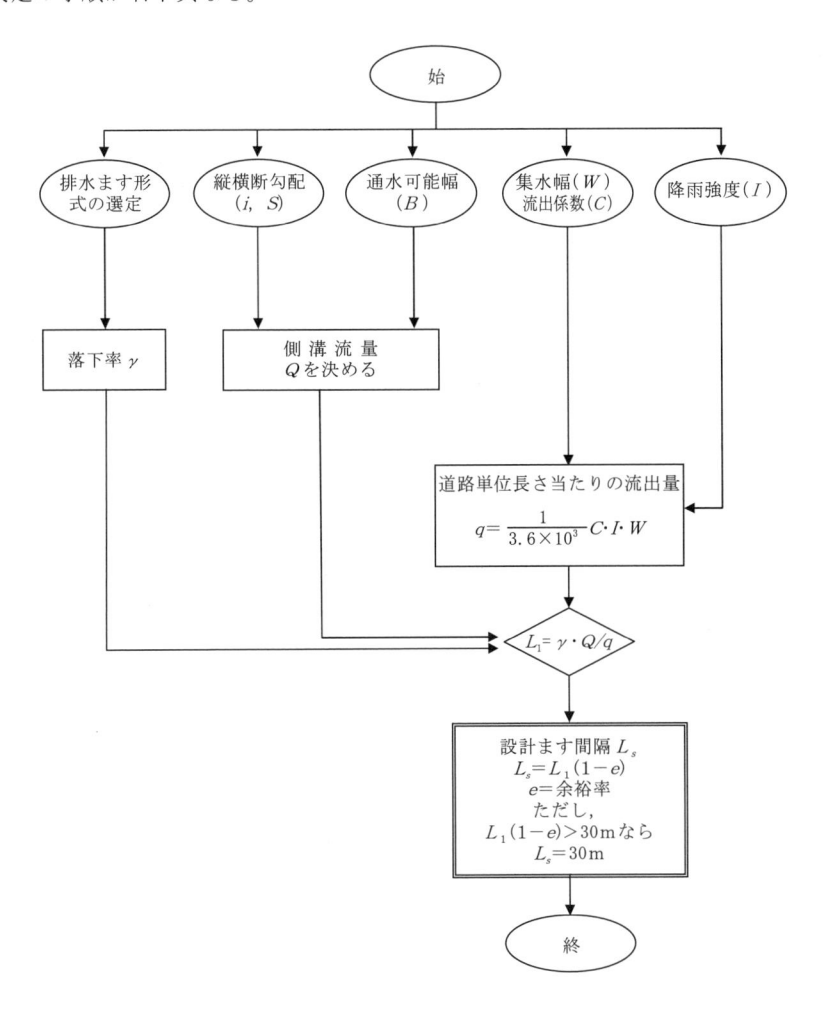

```
                           始
  ┌──────┬──────┬──────┬──────┬──────┐
排水ます形  縦横断勾配  通水可能幅  集水幅(W)    降雨強度(I)
式の選定    (i, S)     (B)      流出係数(C)
  │         │         │         │         │
落下率 γ    側溝流量                        │
            Q を決める                       │
                                │          │
                        道路単位長さ当たりの流出量
                        q = (1/(3.6×10³))·C·I·W
                                │
         ─────────────→  L₁ = γ·Q/q
                                │
                        設計ます間隔 Lₛ
                        Lₛ = L₁(1-e)
                        e = 余裕率
                        ただし，
                        L₁(1-e) > 30m なら
                        Lₛ = 30m
                                │
                               終
```

解図2-25 排水ます間隔の設計フローチャート

(Note: equations in figure — $q = \dfrac{1}{3.6 \times 10^3} C \cdot I \cdot W$，$L_1 = \gamma \cdot Q / q$，$L_s = L_1(1-e)$，$L_1(1-e) > 30\,\mathrm{m}$ なら $L_s = 30\,\mathrm{m}$)

設定手順を以下に示す。

(ⅰ) 設計因子

あらかじめ決定しておくもの。

① 降雨強度 I (mm/h)（**解図2－14**参照）

② 集水幅 W (m)

③ 流出係数 C

④ 縦断勾配 i

⑤ 横断勾配 S

⑥ 許容通水幅 B

他の因子から決定されるもの

⑦ 側溝流量 Q (ℓ/sec)

⑧ 落下流量 Q_1 (ℓ/sec)

⑨ 道路単位長さ当たりの流出量 $q = (1/3,600)\cdot C\cdot I\cdot W$ (ℓ/sec/m)

⑩ ますふたの落下率 γ

⑪ 余裕率 e

(ⅱ) 設計因子の値の決定

(a) 側溝流量 Q

側溝流量は，次式により求められる。

$$Q = (1/n)\cdot A\cdot R^{2/3}\cdot i^{1/2}\cdot (1,000) \quad\quad\quad\quad\quad\quad (解2－13)$$

ここに，A：流水断面積（㎡）

　　　　R：径深（m）　　$R = A/潤辺 P$ (m)

　　　　n：マニングの粗度係数（**解表2－4**参照）

このとき，許容通水幅 B を設定する必要があるが，路肩の余裕等に応じて0.5〜1.0m程度がとられることが多い。

解図2－26に縦・横断勾配を変化させたときの側溝流量 Q を示す。

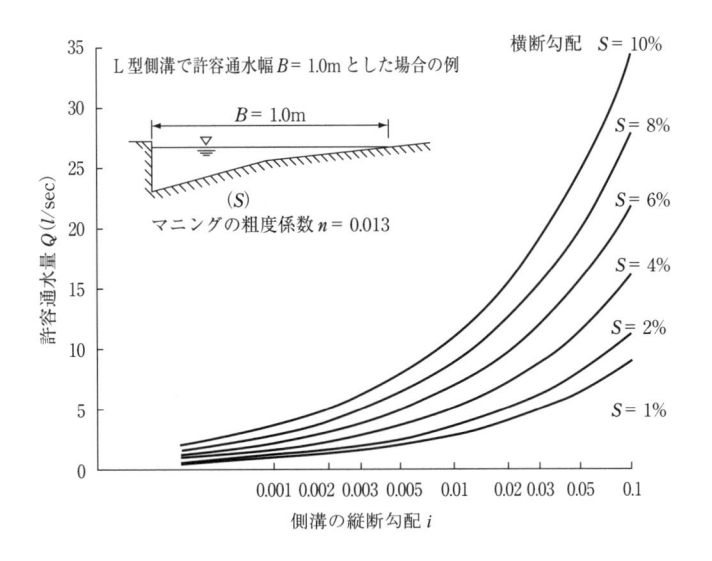

解図 2−26 側溝の縦横断勾配 i, S と許容通水量 Q の関係の例

(b) 落下流量 Q_1

街きょますでは，落下率 γ を与えて，下式で求まる。

$$Q_1 = \gamma \cdot Q \quad \cdots\cdots\cdots\cdots\cdots\cdots\cdots\cdots\cdots\cdots\cdots\cdots\cdots\cdots\cdots\cdots\cdots\cdots\cdots (解2-14)$$

縁石ますでは，以下の横越流の式によって Q_1 が求められる。ただし，上式は繰返し計算によって得られる

$$Q_1 = 0.0104 \cdot \mu \cdot L \cdot (h_1 + h_2)^{3/2} \quad \cdots\cdots\cdots\cdots\cdots\cdots\cdots\cdots (解2-15)$$

ここに，$h_1 = \alpha \cdot Q^\beta$

$h_2 = \alpha \cdot (Q - Q_1)^\beta$

- μ ：越流係数（$\mu = 0.644$）
- L ：縁石ますののみ口の長さ（cm）
- h_1 ：縁石ますの上流側の水深（cm）
- h_2 ：縁石ますの下流側の水深（cm）
- α, β ：横断勾配によって決まる係数（**解表 2−6**）

解表2-6 係数 α, β の一覧表

側溝の横断勾配	係数	係数値
10%	α	1.57
	β	0.37
6%	α	1.37
	β	0.36
1.5%	α	0.92
	β	0.35

注) $S=10\%$, 1.5% については実験で求められた値であるが, $S=6\%$ の α, β の値は内挿によって求められている。

(c) 道路単位長さ当たりの流出量 q

集水幅 W (m), 長さ L (m) の道路部分に降雨強度 I (mm/h) の降雨が1時間あったとする。

面積 $W \cdot L$ (m²) の部分に I (mm/h)・1 (h) $= I$ (mm) の降雨があったことになるので, 流出量は流出係数を C とすると,

$$C \cdot \frac{I}{1000} \cdot W \cdot L \text{ (m}^3\text{)} = C \cdot I \cdot W \cdot L \text{ (}\ell\text{)}$$

長さ1m当たり, 降雨時間1sec毎に考えるので,

$$q = \frac{1}{L} \cdot \frac{1}{3,600} \cdot C \cdot I \cdot W \cdot L$$

$$= (1/3,600) \cdot C \cdot I \cdot W \text{ (}\ell/\text{sec/m)} \cdots\cdots\cdots\cdots\cdots\cdots (解2-16)$$

(d) 落下率 γ

落下率に直接影響を与える要素は, 排水ます上流端の側溝流量, 排水ますのふたの形, 道路の縦横断勾配等である。

混合形, 縦仕切り形及び格子形の3種類のますふたについて, 実験的に得られた落下率を**解図2-27**に示す[16]。ただしこれは, 路面の横断勾配2%, 側溝部の横断勾配6%, 幅0.5mで, 許容通水幅が1mという条件 (**解図2-27(a)**) で得られたものである。**解図2-27(b), (c)** に示すように, ふたの形状及び寸法を変化させたときに得られた落下率を道路縦断勾配との関係でまとめると**解図2-27(d)** のようになる。ここで実験の対象としたますふたは, 最近多用されている形状寸法のものを網羅している訳ではない。また, 側溝部の横断勾配と許容通水幅の条

件は1種類のみである。したがって，ここに示す以外の条件の下での落下率を推定するには何らかの外挿によって行う。

(a) 側溝部の横断面形状

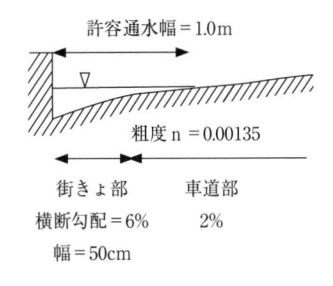

許容通水幅=1.0m
粗度 n = 0.00135
街きょ部　車道部
横断勾配=6%　2%
幅=50cm

(b) ますふたの形状

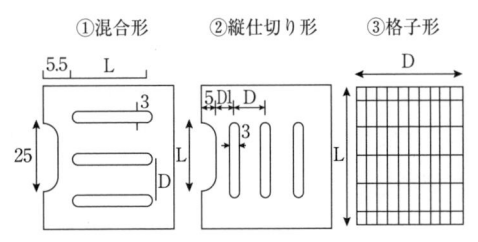

①混合形　②縦仕切り形　③格子形

(c) ますふたの種類と寸法

分類		番号	穴数	寸法 (cm)			落下穴面積 (cm²)
				L	D	D1	
コンクリートふた	混合形	A1	2	12	15	—	182
		A2	3	12	15	—	217
		A3	4	12	15	—	251
		A4	3	20	15	—	289
		A5	2	30	15	—	290
		A6	3	30	15	—	379
	縦仕切り型	B1	1	25	—	6.5	187
		B2	2	25	13	6.5	260
		B3	3	25	13	6.5	334
		B4	2	40	13	11.5	425
		B5	2	40	13	16.5	425
鋼製格子形（グレーチング）		C1		50	30.5		
		C2		50	39.5		
		C3		50	48.5		
		C4		60	30.5		
		C5		60	39.5		
		C6		60	48.5		
		C7		70	30.5		
		C8		70	39.5		
		C9		70	48.5		

(d) 縦断勾配と落下率の関係（図中の記号はますふたの番号。図(c)参照）

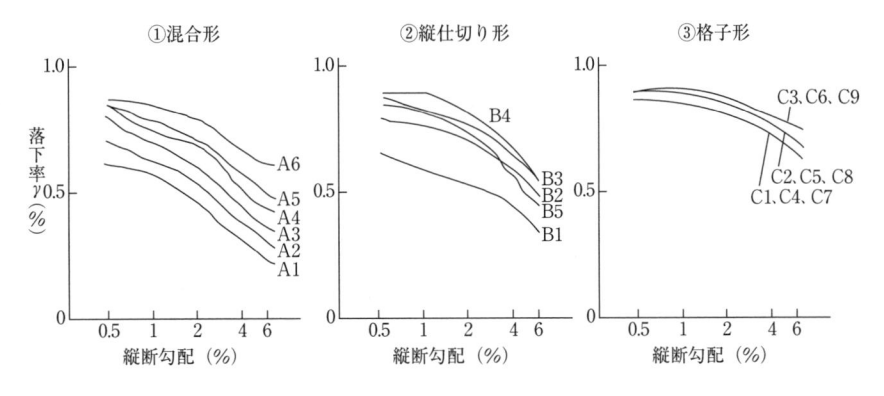

①混合形　②縦仕切り形　③格子形

落下率 γ (%)　縦断勾配 (%)

①: A6, A5, A4, A3, A2, A1
②: B4, B3, B2, B5, B1
③: C3,C6,C9 / C2,C5,C8 / C1,C4,C7

解図 2-27 街きょますふたの種類と落下率の関係

(ⅲ) ますの間隔の決定

ある区間 l に排水ますを等間隔に m 個設置しようとする場合，排水ますの最大間隔は式（解2-19）によって計算する。

$$Q = \frac{q \cdot l \cdot (1-(1-\gamma)^m)}{m \cdot \gamma} \quad \cdots\cdots\cdots\cdots\cdots\cdots\cdots\cdots\cdots\cdots\cdots\cdots \text{（解2-17）}$$

ここに，l ：設計区間（m）

m ：排水ますの設置個数

$(1-\gamma) < 1$ であるから，m が十分大きいときには

$$Q = \frac{q \cdot l}{m \cdot \gamma} = \frac{q \cdot L_1}{\gamma} \quad \cdots\cdots\cdots\cdots\cdots\cdots\cdots\cdots\cdots\cdots\cdots\cdots \text{（解2-18）}$$

L_1 ：排水ますの最大間隔（m）（ここに，$L_1 = l/m$）

よって，

$$L_1 = \frac{l}{m} = \frac{\gamma \cdot Q}{q} \quad \cdots\cdots\cdots\cdots\cdots\cdots\cdots\cdots\cdots\cdots\cdots\cdots \text{（解2-19）}$$

式（解2-19）は，落下率が一定であるという仮定に立っているため，流量の増加に対して落下率の低減が大きい場合にはかなりの誤差が伴うが，流量 Q と落下率 γ の関係を調べるかぎりでは，最悪の場合でも γ の低下は0.2程度であり，十分に式（解2-19）が適用できるものと考えられ，γ が1に近い場合はかなりの精度が期待できる。側溝ますについて，所定の降雨強度 I，横断勾配 S 及び許容通水幅 B に対して，集水幅 W と縦断勾配 i より最大ます間隔 L_1 を求めた例を**解図2-28**に示す。

縁石ますの場合には，落下率 γ が先に与えられないので式（解2-15）を用いた繰返し計算により求めなければならないが，集水幅 W と縦断勾配 i 及び呑み口の長さ L から最大ます間隔 L_1 を求めた例を**解図2-29**に示す。

なお，設計に当たっては，式（解2-19）より求めた最大ます間隔 L_1 にますの特性や現地の状況等を考慮し1～2割程度の余裕を見込むものとする。

(ⅳ) 構造及び大きさ

接続する側溝や取付け管の大きさ，道路交通の状況及び維持管理の容易さ等を考慮して，排水ますの適切な構造及び大きさを決める。

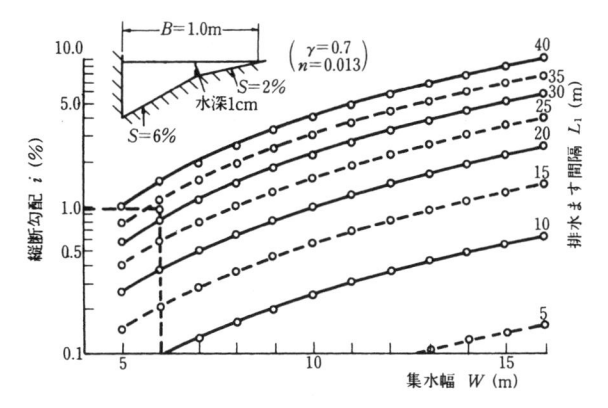

許容通水幅　$B=1.0$ m　　横断勾配　$S=6\%$（側溝部），2%（道路部）

マニングの粗度係数　$n=0.013$
落下率　$\gamma=0.7$　　計画降雨強度　$I=90$ mm/h

解図 2-28　側溝ますの最大間隔の算定例

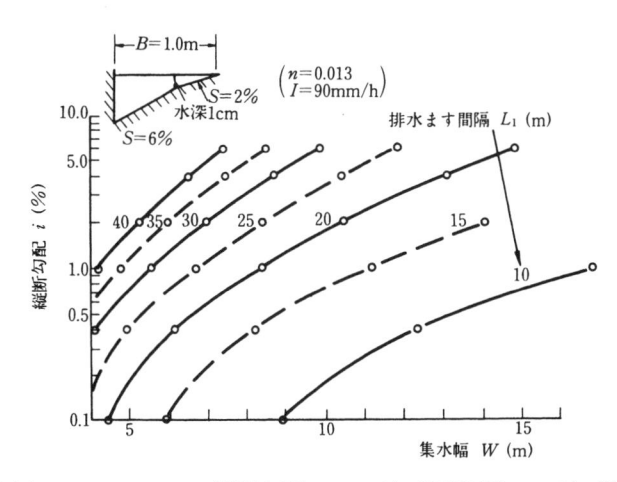

許容通水幅　$B=1.0$ m　　横断勾配　$S=6\%$（側溝部），2%（道路部）
マニングの粗度係数　$n=0.013$　　計画降雨強度　$I=90$ mm/h
のみ口の長さ　$L=60$ cm

解図 2-29　縁石ますの最大間隔の算定例

(5) 取付け管・排水管及びマンホール

1) 取付け管

　取付け管は，排水ますと排水管とを接続する連結管であり，内径は集水量を遅滞なく流下させる断面を有し，かつ材質についても，流量，布設場所の状況，外圧，継手方法，強度，形状，工事費等を十分考慮して選択する必要がある。

　取付け管は，一般的に，内径150mm程度の硬質塩化ビニル管または遠心力鉄筋コンクリート管等が用いられている。

　取付け管は，排水管に直角または流下方向に60度の向きで取り付けられることが多い（「資料－6」参照）。その取付け位置は，排水管の中心より上方とする。排水管が車道の中心にあって道路を取付け管で数多く横断するのが好ましくない場合，あるいは埋設後土かぶりが十分ではなく，取付け管が路面荷重等によって破壊される危険性が多い場合には，2～3箇所の排水ますに集められた雨水を一箇所に集めるよう縦断方向の連絡管きょを設けて合流させ，十分な土かぶりをとって排水管に接続させるようにする。

　排水ますと取付け管の接合部の位置は，土砂等の排水管への流出を防ぐため，解図2－30のように排水ます底面から15cm以上上方に取り付けるようにする。

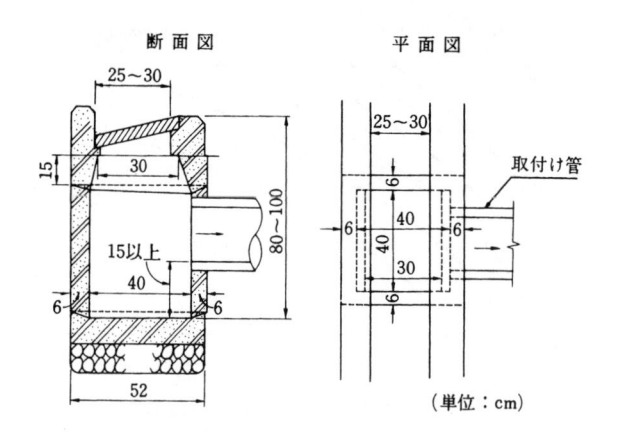

解図2－30　側溝ますと取付け管の接続部の例

2) 排水管

　排水管は道路の表面水や地下水を集水して、安全に遅滞なく下水道等に流下させる管きょであり、十分な断面を確保するとともに、適度な流速を保つように設計しなければならない。

　管内の流速があまり大き過ぎると砂混じりの水のため管が早く破損する。あまり遅すぎると管内に土砂等の堆積が生じるので好ましくない。流速は 0.8～3.0 m/sec を標準とし、排水管の管きょには鉄筋コンクリート管、プレストレストコンクリート（PC）管、硬質塩化ビニル管等を用い、その管径、形状、勾配等は所定の流量を十分に流下させ得るものでなければならない。

　また、排水管を歩道の下に埋設するときは、将来路上施設を設けることも考慮して管の埋設深さや位置等を決める。

3) マンホール

　マンホールは、排水管の清掃及び点検のために設けられるもので、排水管の方向、または管径の変化する箇所及び排水管の合流箇所には必ず設けるものとする。排水管を階段接合する場合には段差を生じる箇所に必ずマンホールを設ける。

　マンホールの種類は、**解表 2-7～解表 2-9** の標準によるのがよい。ふたは鋳鉄製とし、JIS A 5506 により、標準マンホールの側塊は JIS A 5372 による。

　直線区間におけるマンホール間隔は、管径により**解表 2-10** の基準による。

解表 2-7　標準マンホールの形状別用途表[9]

呼び方	形状寸法	用途
1号マンホール	内径　90 cm円形	管の起点及び 600 mm以下の管の中間並びに内径 450 mmまでの管の会合点
2号マンホール	内径　120 cm円形	内径 900 mm以下の管の中間及び内径 600 mm以下の管の会合点
3号マンホール	内径　150 cm円形	内径 1,200 mm以下の管の中間及び内径 800 mm以下の管の会合点
4号マンホール	内径　180 cm円形	内径 1,500 mm以下の管の中間及び内径 900 mm以下の管の会合点
5号マンホール	内のり　210×120 cm角形	内径 1,800 mm以下の管の中間
6号マンホール	内のり　260×120 cm角形	内径 2,200 mm以下の管の中間
7号マンホール	内のり　300×120 cm角形	内径 2,400 mm以下の管の中間

解表 2-8　組立てマンホールの形状別用途表 [9)]

呼び方	形状寸法	用途
組立 0 号マンホール	内径　75 cm　円形	小規模な排水又は，起点。他の埋設物の制約等から1号マンホールが設置できない場合
組立 1 号マンホール	内径　90 cm　円形	管の起点及び 600 mm 以下の管の中間並びに内径 400 mm までの管の会合点
組立 2 号マンホール	内径　120 cm　円形	内径 900 mm 以下の管の中間点及び内径 500 mm 以下の管の会合点
組立 3 号マンホール	内径　160 cm　円形	内径 1,100 mm 以下の管の中間点及び内径 700 mm 以下の管の会合点
組立 4 号マンホール	内径　180 cm　円形	内径 1,350 mm 以下の管の中間点及び内径 800 mm 以下の管の会合点

解表 2-9　特殊マンホールの形状別用途表 [9)]

呼び方	標準形状寸法	用途
特 1 号マンホール	内のり　60×90 cm 角形	土かぶりが特に少ない場合，他の埋設物の制約等から1号マンホールが設置できない場合
特 2 号マンホール	内のり　120×120 cm 角形	内径 1,000 mm 以下の管の中間点で，円形マンホールができない場合
特 3 号マンホール	内のり　150×120 cm 角形	内径 1,200 mm 以下の管の中間点で，円形マンホールができない場合
特 4 号マンホール	内のり　180×120 cm 角形	内径 1,500 mm 以下の管の中間点で，円形マンホールができない場合
現場打ち管きょ用マンホール	内径　90, 120 cm 円形	く形きょ，馬てい形きょ等及びシールド工法等による管きょの中間点ただし，D は管きょの内幅
	内のり　D×120 cm 角形	

解表 2-10　管径と最大間隔 [9)]

管きょ径（mm）	600 以下	1,000 以下	1,500 以下	1,650 以上
最大間隔（m）	75	100	150	200

4) 取付け管及び排水管の断面決定

　取付け管または排水管の断面決定に際しては，一般的にマニングの式（解2-10）を用いる。下水道においては下に示すガンギレー・クッターの式を用いる例もある。

$$v = \frac{23 + 1/n + 0.00155/i}{1 + (23 + 0.00155/i) \ n/\sqrt{R}} \sqrt{R \ i} \quad \cdots\cdots\cdots\cdots\cdots\cdots \text{(解 2-20)}$$

ここに, 記号は式 (解2-10) に同じ。

マニングの式 (解2-10) からは式 (解2-21) が得られ, これにより断面を決定することができる。

$$D = \frac{1.548 \ (n \ Q)^{3/8}}{i^{3/16}} \quad \cdots\cdots\cdots\cdots\cdots\cdots\cdots\cdots\cdots\cdots\cdots\cdots \text{(解 2-21)}$$

ここに, D : 取付け管または排水管の直径 (m)

なお, 断面決定の基礎となる排水流量 (計画流量) Q については, 10～20%程度の余裕を見込むことが望ましい。また, 最小管径は, 取付け管については150mm, 排水管については250mmとする。

2-4-3 のり面排水工の設計

> のり面排水工は, 表面水や浸透水によりのり面の崩壊を防止するのに十分な効果を発揮するように設計しなければならない。

のり面排水工は, 盛土, 切土あるいは自然斜面を流下する表面水や, のり面から浸出する浸透水を排除し, のり面の破壊を防止するために設置する。

水によるのり面の破壊は, のり面を流下する表面水による表面の浸食や洗掘, 及び浸透水がのり面を構成する土のせん断強さを減じたり, 間隙水圧を増加させたりすることによる崩壊に大別される。のり面排水工は, この両者を防止するのに十分な効果を発揮するよう設計しなければならない。

(1) のり面排水工の概要

解図2-31に, のり面排水工の概要を示す。のり面排水工は, 盛土のり面, 切土のり面及びこれに接する自然斜面の排水を対象としたものであり, 大規模な砂防工事や地すべり防止工事に関するものは含まない。

また, 植生, 構造物等によるのり面保護工は, 表面水による浸食を防いだり,

のり面や地山からの浸水対策として有効であり，のり面排水工と同様の機能をもつものであるが，これらについては「道路土工－盛土工指針」及び「道路土工－切土工・斜面安定工指針」によるものとする。

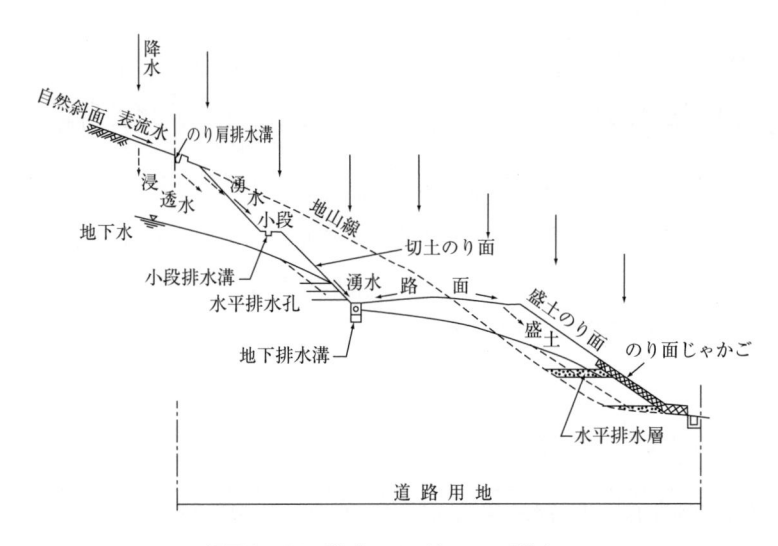

解図2－31　道路のり面とのり面排水工

(2) のり面排水工の設計

1) のり面を流下する雨水

のり面浸食の防止には，のり面を流下する水を少なくする必要がある。そのため，必要に応じてのり肩排水溝，縦排水溝，小段排水溝等ののり面排水工を設置する。

のり面排水工の設計は，「2－4－1　雨水流出量の計算」を参考に排水量を求めて行う。排水工の断面余裕は，土砂等の堆積を考慮して20％程度とするが，計算上から求められる断面で一律決定するのではなく，土砂の排出等の維持管理の容易さ，排水勾配等により適切な排水断面を決定することが望ましい。特に豪雨の際に多量の土砂が流出してくる恐れのある自然斜面等では，十分な余裕を持たせる必要がある。

のり面を流下する表面水の詳細及び，のり面排水施設の構造等については「道

路土工－盛土工指針」及び「道路土工－切土工・斜面安定工指針」によるものとする。

2) のり面の湧水

のり面の湧水は，地下水や地中に浸透した雨水が原因であり，盛土のり面の湧水は路面や地山から盛土部に浸透した水が原因となる。のり面からの湧水を排水する施設には，**解図2－32**に示したような，のり面じゃかご，地下排水溝，水平排水層，水平排水孔等がある。のり面から浸出する浸透水に対する設計に関しては，「2－5　地下排水施設の設計」によるものとする。

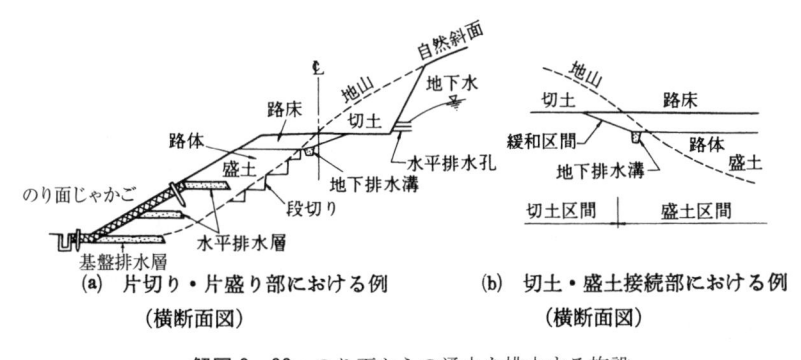

(a) 片切り・片盛り部における例
（横断面図）

(b) 切土・盛土接続部における例
（横断面図）

解図2－32　のり面からの湧水を排水する施設

2－5　地下排水施設の設計

地下排水施設は盛土及び路床・路盤内の地下水位を低下させるため，周辺地山からの湧水が盛土内に浸透しないよう排除するとともに，路面やのり面からの浸透水をすみやかに排除できるよう適切に設計しなければならない。

(1) のり面の地下水位低下のための地下排水工

1) 切土のり面

切土により地下水脈を分断すると，切土のり面の背後の自然斜面に雨が降ることにより湧水が発生し，のり面の浸食や湧水の流出する地層に沿ってすべり面が形成されのり面崩壊に至るなど，のり面に悪影響を及ぼすことがある。

したがって，のり面に浸透してくる地下水や地表面近くの浸透水を集めて排水するために，地下排水溝，じゃかご工，水平排水工等の地下排水工を設けるものとする。なお，地下水脈の分断等による周辺地下水への影響については，「道路土工－切土工・斜面安定工指針」によるものとする。

2) 盛土のり面

盛土の崩壊は，表面水と併せて地下水，降雨，融雪水等の浸透による盛土内水位の上昇が原因となって生じることが多い。特に，傾斜地盤上の盛土，谷間を埋める盛土，片切り片盛り，切り盛り境では地山からの湧水が盛土内へ浸透し，盛土を不安定にすることが多い。そのため，盛土内の水位を低下させるために，地盤及び盛土内の排水処理が重要である。

排水処理に当たっては，広範囲に渡る踏査及び土質調査結果等により，透水層や不透水層の把握や断層破砕帯の存在等，現地盤の湧水の有無を把握し，湧水が盛土内に浸透しないよう，確実に盛土外に導くよう配慮しなければならない。

特に，傾斜地盤上の盛土等においては，地下排水工が十分に機能していないと豪雨時や地震時の安定性を損なうことが多いので，十分に念入りに配置しておくことが大切である。

あわせて，地下排水工は維持管理段階において補修することが困難であることから，設計・施工段階において排水勾配や排水機能の確保，排水工の破損等に十分留意する必要がある。

のり面の地下水位低下のための地下排水工の詳細，及び地下排水工の構造等については「道路土工－盛土工指針」及び「道路土工－切土工・斜面安定工指針」によるものとする。

(2) **路床・路盤内の地下水位を低下させるための地下排水工**

地下水位の高い原地盤を掘削して道路を建設するような場合には，地盤からの浸透水や，寒冷地では凍上によって路床・路盤が軟弱化し，舗装が著しく損傷することがある。したがって，このような箇所では原地盤や隣接地から流入してくる水をしゃ断または排除するために，地下水位や量に応じて路肩部に地下排水溝を設けることや，横断地下排水溝や遮断排水層等により地下水位を低下させ，舗

装やのり面を良好な状態に維持することが大切である。排水が良好でないと路床・路盤等の支持力が減少し，また，路床土の細粒土が浸透水によって路盤内に移動したり，ときによっては，舗装の継目や側端部，亀裂から地表に流れ出て舗装の破損の原因になることもある。

含水比と支持力の関係の一例を示したものが解図2-33である。これによると，路床土の含水量は季節により変化し，CBR もかなりの範囲に変動していることと，含水量が増大すると支持力の低下が大きいことがわかる。

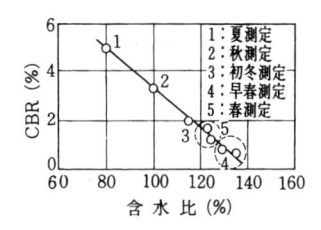

路床・路盤の地下排水工の詳細及び，地下排水工の構造等については「道路土工－盛土工指針」によるものとする。

解図2-33　乱さない土で測定したCBRと含水比の関係の一例

2-5-1　地下排水工の計算

> 地下排水工の計算は，一般的には実施せず，湧水等が予想される箇所等に十分な排水能力を有した排水工を適切に配置することを基本とする。ただし，事前の調査により地下水位が確認され，のり面の安定が懸念される場合は，必要に応じて地下水位を考慮した安定計算を実施し，地下排水工の規模を計画するものとする。

一般に，地下排水工の設計を行う場合には計算を行わず，類似した条件の場所で行われた工事の例を利用して設計することが多い。

しかし，ボーリング調査等により地下水位が確認された場合において，自然斜面を切土したり盛土することによって，地下水位が大きく変動したり，浸透水が地下水位を上昇させてのり面の安定性をおびやかすことが懸念されるときには，

地下水位を考慮したのり面の安定計算を行って，のり面を安定に保つために必要な地下水位の低下量や，地下排水工の規模等を検討する場合がある。間隙水圧を考慮したのり面の安定計算に関しては「道路土工－盛土工指針」，「道路土工－切土工・斜面安定工指針」によるものとする。

地下水位の低下量に関して，実際には複雑な条件の浸透流を計算により解くことは難しい。

したがって，のり面の安定が懸念される場合は，切土部においては横ボーリング工や集水井工等の地下水排除工等により排水効果を確認しながら施工を実施するものとし，盛土部においては，解図2－32に示すような，基盤排水層や地下排水溝等の適切な配置を検討するものとする。

なお，地下水位の高い箇所や浸透流の多い箇所において，のり面の安定が懸念される場合，並びに駐車場等の広い面積の大きな排水施設では調査資料に基づく検討を行って，浸透量や地下水位低下量等の値の目安を得ておくことが望ましい。

また，路床・路盤等の地下排水工の計算方法は，「道路土工－盛土工指針」によるものとする。

2－5－2 地下排水工の設計

> 地下排水工の設計に当たっては，地下水及び湧水を速やかに排出するよう適切に配置するものとする。

地下排水工の設計（配置計画及び構造細目設計）に当たっては，排水距離を極力短く計画するとともに，流末との接続を確実に行うものとする。

地下排水工と表面排水施設との接続方法については，のり尻排水溝や小段排水溝の上部に地下排水工を配置する方法や，集水ますを大きくし排水管を接続するスペースを確保する方法や，流末水路の流下水位に影響の無い高さに排水管の吐口を配置する方法等，現地状況に応じて適切に計画するものとする。

なお，溝の中に埋設する管は，内径30 cm以下の細いものが多く，しかもトレンチ型の埋設条件となるため，荷重条件が特殊な場合を除き，一般に用いられて

いる有孔コンクリート管,コンクリート透水管,合成樹脂管等では強度の面での検討は一般に必要ない。

また,周辺に透水性の良い材料が確保できない場合や,安価に入手できない場合等では,地下排水溝や地下排水層として,不織布等を用いる場合もある。

地下排水工の設計の詳細については,「道路土工-盛土工指針」及び「道路土工-切土工・斜面安定工指針」によるものとする。

2-6　構造物の排水施設の設計

> 構造物の排水工は,降雨,地下水等の影響に対して構造物の安定性を確保することや路面水の滞水を防止するため,適切に設計しなければならない。

構造物の施工中あるいは施工後において,降水,地下水等が構造物の背面にたまったり構造物内へ漏れたりすると構造物の安全性が低下し,それが構造物の破損につながる場合もある。また路面水の滞水は,車両の安全走行を害するだけでなく,水の飛散が周囲の環境を害し美観上も好ましくないなど,種々の弊害を生じるため,水の処理については細心の注意を払う必要がある。

1)　擁壁の排水工

擁壁の設計において排水は土圧軽減のための重要な施設である。すなわち,水の浸透によって背面土の含水比が増すと,土の重量の増加やせん断強さの減少により土圧が増大し,擁壁の形式によってはたわみや傾斜等の変状が生じる。そのため従来から種々の排水工が用いられているが,近年では合成樹脂製品を利用した排水工も多くなっている。擁壁の排水工の設計については「道路土工-擁壁工指針」によるものとする。

2)　都市トンネルの排水

都市部における道路トンネルはボックス断面となることが多く,トンネル内部の路面がその前後の路面より低く,強制排水を必要とする場合が大部分である。

この場合の路面排水工には**解図2-34**に示すように,排水ます,排水管,集水管,マンホール,ポンプ施設等がある。

排水施設の設計に当たっては，以下に示す点に配慮しなければならない。

① 換気ダクトのある場合は，これを利用する。この場合には，換気効率が落ちるので関連施設との整合が必要となる。
② 換気ダクトのない場合，または換気ダクトがあっても，それを利用できない場合には排水用ダクトを設けることを考慮する（**解図2-35参照**）。
③ トンネル内にマンホールを設ける場合は，トンネル本体の構造的欠陥となる可能性があり，将来の維持補修も困難となる場合もあるので，注意を要する。
④ ポンプ場の位置は，車道部の外に求めることが維持管理上望ましいが，やむを得ず車道部内に設置する場合には，維持管理時においてもできる限り交通に支障のない位置を選定することが必要である。

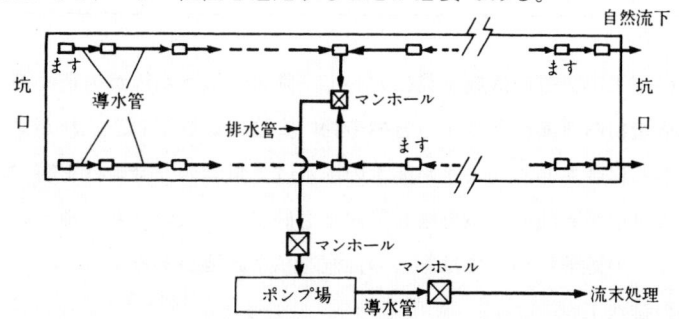

解図2-34　都市トンネルの排水施設の系統図

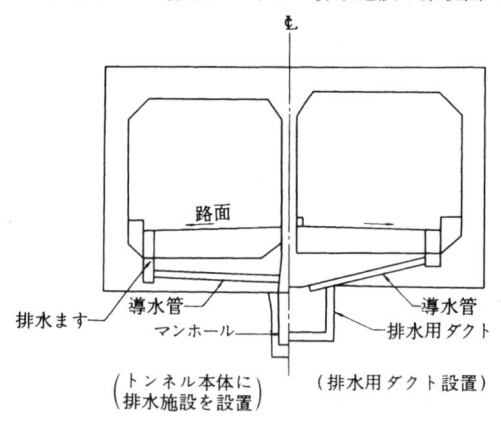

解図2-35　都市トンネルにおける排水溝の例

都市トンネルの排水の対象となる水には，降雨流入水，湧水，その他がある。
　排水管等の設計に当たっては，トンネル外から流入する表面水や維持作業時の散水等を処理する必要が生じる場合もあるので，十分検討しなければならない。
　消火設備のある場合は，設備の種類と放水量，放水継続時間等を考慮した上で処理能力が決定されるが，非常時における集中放水であることと，消火上ある程度の汚水は必要であることから，消火用水をすべて処理する必要はない。
　また，トンネル出入口付近は，雨水の吹込みや車両の持込み水等が集中するので，排水ますの間隔を短くすることが必要である。

3）　地下横断施設及びランプ部の排水

　地下横断施設に流入する水には，道路及び隣接地からの表面水と地下水がある。交差区間外の表面水は，斜路部（ランプ部）に流入する以前に処理することが望ましい。
　従来，**解図2-36**に示すように横断排水溝により処理していたが，交通量が多く，大型車の混入率が高い幹線道路においては，横断排水溝の破損が著しく，維持管理上種々の問題が生じているため，近年は，斜路部に側溝を設けて処理している例が多い。また，交差区間内の表面水は，側溝により最凹部に導いて排水する。

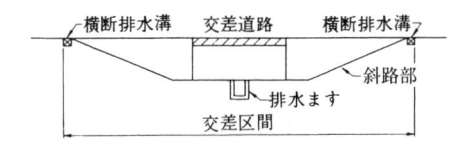

解図2-36　地下横断施設の排水

　地下横断施設に流入した表面水は，自然排水を行えるように考慮して設計するのが原則であるが，それが不可能である場合はポンプ排水によらざるを得ない。
　この場合，ポンプによる排水量は，表面水については地下横断施設の集水面積を考慮し，地下水については掘削時に水量を観測して求め，排水量に応じてポンプの排水容量と台数を決定しなければならない。また，近年集中豪雨が頻発しているが，そのような実績を有する地域や万一冠水すると影響度の大きいと考えら

れる場合等においては，地下横断施設の重要度に応じて，適宜排水能力に余裕を持たせておく，あるいは水位計と連動した警告板や警報装置等の警報システムを設置するなどの対応を検討することが望ましい。

(ⅰ) 排水量

ポンプの排水能力は，対象地区内における流入水の和以上でなければならないが，その生起に明らかに時差のある場合には重複する可能性のあるものの和の最大のものとする。

$$P \geqq Q_1 + Q_2 \quad \cdots\cdots\cdots\cdots\cdots\cdots\cdots\cdots\cdots\cdots\cdots\cdots\cdots\cdots\cdots\cdots \text{(解 2-22)}$$

ここに，P ：ポンプの排水容量（m³/min）

Q_1：降水・融雪による流量と排水溝清掃や路面清掃等の散水による流量のいずれか大きい流量（m³/min）

Q_2：湧水流量（m³/min）

Q_2は透水性の低い粘性土の場合にはゼロとしてよく，PはQ_1によって決まるが，透水性の高い砂質土で地下水位が高い場合，あるいは付近に河川やため池等がある場合には，湧水の調査を十分行う必要がある。しかし，事前に湧水の量を適確につかむことは難しいので，地下横断施設の掘削時に湧水の量を測定して決めるのが望ましい。

(ⅱ) ポンプの型式と台数

ポンプの型式は水中ポンプとする。ポンプは故障の場合を考慮し，2台以上を設置することを標準とする。この場合，同一容量，同一性能のポンプを設置するのが一般的であるが，水量の変化が著しい時は，容量の異なるポンプを設けることがある。また，動力源の異なる（電力と内燃機関等）予備ポンプも設置する事が望ましい。

ポンプの形式は，吐水量及び全揚程を考慮し，**解表2-11**を参考として決定する。ここで，全揚程は，実揚程と損失水頭により次式により求められる。

$$H = H_a + H_l \quad \cdots\cdots\cdots\cdots\cdots\cdots\cdots\cdots\cdots\cdots\cdots\cdots\cdots\cdots\cdots\cdots \text{(解 2-23)}$$

ここに，H ：全揚程（m）

H_a：実揚程（m）

H_l：全損失水頭（m）（管路，弁，放流等における諸損失水頭）

解表 2-11 全揚程に対するポンプの形式

全揚程(m)	形　式	ポンプの口径(mm)
5 以下	軸　流	300 以上
5 以上	うず巻斜流	200 以上
5 以上	うず巻	50 以上

(ⅲ) 集水・排水設備

地下横断施設は，一般に舗装されており，土砂が露出していることはないため，土砂の直接の流入は少ないが，風や車両の引込みによるゴミ等が集水設備に集まり排水機能を低下させることがある。

排水ますの容量は，計画排水量とポンプ能力並びに運用上の連続運転時間等を検討して決定されるが，上記機能低下も考慮して十分な余裕を持った容量とし，入口に沈泥，排泥のための沈殿ますを設けなければならない。排水管の地上部の末端は**解図2-37**のように水面より高くする。

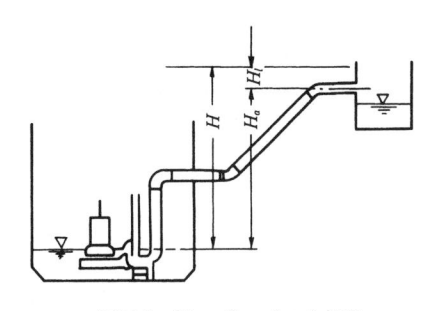

解図 2-37　ポンプの全揚程

(ⅳ) 流末処理

排水の流末処理は，都市部の下水道が整備されている地域にあっては，公共下水道や都市下水路へ流入させるものとし，その他の地域にあっては，河川，公共水路等へ流入させる事が一般的である。いずれの場合も，各管理者と十分に協議し，調整しなければならない。

2-7 排水施設の施工
2-7-1 路面排水工の施工

> 路面排水工の施工に当たっては,路面水を迅速かつ確実に流末処理施設まで流下させるため,全体として有機的に機能するよう入念に実施しなければならない。

　路面排水工は,側溝,排水ます,取付け管,排水管,マンホール等が組み合わされて機能するものである。したがって,これらの施工に当たっては,個々の施設はもちろんのこと,全体として有機的に機能するよう入念に施工しなければならない。

　側溝や排水管は水を迅速に流下させるように適正な勾配を維持するとともに,継目部からの漏水が生じないように施工しなければならない。

　ただし山岳地等における路面排水工では,地形上の制約からやむを得ず流速が低下しない場合がある。このとき,集水ますに流下する際に発生する水圧により,他方より流入する排水施設の機能が大きく損なわれる場合がある。このような場合においては,流速の速い水路を集水ます付近で流下方向に曲げ,斜めに接続させる等の対策を講じる必要がある。

　また,排水ます,マンホールについては,適正な深さに正確に据え付けなければならない。

1) 材料

　材料の選定に当たっては,種類,材質,強度等を確認して使用しなければならない。

　基礎,埋戻しに用いる材料は,均等質で強硬・耐久的で,有機不純物等を有害量含まないものとする。また,砕石については,所定の粒度を確保しなければならない。

　プレキャストブロック製品を用いる場合には,日本工業規格に適合したものもしくはそれに準ずるものとし,U形・L形側溝,マンホール等は,その質がち密で,有害なきずがなく,形状,寸法が正しく内面が滑らかなものとする。

排水管に遠心力鉄筋コンクリート管を用いる場合には，土かぶり荷重等に十分耐える管種を選定するものとする。なお，遠心力鉄筋コンクリート管（JIS A 5303）は，一般に外圧に対して設計された外圧管（1種，2種）を用い，形状によりA形管，B形管，C形管及びNC形管があるので，それぞれの設計条件に適合したものを選ぶものとする。ただし，A形管は一般に道路の排水管には用いられていない。

2） 側溝の施工

側溝の施工に当たっては，側溝の種類，使用目的，形態等に適合した施工をしなければならない。

（ⅰ） 素掘り側溝

素掘り側溝は，暫定的な側溝として使用するときには一時的な遊水効果を期待してよい場合もあるが，長期に渡る場合には所要縦断勾配を維持しなければならず，特に機械掘削の場合には深掘りに注意する必要がある。

（ⅱ） 芝張り側溝・石積側溝

芝張り側溝は，芝が活着するまでは素掘り側溝と同様であるため，施工時期を十分検討する必要がある。玉石張り，石積側溝は，間詰め，または目地施工を十分に行わなければ流水により洗掘が生じる場合があるので注意を要する。

（ⅲ） コンクリート側溝

コンクリート側溝は，路面施工上の基準となるため入念な施工をしなければならない。また，プレキャスト製品を使用する場合と現場打ちコンクリートによる場合では，ベース打ちの手順が異なるので注意を要する

① プレキャスト製品による場合

製品にはU形，L形，半円形側溝等があり，いずれも基礎工の転圧を十分行い，敷砂，モルタルを使用して平坦性を確保し，ブロック据付け後に沈下することのないようにしなければならない。また，継目部の施工に当たっては，付着・水密性及び所定の目地間隔を確保しなければならない。

② 現場打ちの場合

現場打ち側溝の基礎は，その深さにもよるが，L形，街きょの場合には，舗装の路盤を使用するのが一般的である。その他の場合においても，路盤工と同時に

施工することが望ましい。コンクリートの打設は，L形側溝にあっては両面型枠を入れ，街きょにあっては最初に街きょブロック下を打設し，硬化後に街きょブロックを据え付け，エプロンのコンクリート打設を行うものとする。エプロンの仕上げには金ごてを使用するものとする。

擁壁等と接する比較的深いL形側溝の場合には，別途基礎を施工することとなるため，側溝側壁と舗装端部の締固めが不足しがちであるので，人力等で十分転圧する必要がある。

また，円形側溝は，チューブによる円形型枠と溝部型枠及び外壁型枠によりコンクリートを現場打ちする側溝であるが，円形底部の勾配を一定に保つため，型枠の設置は正確に行わなければならない。

③　アスファルト混合物等による場合

アスファルトカーブは，ガードレール支柱の建て込み等に先行して施工される。アスファルトカーブの開口部が短い場合には，連続して施工された後はぎとりにより構築されることがあるが，このような場合には必ずカッターによる切り口を設けなければならない。

また，縦排水，ます等への接続すりつけ部は人力施工となるため，路面に十分圧着させなければならない。なお，付着を確保するためのタックコートの塗布，劣化防止のためのカットバックアスファルトの使用，シーリング等を考慮する必要がある。

3)　排水ますの施工

排水ますの基礎は，ランマ等により十分転圧し，特に計画高については慎重に施工しなければならない。現場打ちの場合においては，底版を最初に打設し，硬化後側壁を打設する。

また，歩道の切り下げ部等にますが当たる場合には位置の変更を行うが，この場合位置の変更に伴う排水管接続，高さ，勾配，計画高の変更について十分検討しなければならない。

ますふたの設置は，ばたつきのないように行い，受枠とふたとの間にひずみ等がある場合には平坦になるように修正しなければならない。ますふたの無理な押し込みは，受枠やふたを破損するのみならず維持管理上も作業性を損なう恐れが

あるので注意を要する。さらに，曲線部にますを設置する場合には，縁石の曲線とますぶたの位置をチェックしなければ遊びが大きくなったり，輪荷重が作用した場合には思わぬ事故の発生につながることもあるので注意しなければならない。排水ますの一例を**解図 2−38** に示す。

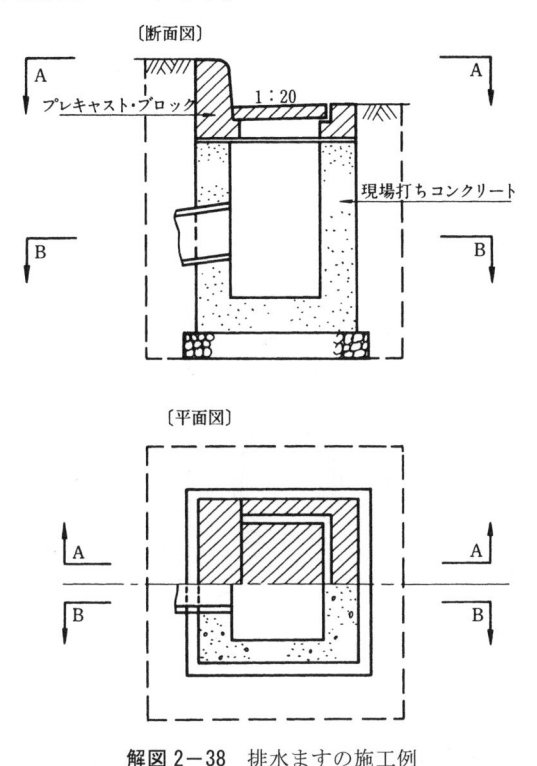

解図 2−38 排水ますの施工例

4) 取付け管・排水管及びマンホールの施工

取付け管・排水管施工のための掘削，山留めは，管と平行して行い，管の両側に作業幅を確保する。

基礎にはコンクリート基礎，砂基礎，梯子胴木基礎等があり，これらは管の材質や基礎地盤，交通荷重の大きさ等布設場所の状況により使い分けされる。剛性管の場合の基礎の施工例を**解図 2−39〜解図 2−41** に示す。また，基礎の施工に当たっては，中心線，勾配線を正確に保ち，管の移動，不等沈下を起こさないよ

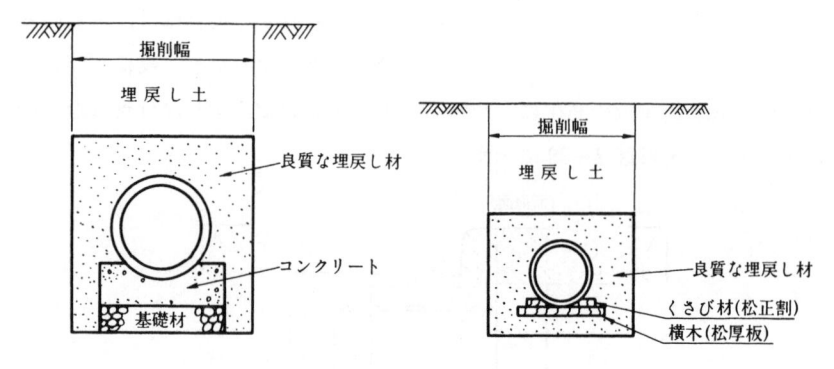

解図 2-39 コンクリート基礎の例

解図 2-40 砂基礎の例

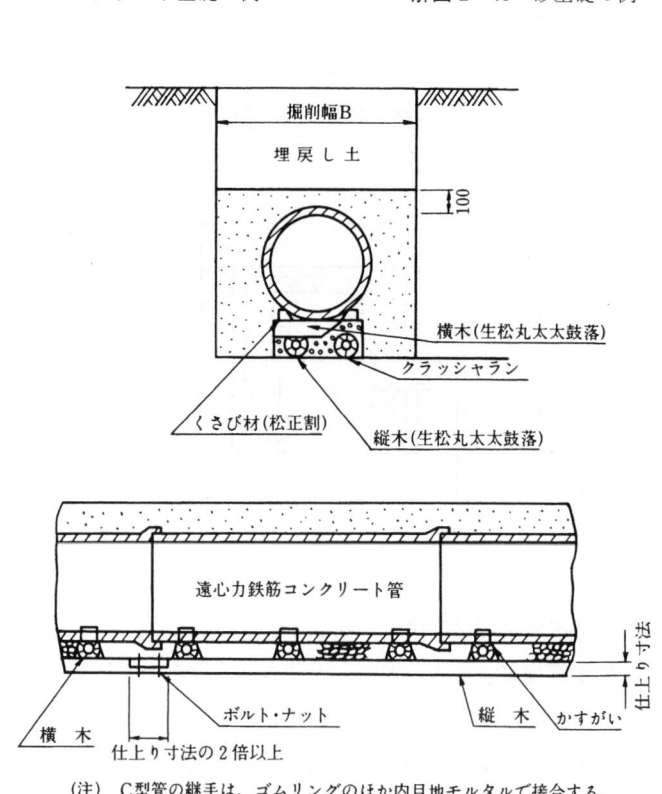

(注) C型管の継手は、ゴムリングのほか内目地モルタルで接合する。

解図 2-41 梯子胴木基礎の例

う施工しなければならない。

なお,取付け管・排水管の施工の詳細については,「道路土工ーカルバート工指針」によるものとする。

埋戻しに当たっては,良質な材料により十分締固めを行うものする。特に,管側面及び下側部は空隙を生じやすいので,十分に突き固めなければならない(**解図2-42**)。埋戻し後,配管状態を調べ,不等に曲がっていたり沈下している場合には,直ちに再施工をする。

排水管と取付け管との接合部には,支管及び曲管を用い,管の損傷,漏水等のないようにし,接合材が管の内側にはみ出さないようにする。

マンホールのふたかけの下には,調整用コンクリートを用いるものとし,調整用側塊は補修工事等やむを得ない場合に用いるものとする。側塊の接合モルタルは,接合接触部分の全面に敷きならし,高さ調整のために用いてはならない。

マンホール内部の下部コンクリート壁には,足掛け金具を垂直かつ千鳥に約30cm間隔に取り付けるものとする。

マンホールの周囲は,竣工後沈下することが多いので締固めを十分行う。また,地下水位の高い地域においては,埋戻し土が地震時に液状化することのないよう配慮する必要がある[17]。

ます,マンホール間の排水管口径は,同一径のものを用いるものとし,排水管接合は**解図2-43**のように管頂接合とするのを原則とする。ただし縦断勾配がと

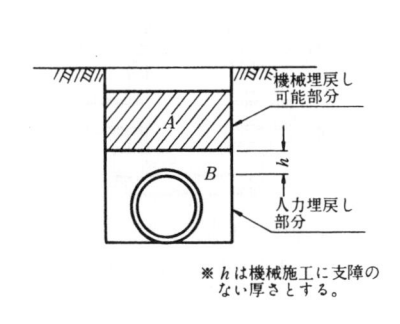

解図2-42 排水管の埋戻しの例

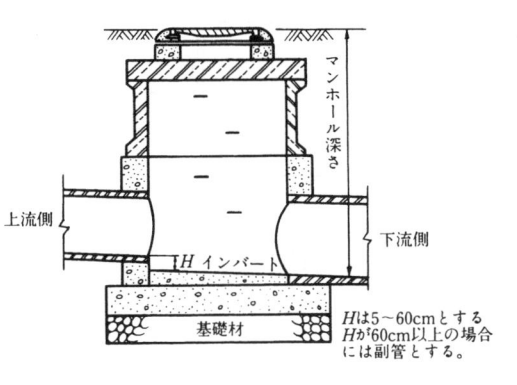

解図2-43 マンホール部における排水管取付け構造(管頂接合の場合)

れなく管底接合となる場合には，雨水の流下に支障にならないよう上流管と下流管の管底差を確保する。管底差によるマンホールの形状は **解図 2-44** (a), (b), (c) に示すが，一般的に (a), (b), (c) のタイプは，下水道法による下水道区域が設定されているか，もしくは将来設定される予定がある地域に用いられ，その他の地域にあって下水道に流さない場合は (d) の泥溜のあるタイプが用いられる。

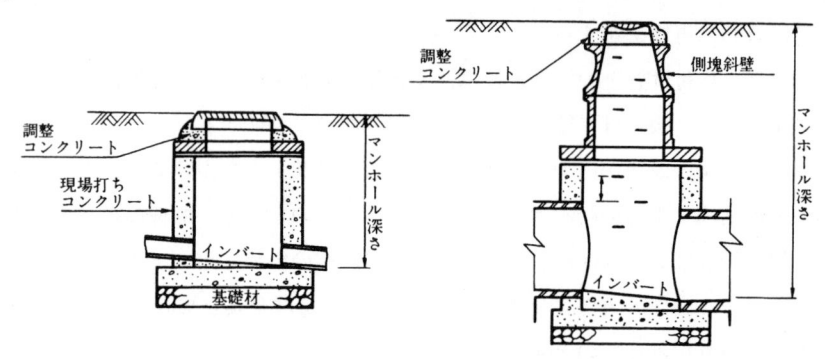

(a) 管底差がなく同一勾配の場合

(b) 上流と下流の管底差 5 cm 以下の場合

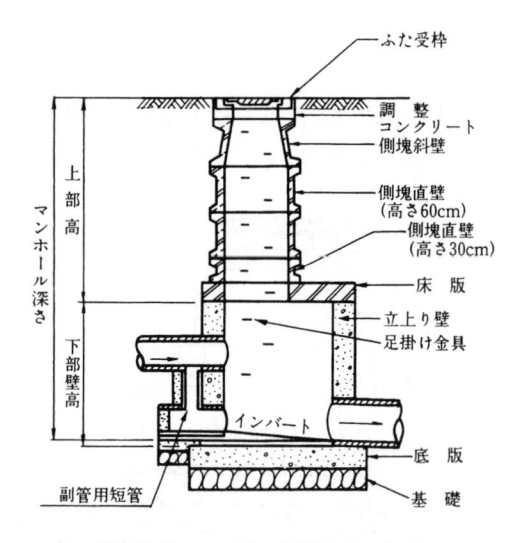

(c) 管底差 60 cm の場合(副管取付け構造)

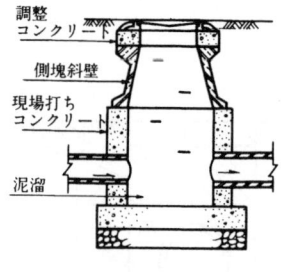

(d) 泥溜のあるタイプ（下水道に流さない場合）

解図 2-44 マンホールの種々の形状

マンホールのふたは，分離帯や歩道内のように直接輪荷重の載らない箇所については コンクリート製のふたを，輪荷重が直接載るような車道部には鉄製のふたを使用するが，鉄製の場合には盗難防止用の鎖を取り付ける。

2-7-2　のり面排水工の施工

> 　のり面排水工の施工に当たっては，それぞれの排水施設の目的，機能を踏まえ，適切に流末へ導くよう施工しなければならない。また，施工中においても適宜計画を変更して有効な排水工を設けていかなければならない。

　のり面排水工の破壊は主として，水が排水溝内を流れず，その外側や底裏を流れて，周囲の土を洗掘することによって生じる。表流水を受ける排水工は，それをのみ込みやすくするため，地山に十分食い込ませるとか，不透水性の材料で入念に埋戻しを行うなどの配慮をしなければならない。特にますとの接続部や勾配変化点等では，水が跳ね出さないようにふたを設けたり，少々の跳水があっても排水溝の外側が洗掘されないように，張芝や張石，コンクリートシール等で保護しておくなどの措置が必要である。

　排水工の施工はできる限り早い時期に行うべきである。例えば，のり肩排水溝等は切土工事に先がけて行っておく方が切土作業のために有利である。しかし，必ずしも工事に先がけて，あるいは工事の進み具合に備えて施工できない場合もある。このような場合は，仮排水工によらなければならないが，本排水施設施工後においてもこれを地下排水溝として活用するなど，なんらかの排水の役目を持たせておくように考慮すべきである。

　のり面排水工の施工の詳細は，「道路土工－盛土工指針」及び「道路土工－切土工・斜面安定工指針」によるものとする。

2−7−3　地下排水工の施工

> 地下排水工の施工に当たっては，事前の土質調査等を参考に実施することを基本とするが，施工中においても適宜計画を変更して有効な排水施設を設けていかなければならない。

地下排水工は事前の土質調査に基づいて計画されるが，一般に，工事前に得られる調査資料には限度があり，地中の浸透水の動きを事前の土質調査のみによって正確につかむことは難しく，施工中に地下水や透水層の存在が判明することもあり，適宜計画を変更して有効な排水施設を設けていくことが大切である。

また，盛土や切土等の工事によって地盤内の地下水の状態が変わることもあるので，施工中及び施工完了後も地下排水施設には十分な注意を払い，適宜計画を追加したり，改良したりしなければならない。

有孔管を盛土内に敷設する場合において，地下排水工の排水勾配が確保できていない，流末排水等に確実に接続していない等の不適切な場合，かえって盛土内の地下水位が上昇してのり面の安定性を損なう場合もあるので，湧水量等を観察し，十分に効果を発揮するよう施工することが必要である。地下排水工の施工の詳細については，「道路土工−盛土工指針」及び，「道路土工−切土工・斜面安定工指針」によるものとする。

1) フィルター材料の選定

排水溝内に集水管を設置して埋め戻す場合，あるいは路床上にしゃ断排水層を設ける場合には，フィルター材料を用いる。フィルター材の詳細については，「道路土工−盛土工指針」によるものとする。

2) 排水溝掘削

排水溝の掘削形状は，地下水並びに土質の条件と使用する掘削機械の種類，施工法等によって変わってくる。計画を立てるうえでは，まず施工が容易に行えるよう考えるべきである。その断面は普通，排水管の外径より約15〜20cm程度大きくすることが多い。また，土工量を減少させるため，掘削壁面を可能な限り垂直に立てる。

排水機能を計画どおり発揮させるためには，溝の線形並びに勾配が設計どおりに正しく施工されなければならない。

　切土のり面の下に排水溝を掘るときには，のり尻から適当な間隔をとって溝の掘削を計画することが望ましい。のり尻に接して溝を掘ると斜面すべりを起こさせる恐れがある。のり尻から離すことによって平場ができて，特に機械掘削等のときには足場として利用でき便利である。

3)　排水管の埋設

　地下排水溝等の溝の底が砂質系の良好な材料であれば，所定の高さにならした後，集水管を直接設置し，埋め戻してよい。岩のような堅い地層のときには，溝を約 10cm 余分に深く掘って管の基礎として砂礫，砕石を敷き，均質によく突き固め，管に過度の集中荷重が加わらないようにする。

　また地盤が軟らかく不安定な場合には，溝の底に砕石，砂利，砂等を必要な厚さに敷きならし，埋設する管が不同沈下等を起こさないように処理する。

　溝の埋戻し材料はフィルター材料を用いる。適当な材料が得がたい場合でも管内への土砂の流入を防ぐため，管に接する部分は最小 15 cm の厚さのフィルター材料を用いることが必要である。

　埋戻しは 20 cm 厚さに敷きならしながら行い，特に管の両側部分は入念に施工する。溝の崩れや管の損傷を防止するため，管の設置が完了したらできるだけ早く溝の埋戻しを行う。

　地下排水溝に用いる排水管は一度破損すると排水機能の低下や，盛土内へ水が浸入する恐れがあるため，土構造物の安定に対して非常に大きな問題を生じることになる。そのため，排水管の埋戻しは特に慎重に行う必要がある。

　管の末端は排水本管等排水可能な箇所に導き，また，末端が露出する場合には，鳥やねずみ等の巣になったり，外部から土砂が流入したりする恐れがあるので，金網や柵等の適当な防護処置を講じる。

2-7-4 施工時の排水

> 施工時の排水は，工事の円滑化及び施工中の盛土の安定性確保や周辺の環境を保全するため，現地条件に応じ適切な準備排水や施工時の排水を実施しなければならない。

1) 準備排水

　土工工事の施工時における準備排水，盛土，切土及び土取場等の仮排水は，工事の成否の鍵をもつものである。仮排水をなおざりにしたために，工期の延長や材料の置換え等が必要となることがあるので，施工計画を立案する際には，準備排水や施工時の排水計画を十分検討しなければならない。

　準備排水は，土工のうちで最も大切なものの一つであり，盛土・切土のいずれの施工に当たっても，まず原地盤の大きな不陸を大型機械でならし，自然排水が容易な勾配に整形しなければならない。また工事区域外の水も，工事区域内に入らないように区域内の水とあわせて素掘りの溝，暗きょ等で区域外に排水しなければならない。この際，排水の末端が民有地等へ害を及ぼさないよう注意しなければならない。準備排水の詳細については，「道路土工－盛土工指針」及び「道路土工－切土工・斜面安定工指針」によるものとする。

2) 施工時の排水

（i）設計時に想定していない湧水等への対応

　切土区間では，岩質や地層の走向等がのり面の湧水に非常に関連が深いので，これらを十分把握しておかなければならない。のり面からの湧水の有無，量を知るため，切土に当たって地下水位の位置や浸透層が切土のり面に出る可能性の有無を調べる必要がある。

　しかしながら，事前の調査のみによって地下水の状態を把握しきることは難しい。切土を進めていくと思わぬ所から湧水することもあるので，施工中に十分注意しながら工事を進めて，のり面排水工の設計，施工に臨機応変の措置がとれる体制にしておかなければならない。特に，蛇紋岩，角閃岩，かんらん岩，千枚岩，粘板岩，頁岩等の風化帯は水による影響を受けやすいので気をつけなければなら

ない。
（ⅱ）施工中の盛土の安定性確保のための排水対策

施工中の盛土の安定性確保のための排水対策の詳細については「道路土工－盛土工指針」によるものとする。

（ⅲ）工事円滑化のための排水対策

工事の円滑化のための排水対策の詳細については「道路土工－盛土工指針」及び「道路土工－切土工・斜面安定工指針」によるものとする。

（ⅳ）構造物裏込め部の排水

構造物裏込め部は，降雨時の排水が不良となり湛水しやすく，裏込め材の強度低下や支持力低下等により構造物の安定性を損なう恐れがあるため，施工中の排水は注意しなければならない。また，降雨時には盛土から土砂が裏込め部に流入しないよう配慮する必要がある。自然排水の不可能な箇所ではポンプ排水も考慮しなければならない。

2－7－5　土取場・発生土受入地の排水施設の施工

> 土取場・発生土受入地の排水施設の施工に当たっては，雨水，湧水，地下水等の排水処理を適切に行うものとする。特に積込み場所，運搬路の排水に注意しなければならない。

（ⅰ）土取場

土取場には，排水を良くするため適当な素掘りの溝を設けるとともに，切取り面は自然乾燥を図るために南面に位置させるとか，季節風が一定方向から吹く地方では，この風による乾燥をも期待できるように計画することが望ましい。

土取場においては降雨，湧水，地下水等の排水処理を適切に行い，特に積込み場所，運搬路の排水に注意しなければならない。

土取場の排水は，浸透水がある側に深い溝を掘って地下水を低下させるのが一般的である。この方法は砂質土の場合は非常に有効である。

また，土取場の掘削は排水を考慮して常に上り勾配に進行するとよい。土取場

内の運搬路も工事用道路と同様に側溝，横断排水管等を設け良好な状態に保たなければならない。

大規模な土取場の場合，堀削のため流水の方向や流域面積が変わり，既設の水路や河川等に悪影響を及ぼす恐れもあるので，あらかじめ必要に応じて排水溝，沈砂池等の防災対策を考慮しておかなければならない。

（ⅱ）発生土受入地

発生土受入地は，一般に山間部，低湿地等地形や地質の悪いところや，沢部を横断する箇所のくぼ地を埋めることが多く，土の扱いも粗雑になりやすいので排水処理に十分注意しなければならない。また，降雨によって受入土が滑動する恐れがないよう常に周到な排水処理を行うことが必要である。在来地表面の水は，地下排水溝や暗きょ等であらかじめ排除しておく。また，受入れ作業中に水たまりができないように整地しながら施工する。

発生土受入地の表面やのり面の勾配が急な場合には，降雨の際に表面水で土砂が流れ洗掘や崩壊が生じて周辺へ流出し被害を及ぼす恐れがあるので，あらかじめ擁壁，土のう等による保護を行っておくとよい。

2−8　排水施設の維持管理

> 排水施設の維持管理においては，排水施設が常に十分に機能を発揮できるように，清掃を行うとともに，定期的に点検を行い，排水施設としての機能が十分果たされていることを確かめ，必要に応じ改良修理を行い，その機能保持に努めることが必要である。

路面，のり面等の破損は排水の不良に起因することが多いので，排水施設の整備は道路にとって重要なことである。表面水または地下水が路体に浸透すると，路盤が軟弱化し舗装の損傷の原因となるばかりでなく，道路構造物の崩壊・変状にいたる場合があるので，点検時には十分注意をはらう必要がある。

排水施設の維持管理に当たっては，以下の事項について念頭におき実施するものとする。

① のり面の安定を確保する
② 舗装,特に路盤の支持力の低下を防ぐ
③ 自動車の走行の安全を確保する
④ 道路周辺の環境衛生を良好に保つ

2-8-1 排水施設の点検

> 排水施設の点検に当たっては,定期的に排水施設の状況の把握に努め,適切な処理をとらなければならない。また,台風,梅雨,融雪期等には,特に入念な点検を行うのが望ましい。

排水の点検は,欠陥・破損箇所及びそれらの誘因となる事象を早期に発見するために定期的に行うことが重要で,排水系統図と点検表を巡回のときに携行し,各排水施設の状況の把握に努めなければならない。

一般的には,通常点検,定期点検,異常時点検により行うものとし,その点検の頻度はあらかじめ路線の重要度,道路の状況,または沿道の状況に応じて定め,実施するのが望ましい。特に,降雨時または降雨直後に排水状況について巡回すると排水上の欠陥を見出しやすく効率的である。また,台風,梅雨,融雪期等には,特に入念な点検を行うのが望ましい。

排水施設の点検は,土工構造物等の点検と合わせて,**解表2-12**に示す項目を重点的に点検するとよい。また,季節的に交通量が増加する箇所,低湿地帯,海岸等で風が強く土砂の移動の激しい箇所等では必要に応じ異常の有無を点検するとよい。

点検の結果,何らかの異常を見出したときには,必要に応じてできるだけ早急に補修や改修等の対応をとる。

解表 2-12 排水工の主な点検項目

目　的	原因となるもの	点　検　項　目
路面の安全性の確保	表面水，路面排水の排水工からの流出	①路面排水の排水状況 ②周囲からの地表水，土砂の流入状況 ③排水施設の接合点の状況
のり面の洗掘・崩壊防止	表面水の排水工からの流出	①降雨直後の排水施設の排水状況 ②排水工内の土砂，流木の堆積状況 ③のり面の浸食状況 ④排水工の傾斜及び移動状況 ⑤排水工の破損状況 ⑥排水溝両側のくぼみ ⑦排水施設の接合点の状況 ⑧路肩部の排水施設の状況 ⑨流末処理状況
のり面の崩壊防止	浸透水によるのり面の湧水	①降雨直後ののり面の湿潤状態 ②のり面からの湧水状況の変化 ③排水孔からの流出量の変化 ④排水孔内の目詰り状況 ⑤排水工底部の亀裂及び損傷
擁壁の崩壊防止	表面水，浸透水による滞水	①水抜き穴からの排水状況
横断排水の通水性確保	横断排水の土砂等の堆積	①内空，呑み口・吐け口の土砂・塵かい，転石等の堆積状況

2-8-2　排水施設の清掃

> 排水施設の清掃は，路面を常に良好な状態に保つために，交通量や汚れの度合及び気象条件にも配慮し，定期的に実施することが望ましい。

　排水施設の清掃は，排水機能を良好にすることのみならず，公共用水域の汚濁防止等の保健衛生上からみても必要な作業である。清掃作業を能率的に行うためには，交通量や汚れの度合いを調査し，それに応じた清掃回数を実施する必要がある。一般的に排水施設の清掃の時期と回数を決める際に考慮する要因は次のとおりである。

　① 雨期，台風期，融雪期等の季節的な要因

②　路面状況，地域状況，交通量等
③　排水施設の種別，形状
④　コスト

　豪雨，台風時には排水施設に流れ込む量が一時的に増大するため，土砂等の堆積が少量でも溢水の危険が生じるので，雨期，台風期の前後には計画的に清掃を実施することが望ましい。
　排水施設の定期的な清掃回数の一例を示すと**解表2-13**のとおりである。

解表2-13　排水施設の定期的な清掃頻度の一例

種　類	頻　度
側　溝	年1回以上
ま　す	年1回以上
排水管	1〜2年に1回以上

　清掃作業は，作業労務者の安全確保の面からも昼間作業にするとよい。しかしながら，都市内の幹線道路で交通量の多い路線は昼間作業が困難なので，早朝あるいは夜間等に清掃を行うなど，その地域の実情に合わせて作業時間帯を決定するとよい。
　人力清掃についての危険防止，清掃の迅速化，能率を考え，機械清掃を主体として行うことが望ましい。
　清掃機械には，路面や街きょを清掃するものに路面清掃車が，排水ます，側溝，排水管を清掃するのに加水圧（水ジェット）やバキュームの機能を有した清掃車等がある。清掃作業はそれぞれの特性を発揮させながら安全かつ確実に能率のよい清掃作業を行うように配慮しなければならない。
　なお，これらの機械作業が実施しやすいよう排水施設の設計に配慮するとともに，既設排水施設に関しても構造改良を行うよう心がける必要がある。

2−8−3　路面排水施設の維持管理

> 路面排水施設は，交通の実態に合わせた構造に適宜見直すとよい。特に横断溝は，管理上においても配慮が必要である。また，安全に管理しやすい構造物に改良していくことも大切である。

路面排水は，舗装の特に路盤支持力の低下を防ぐこと，自動車の走行を安全にすること，道路周辺の環境衛生を良好に保つこと等の点で極めて重要である。

沿道の土地利用の高度化，通行の安全等を考慮し，適切に素掘りからコンクリート側溝へというように構造を対応させて行くことも維持管理の重要なことである。特に横断排水溝は，道路の縦断勾配が急な場合に路面排水に大変効果的である反面，車両交通によって破損しやすく，騒音，振動の原因となることもあるので，管理段階においても適宜改良することが必要となる場合がある。また，排水施設の接合点を車道面からはずすなど，安全に管理しやすい構造物に変えて行くことも大切である。

路面の状態が悪く，わだち掘れや凹凸がある場合は，路面に湛水が生じて歩行者に水跳ねするなどの原因となるので，必要に応じて表面処理やオーバーレイ等の対策を考えなければならない。また，路肩側が盛り上ったりして排水に支障をきたす場合には，平坦になるよう処理しなければならない。

(1) 側　　溝

素掘り側溝，U形側溝，L形側溝は山地部で落葉，崩落土等，人家のあるところでは塵かい等が詰まって排水ができなくなる場合があるので，定期的に点検して清掃することが必要である。

コンクリート側溝は，その側壁が倒れていたり，側壁と底面との間にすき間を生じていないかなどの点検をして支障があれば直ちに修理しなければならない。

側溝にふたがないと，設置箇所によっては，運転者や歩行者に不安感を与えるので，市街地や交通量の多い道路では極力ふたを取りつける。特に，側溝にふたかけをして歩道に利用している場合は，側溝と歩道を兼ねたものであるから，ふ

たの破損，すき間等に注意する必要がある。

(2) 排水管

　排水管は，塵かいや土砂等がつまったり，また地盤沈下等によって通水機能が損なわれたりすることがある。特に山地部では，山側からの転石や土石流により水路が閉塞することがあり，これが道路本体の崩壊に及ぶ場合もあるので注意が必要である。

(3) 排水施設の接合点

　側溝，カルバート，管きょ等の接合点，断面変化点は構造も比較的複雑なうえ，プレキャスト製品と現場施工の接点となる場合が多く，構造的な弱点となりやすいことや，水流の変化点であることから変状が発生しやすい。

　さらに，土砂の堆積等により通水断面が縮小しやすく，接合点のはなれが生じやすいので特に注意する必要がある。

2−8−4　のり面排水施設の維持管理

> 　のり面排水施設の維持管理は，定期的に点検を実施し，崩土，落石，雑草等の除去を行い，排水溝に集中した水が縦排水溝以外に流れ出さないように維持する必要がある。特に，高い盛土の小段排水溝及びのり肩に設けたのり肩排水溝は注意が必要である。

　のり面の崩壊の大部分は水が起因するものが多い。雨水が地表水となってのり面を流下し表土を浸食することや，浸透水となってのり面の崩壊の原因となることがある。

　縦排水溝にプレキャスト製のU形溝を用いるところでは，不等沈下を起こして継目等が離れ，裏水の洗掘作用により土砂が流出して盛土のり面を破壊することがあるので注意する必要がある。

　このような箇所を発見した時は，その部分のU形溝を取り外し，基礎材料等を

補充し，十分転圧し，据え直さなければならない。また，のり肩排水溝と縦排水溝との接合点も弱点になりやすいので状況を頻繁に調査し，破損箇所があればただちに修理しなければならない。

盛土，切土のり面の湿り，湧水については，特に注意を払い，原因によっては，じゃかご，水平排水孔等，適切な工法で処理するとよい。コンクリート吹付け等ののり面保護工を施してある箇所においても，のり面の状況を点検し必要がある場合には水抜き工法を施工するとよい。

また，切り盛り境部での縦排水との接合部は盛土体への表面水が流入する弱点になることが多く，大きめのますを設置することが望ましい。

2−8−5 地下排水施設の維持管理

> 地下排水施設は，吐口に土砂が集まるなどして排水を妨げられないよう注意する必要がある。また，降雨の後等に流出量を観察するなどして，有効に働いているかどうか観察することが望ましい。
> 地下排水施設は，道路台帳に構造を明示することや，現地に位置を明示するなど記録しておくことが望ましい。

地下排水施設には集水管（多孔管やドレーン材）を埋設する場合と，粗粒材料の透水性を利用して地中の水を排水するものとがあるが，この両者とも吐口は，土砂が集まるなどして排水を妨げられないよう注意する必要がある。

また，地下排水施設の流出口以外は常時点検を行うわけにはいかないので，降雨の後等に流出量を観察するなどして，有効に働いているかどうか観察することが望ましい。

地下排水施設は，年月とともに構造や位置がわからなくなりやすいので，道路台帳にその構造を明示することや，現地に位置を明示するなど確実に点検できるように記録しておくことが望ましい。

点検の結果，排水機能が著しく減じていたり，全くなくなっていたりして改良する必要がある場合は，前の位置よりも別な位置に設置することが効果的かつ経

済的な場合がある。

　また，コンクリート舗装の目地あるいは亀裂からの噴泥は，地下排水の不良や路盤排水の悪い場合に生じるもので舗装を著しく損なう。同様な現象がアスファルト舗装で生じると，表層の細かいひびわれに泥が流れこみ，ひびわれが再び閉じることがなくなり，舗装の破損が著しく促進される。さらに，特に交通荷重によって材料の分離を起こし，安定性を失い強度の低下を招くため，地下水位低下のための対策を検討する必要がある。

　なお，地下浸透・地下貯留施設の維持管理については，「共通編　4-8　維持管理」によるものとする。

2-8-6　横断排水施設の維持管理

> 横断排水施設の維持管理は通水断面の確保や，横断排水施設の漏水等に留意し，適切な維持管理を行う必要がある。

　横断排水施設（カルバート）の内部空間の維持管理については次の点に特に注意するとよい。
① 土砂の堆積等により通水断面が阻害されていないか流量を観察して，通水断面を確保するよう努める必要がある。
② カルバートの漏水を発見したときは，原因を調査し修理しなければならない。
③ カルバートの呑口，吐口に異常な土砂の堆積があるときは，路床または路盤内に空洞を生じていないかどうか調査するとともに異物を除去する。
④ カルバートの呑口，吐口に設ける沈泥ますには，子供等の転落防止のためグレーチングやふたを設けるとよい。

特に大雨の後には，上記の維持管理を行うことが必要である。
　また，カルバート本体構造の維持管理については「道路土工-カルバート工指針」によるものとする。

2−8−7 構造物の排水施設の維持管理

> 擁壁や地下横断施設等の排水施設の維持管理は，排水の機能が確保されるよう適切な維持管理を行う必要がある。

(1) 擁壁背後の排水

　擁壁の排水施設は，擁壁背後の表面排水状況及び擁壁の水抜き孔等からの排水状況に留意して点検するとよい。擁壁背面に表面水が入り込まないようにするとともに，水抜き孔が詰まっている場合には清掃しなければならない。水抜き孔あるいはひびわれからの漏水量，濁り，漏水位置等の状況からみて構造物の裏側に滞水があると考えられる場合は，構造物に作用する荷重を増大させることになるので場合によっては新しく水抜き孔を追加するなどの対策を講じなければならない。

(2) 地下横断施設の排水

　地下道は塵かいがたまりやすいので，排水溝が詰まらないように定期的に清掃を行うとともに，排水ポンプや作動スイッチの点検を行い，排水施設の機能が損なわれないようにしなければならない。また，地下道内の漏水は照明器具や地下道を汚損するばかりでなく，利用者に不安を与えるので，異状を認めた場合は直ちに修理しなければならない。

　また，ポンプの故障（水位の異常上昇）をパトロール車から確認できるような警報ランプを側壁に取り付けておくと管理上有効である。

参 考 文 献

1) Cedergren, Harry R. : Seepage, Drainage, and Flow Nets , John Wiley & Sons, 1967.
2) Berber, E. S. : Subsurface Drainage of Highways and Airports, Highway Research Board, Bulletin 209, 1959.
3) 関東地質調査業協会技術委員会：技術アラカルト「空中写真と地質」，技術ニュース 16, 1982.
4) （社）地盤工学会：地盤調査の方法と解説, 2004.
5) （社）地盤工学会：地下水流動保全のための環境影響評価と対策, 2004.
6) 岩井重久，石黒政儀：応用水文統計学，森北出版, 1970.
7) 東日本高速道路株式会社・中日本高速道路株式会社・西日本高速道路株式会社：設計要領第一集, 排水編, 2006.
8) ASCE : Manual No. 37, Design and Construction of Sanitary and Storm Sewers, pp. 43～49, 1960.
9) （社）日本下水道協会：下水道施設設計指針と解説（前編）, 2001.
10) 国土交通省：流出雨水量の最大値を算定する際に用いる土地利用形態ごとの流出係数を定める告示，平成 16 年国土交通省告示第 521 号及び，特定都市河川浸水被害対策法施行に関するガイドライン, 2007.
11) （社）土木学会：水理公式集, 1999.
12) （社）地盤工学会：コルゲートメタルカルバート・マニュアル 第 3 回改訂版, 1997.
13) （社）日本道路協会：排水性舗装技術指針, 2006.
14) （独）土木研究所：道路路面雨水処理マニュアル, 2005.
15) 国土交通省：土木構造物標準設計第 1 巻 ―側こう類・暗きょ類― 第 3 回改訂版, 2000.
16) 建設省土木研究所：道路排水ますふたの雨水の落下効率に関する実験的検討報告書, 土木研究所資料第 3341 号, 1995.
17) （社）日本下水道協会：下水道施設の耐震対策指針と解説 －2006 年版－, 2006.

第3章　凍上対策

3-1　一　般

(1) 本章は，寒冷地において道路舗装や土工構造物の凍上による被害の発生に対応するため，被害の実態，凍上の発生機構，凍上の可能性の判定方法及び凍上対策について述べる。
(2) 寒冷地においては，道路舗装やその他土工構造物等の凍上による被害の可能性について検討し，必要に応じて対策を行う。
(3) 凍上の発生及び対策の検討に当たっては，調査により凍結深さを推定し，適切な対策工法を選定する。

(1) **凍上対策の基本**

　寒冷地における道路やそれに付帯するのり面，擁壁，ボックスカルバート，排水溝等の構造物では，土の凍上現象がもたらす影響は極めて大きい。特に道路の凍上被害は，北海道，東北地方，及びその他地域の冬期の気温低下の著しい山岳地帯等において重要な課題である。このため寒冷地における道路設計に当たっては，凍上による被害が生じないように適切な対策を講じる必要がある。

(2) **凍上被害とメカニズム**

　凍上対策の検討に当たっては，凍上被害の起きやすい条件や被害の形態等についての十分な理解が必要である。このため，以下に「1)　凍上被害」，「2)　凍上機構」及び「3)　凍上を支配する要素」について述べる。

1) 凍上被害

　凍上現象による被害は，道路路面（舗装）をはじめとして各種の構造物に及ぶ。凍上は，気温の低下により土中の水分が凍り，地盤中に氷の層が形成されることによって地盤が隆起する現象である。凍上による各種構造物の被害は，主にこの隆起現象により生じるものと，気温の上昇により土中の氷が融解する現象とが複

合して生じるものとがある。

　以下に，主な構造物の被害事例を紹介する（写真提供：地盤工学会北海道支部「地盤の凍上対策に関する研究委員会」）。
（ⅰ）路面（舗装）の被害
　凍上現象に影響する要因は極めて複雑多岐に渡り，一般に凍上は不均一に発生する。そのため，凍上による持ち上がり量の相違に伴い，路面（地表面）にクラックが発生する。クラックは，条件により道路縦断方向の舗装に連続した幅2〜5cmの開口クラックを形成することもある（**写真3−1，3−2**）。

写真3−1　凍上による車道路面の
　　　　　　クラック

写真3−2　凍上による歩道路面の
　　　　　　クラック

　一方，後述するように地盤中で氷の層（アイスレンズ）が成長する凍結面付近には，未凍結層側から多量の地中水が集積するが，融解期にはそのアイスレンズが主として地表面から溶けて，その付近の土の含水比は高くなる。特に，下層に残っている凍結層によって表面からの融解水の排水が妨げられ，路盤や路床に融解水が滞っている状態で重交通車両が通ると，舗装路面には亀甲状のひび割れ等が発生する。これが融解期の路床・路盤の支持力の低下による被害である（**写真3−3**）。また，この支持力低下が極限に達すると，含水比が高くなった土が交通荷重により路面に泥土状態で噴出することもある（**写真3−4**）。

写真 3-3 融解期の支持力不足に
よる亀甲状クラック

写真 3-4 融解期の支持力不足に
よる噴泥

(ⅱ) のり面の被害

写真 3-5 は, 融解期に切土のり面に見られる被災例である。積雪が少なく北向き斜面等の条件の場合には, 凍結深さが深いため崩壊が発生することが多い。この機構の詳細については,「道路土工-切土工・斜面安定対策工指針 7-7-1 のり面の凍上対策」を参照されたい。

写真 3-5 融解期における切土のり面の被災例

写真 3-6 は, 切土のり面の浸食防止や緑化基礎工として用いられる軽量のり枠工の凍上被災例である。のり枠工周囲の土砂が凍上して持ち上がるとき, のり枠工のアンカーバー表面と土砂との間に, アンカーバーを持ち上げる力が働く凍着凍上が発生する。これにより, のり面にアンカーバーが突き出し, それに連動してのり枠自体も地面から引き離されるように持ち上げられて発生する。

写真 3−6 凍上による切土のり面の軽量のり枠の被災例

(ⅲ) 構造物の被害

　地盤が凍上するとき，擁壁等の構造物が凍上による地盤の変位を拘束する状態となり，その構造物には非常に大きな力が加わる。これが「凍上力」である。一般に，この凍上力が，U形排水溝やボックスカルバート，擁壁等の構造物に凍上被害をもたらす。

ⅰ) 側溝の被害

　写真 3−7 は，切土のり面小段部に設置されるシールコンクリートとU形排水溝が被災した例で，シールコンクリート上面とU形排水溝の内空面からの複合的な凍結面の侵入により発生したものである。**写真 3−8** は，U形排水溝の側壁が押し曲げられ破損した例である。大型のコンクリートフリューム水路でも同様の被災が確認されている。

写真 3−7 切土のり面小段シールコンクリートとU形排水溝の凍上被災例

写真 3−8 凍上力によるU形排水溝の被災例

ⅱ) カルバートの被害

　写真3−9は，土被り厚さ3m未満のボックスカルバート設置箇所において，その直上の路面に凍上による持ち上がりと数cmの開口クラックが発生したものである。これは，路面とボックスカルバート内側の双方から冷却され，他の部分よりも凍上量が大きくなることによるもので，条件によってはボックスカルバート側壁部にクラックが発生することもある（**写真3−10**）。

写真3−9　ボックスカルバート上の
　　　　　　路面の被災例

写真3−10　ボックスカルバート側壁
　　　　　　に発生した凍上力による
　　　　　　クラック

ⅲ) 擁壁の被害

　写真3−11は，L形擁壁のたて壁が前傾した状態になった例である。たて壁とフーチングの付け根部分に連続したクラックが発生しており，構造的な機能損傷を受けていた。また，補強土壁工法では，壁材と土中内に設置される補強材が切断されてしまい，その機能を果たさない状態となった例もある。いずれも，壁面から冷却されることによって，構造物背面の盛土材が凍上し凍上力を受けたことによるものである。

ⅳ) トンネルの被害

　写真3−12は，トンネル覆工コンクリート背面土が凍上し，その凍上力により覆工コンクリートにクラックが発生した被災例（湿ったところと乾いたところの境界部にクラックが走っている）である。岩盤でも凍上性を示す場合や風化作用により凍上性の材料となるものもあり，凍結面への水分の補給があれば大きな凍上力が作用することがある。

写真 3−11　凍上力によるL型擁壁の被災例

写真 3−12　トンネル覆工に発生したクラック被災例

2) 凍上機構

　凍上は凍結面付近で発生する0℃等温面に平行なレンズ状の氷の層（アイスレンズ）の発生と成長により起こる現象であり，未凍結土側から供給される水分が凍結するときに，氷晶分離を起こし，地盤中に幾重にもアイスレンズを形成することによってもたらされる。実際の土中にアイスレンズが幾重にも形成されている様子を**写真 3−13**に示す。

写真 3−13　土中に形成されたアイスレンズ

　水は凍結すると体積が約9％増加する。土の「凍結現象」は，この土中の間隙水が凍る現象で，土の体積増加は無視し得る程度のものであることが知られている。広義的にはこれも凍上と呼ぶ場合もあるが，アイスレンズを形成しながら地盤内に凍結が侵入する場合を一般に「凍上現象」と呼んでいる。

地盤中の凍上機構は**解図 3-1**のように説明される。凍上性の土に凍結が進行する際，土の密度や含水量によって影響される熱伝導率，体積熱容量，凍結潜熱等の熱的特性や水の供給状態等による熱的条件が均衡状態になったときに，土中水が氷の結晶となり分離析出する（氷晶分離）。このとき，大きな結晶力が発生して冷却方向に土を押し上げアイスレンズが形成される。アイスレンズの厚さは，自然状態では数mmから数cmである。しかし，その成長過程において地中水を取り込む吸引力は非常に大きく，凍結面直下の地盤内からの水の補給が間に合わない場合は，次第に凍結面直下の含水量が減じるため，水が凍るときに発生する潜熱量が減少する。これに気温の低下が加わると，熱的均衡が破れて凍結面は下降する。凍結面が下降するにしたがい，一般に地盤内の含水量も多くなってくるため，下方からの水の補給も容易となり，熱的条件が均衡状態となるので凍結面の移動は停止し，再びアイスレンズが形成される。これが繰り返されることによって凍結面が漸次移動して，アイスレンズは地盤中に形成されていく。このアイスレンズの厚さを加え合わせた値が地表面の凍上量にほぼ等しくなる。

　以上のように，アイスレンズの形成が凍上発生の基本であるが，基本的なメカニズムは極めて複雑であり，未だ物理化学的にも十分に解明されていない。

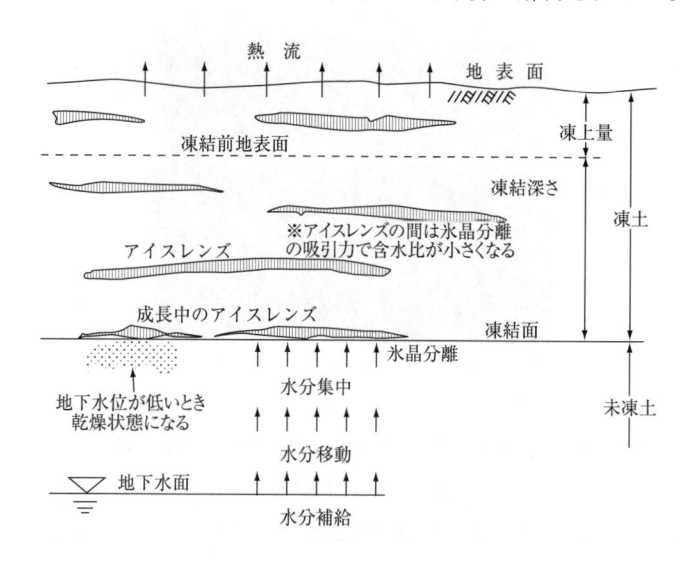

解図3-1 地盤の凍上機構

⑶ 凍上を支配する要素

　地盤の凍上に影響を与える主な因子は，温度，土質，水である。これらは凍上の3要素と呼ばれ，地盤の凍上は以下に示す3つの条件が同時に揃ったときに発生する。したがって，これらの条件のうち1つ以上を除去または改善することによって凍上現象を抑止または抑制することができる。

　①温度：気温の低下による地盤の深さ方向への温度勾配が，アイスレンズ発生に都合の良い状態になること。

　②土質：地盤の土質が細粒分を含み，凍結するときにアイスレンズを形成するものであること。

　③水分：地下水位が高く，未凍土側から凍結面への水分の補給が十分なこと。

　凍上現象をもたらす原動力は熱の流れであるから，地中の温度分布は，凍上作用や凍結深さを支配する重要な要素となる。地盤の温度分布は土の熱物性の他に地表面温度の影響を受ける。このうち地表面温度は，日射，輻射，風速等によって変化する。また，積雪のあるときは，これが断熱材の働きをするため凍結深さは小さくなる。

　凍上性を支配する土の要素は，粒度，密度，粒子表面の物理化学的性質，熱的性質，透水性，その他多くの土粒子の特性が関連している。このうち，土粒子の大きさは凍上性との関連が強く，かつその測定が比較的容易な土質特性である。一般に，粗粒土と呼ばれる砂や礫は凍上性を持たず，凍上には少なくともシルト以下の微粒子の存在が必要である。しかし，粒径が小さくなりすぎると透水性が悪くなるため，地盤としての凍上性は逆に小さくなる。このため，土の粒度組成によって凍上性を判定することが多く行われている。

　地盤中のアイスレンズの形成は，凍結面への地中水補給の有無に支配されることから，一般に地下水位あるいは浸透水の存在が凍上に大きな影響を与える。

　地盤の凍上発生は，外的要素として地盤に加わる荷重の大きさによっても影響を受けるため，上記の3要素に「荷重」を加えて凍上の4要素と呼ぶ場合もある。しかし，荷重は地盤自体の条件ではないこと，さらには荷重の要素に着目した凍上対策は一般には行われないこと等から，本章では「凍上の3要素」に着目した記述とする。

3-2 凍上対策の検討

> 凍上対策の検討に当たっては，その地域の気象条件や地盤の特性について十分に検討を行い，凍結面への水の供給条件を勘案して，凍上の恐れがあるかどうかについて現場の試料を採取し，凍上試験を行うなどの評価が必要である。

　寒冷地における道路の路床や道路構造物の設計に当たっては，凍上による影響を十分に注意する必要がある。
　解図 3-2 に道路路床の凍上対策検討のフローを示す。このフローは，道路構造物の凍上対策検討においても基本的に同じである。
　自然状態で凍上が発生する第一の条件は気温（寒さの程度）であり，これは凍結指数により判定される。凍上の検討を行う目安として，凍結指数が 500℃・days 以上において適用することが多いが，その対象地域の既設道路等の凍上被害に関する履歴等も含めて判断する。
　地下水位が高く，凍結面への水分の供給が容易である場合や，土自体の含水比が高い状態であれば，凍上を引き起こす可能性が高い。
　凍上のおそれがある地域では，後述する方法により凍結深さを推定する。凍結深さが路床土内に達するようであれば，路床に凍上が発生することが考えられる。
　路床土が「3-2-5　凍上性の判定」に示す凍上を起こしにくい材料に該当しない場合，凍上性の判定試験を行い，凍上性を判断する。

3-2-1　凍上対策に関する調査

> 凍上対策に関する調査は，凍結深さの推定及び凍上対策を立案するために実施するものであり，気温，地盤の土質，地下水位及び凍結深さの調査からなる。

　凍上対策を立てるうえで必要な調査項目には，気温，土質，地中水等がある。地盤の凍上を支配する要素は，温度，土質，水分の3つであることから，凍上対策に関する調査も3要素の調査となる。

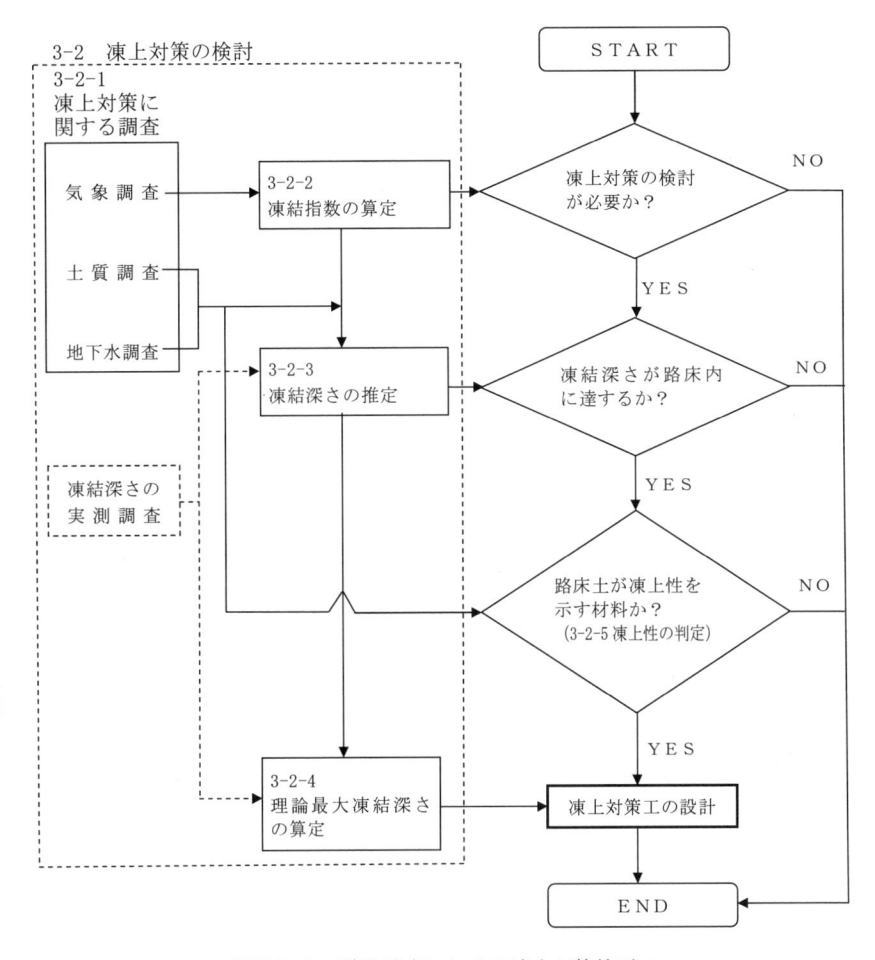

解図 3−2 道路路床における凍上対策検討フロー

凍上現象を起こす恐れがあると認められた場合は，凍結深さを求める必要がある。凍結深さは，気象観測データと土の熱的定数を用いて推定することもできるが，重要な構造物の凍上対策を計画する場合は，冬期間の気温，地中温度を測定して，凍結深さを現地で直接計測するのが望ましい。

(1) **気象調査**

気象調査は，凍結深さを推定するうえで重要なものである。凍結深さを推定す

− 203 −

るのに必要な気象条件は，気温と積雪深であるが，冬期間除雪される道路では，積雪深を調査する必要はない。

凍結深さを支配するのは，現地の地表面温度であるが，実用的には，現地の気温観測データをもってこれに代えている。最近では地域気象観測システム（AMeDAS）の観測地点が充実しており，現地調査をしなくてもある程度 AMeDAS 観測データを利用できる。この場合は，現地と観測地点との標高差に応じて，気温を補正しなければならない。

(2) **土質調査**

土質調査は，凍上対策の要否を決定する極めて重要なものである。土質条件の調査はボーリング調査の結果を用いる。凍上に関する地盤調査では，地盤の構成を明らかにすることと，凍結が及ぶ範囲にある土が凍上性を有するかどうかを調べることが基本である。土の凍上性を直接的に調べる室内試験が凍上試験であるが，その方法は「3－2－5　凍上性の判定」で述べる。

土の含水比は凍上性を検討するうえで重要である。すなわち地下水面からの水分の補給がない場合でも，土の含水比が高い場合は既存の水分が移動して凍上が発生することがあるからである。ただし，例えば有機質土のように高含水比の場合は，凍結に伴う潜熱発生量が多くなるので逆に凍上は起こりにくくなる。また，含水比が高くても粘土のように透水係数が小さい場合も凍上は起こりにくいと考えてよい。

(3) **地下水調査**

水分条件の調査は地下水位の調査が中心であり，方法としてはボーリング調査の結果を利用する。地下水の位置や分布，帯水層の有無のほか，春先の融雪水の影響，道路建設時の湧水等の有無を明らかにすることが重要である。

(4) **凍結深さの実測調査**

凍結深さは主として，気温，土質，地中水の状態によって決まる。また，積雪の影響も受ける。

実測によって凍結深さを求める方法としては，①メチレンブルー凍結深度計を利用する方法，②地盤中の各層に測温抵抗体温度計や熱電対を埋設する方法等がある。

① メチレンブルー凍結深度計による方法

この方法は，地中の0℃線の位置を求めるもので，地中の温度分布や凍結の様子は確認できない。メチレンブルー凍結深度計は，スウェーデンのGandahlによって開発されたもので，「資料－7 メチレンブルー凍結深度計による凍結深さの測定方法」に示すように，出し入れできる2本の外管と内管から構成されており，内管に0.03％のメチレンブルー水溶液を封入したものである。メチレンブルー水溶液は，凍結すると青色から透明に変化するので，これをあらかじめ地盤中に埋設しておき，凍結期に内管を引き出し，青色と透明の変わり目までの長さを測定して凍結深さを求める。

② 測温抵抗体温度計や熱電対による方法

測温抵抗体温度計や熱電対による方法は，感温部を地表面から深さ方向に埋設して，地中の温度分布から0℃の深さを算出して凍結深さを求めるものである。最近では，データロガーに接続して多チャンネルのデータを任意の時間間隔で自動計測し，データ回収も電話回線を用いてリアルタイムで入手できるようにしているところもある。

現場計測としては，熱電対を用いることが多く，一般に銅とコンスタンタンによるT熱電対が使われている。この方法は比較的安価で加工も容易であり，「資料－8 熱電対による凍結深さの測定方法」に示すように，塩ビ管を利用してボーリング孔等に挿入して連続的な深度方向の地中温度の測定を行う。また，より精度を必要とする場合は，白金測温抵抗体等を用いるのがよい。いずれの場合も，温度センサーを埋設する前に，0℃近傍で充分温度較正をしておくのが望ましい。

なお，以上に述べた現地調査項目は，当該地点における凍上現象の有無を判断したり，凍上対策を立案するうえで必要なものであるが，凍上対策選定のための基礎資料として近隣の道路における凍上対策の実績とその有効性を調べることも有用である。

3−2−2 凍結指数の算定

> 気象調査の結果より，凍上対策の必要性の判断及び対策工の設計に用いる凍結指数を求める。

　凍結指数は，凍上対策の検討が必要であるかどうかを判断するため，及び理論最大凍結深さ（「3−2−4」に後述）を求めて対策工を設計するために必要なものである（**解図 3−2** 参照）。

　凍結指数とは，日平均気温がマイナスとなる連続した期間（凍結期間という）における日平均気温の累計値（単位：℃・day）である。凍結指数の求め方については「資料−9　凍結指数」を参照されたい。

　また，設計に用いる凍結指数は，従来は全国の気温のデータの蓄積が必ずしも十分に揃っていなかったため，最近 10 年間のうちに生じた最大の凍結指数を採用することとしていた。しかしながら，現在では気象庁による AMeDAS データの蓄積が進んできたため，n 年確率凍結指数を算定して設計に用いるのが合理的である。この算出方法については，「資料−9　9−3　n 年確率凍結指数の推定方法」に示した。

　なお，設計確率年（n 年）としては従来の 10 年とするか，あるいは 20 年を採用する場合もある[1]。特に路面(舗装)の凍上対策の設計においては「舗装設計施工指針」を参照する必要がある。また参考として，我が国の代表的な観測地点について，「資料−9　9−4　各地の凍結指数」に示した。

3−2−3 凍結深さの推定

> (1) 凍上の検討に当たっては，凍結深さを推定し，凍上対策の必要性の判断及び対策工の選定と設計に活用する。
> (2) 凍結深さは適切な方法により推定する。
> (3) 凍結深さを求めるときには，必要に応じて積雪による影響を考慮する。

(1) 凍結深さ

　凍結深さとは，"凍結前の地表面(路面)から地中温度の0℃線までの最大深さ"と定義づけられる（**解図3-1**参照）。なお，ここでいう「地表面（路面）から」は，凍結前を基準にした地表面（路面）を指すか，測定時の地表面（路面）を指すかによって実測した凍結深さに大きな差が生じることになる。これは，凍結時の地表面（路面）からの凍結深さと，測定時期によって変化する凍上量の影響を受けるからである。したがって，凍結深さは凍結前の地表面（路面）に換算して求める。

　凍結深さの推定値は，後述する「3-2-4　理論最大凍結深さの算定」により設計で想定する凍結指数に対応した理論最大凍結深さに換算され，凍上対策の必要性の判断及び対策工の選定と設計に活用される（**解図3-2**参照）。

(2) 凍結深さの推定法

　凍結深さの推定法には以下の2つがある。

　① 実測によって求める方法
　② 計算によって求める方法

　①の方法は「3-2-1　凍上対策に関する調査」に述べたとおりであるので，以下では②の方法について説明する。

　凍結深さは，土質，地下水位，日射量，積雪量等によって大きく変化するので，計算だけによって精度の高いものを求めることは難しいが，熱伝導論的に扱い求めることができる。

　凍結深さを推定する一般的な計算式として，式(解3-1)に示すAldrichによる修正Berggren式がある。

$$Z = \alpha \sqrt{\frac{172800F}{(L/\lambda)_{eff}}} \quad \cdots\cdots\cdots\cdots\cdots\cdots\cdots\cdots\cdots\cdots\cdots\cdots\cdots\cdots\cdots (解3-1)$$

　ここに，Z　：凍結深さ（cm）

　　　　　F　：凍結指数（℃・days）

　　　　　α　：補正係数

　　　　　L　：凍結潜熱（J/m³）

λ ：熱伝導率（W/m・K）

舗装構造を仮定して各層の土質の熱的定数，含水比，乾燥密度，凍結前後の地表面温度等を定めてAldrich[2)]による修正Berggrenの式から凍結深さを求める場合の詳細については，「資料－10　多層系地盤の凍結深さの計算」を参照されたい。

(3) 積雪による凍結深さへの影響

地盤が積雪に覆われていれば，積雪の断熱効果により凍結深さが大きく抑制される。これは，積雪の熱伝導率が小さいために，ある深さ以上の積雪になると，地面から上層の雪を通って上方に逃げ去る熱量と，地中から凍結面に供給される熱量とが釣り合って，凍結深さの下降が停止するからである。したがって，冬期間除雪されない地点において凍結深さを求めるときには，必要に応じて積雪による影響を考慮する。

この積雪深と凍結深さについての北海道内の観測例によると，積雪が初冬期に20 cm以上を保つ地域では，土の凍結は地表面付近にとどまり，わずかしか侵入しない。1月以降に20 cm以上の積雪が7日間以上続くと，凍結深さは停滞することになり，その場合の凍結深さは積雪が20 cm以上になる日までの凍結指数F_{20}から知ることができる。

積雪による断熱効果をうまく利用できれば，のり面やその他の構造物の凍上対策において，合理的で経済的な凍上対策工法を採用できることになる。この積雪による断熱効果を期待する設計を行う場合には，現地の気象条件・降雪状態等の観測データにより自然条件を十分に理解し採用しなければならない。積雪の熱伝導率については，「資料－11　雪の熱伝導率」を参照されたい。

3－2－4　理論最大凍結深さの算定

設計で想定する凍結指数に対応する理論最大凍結深さを，以下の2つの方法のいずれかにより算定する。
(1) 実測調査による方法
(2) 計算による方法

理論最大凍結深さとは，設計で想定する凍結指数（「3-2-2」参照）の下で，凍上を起こしにくいとされる均一な粒状材料からなる地盤の材料定数を仮定した上で得られた最大の凍結深さをいい，置換工法の置換え深さの基礎となる。したがって，正確な値を得るためには本来使用される材料の定数に応じて修正Berggren式を用いて算出すべき値である。

理論最大凍結深さの算定法には以下に述べる2つの方法がある。

(1) **実測調査より求める理論最大凍結深さ**

実測調査から理論最大凍結深さを求める場合には，実測した年の最大凍結深さから式（解3-2)を用いる。

$$D_{max} = D_e \sqrt{\frac{F_{max}}{F_e}} \quad \cdots\cdots\cdots\cdots\cdots\cdots\cdots\cdots\cdots\cdots\cdots\cdots\cdots \text{(解 3-2)}$$

ここに，D_{max}：理論最大凍結深さ（cm）
　　　　F_{max}：設計に用いる凍結指数（℃・days）
　　　　F_e：現地で調査した年の凍結指数（℃・days）
　　　　D_e：換算最大凍結深さ（cm）

換算最大凍結深さ D_e とは，現地で実測した凍結深さを現地の地盤がすべて凍上を起こしにくい均一な粒状材料であるとした場合に換算した凍結深さをいう。

この換算最大凍結深さと理論最大凍結深さについて，**解図3-3** に概念図を示す。

凍結深さ内に凍上を起こしやすい土層があるときには，次に示す簡略式（解3-3) を用いて換算最大凍結深さを求めることができる。

$$D_e = D_c + 1.8 D_f \quad \cdots\cdots\cdots\cdots\cdots\cdots\cdots\cdots\cdots\cdots\cdots\cdots\cdots \text{(解 3-3)}$$

ここに，D_c：実測した凍結深さ内の凍上を起こしにくい粒状材料からなる層の厚さ（cm）
　　　　D_f：実測した凍結深さ内の凍上を起こしやすい細粒材料からなる層の厚さ（cm）

ここで，路床部分の凍結深さについては，凍上を起こさない粗粒材料の場合の凍結深さに換算するために1.8を乗じているが，これは簡便法として後述の**解図3-4**のA曲線とB曲線との凍結深さの比から，安全をみて概略的に定めたもので

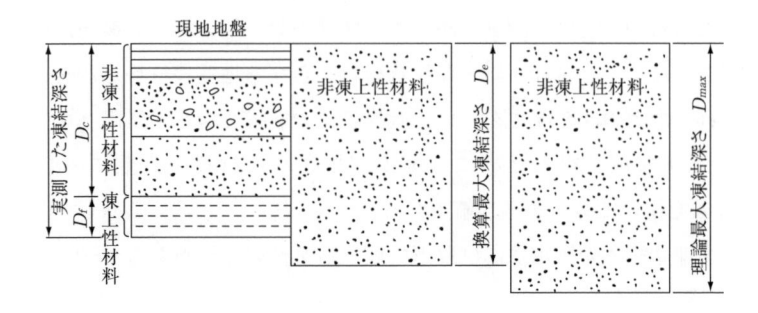

解図 3-3 換算最大凍結深さと理論最大凍結深さ

ある。

例えば，$F=600℃・days$ で 1.8 であるが，$F=400℃・days$ では 1.7, $F=200℃・days$ で 1.6 となる。この係数の意味は，式（解 3-4）の換算最大凍結深さを算出する場合でも同じで，条件によっては大きな誤差となってしまう危険性があるので，できれば現地において凍上を起こしにくい粗粒材料であらかじめ試験地盤を作っておき，完全除雪状態でメチレンブルー凍結深度計を用いて凍結深さを測定するのがよい。

(2) 計算により求める理論最大凍結深さ

実測調査によらず，計算によって理論最大凍結深さを求める場合は，最寄りの気象データより凍結指数 F_{max}（℃・days）を求め，F_{max} に対応する凍結深さを Aldrich による修正 Berggren 式（式(解 3-1)）を簡易化した式（解 3-4）により計算する。

$$D_{max} = C\sqrt{F_{max}} \quad \cdots\cdots\cdots\cdots\cdots\cdots\cdots\cdots\cdots\cdots\cdots\cdots\cdots (解 3-4)$$

ここに，D_{max} ：理論最大凍結深さ（cm）

F_{max} ：設計に用いる凍結指数（℃・days）

C ：凍結係数 $\quad C = \alpha\sqrt{\dfrac{172800}{(L/\lambda)_{eff}}}$

解図 3-4 に示すB曲線は，凍上を起こしにくい粗粒材料（乾燥密度 $\rho_d=1.80$ g/cm³，地盤の含水比 $W=15\%$）からなる半無限地盤を地表面から冷却したときの

凍結指数 F（℃・days）

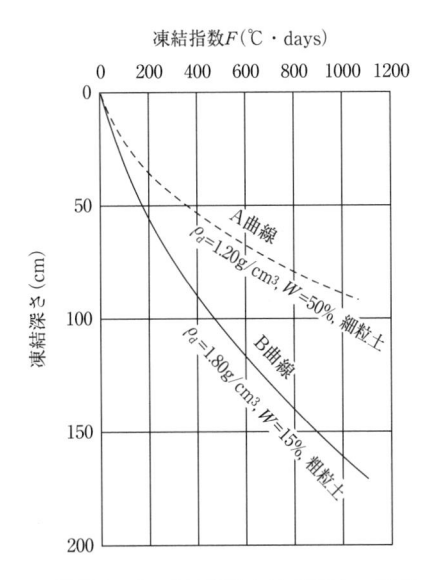

解図 3-4 凍結指数と凍結深さの関係

凍結指数に対する凍結深さを計算したもので，これが理論最大凍結深さの推定に用いられている。したがって，より正確に行うには実際に用いられる粗粒材の乾燥密度と含水比等のデータから理論最大凍結深さを推定する必要がある。これに対し，A曲線は，凍上を起こしやすい細粒材料（ρ_d=1.20 g/cm³，W=50%）からなる地盤についてB曲線と同様に計算したもので，これは舗装の設計に直接利用されることはほとんどないが，埋設管の凍結しない位置等を概略的に判断するのに利用できる。これらA及びB曲線の凍結指数に対する凍結深さの計算値と，それを逆算して求めた凍結係数 C を**解表 3-1** に示した。

解表 3-1 凍結指数と凍結深さ，定数 C の関係

材料名	乾燥密度 ρ_d (g/cm³)	含水比 W (%)	凍結指数 F (℃/days)	100	200	300	400	500	600	700	800	900	1000	1100
A曲線	1.20	50	凍結深さ Z (cm)	25	37	45	53	61	67	74	79	84	89	93
			$C=Z/\sqrt{F}$	2.5	2.6	2.6	2.7	2.7	2.7	2.8	2.8	2.8	2.8	2.8
B曲線	1.80	15	凍結深さ Z (cm)	37	58	76	91	105	117	130	141	150	161	171
			$C=Z/\sqrt{F}$	3.7	4.1	4.4	4.6	4.7	4.8	4.9	5.0	5.0	5.1	5.2

3－2－5　凍上性の判定

> 対象となる現地の土が凍上する恐れがあるかないか，以下の2つの方法のいずれかにより判定する。
> (1)　凍上性判定試験による方法
> (2)　土質による方法

　路床等の現地の土が凍上しやすい土であるのか，凍上しにくい土であるのかを調べて判定するものである。その方法は以下に述べる2つの方法があるが，対象地点における土質性状を踏まえて適切な方法を選択して行うのがよい。ただし，対象となる土が凍上する恐れがあるかないかを定性的に判定する必要がある場合は，凍上性判定試験を行い判定するのがよい。なお，凍上性の有無の判定は，対象地点の履歴等も参考にするのがよい。
　判定の結果により，凍上対策工を行う必要性の有無が判断されることになる。

(1)　凍上性判定試験による方法
　解図3－1に示したような，地盤中で起こっている凍上現象を，実験装置内で再現して，試験対象とした土の凍上特性を調べるのが凍上性判定試験である。言い換えれば凍上の3要素の中で，温度条件と水分条件を一定に設定して，土の凍上挙動を測定する土質試験である。自然地盤における凍上発生に影響する具体的な因子は極めて多様であるが，この凍上挙動を定量的に予測することも行われている。

　凍上性判定試験方法には，主に以下の2つがある。
　①「土の凍上性判定のための凍上試験方法（JGS 0172-2003）」
　②「土の凍上試験方法」
　②の試験法は，従来から旧「道路土工－排水工指針」で示されている方法である。温度条件や給水条件等において問題点が指摘されており，試験結果にもばらつきが見られていた。これらを改善した試験法として，最近の研究成果を取り入れた①の試験法が地盤工学会によって2003年に制定された。今後，現地に適合す

る凍上対策設計を行うためには，前者の「土の凍上性判定のための凍上試験方法（JGS 0172-2003）」を使用するのがよい。これら2つの試験法について，「資料－12　土の凍上性判定のための凍上試験方法」と「資料－13　土の凍上試験方法」に示す。

「凍上性判定のための土の凍上試験方法（JGS 0172-2003）」による凍上性の判定については，**資表11－2**を以下のように解釈する。

凍上速度 U_h 0.1（mm/h）未満：

　非凍上性材料と判断される。置換材として適する。

凍上速度 U_h 0.1（mm/h）以上：

　土の凍上性に及ぼす多数の不確定な要因を考慮すれば，材料特性として凍上性を排除できない。置換材として適さない。

(2) 土質による判定方法

土の粒度分布や細粒分含有率を用いて，凍上性の大略を判定する方法が一般的である。ただし，土の凍上機構は複雑であり，土粒子径だけに依存するわけではなく，密度や含水比等の状態量，拘束応力や凍結速度等の条件が異なれば同じ土質でも凍上性が異なることを忘れてはならない。

一般的な粗粒土であれば細粒分含有率によって概略の凍上性を判断でき，凍上を起こしにくい材料として，次の①～③を目安とする。

① 砂：0.075 mmふるいを通過するものが全試料の6％以下となるもの。
② 切込砂利：全試料について 0.075 mmふるいを通過する量が 4.75 mmふるいを通過する量に対して9％以下となるもの。
③ 切込砕石：全試料について 0.075 mmふるいを通過する量が 4.75 mmふるいを通過する量に対して15％以下となるもの。

火山灰土については，細粒分含有率のみで凍上性を判断することは難しいため，凍上が問題となる箇所で火山灰土を利用する場合には，凍上試験により判定するものとする。

3-3 道路路床の凍上対策工法

> 寒冷地において，路床土が凍上性の土質の場合には，凍結深さまで凍上を起こしにくい材料で置き換えるか，または凍上を発生させない対策を講じるものとする。凍上対策工法の選定に当たっては，経済性，施工性，耐久性等を勘案して適切な対策工法を選定するよう留意しなければならない。

　地盤の凍上現象は，凍上の3要素と呼ばれている温度，土質，水分の3条件が同時にそろったときに発生する。したがって，これら条件のうち1つ以上を除去または改善することによって凍上現象を抑止または抑制することができる。

　凍上現象を発生させる要素については，正しくは上記3要素に「荷重」を加えて4要素とされている。この荷重に対しては，構造物の強度を大きくして凍上力（凍結土圧，凍上圧または凍結膨張圧とも呼ばれる）に抵抗させる対策（発生する凍上に耐え得るような構造にする工法）となるが，これは非常に大きな力に対することになるので，経済的に不利になる場合がほとんどで採用されないのが一般的である。したがって，凍上対策としては上記の3要素に帰着した工法（凍上を発生させないようにする工法）にする。

　上記の3条件がそろったにもかかわらず何の対策工も実施しないと，冬期間，凍上現象により路面が波打ったり，春先の凍結融解作用により支持力が不足し路面にクラックや陥没等の凍上被害が発生することになる。したがって，これら3要素に着目した凍上対策を経済性，施工性，耐久性等を勘案して選定する必要がある。これは，道路付帯工作物である擁壁やカルバート，排水溝等の構造物についても同様である。

1) 土質条件に着目した対策工法：置換工法

　凍結時にアイスレンズが生じない材料で凍結深さの範囲内を置き換える置換工法が基本であり，現在のところこの工法が最も一般的に採用されている。

　また，土に薬剤を添加混合して凝固点を下げ凍土を形成させない方法もあるが，コスト面及び恒久性に問題が残るため，あまり採用されていないのが現状である。しかし近年，これら凍結防止剤やセメント等による安定処理土の凍上抑制効果に

ついての研究が進められており，有効性が確認されている。
2) 温度条件に着目した対策工法：断熱工法

　断熱材等によって凍上性の路床を保温し凍上させないようにする，いわゆる断熱工法が基本である。この断熱工法は，凍結深さが大きく置換え深さが大きくなるようなところでは経済的に有利となることから，採用されることが多くなっている。

　また，コンクリート構造物（擁壁，ボックスカルバート及びコンクリート製フリューム水路等）の壁部に凍上力が作用するのを防止するために断熱材を使用することもある。

3) 水分条件に着目した対策工法：遮水工法

　凍上現象でアイスレンズの成長に欠くことのできない水の供給を防止するために，最大凍結深さよりも下の位置に遮断層を設ける遮水工法がある。

3-3-1　置換工法

> 　置換工法の置換え深さの決定に当たっては，理論最大凍結深さを求め，置換率を考慮して決定する。

　置換工法は，凍結深さまで凍上を起こしにくい材料で置き換える工法である。置換え深さは，舗装構造の破壊形態により以下の2つの被害を防止するために決められる。

a）凍上現象そのものによる路面の持ち上がりによる不陸と，それによる舗装面のクラックの発生に伴う舗装の破壊

b）融解期の路床・路盤の支持力低下に伴う車両荷重による舗装面のクラック，さらには陥没の発生による舗装の破壊

　a）の凍上そのものによる破壊を防止するには，理論最大凍結深さまで非凍上性の材料で置換すればよく，こうしておけば一般に，b）の破壊も防止することができる。しかしながら，実際には寒さが厳しく，凍結深さの大きい地域の道路でも経済的な理由からそこまでの置換はしておらず，次のようなことを考慮して

理論最大凍結深さよりも少ない置換え深さとしている。
① 路床土に凍結及びアイスレンズが発生しても、舗装構造に有害な影響を与えない程度であること。
② 路床土にアイスレンズが発生しても、融解時に路床支持力の低下がわずかであること。

　この置換え深さについては、理論最大凍結深さの70%を非凍上性の粗粒材料で置換することが一般的であり、こうすることで上記①、②の2つの条件を満足することが経験的にわかっている。ただし、これは寒さが厳しく凍結指数がおおよそ500℃・daysを超える地域とされており、凍結指数が約500℃・days以下の地域においては、凍上被害に関するその地域の経験に基づいて、理論最大凍結深さの70〜100%の範囲で置換え深さを決めるとよい。

　解図3-5に示すように、このようにして求めた置換え深さが、凍結を考慮しないで求めた舗装厚（表層・基層・路盤の合計）より大きい場合には、その差の分だけ非凍上性材料（粗粒材・砂等）を路盤の下に加える。この差を「凍上抑制層」と呼び、路床の一部として扱い、20cm以上の置換えを行った場合には路床の設計CBRに合成する。

　この凍上抑制層に相当する地盤が砂や砂礫及び粘土化し難い岩盤等の凍上性の低い材料であると判断される場合には、凍上抑制層としての土質試験を実施し、その品質管理基準値を満足していれば凍上抑制層による置換えをしなくてもよい。

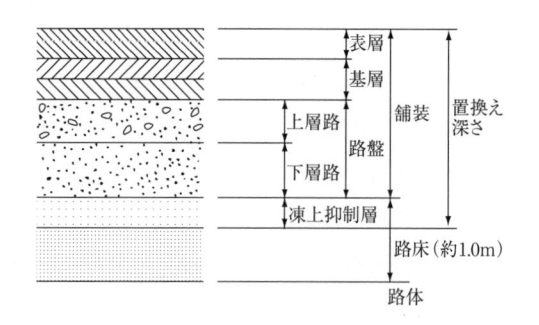

解図3-5　舗装の構成

北海道開発局における設計期間20年の道路の置換え深さについては，理論最大凍結深さの70%を非凍上性の材料で置き換え[1]，地域別に置換え深さが一括整理されている。各計画交通量別の路床の種類と凍上抑制層の種類の組合せにより置換え深さ別に整理された選定表も作成されており，これに用いられている凍上抑制材料と土のCBRについては，凍結融解によるCBRの低減を考慮して設計CBRが採用されている。

　また，東日本・中日本・西日本高速道路株式会社（旧日本道路公団）における置換工法の置換え深さは，切土部と盛土部で置換え深さを変えており，**解表3－2**，**解表3－3**に示すとおりである[3]。切土部においては，凍結深さの推定方法により70%か80%置換に分類されている。また，盛土部については，盛土の高さにより凍上対策の実施について選定するようになっている。

解表3－2　切土部の凍結深さの推定方法と置換厚さ（置換率）の例

凍結深さ推定法	置換厚さ	置換率
過去の経験による方法	過去の経験から最も経済的な置換厚さ	—
実測調査による方法 気温データによる方法	置換厚さ＝ 理論最大凍結深さ D_{max} ×置換率	70% （70〜100%）
熱収支解析による方法	置換厚さ＝ 推定最大凍結深さ D_{max} ×置換率	80% （80〜100%）

注）置換率の（　）の値は、凍結指数500℃・days未満の場合

解表3－3　盛土部における凍上対策の例

盛土高さ	凍上対策の実施
6m以上	凍上対策なし
3m以上6m未満	凍上対策あり（凍上制御層の厚さ15cm）
3m未満	切土部と同じ凍上対策の検討を行う

1）盛土高さは「道路土工－盛土工指針」による。
2）ただし、カルバート部の盛土については、別途凍上対策の検討を行うこととする。
3）盛土材料の初期含水比が25.0%以上の場合は、凍上対策の検討を行う

置換材料については，その使用目的に応じた品質・規格に合格したもので，凍上を起こしにくい材料でなければならない。凍上を起こしにくい材料として，次の①～③を目安とする。

① 砂：0.075 mmふるいを通過するものが全試料の6％以下となるもの。
② 切込砂利：全試料について0.075 mmふるいを通過する量が4.75 mmふるいを通過する量に対して9％以下となるもの。
③ 切込砕石：全試料について0.075 mmふるいを通過する量が4.75 mmふるいを通過する量に対して15％以下となるもの。

これらの材料のほかに，従来から用いられている砂質系の火山灰土（火山礫含む）や，近年では建設コスト縮減及び環境問題から循環型社会への移行に伴い，トンネルずり等の現地発生材やコンクリートの再生材料等も利用しなければならない状況も多くなってきている。これら①～③以外の材料については，原則として種類に関係なく凍上性の判定（「資料－12」，「資料－13」）を行うものとする。

このうち，トンネルずりや切土掘削等により現地から発生する岩砕のうち，泥岩，シルト岩，頁岩及び凝灰岩等の比較的軟質な岩石，あるいは風化作用を受けやすい岩石等については，水分状態やスレーキング等により岩質が経年変化して凍上性の材料となり，道路に凍上被害を及ぼした実例がある。したがって，これらの採用に当たっては，凍上性の判定を行うなど十分な検討を要する。

3－3－2　断熱工法

> 断熱工法の断熱材料の選定や厚さの決定に当たっては，品質・強度・耐久性・吸湿性等について十分に検討し，長期間，交通荷重下におかれても品質に変化がないものでなければならない。

断熱工法は，断熱材を路床上部等に設けて凍上性路床土への凍結の侵入を抑え，路面に凍上が発生しないようにする工法である。断熱工法には，**解図3－6**に示す板状の押出し発泡ポリスチレン等の断熱材を路盤と路床の境界付近に設置する方法や，発泡ビーズ，セメント，砂等を混合した気泡コンクリートを断熱層に利用

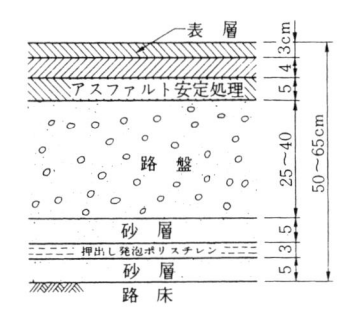

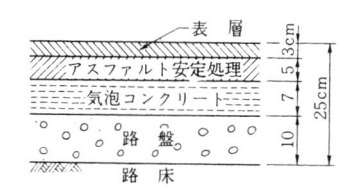

(a) 押出し発泡ポリスチレン樹脂を用いた例　　(b) 気泡コンクリートを用いた例

解図3-6 アスファルト舗装に断熱材を用いた例

する方法等がある。

押出し発泡ポリスチレン板（XPS）については，一般に材料自体も高額であるので，経済性等を比較検討して採用しなければならない。さらに，路盤下等の比較的浅い位置に埋設されたものについては，輪荷重による応力度の検討結果よりそれに耐え得る規格のものを選定する必要がある。

道路路床で断熱工法を計画する場合の検討事項としては，

① 耐圧構造の評価
② 断熱性能の評価

を実施することが必須条件となる。

耐圧構造の評価は，舗装荷重と輪荷重により断熱材表面に作用する応力度を算出し，それに耐え得る規格のものを選定するか，あるいは断熱材の長期許容圧縮強度（JIS規格での5％圧縮ひずみ時の圧縮応力度の1/2）より小さくなる位置を断熱材の埋設深さとする。また，断熱工法では置換工法より舗装表面のたわみ量が大きくなる傾向があるため，舗装の構造計算では多層弾性理論により舗装の性能指標との照査と検証や現場試験施工等による検証が必要である。

断熱性能の評価は，Aldrichの修正Berggren式にて置換工法を採用した場合と計画する断熱工法の予想凍結深さを熱解析等で求め，置換工法断面の予想置換率と同等以上となる断熱材厚により断熱工法断面を決定する。なお，長期間埋設後の断熱材（XPS）の経年変化を測定した報告によると，圧縮強度には変わりは

ないが，熱伝導率は含水率が増加していることで元の2倍に増加した例がある。ただし，そもそもXPSの熱伝導率は土の約1/100と小さく，2倍になったとしても相対的な熱性能はほとんど変わらないため，土木資材としての性能にはそれほど大きな問題とはならないと考えられ，道路構造物等の耐用年数内ではほぼ変わらない断熱効果が期待できるものと判断して差し支えない。

また，近年除雪機械の普及により除雪状況が拡充したことにより，歩道部の凍上被害例が増加してきている。この歩道部の凍上対策としても断熱工法（透水性断熱材）を採用した試験施工例もあるが，敷設深度や断熱材の厚さについて十分な検討が必要である。

3-3-3 遮水工法

> 遮水工法の材料の選定や遮水層深さの決定に当たっては，品質・耐久性・土質条件・地下水条件等について十分に検討し，遮水効果が長期間持続するものでなければならない。

遮水工法は，凍結面に水分を供給させないようにすることでアイスレンズの成長を抑制し，路面に凍上が発生しないようにする工法である。遮水工法には，毛管作用が生じない礫質材料等で地下からの毛管給水を遮断する方法と，金属・ビニール・アスファルト等で水分を遮断する方法とがある。

土の凍上現象は，土中の温度勾配により重力に逆らった下方から上方への水分移動により，凍結面にアイスレンズが形成されることによって生じる。この水分移動を遮断することで凍上が抑制されるという原理である。

遮水層より上の材料は，施工中の降雨等によって浸入した水分及び自然含水比状態でも凍上するようなものであってはならない。遮水工法については，現場施工の困難さや長期的な遮水効果の不確定さ等から実際の施工に実施された例はほとんどない。

近年，のり面のコンクリート枠工の背面や切土路床部等に遮水材料としてジオシンセティックスを用いた試験も実施され比較的良好な結果が得られた例も報告

されているが，土質条件，地下水条件，ジオシンセティックスの種別，経済性及び効果の持続性等に課題が残っている。

また，断熱工法の最後に述べたが，歩道の路盤下に敷設した透水性断熱材については，上部から路盤内に浸入した水分を地盤内に浸透させ，凍上作用を引き起こす要因となる地中からの水分移動を抑制することになり遮水工法と断熱工法を兼ねたものとなる。ただし，これは圧縮強度が弱いため車道部の浅い位置等，作用する応力が大きいところでは使用することはできない。

3-3-4 その他の凍上対策工法

> その他の凍上対策工法としての安定処理工法や薬剤処理工法の効果については，添加物の種類だけでなく，土の種類によっても複雑に変化するため，凍上性の判定を実施して評価を行う。

1) 安定処理工法

セメント系や石灰系等の安定処理材を土に添加することにより，凍上を抑制できる場合がある。一般に砂質土に対してはセメント系が良く，粘性土には石灰系が効果的である。また，石灰系には大別して生石灰と消石灰の2種類があり，路床土が高含水比の場合には生石灰の効果が大きい。

現在ではセメント系，石灰系ともに各メーカー独自のものが数多くあるが，凍上性の著しい土では添加量が多くなる傾向があり置換工法よりも不経済となってしまうことが多い。したがって，この工法の採用には，置換による残土処理が困難な場合等のように，現場ならびに施工条件等を十分に勘案して採用する必要がある。

2) 薬剤処理工法

薬剤処理工法の場合，電解質の添加によってコロイド表面のイオン化が防げ，その結果，土の粒子相互間の凝固，間隙水の氷点降下，土粒子の吸着水の増大，透水性の低下をもたらすためと考えられているものであるが，水溶性であるため時間の経過とともに土中に浸透したり，地下水に溶けて流れ出し，その効果が薄

れることや環境等への問題がある。

　この工法の新しい薬剤として，自然環境に配慮した酢酸系を主体とした薬剤で，混合土の凝固点を低下させて土の凍結を防止するものがある。これには液体状のものと顆粒状のものがある。しかし，これらについては有効性が報告されているが，薬剤自体の材料費が高価なことや添加量について課題が残っており，小規模な範囲での使用には大きな経済的負荷は無いが，大規模な範囲に用いる場合には施工条件や経済性についての十分な検討が必要である。

3-4　歩道及び自転車道の凍上対策

> 　寒冷地の歩道及び自転車道において，凍上の発生によってそれらの機能が大きく損なわれる可能性がある場合には，積雪量や除雪状況を考慮し，適切な対策工法を実施する。

　歩道及び自転車道の舗装構成は，一般に3～4cm程度の表層（細粒度アスファルトコンクリート）と10～15cm程度の粒状材料による路盤からなっている。

　これらでの凍上被害は，まだ除雪作業が充実していないときには，切土区間で地下水が供給される条件の場合に多く見られた。しかし近年，歩道除雪の普及により冷気が直接表層面に作用する状態となり，車道部と同様に歩道及び自転車道についても凍結深さが路床土まで及ぶようになっている。このため，盛土区間においても土自体の含水によって凍上量が5～10cm程度にも達し，**写真3-2**で示したような縦断方向に連続したクラックが発生して，歩道及び自転車道の機能が損なわれる被害例が増えてきた。

　また，平成12年11月に「高齢者，身体障害者等の公共交通機関を利用した移動の円滑化の促進に関する法律（平成12年法律第68号）」（通称，交通バリアフリー法）が施行され，交通弱者に対する歩道部の交通円滑化が一層重視されるようになった。このため，路面の不陸・クラック・剥離による平坦性の悪化や水たまりの発生等，車椅子や高齢者の通行の支障になることから，歩道部への凍上対策工法が重要となっている。

これらの凍上被害を少なくするために，歩道部及び自転車道では路盤の下に凍上抑制層を設けることが多い。この凍上抑制層の厚さについては，その地域の寒さの程度，土質条件，路床部の排水状態及び重要度等による諸条件を十分に検討し厚さを決めることが必要である。

　解図3－7に北海道開発局による歩道の凍上対策[4]を講じた舗装構造の市街地及び郊外地での実施例を示す。また，歩道部路盤直下に透水性断熱材を敷設した試験施工例もあるが，敷設深度や断熱材の厚さ，除雪機械による荷重の強度検証，断熱性能の経年変化ならびに経済性等について十分な検討を要する。

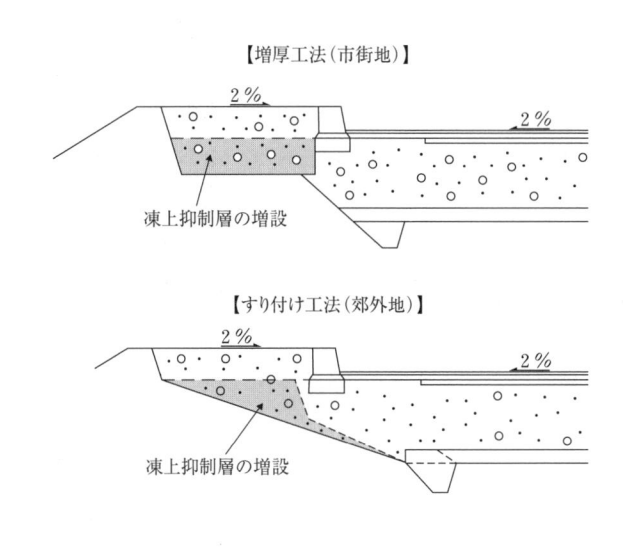

解図3－7　歩道及び自転車道の凍上対策の例

3－5　道路構造物の凍上対策
3－5－1　のり面の凍上対策

　寒冷地の道路のり面は，冬期間の凍上現象や融雪期の凍結融解作用，及び春先の融雪水の影響を受けて崩壊することがあるので，十分な検討を行い必要な対策を実施する。

　切土のり面で地下水の供給が想定される場合や，盛土のり面で周囲の地下水

> 位が高い場合には，土質や岩種による安定勾配の検討だけではなく，土質試験ならびに凍上性判定試験によって凍上性の判定を行い，その結果を反映して凍上対策を決定するのがよい。

　のり面が融雪期に崩壊する原因としては，凍土内に形成されたアイスレンズが気温の上昇に伴い融解し，土の含水比が増加して泥ねい化することによりせん断力を失い，表層が斜面を流下するものと考えられている。また，背面に地下水の供給がある場合，凍土の下層における間隙水圧の増加が原因となり，比較的深い崩壊が発生することもある。したがって，のり面への地下水の供給がある場合においては，あらかじめ十分な排水対策の検討を行う。

　切土のり面では，のり面掘削後，確認された湧水の状況を詳細に調査し，地下排水溝や特殊ふとんかご工等の湧水処理を行う。なお，掘削直後には目立った湧水が確認されないこともあるので，注意が必要である。

　また，盛土のり面においては湧水の心配がないため，通常，凍上対策は考慮されていない。しかし，周辺の地下水位が高く，盛土内の水位が上昇した場合には，凍上を誘発することがある。

　のり面の凍上被害による崩壊機構や対策については，「道路土工－切土工・斜面安定対策工指針」を参照されたい。

3－5－2　排水施設の凍上対策

> 道路ののり尻や小段部に設置される排水溝や排水ます及びシールコンクリート等は，設置する箇所の地盤の凍上性や冬期間の積雪条件等を考慮し，必要な対策を実施する。

　道路のり尻やのり面小段部に設置される排水溝には鉄筋コンクリート製のU形排水溝が使われることが多い。寒冷地で雪が少ない地域においては，地表面（路面）からだけでなく側壁部からも冷却されるため，地盤の凍上現象が発生するようなところでは，排水施設自体やシールコンクリートが持ち上がったり，側壁部

の背面土にアイスレンズが発達して凍上力が作用して側壁にクラックや破損に至る被害が発生することがある(**写真3-7**,**写真3-8**参照)。

これらの凍上対策としては,**解図3-8**に示すように側壁背面に裏込材として粗粒材を入れる置換工法に関する研究例があり,その厚さについては,側壁に作用する凍上力及び側壁の縮み量を最も効果的に抑制するとして30cm程度が提案されている[6]。

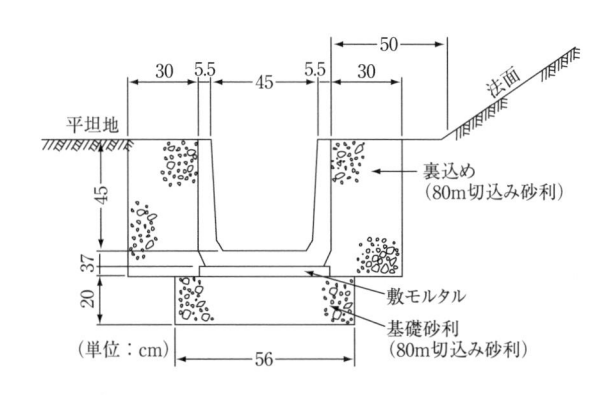

解図3-8 U形排水溝の凍上対策(置換工法)の例

また,現場条件・施工性・経済性だけでなく掘削や発生土の処理等による環境面への影響も配慮し,板状の断熱材を側壁部に設置している例もあるが,地下水位が高い地盤では浮力による断熱材の浮き上がりが発生してしまうので注意を要する。厳寒期の積雪状態(断熱効果)等を考慮して適切な方策をとることが望ましい。

排水ますについては,凍結深さがその底部にまで達して凍上させる例は少なく,側壁のコンクリートが周辺の凍土と凍着し,凍土の持ち上がりに追随して起こる凍着凍上による被害事例がある。これにより構造物の継ぎ目が開いて機能を損なってしまうことに加え,融雪期の漏水による側壁背面の埋戻し材のぜい弱化や吸い出しによる陥没を引き起こしたりする場合もある。これらの対策としては,一般に置換工法が採用されている。

3−5−3　カルバートの凍上対策

> カルバートは，路面及びカルバート内の双方から冷却されるので，路面の持ち上がりや側壁部への凍上力に対する検討を行い，必要な対策を実施する。

　カルバートは，路面からの冷却に加え，カルバート内空側からも冷却されるため，土被り厚さの比較的薄い箇所では凍上の影響を受けやすい。また、側壁背面部の埋戻し材料が凍上し、側壁に大きな凍上力が作用することもある。

　これによる凍上被害としては，次に示す2つの被害形態がある（**解図 3−9** 参照）。

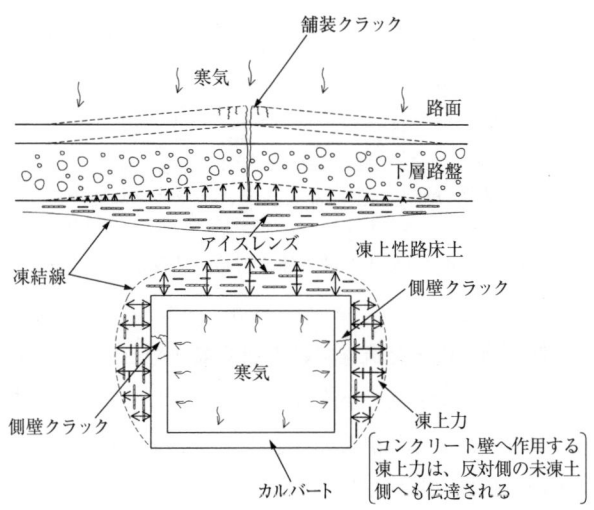

解図3−9　カルバートの凍上被災概念図

① 路面からとカルバート内部からの2方向から土中に侵入する凍結に伴い，カルバート直上の路面を凸状に押し上げることにより舗装面に横断クラックが形成され，車両の走行障害や舗装破壊をもたらすもの（**写真3−9参照**）。
② カルバート内部からの凍結の侵入により側壁部に凍上力が作用し，側壁部にクラックを発生させるような構造的機能障害をもたらすもの（**写真3−10参照**）。

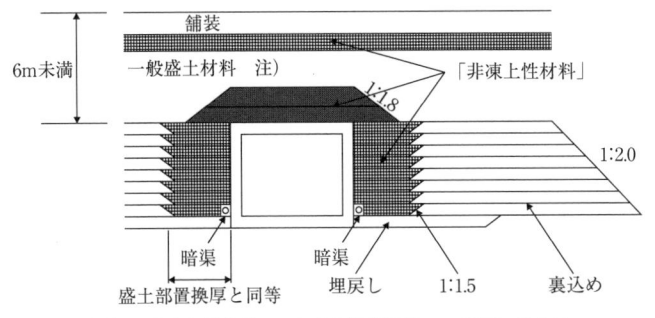

解図 3-10　置換工法によるカルバートの凍上対策の例

注) 非凍上材料間の一般盛土材料厚が20cm以下の場合は、非凍上性材料で施工すること。

　これらの凍上被害を防止するために，頂版上部及び側壁背面部を非凍上性材料で置き換える置換工法（**解図 3-10**）や，板状断熱材を用いた断熱工法（**解図 3-11**）が採用されている。

　この置換厚は，非凍上性材料の場合，理論最大凍結深さの 70～100%の厚さとされている。また，山岳部や極寒地等のように現場条件や施工条件が劣悪で，かつ置換厚が大きくなるような場合には，板状断熱材で頂版や側壁を被覆するほうが有利となるので，断熱工法が採用される例も増えてきている。

　このカルバートの断熱工法による凍上対策については，供用前であれば外側（**解図3-11**左側），置換工法による補修改修が困難な場合が多い供用中であれば

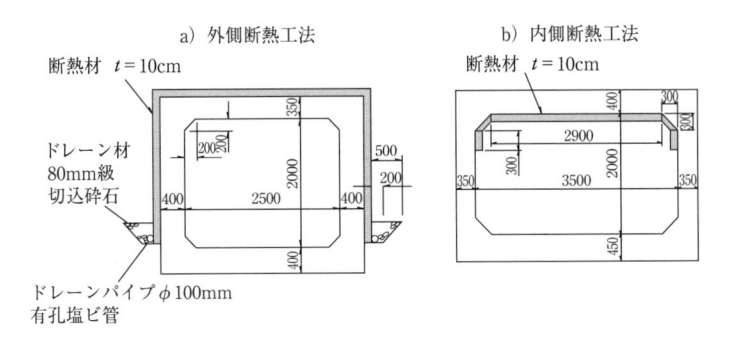

解図 3-11　断熱工法によるカルバートの凍上対策の例

内側(**解図3-11**右側)を採用している。ここで，内側断熱の設置範囲について，路面の凍上対策のほかに，背面土質により側壁部への凍上力の対策も考えなければならない場合には，側壁部全面に断熱材を設置する必要がある。

3-5-4 擁壁の凍上対策

> コンクリート擁壁や補強土壁のように壁面が冷気の影響を直接受けるような場合には，壁面から背面土に侵入する凍結による凍上力の作用を検討し，必要な対策を実施する。

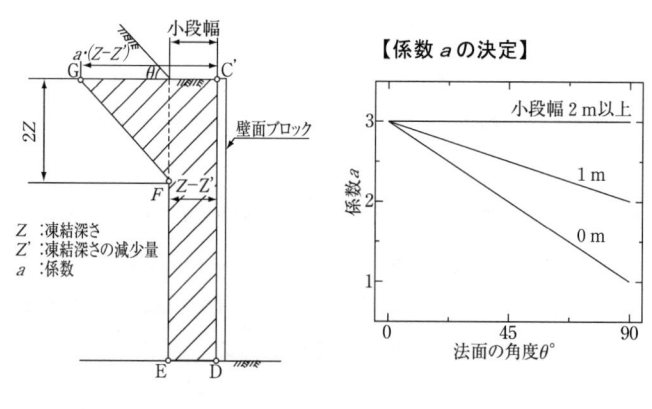

Z ：凍結深さ
Z' ：凍結深さの減少量
a ：係数

【係数 a の決定】

【凍結指数 F と凍結深さ Z の関係】

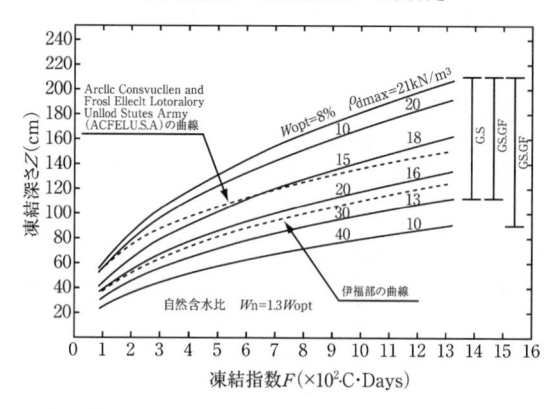

― 228 ―

【コンクリート壁による凍結深さの減少量 Z'】

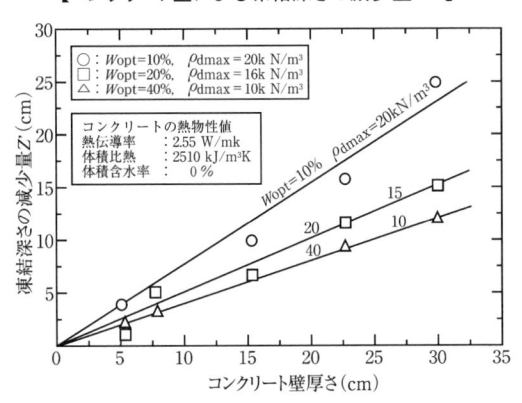

解図 3-12 補強土壁の凍上対策としての置換範囲の決定方法

擁壁（コンクリート擁壁及び補強土壁工等）は，直壁もしくはそれに近い状態で構築されており，壁面部については冬期間積雪による断熱効果は期待できず，ほとんどの場合冷気にさらされ続ける条件となる。したがって，背面土に凍上性の材料がある場合，壁面から進行する凍結により凍上力が作用することになる（**写真 3-11** 参照）。

このうち補強土壁については，**解図 3-12** に示すように，壁高 3 m の屋外試験

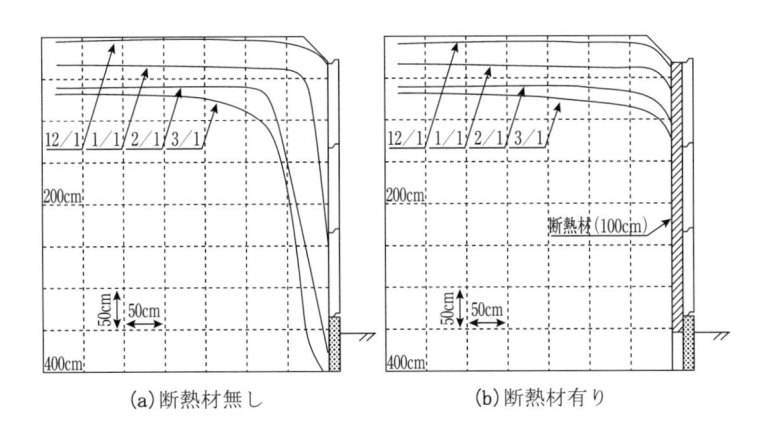

(a) 断熱材無し   (b) 断熱材有り

解図 3-13 補強土壁背面の凍結線の推移

結果から置換工法の範囲の決定方法が提案されている[7]。また，**解図3－13**に示したように，壁背面に板状断熱材を設置することで壁背面土への凍結を抑止し，壁面への凍上力防止が十分に期待できることが報告されている[8]。

また，この補強土壁の凍上対策については，北海道開発局においても**解図3－14**に示す凍上対策工が提案されており[9]，壁高8mで置換厚1.0mの施工箇所における土中温度計測と壁面のせり出し量の計測により，その妥当性を検証した報告もある。

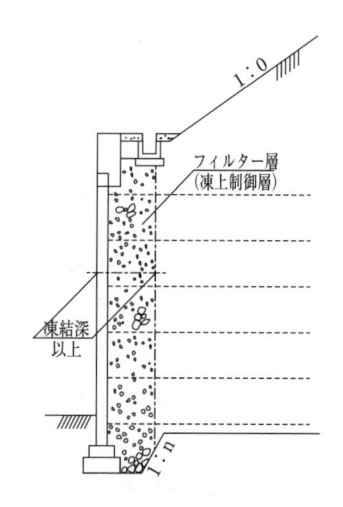

解図3－14 補強土壁背面の凍上対策の例
（北海道開発局）

3－5－5 トンネルの凍上対策

> トンネルのコンクリート覆工における凍上被害は，多くの場合その機能を損なうほど致命的になることもあり，地山が凍上性で覆工の背面まで凍結が及ぶ恐れがあるときには，必要な対策を実施する。

山岳トンネル覆工背面の凍結・融解は，覆工本体におびただしい悪影響を与えることになり，クラック，漏水ひいては変状の原因となる（**写真3－12**参照）。

現在，北海道の一部の極寒の山岳トンネルでは，標高，凍結期間等を考慮し，

断熱工法を採用している[10]。この断熱工法については，吹付けコンクリートと覆工の間，あるいは覆工の内側等に断熱材料を設置するものである。**解図 3－15** は，山岳トンネルの凍上対策として吹付けコンクリートと覆工の間に断熱材を用いた工事施工例である。この断熱材の設置延長については，外気温の影響を最も受けやすい坑口から 100m 程度としている場合がある。

また，路面の凍上対策については一般区間と同様にトンネル内部の温度状況を勘案し，路床を含むインバート部の埋戻し材については非凍上性の材料を採用して凍上対策としている例もある。

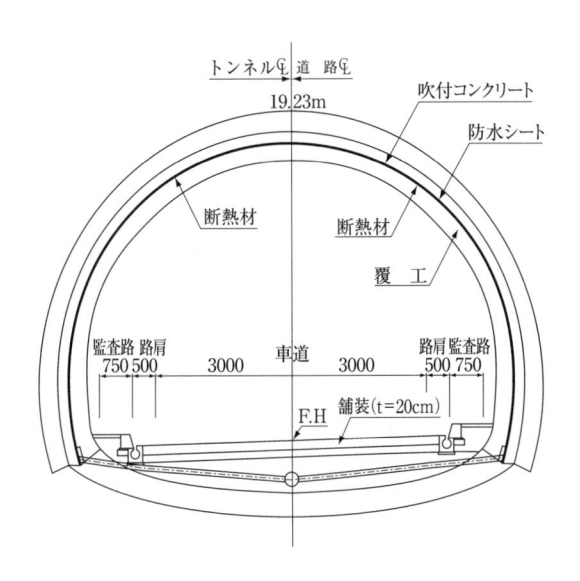

解図 3－15 断熱材を用いたトンネル凍上対策の例

参 考 文 献

1) 北海道開発局:北海道開発局道路設計要領 第1集 道路, pp. 1-5-68〜1-5-77, 2008.
2) Aldrich, H. D. J. : Frost penetration below highway and airfield pavement, Highway Research Board, Bulletin, 135, pp. 124-149, 1956.
3) 東日本高速道路株式会社, 中日本高速道路株式会社, 西日本高速道路株式会社:設計要領 第一集 土工編, pp. 2-67〜2-69, 2006.
4) 北海道開発局:北海道開発局道路設計要領 第1集 道路, pp. 1-5-32〜1-5-33, 2008.
5) 久保裕一・岳本秀人・安倍隆二:積雪寒冷地における歩道部の凍上対策, 寒地土木研究所月報, No. 624, pp. 21〜30, 2005.
6) 鈴木輝之・上野邦行・林啓二:裏込め砂利による小型U-トラフの凍上破壊対策, 土木学会論文集, No. 439/Ⅲ-17, pp. 89〜96, 1991.
7) 宇野裕教・鈴木輝之・澤田正剛・安達謙二:寒冷地における多数アンカー式補強土壁の凍上対策, 土木学会論文集, No. 701/Ⅲ-58, pp. 243〜252, 2002.
8) 鈴木輝之・澤田正剛・宇野裕教・安達謙二:寒冷地における多数アンカー式補強土壁の背面凍結と凍結土圧, 土木学会論文集, No. 645/Ⅲ-50, pp. 281〜290, 2000.
9) 北海道開発局:北海道開発局道路設計要領 第1集 道路, p. 1-7-35, 2008.
10) 北海道開発局:北海道開発局道路設計要領 第4集 道路, pp. 4-7-5〜4-7-8, 2008.

第4章　雨水貯留浸透施設

4-1　一　般

> 本章は「特定都市河川浸水被害対策法」（平成15年）に基づいて，道路建設において雨水貯留浸透施設を設置する際の考え方について述べるものである。

(1) **本章の目的**

　近年，都市部において集中的な豪雨が頻発している。また，都市部ではビルや道路等の降雨が浸透できない面積の割合が高くなっている。これらにより，都市部では集中的な豪雨の際に下水や河川に流出する雨水量が増大し，いわゆる「都市型洪水」が多発している。このような状況を背景に，「特定都市河川浸水被害対策法」が平成16年5月に施行された。

　道路土工では，道路交通の安全性と土工構造物の安定性を確保するために適切な排水施設を設置し，降雨による雨水や地山からの湧水等をできるだけ速やかに道路外に排水することが第一に求められる。一方で，特定都市河川浸水被害対策法で指定された地域においては，豪雨時の水害防止を目的として，道路からの雨水流出を原地盤への浸透によって低減したり，一時貯留によって遅延したりする施設，すなわち雨水貯留浸透施設を設置する場合がある。

　雨水貯留浸透施設には，浸透ます，浸透トレンチ，透水性舗装等の浸透施設と，貯留管，貯留ボックス，調整池等の貯留施設がある。法律に基づき，道路排水の流出抑制のために雨水貯留浸透施設を計画する際には，法律の定める流出抑制性能を満足するよう施設の種類と規模を定めることになる。その前提として，施設の設置が道路の機能や周辺の環境に対して悪影響を及ぼさないよう，施設の種類や設置場所の選定等に関して十分な注意を払うこと，また，「共通編　第2章　排水」にしたがって設置される排水施設との関係に不整合が生じないよう配慮することが最優先の検討事項となる。特に，雨水を浸透させるタイプの施設の設置に

関しては，道路土工の「路床・路体にはできるだけ水を浸透させない」という基本的な考え方にあいいれない面もあることから，その設置場所の選定等に関しては十分な注意が必要となる。

以上を踏まえ，本章では，特定都市河川浸水被害対策法に基づいて特定都市河川流域に指定された地域において，道路建設が雨水浸透阻害行為に該当する場合に，その対策工事として雨水貯留浸透施設の設置を行う際の計画，設計，施工，維持管理に関する一般原則を示すものである。解図4－1に，計画から維持管理までのフローを示す。

なお，道路土工において雨水貯留浸透施設の設置を検討する場合には，本章のほか，自治体や公的機関における雨水貯留浸透施設に関する技術的な指針や，以下に示す技術図書等を適宜参考にするものとする。

＜関連する技術図書＞

○法律関連

「特定都市河川浸水被害対策法に関するガイドライン」（国土交通省，2004年）

○道路における対策一般

「道路路面雨水処理マニュアル（案）」（（独）土木研究所，2005年）

○透水性舗装関連

「舗装設計施工指針（平成18年版）」

「舗装設計便覧」

「舗装施工便覧（平成18年版）」

「舗装調査・試験法便覧」

○浸透施設関連

「増補改訂 雨水浸透施設技術指針[案]調査・計画編」（（社）雨水貯留浸透技術協会，2006年）

「増補改訂 雨水浸透施設技術指針[案]構造・施工・維持管理編」（（社）雨水貯留浸透技術協会，2007年）

「下水道雨水浸透技術マニュアル」（（財）下水道新技術推進機構，2001年）

○貯留施設関連

「増補改訂（一部修正）版 防災調整池等技術基準（案）解説と設計実例」（（社）

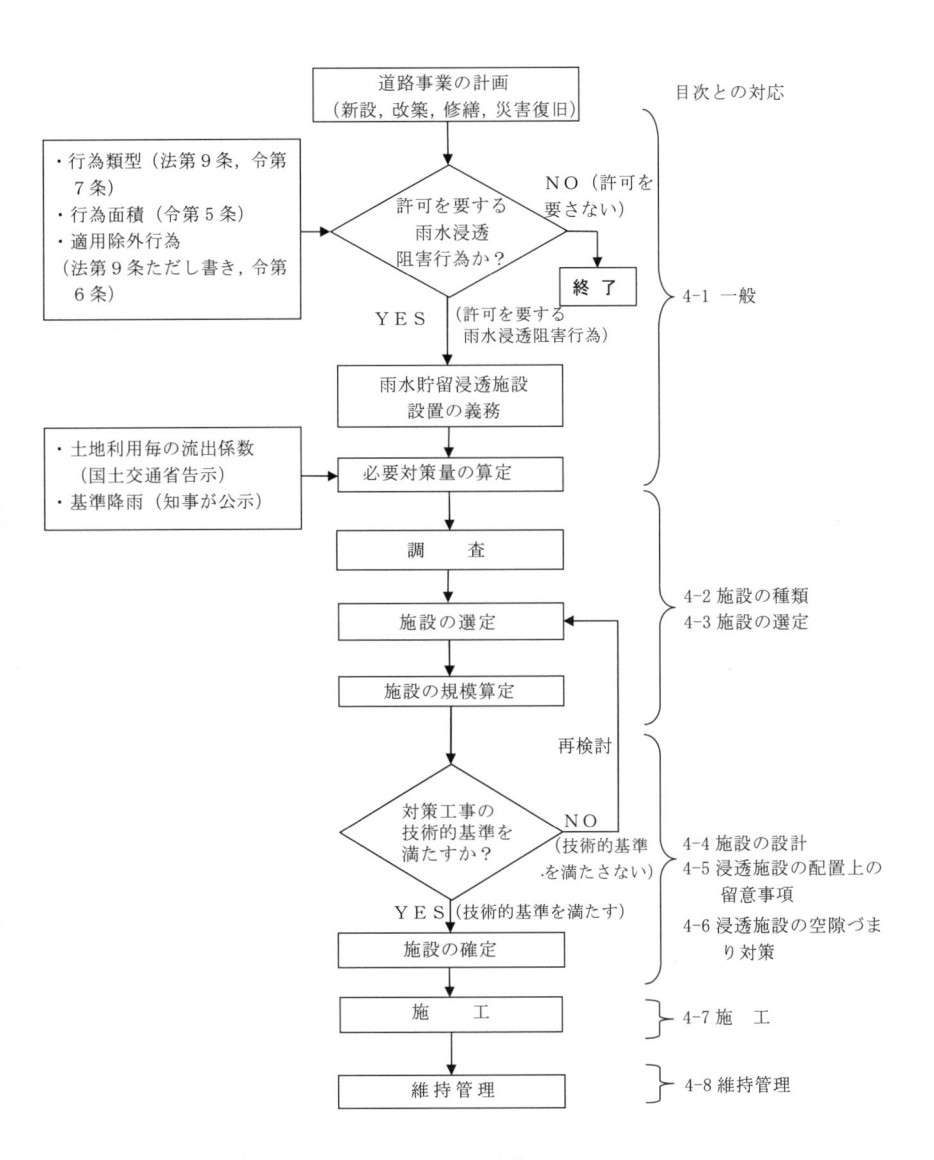

解図4-1 計画から維持管理までのフロー

日本河川協会編,2001年)

「流域貯留施設等技術指針(案)-増補改訂版-」((社)雨水貯留浸透技術協会,2007年)

「下水道雨水調整池技術基準(案)解説と計算例」((社)日本下水道協会編,1984年)

(2) 特定都市河川浸水被害対策法に対応した雨水貯留浸透施設の計画

　特定都市河川浸水被害対策法(平成15年)は,都市河川の浸水被害を防止するための対策の推進を目的としている。この法律に基づいて特定都市河川流域に指定された地域では,河川への著しい流出増をもたらす行為は雨水浸透阻害行為として規制され,知事等の許可が必要となる。許可が必要な雨水浸透阻害行為とは,「宅地以外の土地で行う一定規模(一般には1,000 ㎡)以上の雨水浸透阻害行為」であり,例えば,山林を切り開いて道路やのり面を建設することや,農地を舗装すること等は,これに該当する。また,雨水浸透阻害行為の許可に当たっては,対策工事(雨水貯留浸透施設の設置等)が義務づけられる。その施設規模は,「基準降雨(標準は10年確率)が生じたときの行為区域における流出雨水量の最大値が,行為前の流出雨水量に比べて増加することのない」ことが求められる。

1) 雨水浸透阻害行為の許可判定

　特定都市河川流域において,著しい雨水の流出増をもたらす恐れのある一定規模以上の行為を「雨水浸透阻害行為」という。雨水浸透阻害行為は都道府県知事の許可を必要とし,許可に当たっては対策工事を義務付けられる。

① 行為類型, ② 行為面積

　許可の対象となる雨水浸透阻害行為は,宅地等以外の土地において行われる以下の行為のうち,一定規模(一般には1,000 ㎡)以上の行為をいう。

・宅地等にするために行う土地の形質の変更。
・土地の舗装(コンクリート等の不浸透性の材料により土地を覆うこと)。
・ゴルフ場,運動場その他これに類する施設(雨水を排除するための排水施設を伴うものに限る)を新設し,又は増設する行為。
・ローラその他これに類する建設機械を用いて土地を締め固める行為(既に締

め固められている土地において行われる行為を除く）。

　許可を要する雨水浸透阻害行為を**解図4-2**に示す。図に示すように，道路は「宅地等」に含まれるため，宅地等以外の土地（宅地，水面，道路，鉄道線路，飛行場以外の土地）を道路に変える行為は雨水浸透阻害行為に該当する。一方，すでに宅地等である土地で行われる行為については雨水浸透阻害行為に該当しない。行為前後の土地利用形態に応じた許可の必要の有無を**解表4-1**に示す。

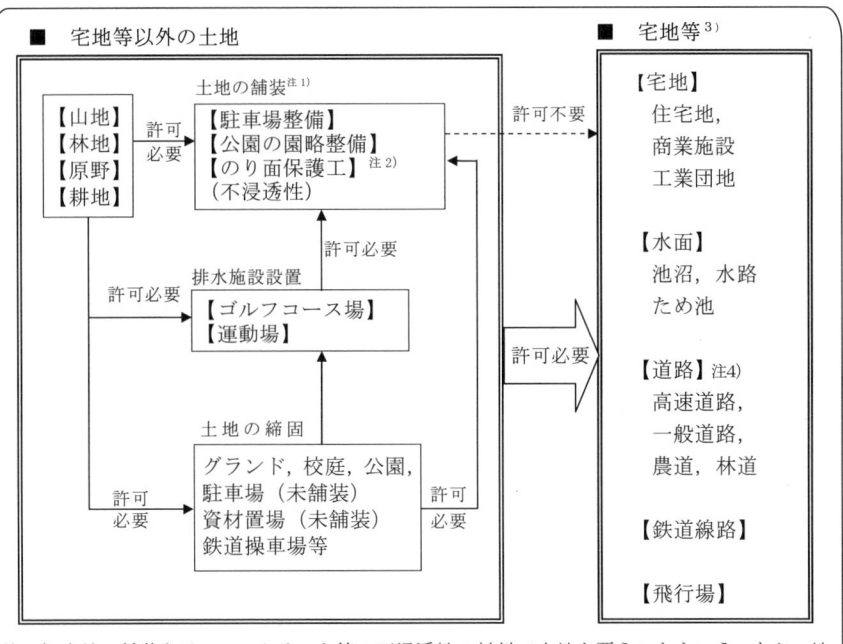

注1）土地の舗装とは，コンクリート等の不浸透性の材料で土地を覆うことをいう。なお，地すべり防止工事及び急傾斜地崩壊防止工事等においては，地表面を全面的にコンクリート等で覆うものが対象となる。
注2）ここでいうのり面保護工とは，吹付コンクリート等不浸透性の材料によるものを指す。
注3）すでに宅地等である土地で行われる行為は許可不要。例えば，未舗装道路の舗装，既設舗装の打ち換え，池沼や水路の埋立て，既成市街地の再開発等における行為等は雨水浸透阻害に該当しない。
注4）ここでいう道路は，舗装の如何を問わない。

解図4-2　許可を要する雨水浸透阻害行為

解表 4-1　行為前後の土地利用形態に応じた許可の必要の有無

行為後の土地利用 ＼ 従前の土地利用	別表1 (宅地等) 宅地	池沼・水路・ため池	道路	鉄道線路	飛行場	別表2 (舗装) コンクリート(法面の除く)	コンクリート(法面)	別表3 (その他) ゴルフ場※	運動場※	締め固められた土地※	別表4 (別表1~3以外) 山地	植生法面	林地, 耕地, 原野
宅地	※ 宅地等における行為は、法第9条に該当する行為に該当しないため、許可(申請)対象外					※ 令第6条第2号、法第9条ただし書きにより、舗装された土地における行為は、許可(申請)対象外		法9①	法9①	法9①	法9①	法9①	法9①
池沼・水路・ため池								法9①	法9①	法9①	法9①	法9①	法9①
道路								法9①	法9①	法9①	法9①	法9①	法9①
鉄道線路								法9①	法9①	法9①	法9①	法9①	法9①
飛行場								法9①	法9①	法9①	法9①	法9①	法9①
コンクリート(法面の除く)								法9②	法9②	法9②	法9②	法9②	法9②
コンクリート(法面)								法9②	法9②	法9②	法9②	法9②	法9②
ゴルフ場※								令第7条第1号に該当しないため、許可(申請)対象外	法9③ 令7①	法9③ 令7①	法9③ 令7①	法9③ 令7①	法9③ 令7①
運動場※								法9③ 令7①		法9③ 令7①	法9③ 令7①	法9③ 令7①	法9③ 令7①
締め固められた土地※								法9③ 令7①	法9③ 令7①		法9③ 令7②	法9③ 令7②	法9③ 令7②
山地								令第7条第1項第2号除外規定により、許可(申請)対象外			法第9条各号に定める行為に該当しないため、許可(申請)対象外		
植生法面													
林地, 耕地, 原野													

※：雨水を排除するための排水施設を伴うものに限る。

<具体例＞（規模要件を超えるとの前提）

ケース1：山林や水田を造成・整地して道路を建設する場合
　　　　→　宅地等にするために行う土地の形質の変更に当たるため，雨水浸透阻害行為に該当し，許可が必要。

ケース2：未舗装道路を舗装する場合
　　　　→　道路は舗装，未舗装にかかわらず「宅地等」に含まれるため雨水浸透阻害行為に該当しない。

ケース3：既設舗装を打ち替える場合
　　　　→　道路は舗装，未舗装にかかわらず「宅地等」に含まれるため雨水浸透阻害行為に該当しない。

ケース4：国や県による公共事業として，農林地において舗装を行う場合
　　　　→　雨水浸透阻害行為であれば事業目的，主体にかかわらず許可が必要。

③　許可を要しない雨水浸透阻害行為の範囲（適用除外行為）

　雨水の流出量を抑制する効果の見込まれる農地・林地の保全を目的として行う行為や，土地の一時的利用に供する目的で行う行為，非常災害のために必要な応急措置として行う行為については許可の対象外である。許可を要しない雨水浸透阻害行為一覧を**解表4-2**に示す。

解表4-2　許可を要しない雨水浸透阻害行為一覧

(1)　通常の管理行為	①主として農地又は林地の保全を目的として行う行為
	②既に舗装されている土地において行う工事
	③仮設の建築物の建築その他の土地の一時的な利用に供する目的で行う行為。（当該利用に供された後に当該行為前の土地利用に戻されることが確実な場合に限る。）
	④その他
(2)　非常災害のために必要な応急措置として行う行為	

　道路事業を例として，雨水浸透阻害行為の許可対象判定の一般的な流れを**解図4-3**に示す。

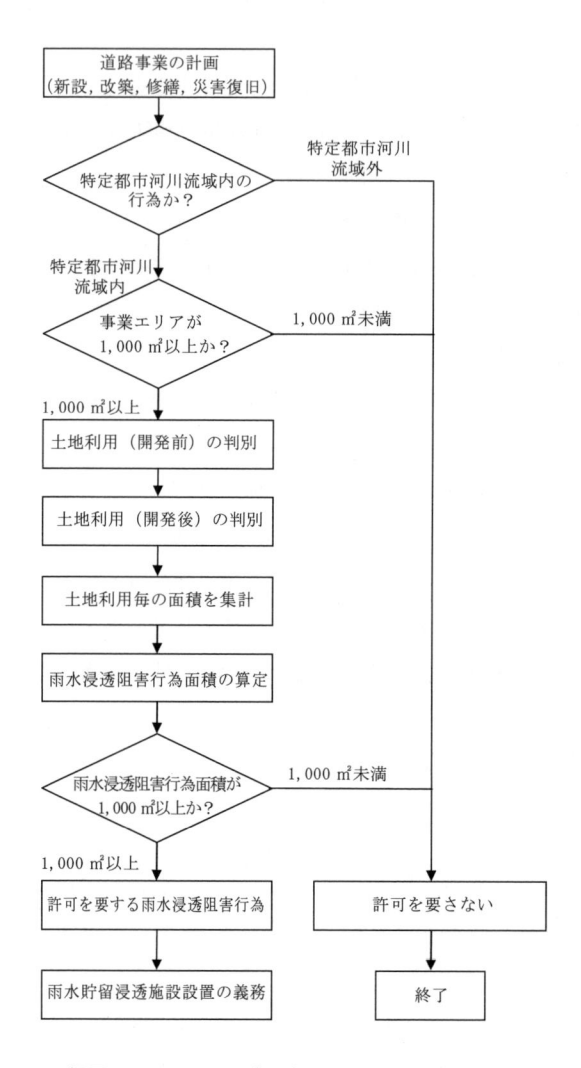

解図 4-3 雨水浸透阻害行為の許可対象判定の流れ

2) 対策工事の計画の技術的基準
① 概要

　雨水浸透阻害行為による流出雨水量の増加を抑制するために，雨水貯留浸透施設を設置する工事等を「対策工事」という。ここに，「流出雨水量」とは，地下に

浸透しないで他の土地へ流出する雨水の量をいう。また,「雨水貯留浸透施設」とは,雨水を一時的に貯留し,または地下に浸透させる機能を有する施設で,浸水被害の防止を目的とするものをいう。具体的には,調整池,貯留槽,浸透ます,浸透トレンチ,透水性舗装,浸透池,浸透井等が該当する。

対策工事の計画のフローを**解図4-4**に示す。

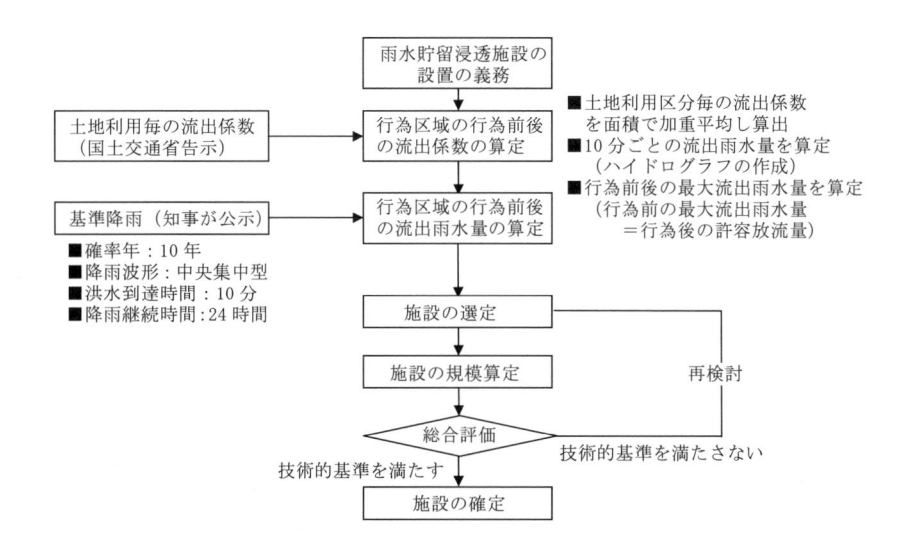

解図4-4 対策工事の計画のフロー

② 対策工事の必要規模

雨水浸透阻害行為に対する対策工事としての雨水貯留浸透施設は,**解図 4-5**に示すように,基準降雨が発生した場合においても,施設設置によって行為区域からの流出雨水量の最大値が,行為前よりも増加しないことが求められる。

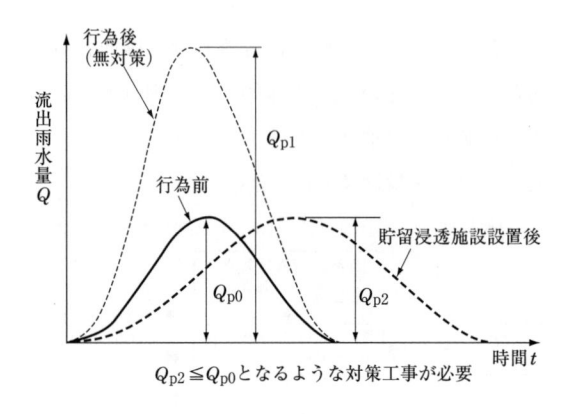

解図4−5　流出雨水量抑制のイメージ

③　基準降雨

　基準降雨は，都道府県知事等が公示する。（標準は，確率年：10年，降雨波形：中央集中型，洪水到達時間：10分，降雨継続時間：24時間）

④　流出雨水量の算定方法

　流出雨水量は，行為前後の土地利用形態に応じた流出係数と，行為面積，対象となる降雨強度に基づいて，合理式により算定する。算定に当たって，洪水到達時間は10分とする。

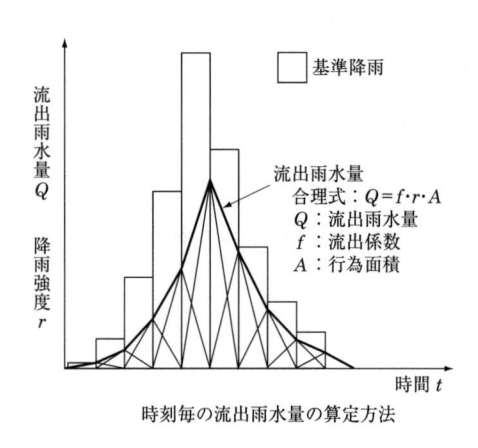

合理式：$Q = f \cdot r \cdot A$
Q：流出雨水量
f：流出係数
A：行為面積

解図4−6　合理式のイメージ[1]

⑤ 土地利用形態の判別と流出係数

　流出係数は告示に定められた値を適用する。行為区域が複数の土地利用によって構成される場合は，面積加重平均により行為区域を一様な流出係数として取り扱う。

$$f = \Sigma f_i A_i / \Sigma A_i$$

　　f　：行為区域全体の平均的流出係数

　　f_i　：土地利用形態 i の流出係数

　　A_i　：土地利用形態 i の面積

解表4－3　土地利用形態別の流出係数（平成16年国土交通省告示521号）

	土地利用形態	流出係数 f
①宅地等	宅地	0.90
	池沼	1.00
	水路	1.00
	ため池	1.00
	道路，鉄道路線，飛行場（法面を有しないもの）	0.90
	道路，鉄道路線，飛行場（法面を有するもの）	法面（コンクリート等の不浸透性の材料により覆われた法面の流出係数は1.00，人工的に造成され植生に覆われた法面の流出係数は0.40とする。）及び法面以外の土地（流出係数は0.90とする。）の面積により加重平均して算出される値
②舗装された土地	コンクリート等の不浸透性の材料に覆われた土地（法面を除く）	0.95
	コンクリート等の不浸透性の材料に覆われた法面	1.00
③その他土地からの流出雨水量を増加させるおそれのある行為に関わる土地	ゴルフ場（雨水を排除するための排水施設を伴うもの）	0.50
	運動場その他これに類する施設（雨水を排除するための排水施設を伴うもの）	0.80
	ローラーその他これに類する建設機械を用いて締め固められた土地	0.50
④①から③までに挙げる土地以外の土地	山地	0.30
	人工的に造成され植生に覆われた法面	0.40
	林地	0.20
	耕地	
	原野	
	ローラーその他これに類する建設機械を用いて締め固められていない土地	

4−2 施設の種類

> 雨水貯留浸透施設には，調整池，貯留槽，浸透ます，浸透トレンチ，透水性舗装，浸透池，浸透井等がある。特に，道路内に設置する施設としては，透水性舗装，浸透ます，浸透トレンチ，浸透側溝，貯留槽が代表的である。

「雨水貯留浸透施設」とは，雨水を一時的に貯留し，または地下に浸透させる機能を有する施設で，浸水被害の防止を目的とするものをいう。具体的には，調整池，貯留槽，浸透ます，浸透トレンチ，透水性舗装，浸透池，浸透井等が該当する。

道路雨水用の雨水貯留浸透施設を，その設置場所で分類すると，①舗装本体を貯留・浸透施設とするもの，②車道に沿って設置し道路排水を導水して貯留・浸透させる施設，③道路敷地外に設置し道路排水を導水して貯留・浸透させる施設，の3種類がある。

(1) 舗装本体の貯留・浸透機能を利用する施設

解図 4−7(a)に示すように，雨水を路面から浸透させ，舗装体内を通して路床以下に浸透させる透水性舗装が最も一般的な施設である。また，路床が不浸透の場合や，浸透不適地の場合(「4−4 施設の選定」を参照)でも，解図 4−7(b)のように，舗装を貯留施設とみなして雨水を貯留し，集水管および放流孔によって流出雨水量をコントロールすることができる。路盤厚を厚くすることで，貯留容量を大きくする場合もある。類似の施設として，解図 4−7 のように側溝や縁石，集水ますから舗装体内に流入させる構造等がある。

透水性舗装の最大の利点は，対策工事のために新たに施設を建設する必要がなく，省スペースなことである。一方，土砂や塵かいによる空隙づまりに対する維持管理が必要であるという課題を有するとともに，交通量の多い道路での施工実績が少なく，雨水浸透が舗装の耐久性に及ぼす影響が懸念される。なお，都市内の歩道ではすでに多くの施工実績を有しており，車道においても大型車交通量の少ない道路から試行的に適用することが望ましい。

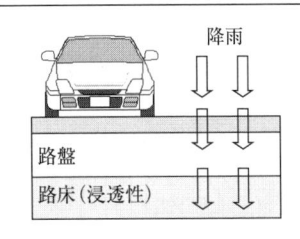

(a) 透水性舗装（路床面浸透型）[2)]
雨水を路面から浸透させ，舗装体内を通して路床以下に浸透させる。路床の透水性が高い場合に適用。

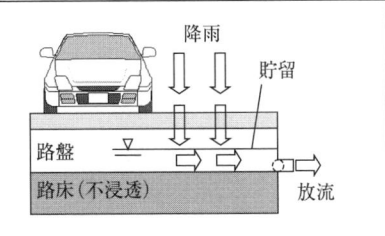

(b) 透水性舗装（一時貯留型）[2)]
舗装体内まで浸透させた雨水を路床以下に浸透させずに，放流孔から排水する。路床が不浸透あるいは路床に浸透させない場合に適用。

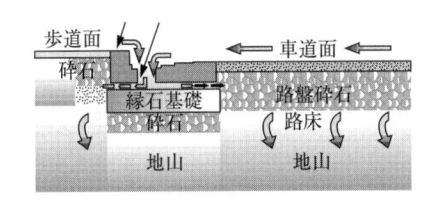

(c) 舗装内浸透施設[3)]
道路舗装面下に設置される浸透施設。路面排水は舗装面（透水性舗装），集水ます，縁石等を通して導かれる。

解図 4−7 舗装本体の貯留・浸透機能を利用する施設の例

(2) 車道に沿って設置し雨水を導水して貯留・浸透させる施設

解図 4−8 に示すように，浸透ます，浸透トレンチ，道路浸透ます，浸透側溝等がある。いずれの施設も施設内部の空隙による貯留機能と，原地盤への浸透機能を有する。交通荷重が直接作用しないエリアで雨水を浸透させるため，舗装の耐久性に及ぼす影響は透水性舗装よりも小さいといえる。また，適切な泥だめやフィルターを設け，清掃やフィルター交換を定期的に実施すれば，空隙づまりによる性能の低下は抑えられる。

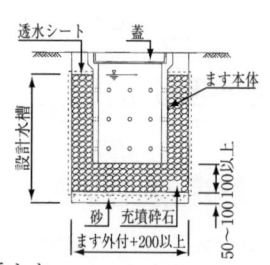

(a) 浸透ます 透水性のますの周辺を砕石で充填し，集水した雨水を地中へ浸透させる施設	(b) 浸透トレンチ 掘削した溝に砕石を充填し，さらにこの中に有孔管を設置し雨水を導き地中へ浸透させる施設
(c) 道路浸透ます 道路排水を対象に浸透ますと浸透トレンチ等を組み合わせた施設	(d) 浸透側溝 側溝の周辺を砕石で充填し，雨水を地中へ浸透させる施設

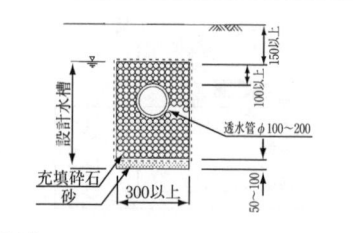

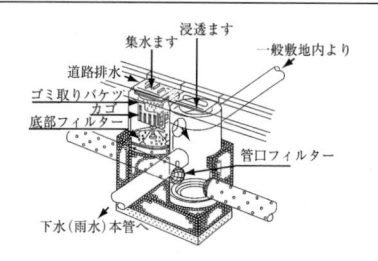

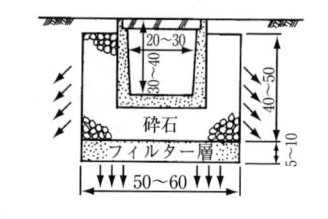

解図 4−8　車道に沿って設置し雨水を導水して貯留・浸透させる施設の主な形態
　　　　　（参考文献 4）を基に作成）

(3) 道路敷地外に設置し道路排水を導水して貯留・浸透させる施設

　道路敷地内に雨水貯留浸透施設を設置することが困難な場合等には，敷地外に道路排水を導水し，調整池等で貯留・浸透処理する必要がある。

　調整池には**解図 4−9** に示すようなものがある。施設の構造としては，**解図 4−9**(a), (b), (d)のようなオープン式と**解図 4−9**(c)のような地下式のものがある。また，排水方式としては，自然放流方式とポンプ放流方式がある。調整池は，行為区域からの流出雨水量を確実に抑制できるというメリットがある一方，新たに建設する場合には，建設コストや設置スペースを確保しなければならない。

　雨水浸透阻害行為の行為区域周辺に既設の調整池があって，貯留容量に余裕がある場合には，管理者との協議により道路雨水を導水して使用することも可能である。

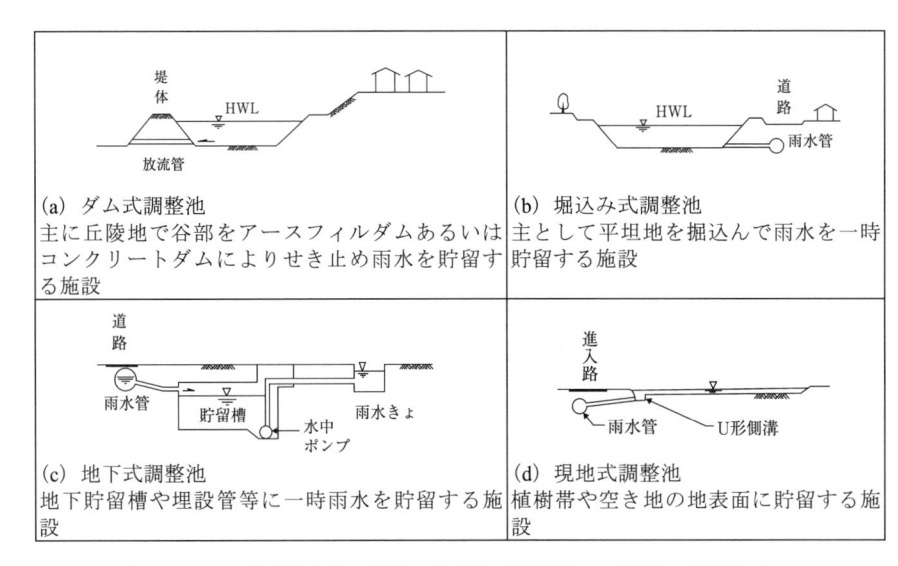

(a) ダム式調整池 主に丘陵地で谷部をアースフィルダムあるいはコンクリートダムによりせき止め雨水を貯留する施設	(b) 堀込み式調整池 主として平坦地を掘込んで雨水を一時貯留する施設
(c) 地下式調整池 地下貯留槽や埋設管等に一時雨水を貯留する施設	(d) 現地式調整池 植樹帯や空き地の地表面に貯留する施設

解図4−9　道路敷地外に設置し道路排水を導水して貯留・浸透させる施設の主な形態（参考文献5)を基に作成）

4−3　施設の選定

⑴　雨水貯留浸透施設の形式と構造は，必要対策量，設置スペース，交通量，地形，地盤透水性，地下水位，流末の確保，周辺土地利用状況，経済性，維持管理の容易さ等を考慮して選定する。

⑵　特に，雨水を地下に浸透させる形式の施設を計画する場合には，①浸透による周辺構造物の安定性への影響，②浸透による舗装の耐久性への影響，③地盤の浸透性能について十分な検討を行い，浸透施設の設置の可否を判断するものとする。浸透不適地と判断された場合には，雨水を地下に浸透させない形式の施設を選択するものとする。

⑴　施設選定の一般的なフローを**解図4−10**に示す。

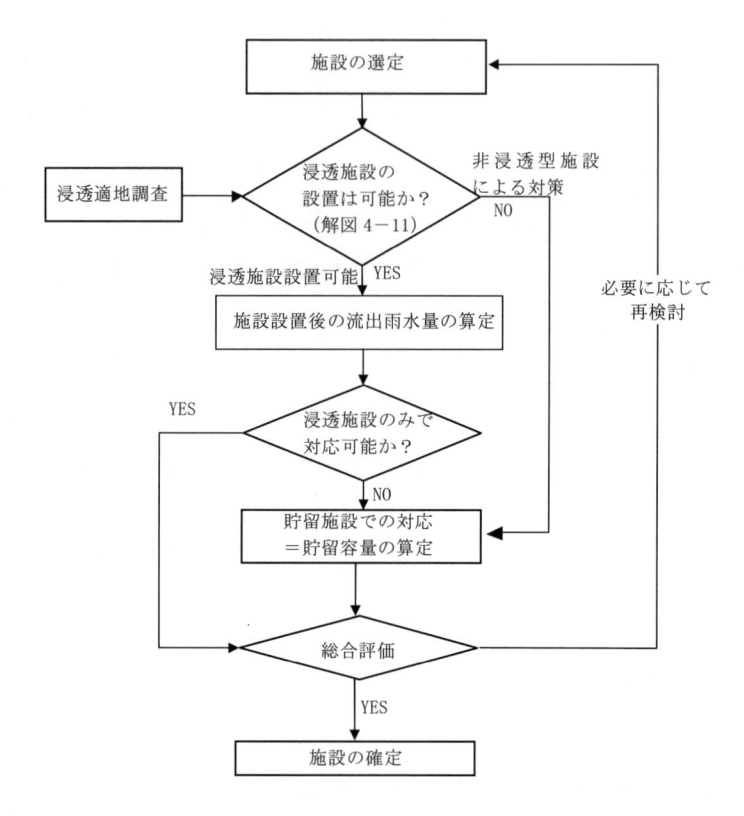

解図 4−10 施設選定の一般的なフロー

(2) **解図 4−10** における浸透施設の設置の可否の判断は，**解図 4−11** のフローに基づいて判断する。なお，河川管理者や雨水浸透阻害行為の許可権者等から浸透適地マップ等が提示されている場合は参考にするとよい。

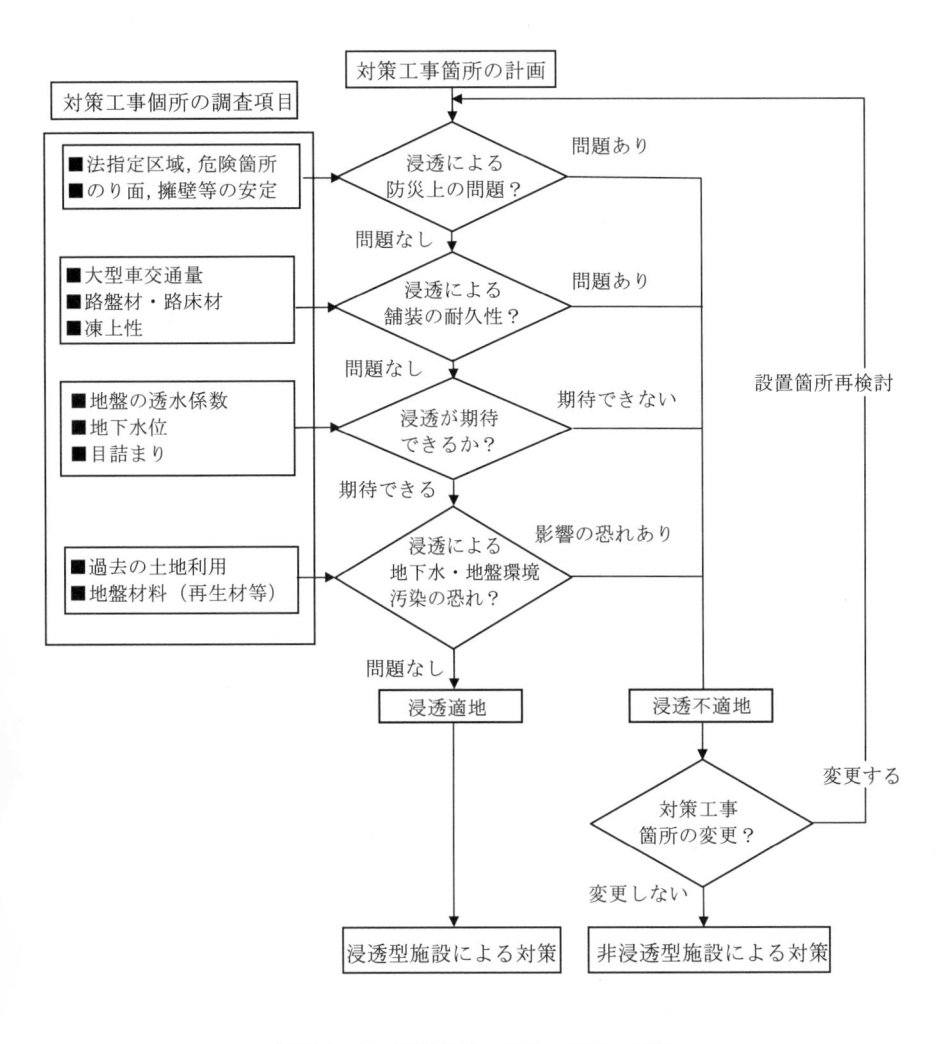

解図 4-11 浸透施設の設置の可否の判断

1) 法指定区域, 危険箇所

解表 4-4 に示すような法指定区域や危険箇所は, 防災上の観点から浸透施設の設置禁止区域とする。

解表4−4　浸透施設設置禁止区域

区　分	禁　止　区　域
法指定区域	急傾斜地崩壊危険区域 地すべり防止区域 砂防指定地 土砂災害警戒区域・特別警戒区域 その他
危険箇所	急傾斜地崩落危険箇所 地すべり危険箇所 土石流危険箇所 その他

2)　のり面，擁壁，構造物の安定

　のり面・斜面，擁壁，構造物の基礎周辺等，雨水浸透が周辺地盤や既設構造物に影響を及ぼす恐れがある場合は，浸透型施設による対策は避けることが望ましい。

　のり面・斜面周辺に浸透型施設を計画する場合は，施設設置に伴う雨水浸透を考慮したのり面・斜面の安定性について事前に十分な検討を実施し，浸透施設設置の可否を判断するものとする。切土のり面や斜面については，特に，不透水層を含む互層地盤の場合や地層傾斜等に注意する必要がある。

　擁壁の裏込め部や基礎地盤部での雨水浸透は，擁壁への土圧の増大や支持力の低下をもたらすため，これらの区域では浸透型施設の設置を避ける。

　構造物周辺に浸透型施設を計画する場合には，地盤の飽和度増加による土の強度の低下，浮力，水圧等を考慮して構造物の安定性を検討し，施設設置の可否を判断するものとする。

3)　大型車交通量，材料（路床・路盤・舗装）

　透水性舗装等の舗装自身が貯留・浸透施設となる構造は，交通量の多い道路での施工実績が少なく，雨水浸透が舗装の耐久性に及ぼす影響は必ずしもよくわかっていない。そのため，交通量区分の面からは，大型車交通量の少ない道路に優先的に透水性舗装等を設置することが望ましい。

　また，浸透ます，浸透トレンチ等を車道に沿って設置する場合には，その浸透水が道路構造に影響を与えないよう，浸透位置等について配慮する必要がある。

① 歩道の場合

浸透位置は路盤下面以深とする（**解図 4−12** で $L_1 \geqq 0$）。ただし，道路の舗装が透水性舗装である場合は舗装構造が路面の雨水を路盤以下へ浸透させる構造となっているので，そこに浸透ます・トレンチを設置する場合にはこの限りではない。

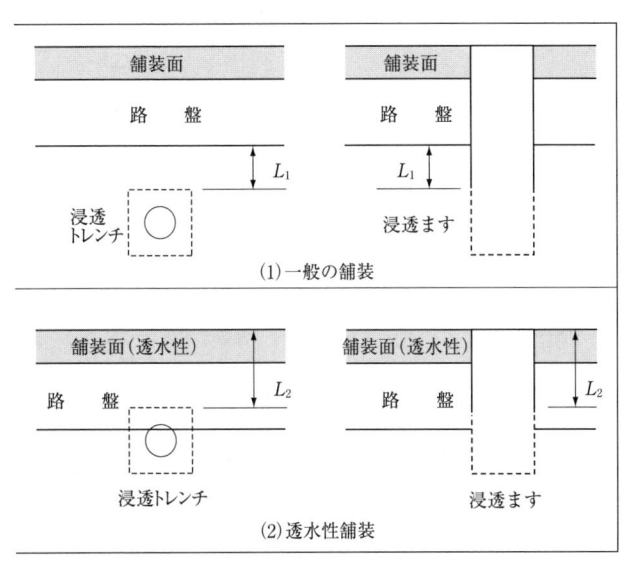

解図 4−12 歩道の場合の浸透位置 [6]

② 車道の場合

解図 4−13 に示す路盤下面と浸透施設の浸透面上端との距離 L_3 については，現在までの設置実績を整理すると，地区内道路等の交通量が比較的少ない道路では，L_3 =40〜60 cm 程度の場合が多い [6]。また，交通量の多い幹線道路等に設置する場合には，路床土の強度を変えないよう，路床下面以深に浸透させることが望ましい（$L_4 > 1$ m）。

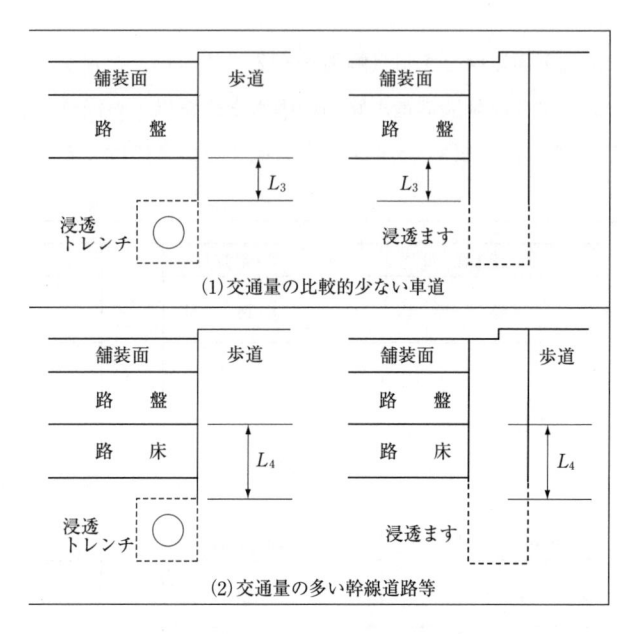

解図 4−13 車道の場合の浸透位置 [6]

4) 凍上

寒冷地においては，凍上現象を防止するため，原地盤の凍結深さを考慮して浸透施設の浸透位置を決定する必要がある。

5) 地盤の透水性

浸透施設の浸透能力は設置地盤の透水性に支配されるため，下記のように透水性があまり期待できない土質については，浸透適地から除外する。

① 透水係数が 10^{-5} cm/sec より小さい場合
② 空気間隙率が 10% 以下で土が良く締め固まった状態
③ 粒度分布において，粘土の占める割合が 40% 以上（ただし，火山灰風化物いわゆる関東ローム等は除く）のもの

6) 地下水位からの判断

地下水位が高い地域では，浸透能力が減少することが予想される。特に低地では降雨によって地下水位が敏感に上昇する場合があり，浸透能力は影響を受ける。

浸透能力への影響度合いは,地下水位と浸透施設の底面との距離によって決まり,その距離が底面から 0.5m 以上あれば,浸透能力が期待できるものとして検討の対象とする。

7) 周辺環境への影響からの判断

工場跡地や埋立地等で土壌が汚染され,浸透施設によって汚染物質が拡散されたり地下水の汚染が予想される区域は,設置対象域から除外する。

以上を考慮した施設の種類と現地条件（交通条件,地形条件,地盤浸透能力）に応じた適用上の注意事項を**解表4-5**に示す。

解表4-5 施設の種類と現地条件に応じた適用上の注意事項

	交通条件	地形・土工条件	地盤浸透能力
舗装体の貯留・浸透機能を利用する施設（透水性舗装等）	大型車交通量の少ない道路に優先的に設置することが望ましい。	のり面・斜面,擁壁,構造物基礎周辺に設置する場合には,安定性について十分検討する。	路床の浸透能力が低い場合は一時貯留型とする。路床の CBR が低い場合は,遮水シートを敷くなどの配慮が必要である。
車道に沿って設置する浸透施設（浸透ます,浸透トレンチ等）	重交通道路では,浸透位置を路体面以深とすることが望ましい	のり面・斜面,擁壁,構造物基礎周辺に設置する場合には,安定性について十分検討する。	原地盤の浸透能力が低い場合は,浸透機能が期待できない。
道路敷地外に設置する施設（調整池等）	適用可	適用可	適用可

4-4 施設の設計

(1) 雨水貯留浸透施設の設計では,「4-2 (2)」に示すように,流出雨水量の最大値が雨水浸透阻害行為前のレベル以下になるように,規模や構造を定める。

(2) 浸透施設の効果は,浸透能力を低減可能流量に換算し,行為後の流出雨水量から控除することによって見込む。

(3) 貯留施設の必要容量は，排水方式（自然放流方式とポンプ放流方式）に応じた計算式を解くことにより算定する。

(1) 浸透施設の効果

浸透施設の効果の見込み方は，当該浸透施設の雨水の浸透能力を流量に換算し，流出雨水量から控除して行う。なお，浸透施設の能力は，対策工事を施工する箇所の地質特性を現地浸透試験により確認の上設定することを標準とするが，許可権者が浸透マップ等を作成している場合はこれを利用することができる。具体的な浸透能力の評価方法については，以下の指針・マニュアルを参考にするとよい。

「道路路面雨水処理マニュアル（案）」（(独) 土木研究所，2005年）
「増補改訂 雨水浸透施設技術指針[案]調査・計画編」（(社) 雨水貯留浸透技術協会，2006年）
「下水道雨水浸透技術マニュアル」（(財) 下水道新技術推進機構，2001年）

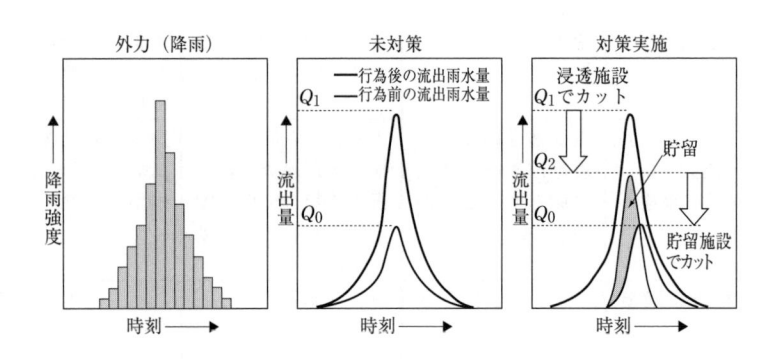

解図 4-14 浸透施設の併用による雨水流出抑制効果 [1]

(2) 貯留施設の必要容量

浸透施設によって流出雨水量を行為前のレベルまで抑制することが不可能である場合，雨水を一時的に貯留する施設を設置することにより流出雨水量を抑制する。貯留施設の必要容量に関しては，以下に自然放流方式とポンプ放流方式の基本的な考え方を説明する。

1）自然放流方式の場合

自然放流方式の場合，解図 4－15 に示すように，対策工事の規模は放流口の口径（D）と調整池への流入量（Q_2）により求まる。放流口の口径は行為前の流出雨水量の最大値（Q_0）と調整池の水深（H）で，また調整池への流入量（Q_2）は行為後の土地利用状況，行為面積及び浸透施設の浸透能力（Q_p）により一義的に求まる。

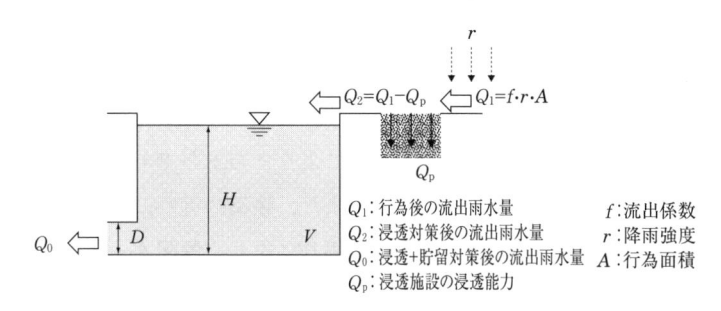

Q_1：行為後の流出雨水量
Q_2：浸透対策後の流出雨水量
Q_0：浸透+貯留対策後の流出雨水量
Q_p：浸透施設の浸透能力
f：流出係数
r：降雨強度
A：行為面積

解図 4－15　自然放流方式の概念図[1]

2）ポンプ放流方式の場合

対策工事を地下式等のポンプ放流方式貯留施設として計画する場合は，行為前の最大流出量を上回る流出雨水量の全量を貯留する容量を確保する（解図 4－16）。また，貯留施設からの放流量は自然放流方式と同様に行為前の最大流出量以下である。

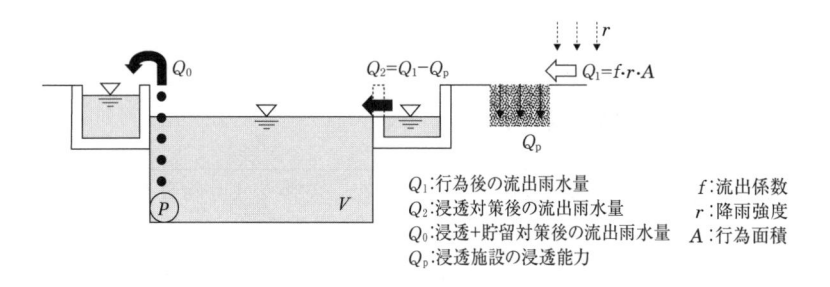

Q_1：行為後の流出雨水量
Q_2：浸透対策後の流出雨水量
Q_0：浸透+貯留対策後の流出雨水量
Q_p：浸透施設の浸透能力
f：流出係数
r：降雨強度
A：行為面積

解図 4－16　ポンプ放流方式の概念図[1]

4−5 浸透施設の配置上の留意事項

> 浸透施設は，浸透流の相互干渉による浸透能力の低下や建築物への影響を避けるため，浸透施設間や建築物からは適切な離隔距離を保つように配置を定める。

(1) 浸透施設間隔

浸透施設の間隔を近づけすぎると，浸透流の相互干渉により浸透量が低下する。低下の度合いは地盤の浸透能力や設計水頭によりまちまちであるが，約 1.5m 以上距離をおいて設置することが望ましい。また，建築物近くに浸透施設を設置する場合は浸透適地において施設の設置可能幅 W に対し，**解図 4−17** のように $W/2$ の幅で施設を設置することが望ましい。

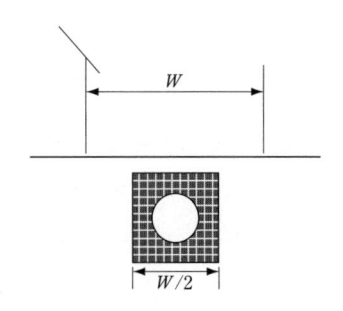

解図 4−17 建物近傍における浸透施設の設置幅 [4]

4−6 浸透施設の空隙づまり対策

> 浸透施設の浸透機能を長く維持するためには，空隙づまり物質が流入しにくく，維持管理が容易に行える構造となるように配慮することが重要である。

(1) 空隙づまり防止対策

路面排水は懸濁物質が多く含まれるため，浸透施設は空隙づまりによる機能低下が懸念される。浸透施設の空隙づまり対策の一例を以下に示すが，空隙づまり

防止装置の設置と適切な維持管理により機能の維持を図ることが必要である。

解図 4-18 の例では，下水管への取付け管を浸透施設への連絡管より低くし，懸濁物質濃度の高い初期雨水は下水道に流入させている。

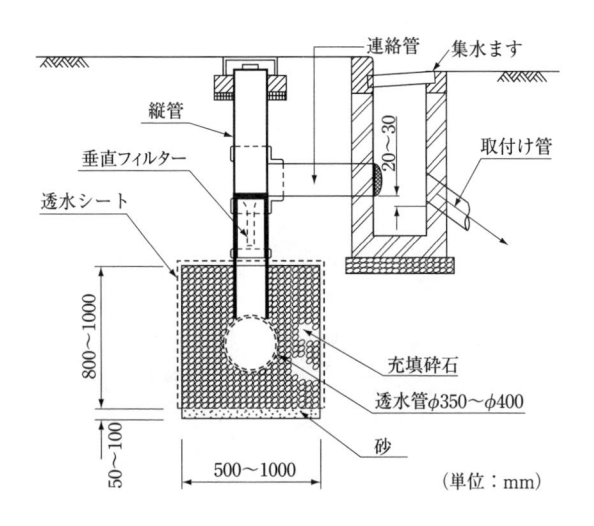

解図 4-18　空隙づまり防止の工夫（その1）[3]

解図 4-19 の例では，流入部に泥だめ用の集水ますを設置するとともに，落葉やタバコの吸殻等のゴミを除去するためのフィルターを設置している。

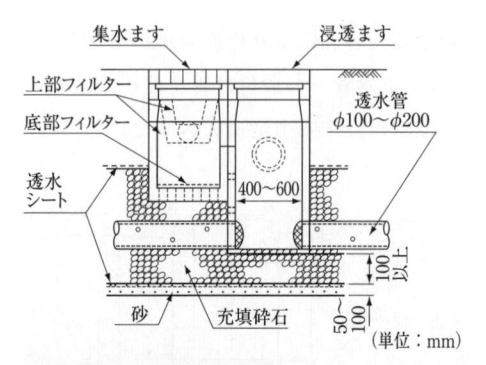

解図 4-19　空隙づまり防止の工夫（その2）[3]

4-7　施　工

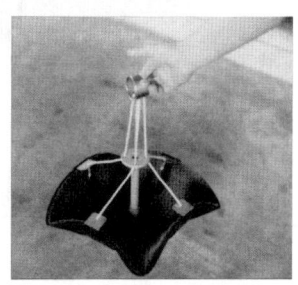

雨水貯留浸透施設の施工は，施設の貯留機能，浸透機能を損なわないように配慮することが重要である。

(1) 浸透施設の施工

浸透施設の施工では，施設及び地盤の浸透能力を損なわないように配慮することが重要である。

① 掘削面を締め固めないよう配慮する。
② 施設内に土砂等が流入しないように配慮する
③ 施工は晴天時に行うのが望ましい。
④ 浸透トレンチや浸透側溝等では，勾配の管理を行う。

⑤　工事完了後，浸透能力の確認を行うのが望ましい。

　各浸透施設の施工方法及び手順，浸透能力の確認については，「舗装施工便覧（平成18年版）」，「舗装調査・試験法便覧」，「道路路面雨水処理マニュアル[案]（(独)土木研究所，2005年)」，「増補改訂　雨水浸透施設技術指針[案]　構造・施工・維持管理編」((社)　雨水貯留浸透技術協会，2007年)等を参考にするとよい。

(2) 貯留施設の施工

　貯留施設の施工では，施設の貯留機能を損なわないように配慮することが重要である。
　①　放流孔位置等が設計どおりであることを確認する。
　②　施設からの排水が円滑に行われるよう勾配の管理を行う。
　③　施設および配管からの漏水が生じないよう遮水を行う。

4-8　維持管理

> 雨水貯留浸透施設の維持管理は，浸透能力及び貯留能力の継続性と安定性に主眼をおき，適正かつ効率的，経済的に行うものとする。

　雨水貯留浸透施設の維持管理は，定期的及び苦情等による緊急的な点検作業を実施し，その結果，機能低下，施設破損等が認められる場合には必要に応じて清掃，修繕工事等を行うものとする。

　また，浸透施設全箇所の定期点検の実施が物理的に困難な場合には，土砂等の集まりやすい場所や水の集まりやすい場所を選定し，頻度や箇所数を減らし省力化を図ることができる。

　浸透施設の維持管理作業は，浸透施設の種類，規模等の特徴を踏まえて行う必要があるが，参考として浸透施設の維持管理作業内容の例を**解表4-6**に示す。

　浸透施設の定期点検は，年1回程度以上を目安に実施することが望ましい。また，浸透能力の確認等の機能点検は，定期点検の結果に基づいて必要に応じて代

表施設で実施するとよい。清掃・修繕工事等については，点検作業で必要が認められた場合に実施するとよい。

解表 4-6　浸透施設の維持管理作業内容の例

分類		作業内容
点検作業	定期点検	・破損，陥没，変形，蓋のずれ等の状況確認 ・ゴミ，土砂，枯葉等の堆積状況確認 ・樹根の侵入状況の確認
	機能点検	・機能評価（簡易浸透試験）
清掃・修繕工事等	清掃・土砂搬出等	・清掃，樹根の除去 ・土砂搬出等の通常の清掃作業
	修繕・補修工事等	・破損，陥没箇所及び劣化損耗箇所の補修・修繕・改良工事
	機能回復作業	・透水シートの交換洗浄 ・砕石の人力による洗浄又は高圧洗浄

　貯留施設の維持管理作業は，貯留施設の種類，規模等の特徴を踏まえて行う必要があるが，参考として貯留施設（調整池）の維持管理作業内容の例を**解表 4-7**に示す。

　貯留施設の点検は，梅雨及び台風期等の出水期前，大雨洪水警報の発令等によって洪水が予想される場合等において実施することが考えられ，貯留施設の種類，規模等の特徴に応じて適切に実施する。また，出水の状況により，必要に応じて適宜巡視するとともに，点検や巡視の結果を踏まえ，必要な対策を行う。清掃・修繕工事等については，点検作業で必要が認められた場合に実施するとよい。

　なお，道路における雨水貯留浸透施設の機能維持に関するデータは非常に限られており，その実態は不明なところが多い。今後施工される箇所においては可能な限り施工時のみならず，追跡調査を実施し雨水貯留浸透施設の性能，舗装等の耐久性，構造の安定性等に関するデータを記録・管理することが望ましい。

解表4-7 貯留施設（調整池）の維持管理作業内容の例

分類		作業内容
点検作業	定期点検	・貯留部分：施設の異常，漏水，障害物，堆砂状況，集水溝流下状況 ・流入部分：取付け管部分の異常，漏水，流下部分の磨耗 ・放流施設：施設の異常，スクリーン及びオリフィスまたは放流管口の詰まり，浮遊物の付着，ポンプの状況 ・堆砂部：土砂の堆積状況，浮遊固形物の堆積状況 ・施設周辺：地表面の沈下，下流水路の状況 ・その他：観測施設（水位計，標識）
	出水期	・点検の内容は定期点検と同様
清掃・修繕工事等	清掃・土砂搬出等	・堆積土砂の除去 ・除草及び清掃
	修繕・補修工事等	・点検の結果，施設の損傷もしくは機能低下等を発見した場合は，その原因を究明し，すみやかに必要となる補修及び清掃を行う。

地下式の貯留施設において，清掃・点検等の作業のために施設内に入る場合には，酸素量やガス発生の確認，換気等の安全対策を行う必要がある。

参考文献

1) （財）国土技術研究センター：解説・特定都市河川浸水被害対策法施行に関するガイドライン，2005．

2) （独）土木研究所：道路路面雨水処理マニュアル（案），土木研究所資料，第3971号，2005．

3) （社）雨水貯留浸透技術協会：増補改訂・雨水浸透施設技術指針[案]，構造・施工・維持管理編，2007．

4) （社）雨水貯留浸透技術協会：増補改訂・雨水浸透施設技術指針[案]調査・計画編，2006．

5) （社）日本下水道協会：下水道雨水調整池技術基準（案）解説と計算例，1984．

6) （財）下水道新技術推進機構：下水道雨水浸透施設技術マニュアル（本編），2001．

第5章 施工計画

5-1 一般

⑴ 本章は，道路土工において各種土工構造物を施工するに当たっての計画の策定や安全確保等の施工時における留意事項について述べるものである。
⑵ 道路土工においては，施工に先立って適切な施工計画を立案しておくことが重要である。

施工の基本は，設計図書に示されている形状・品質の道路を，現地の地形，地質等に整合させながら的確に築造することである。しかし，実際の施工では，気象条件等の自然現象の影響を受けながらの作業であるため，施工の支障要因が随所に存在している。また，道路土工は周辺社会環境との関係が深く，それらへの配慮を抜きに施工を進めることはできない。さらに，実際の施工では，経済性，迅速性，確実性，安全性が常に要求される。このように，道路土工の実施に当たっては考慮すべき要素や制約が非常に多いため，施工に先立って適切な施工計画を立案しておくことが重要である。

施工計画には，施工に関する内容の全てを盛り込む必要があるが，主な項目としては次のとおりである。

① 土量の配分計画
② 各工種毎の施工法，必要な建設機械の使用計画，施工速度及び所要期間
③ 各工種毎の施工順序，施工時期，全体工程計画
④ 労務計画及び資材計画
⑤ 現場施工体制及び仮設備計画
⑥ 工事用道路その他準備工の計画
⑦ 事故防止並びに安全衛生に関する計画
⑧ 周辺環境の保全計画

施工計画は，設計積算の段階で発注者が基本的なものを作成し，工事契約後に

受注者が詳細な計画を作成する。これらの内容に若干の差はあるが、基本的な考え方は共通するので本章では特に両者を区別することなく述べる。

5-2 工期の設定

> 工期は、事業の便益並びに工事費に大きな影響を与えるものであり、慎重に検討しなければならない。

一般に、工期はその事業の全体計画に基づいて工事完了の最終日等を考慮して決定する。その際、労働力、建設機械、工事用資材、季節、気象等の種々の因子をよく検討し、安全かつ円滑で経済的な施工が可能な工期を設定しなければならない。なお、特別の事情により工期を著しく短縮せざるを得ない場合は、通常の場合に比べて工費が増大する要素が多くなることを念頭におかなければならない。

工期を定める手法としては、積上げ方式すなわち各作業工程を積上げた結果をもとに、必要な準備、後片付け日数、休止日数及び若干の現場状況に応じた余裕日数を見込んで設定する方法と、工事規模に応じた工期を過去の類似した工事の例から定める方法とがある。この２つの方法はいずれも一長一短があるので、実際の工期の決定においては工事内容により両方法から検討することが望ましい。

工期の設定及び施工計画の立案に当たって、検討すべき主な事項及び留意点を以下に示す。

(ⅰ) 労働力

工期内を通じて労働力はほぼ一定で、相当期間継続して作業ができるような工事施工が最も望ましい。すなわち一定の労働力で作業を円滑に連続的に行うのが理想的である。しかし、このようなことは実際には不可能に近いので、労働力の増減が短期間にたびたび起こることのないように計画を立てるのが望ましい。

(ⅱ) 建設機械

工事の主力となる建設機械は工事の規模に応じたもので、しかも一定の台数で連続して同種の作業ができるよう計画するのが望ましい。すなわち、機械の運用に関しては時間当たりの作業能率を高めることはもちろんのこと、機械の遊休期

間を極力少なくし，稼働率を高めるよう配慮する。
　（ⅲ）工事用資材
　工事用資材は工事工程に併せて円滑に入手し，使用するように計画することが望ましい。
　（ⅳ）季節と気象
　我が国のように季節によって気温，日照時間が相当異なり，また，降雨や降雪の多い時期と少ない時期があると，季節や気象によって1日の作業時間，月間の作業日数，作業効率等がかなり異なる。作業条件の悪い時期の工事は必然的に工期が長くなり経費も増大するので季節と気象を考慮して工期の設定及び施工計画の立案を行うことが望まれる。ただし，建設事業全体としては工事の平準化の点から年間のいずれかに極端に工事が集中することは望ましくないとされており，事業計画の段階においてはこのような配慮が必要となる場合もある。
　（ⅴ）作業の順序
　道路工事においては，土工作業のほかに横断構造物等の作業が並行して行われる。これらの作業は同一場所で同時に作業することができないので，通常は横断構造物等を完了した後，土工作業に重点が移ることになる。このような場合には作業順序や施工の段取の良否が工程に大きく影響するので注意すべきである。
　（ⅵ）工事の準備，後片付け期間
　工事に着手するときは，その準備期間が必要である。一般には，その期間に工事現場の確認（測量等），労働力・資機材の入手・配置，関係機関・地域住民との連絡協議，現場仮設備の設置等が行われる。工事準備期間は小規模工事の場合でも一定の期間が必要であり，大規模工事の場合は特にこの期間に工事実施の具体的計画を検討するものであるから適切な期間を確保する必要がある。
　また，工事が終了した後には仮設備の撤去や工事区域内の清掃等のための後片付け期間が必要である。
　（ⅶ）工期余裕期間
　天候や地盤状況の変化等の影響により，一般に必要最低限の日数で工事が計画どおり進行することは少なく，これらの影響を考慮して工事内容に応じた余裕期間をあらかじめ見込んでおくことが望ましい。

また，土・日曜，祝祭日，年末年始及び夏期休暇は休日として工程を立てるのが原則である。なお，都市部等では路上工事の年末・年度末規制を実施している場合があるので注意する必要がある。

(ⅷ) 用地等の取得状況

　工事の実施に当たっては，用地の取得や関連事業との協議等工事の支障となるものはすべて解決しているのが原則である。しかし，時には一部未解決な問題が残っていても解決する見込みが立つ場合には工事に着工することもある。このような場合，工事関係者はその事実を事前によく認識しておくことが必要であり，予定どおりの解決が行われない場合の工程計画の変更にすみやかに対応できるように，常に考慮しておくことが重要である。

(ⅸ) 日作業時間

　日作業時間は昼間の8時間を基本とするのが原則である。災害復旧工事またはその他緊急を要する工事，あるいは1サイクルの作業が連続8時間を超える工事等で，1日の作業時間を8時間以上にとらざるを得ない場合には実状並びに労働法規等を鑑み，安全施工が確保できるよう施工体制をとらねばならない。

5－3　施工計画の立案手順

> 施工計画は適切な手順で立案しなければならない。

　施工計画の一般的な立案手順を**解図 5－1** に示す。これを各段階に分けて説明すると次のようになる。なお，各段階の主要なものについては「5－3－1」以降に述べる。

① 第1段階：施工計画のための情報の収集

　設計図書を把握するとともに自然条件，社会条件等の現場条件を調査し，施工計画の立案に必要な情報を収集する。

② 第2段階：土量の配分

　原地形，計画地盤高，土取場・発生土受入地の位置を把握し，マスカーブ等の方法によって合理的な土量配分計画を作成する。これにより運搬距離，運搬土量

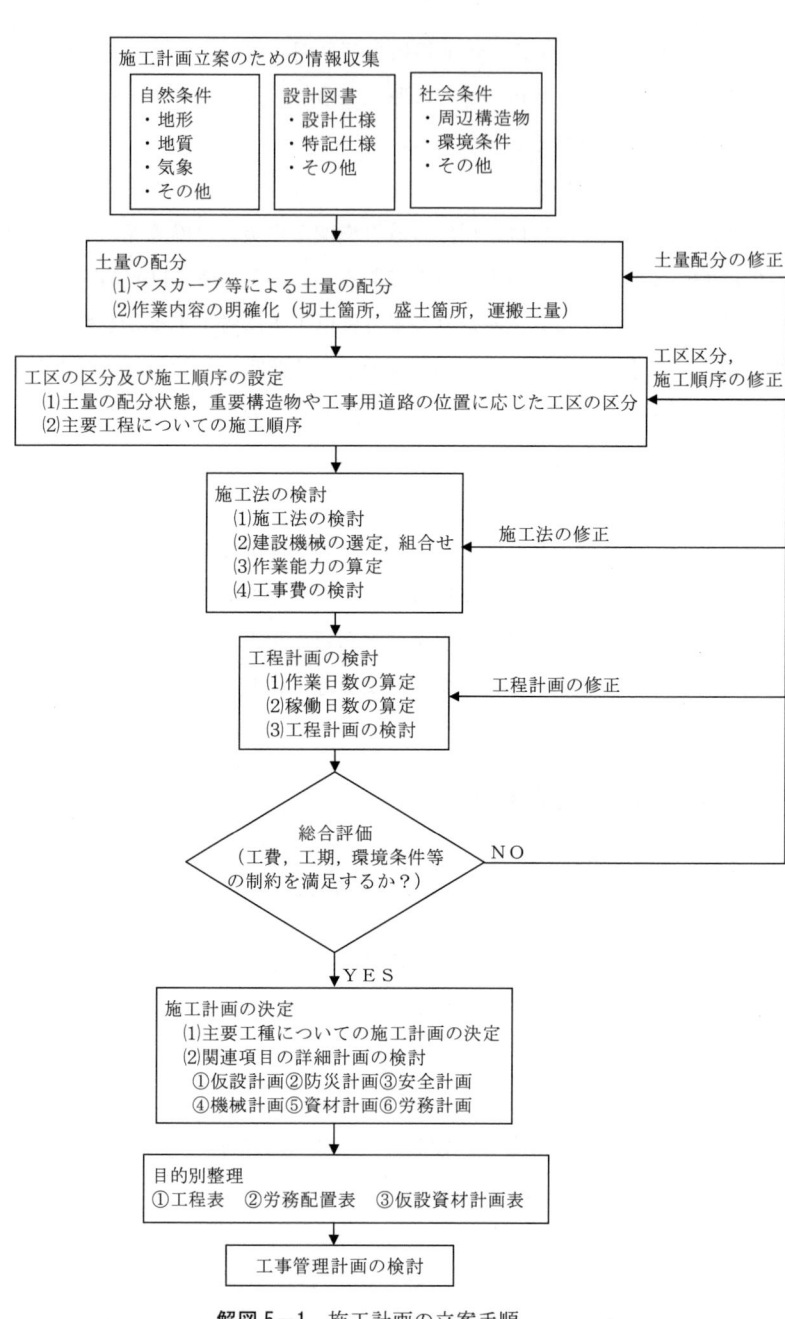

```
┌─────────────────────────────────────┐
│ 施工計画立案のための情報収集              │
│  ┌──────┐ ┌──────┐ ┌──────┐        │
│  │自然条件│ │設計図書│ │社会条件│        │
│  │・地形 │ │・設計仕様│・周辺構造物       │
│  │・地質 │ │・特記仕様│・環境条件        │
│  │・気象 │ │・その他│ │・その他│         │
│  │・その他│ └──────┘ └──────┘        │
│  └──────┘                          │
└─────────────────────────────────────┘
              ↓
┌─────────────────────────────────────┐     土量配分の修正
│ 土量の配分                           │ ←────────────
│  (1)マスカーブ等による土量の配分       │
│  (2)作業内容の明確化(切土箇所,盛土箇所,運搬土量)│
└─────────────────────────────────────┘
              ↓
┌─────────────────────────────────────┐     工区区分,
│ 工区の区分及び施工順序の設定           │ ←── 施工順序の修正
│  (1)土量の配分状態,重要構造物や工事用道路の位置に応じた工区の区分 │
│  (2)主要工程についての施工順序         │
└─────────────────────────────────────┘
              ↓
┌─────────────────────────────────────┐
│ 施工法の検討                         │
│   (1)施工法の検討                    │     施工法の修正
│   (2)建設機械の選定,組合せ            │ ←────────────
│   (3)作業能力の算定                  │
│   (4)工事費の検討                    │
└─────────────────────────────────────┘
              ↓
┌─────────────────────────────────────┐
│ 工程計画の検討                       │     工程計画の修正
│   (1)作業日数の算定                  │ ←────────────
│   (2)稼働日数の算定                  │
│   (3)工程計画の検討                  │
└─────────────────────────────────────┘
              ↓
          ╱総合評価╲
         ╱(工費,工期,環境条件等╲  NO
         ╲ の制約を満足するか?)╱ ────→
          ╲        ╱
              ↓ YES
┌─────────────────────────────────────┐
│ 施工計画の決定                       │
│   (1)主要工種についての施工計画の決定   │
│   (2)関連項目の詳細計画の検討         │
│     ①仮設計画②防災計画③安全計画      │
│     ④機械計画⑤資材計画⑥労務計画      │
└─────────────────────────────────────┘
              ↓
┌─────────────────────────────────────┐
│ 目的別整理                           │
│  ①工程表 ②労務配置表 ③仮設資材計画表  │
└─────────────────────────────────────┘
              ↓
┌─────────────────────────────────────┐
│ 工事管理計画の検討                   │
└─────────────────────────────────────┘
```

解図 5-1 施工計画の立案手順

等作業内容を具体的に明らかにする。

③　第3段階：工区の区分及び施工順序の設定

　土量の配分状態，構造物の位置等を考慮して工区の区分を行い，工区間並びに主要工種間の順序関係を検討する。このとき，工事用道路の有無についても考慮する必要がある。

④　第4段階：施工法と建設機械の選定

　各主要工種について施工法の検討を行い，使用機械の選定を行う。施工法の検討の際は工事費の比較検討も行う。また，工事用道路等必要な準備工についても検討する。

⑤　第5段階：工程計画の検討

　各主要工種について稼働日数の想定算出を行い，各工種の作業期間と施工順序を積重ね，全体工事が工期内に入るように調整して工程計画を設定する。

⑥　第6段階：総合評価

　工期，工費等の評価基準に基づいて上記の第1段階～第5段階の計画案を総合的に評価する。各段階で必要な要件を満足する計画案であれば第7段階へ進む。また，施工上の制約条件を満足しない場合には上位のプロセスへフィードバックし，計画代替案の作成を行う。

⑦　第7段階：施工計画の決定

　主要工種についての施工計画を決定した後，関連項目の詳細計画を作成する。工事用道路の計画がある場合は考慮する。

⑧　第8段階：目的別整理

　一連の施工計画を目的別に整理し，不適切あるいは不合理な部分がないかチェックするとともに目的別の計画表を作成する。

⑨　第9段階：工事管理計画の検討

　施工計画に基づいてどのように工事を管理していくかを検討する。

5−3−1　施工計画立案のための情報収集

> 施工計画の立案は，工事内容の基本的な事項や条件を把握し，現地踏査や土質試験等の補足，追加調査（施工のための調査）を実施して現場の施工条件を正しく理解したうえで行う。

施工計画の第一段階はまず正確な工事内容，工事条件の把握である。設計図書，仕様書，既往の各種調査資料，協議結果等によって工事内容の基本的な事項や条件を把握する。併せて，現地踏査や土質試験等の補足，追加調査（施工のための調査）を実施して現場の施工条件を正しく理解する。

（ⅰ）設計図書等

設計図書，仕様書等から以下に示すような内容等について，工事の全体像を把握する。

① 工事規模：工事金額，工事量（土工量）
② 工期，工事時期：季節，工事日数
③ 工事場所：地形，地質，本拠地からの距離
④ 工事の内容：
・主要工種と工事量（工事規模，工区割り）
・構造物工の種類と量（土工との工程調整）
・軟弱地盤対策工の有無（工程への影響，特殊工法の必要性）
・岩石工の数量，特殊土の有無（発破工法の可否，特殊工法の必要性）
・切土，のり面保護工の種類と量（工程への影響，特殊工法の必要性）
⑤ 工事の条件：
・工事の特殊条件（環境その他の制約，防災工の必要性，工法の指定，他官庁等との協議による制約条件）
・施工管理基準（使用機械の選定，試験施工，工程への影響）

（ⅱ）現地踏査

現地踏査では，設計図書等に示された工事内容や工事条件について現地の実態を正しく調査，把握し，仮設法や設置場所等の検討の材料とする。

① 工事現場の実態：（主に現場の自然的条件）
  ・地形，施工場所
  ・地質・土質，地表の状態，植生
  ・地下水，湧水，溜め池の状態
  ・地すべり，崩壊箇所の有無，既設構造物の状況や変状
  ・土砂流出の可能性と対策
  ・盛土や切土の位置，土取場・発生土受入地の状況，仮置場の想定
  ・主要な構造物の設置位置
② 工事の制約条件：（主に現場周辺の社会的条件）
  ・周辺の人家，学校，病院等の存在
  ・飲料水，農業用水等の存在
  ・文化財の位置，埋蔵文化財の存在
  ・用地取得状況（家屋，墓），支障物件（ガス管等の占用物件）の状況
  ・横断構造物や法令等による規制
  ・他官庁との協議による制約条件
③ 仮設物や安全施設等の設置場所：
  ・現場事務所，試験室，倉庫
  ・宿舎
  ・工事用機械設備，工事用電力，給排水設備
  ・機械置場，資材置場
  ・安全施設，危険物倉庫
  ・濁水処理施設
④ 工事用道路の調査：
  ・既設道路の実態
  ・仮設道路の必要性，迂回路，進入路の想定
（ⅲ）その他の調査
 ① 気象調査：
  ・工事可能日数の推定
 ② 地質・土質調査：

・土量配分及び土工の施工法
③ 工事現場周辺での工事の実態調査：
・土工の施工法等
④ 地下埋設物の調査：
・電気・電話等地下ケーブル，水道管，ガス管，排水管，生活雑排水管等
⑤ 地元労働力の調査：
・供給量，季節的変動
⑥ 建設機械の調査：
・入手可能機械の種類と台数
⑦ 工事費の調査
・労働賃金，資材単価，機械損料，特殊工事の工事費，資機材の輸送費

5-3-2 土量の配分計画

> 土工の工期と工事費にもっとも影響を与えるのが土量の配分計画である。したがって，取り扱う土の性質や土量変化率及び工事用道路や土工構造物の工程等の施工条件を適切に把握した上で，発生土量が最小となるような土量配分を計画する。

土量の配分は，土工の施工計画の中心である。まず，土質・地質の調査資料並びに現地踏査の結果をもとに，施工のための基本的な土性を把握する。一方，縦横断図により土量を算出し，場所別，工区（ブロック）別，土質別，用途別に整理する。また，各土質毎に土量変化率を乗じて，土量配分のための正確な土量の計算を行う。次に土量の配分のために土量計算書や土積図を作成する。

(1) **土量の変化**
1) 土量の変化率
 土工の施工計画の作成に当たっては，土量の変化率を用いて土量の変化を推定する必要がある。

土を掘削し，運搬して盛土を構築しようとする場合，土は地山にあるとき，それをほぐしたとき，それを締め固めたときのそれぞれの状態によって体積が変化する。土工のために土量の配分をしようとするときは，この土量の変化をあらかじめ推定しないと土工の計画を立てることができない。

　これらの状態における土量は，地山の土量との体積比をとった土量の変化率から求められる。変化率 L 及び C は次式により定義されている。

$$L = \frac{\text{ほぐした土量（m}^3\text{）}}{\text{地山の土量（m}^3\text{）}}, \quad C = \frac{\text{締め固めた土量（m}^3\text{）}}{\text{地山の土量（m}^3\text{）}}$$

　ここに，地山の土量……掘削しようとする土量（地山にあるがままの状態）

　　　　　ほぐした土量…掘削したままの土量または運搬しようとする土量（掘削され，ほぐされた状態）

　　　　　締固め土量……締め固められた盛土の土量（締め固められた状態）

　変化率 L は，土の運搬計画を立てるときに用いられる。運搬機械の積載量は，重量と容積の二つの制限を受ける。運搬する土の密度が大きい場合には積載重量によって運搬量が定まり，土の密度が小さい場合には積載容積によって運搬量が定まる。運搬機械として最もよく用いられるダンプトラックでは，運搬時の土の密度を 1.5 t/m³未満と仮定して荷台（平積容量）が造られている。したがって，地山の密度と変化率 L がわかっていれば，土の運搬計画を立てることができる。

　変化率 C は，土の配分計画を立てるときに必要である。切土によって発生する土を盛土材に利用するとき，あるいは盛土のために土取場から土を採取するとき，地山の土量が盛土に換算するとどう変化するかが推定できないと土の配分計画を立てることができない。変化率 C は土工計画にとって極めて重要な指数であるが，同時に工事費算定の重要な要素でもあるので変化率の決定に当たっては慎重に検討することが必要である。

2）　変化率の決め方，用い方

　土量の変化率は，地山の土量，ほぐした土量，締め固めた土量のそれぞれの状態の体積を測定すれば求めることができる。

　変化率の決め方には，簡易な測定方法から試験施工による方法，あるいは既往

の工事の結果から推定する方法等がある。**解表5-1**は過去のデータから示される土質別の平均的変化率であり，この数値は概略的な傾向を示すものである。変化率の決め方，用い方で注意すべき点は次のとおりである。

（a）地山土量は，比較的正確に測定することができる。しかし，変化率を測定するための地山土量の測定量が少ない場合は，そのデータをもとにした変化率は当然誤差を生じる。一応信頼できる地山土量としては200 m³以上，できれば500 m³以上が望ましい。

また，地山土量が多くなってくると，その地山の土質は必ずしも均一ではなく，複数層から成ることが多いので，土質別の変化率を厳密に算出することは困難である。

（b）ほぐした土量は，厳密な測定の方法がない。通常は，掘削機械等でほぐした土をダンプトラックの荷台に平らに積んで測定したり，あるいは平らな地面の上に積上げて測定する。このように，ほぐした状態そのものに差があり，測定も規格化された一様な方法ではないので，変化率Lは比較的信頼度が低い。

（c）締固めた土量は，かなり正確に測定できる。しかし，地山土量と同様の誤差は当然含んでおり，それ以外に締固めの程度がそれぞれの盛土によってある程度異なっていることに注意しなければならない。また，土の掘削・運搬中の損失，

解表5-1　土量の変化率

名称		L	C
岩または石	硬岩	1.65～2.00	1.30～1.50
	中硬岩	1.50～1.70	1.20～1.40
	軟岩	1.30～1.70	1.00～1.30
	岩塊・玉石	1.10～1.20	0.95～1.05
礫まじり土	礫	1.10～1.20	0.85～1.05
	礫質土	1.10～1.30	0.85～1.00
	固結した礫質土	1.25～1.45	1.10～1.30
砂	砂	1.10～1.20	0.85～0.95
	岩塊・玉石まじり砂	1.15～1.20	0.90～1.00
普通土	砂質土	1.20～1.30	0.85～0.95
	岩塊・玉石まじり砂質土	1.40～1.45	0.90～1.00
粘性土等	粘性土	1.20～1.45	0.85～0.95
	礫まじり粘性土	1.30～1.40	0.90～1.00
	岩塊・玉石まじり粘性土	1.40～1.45	0.90～1.00

及び基礎地盤の沈下による盛土量の増加は，原則として変化率に含まれていないことになっている。しかし，運搬中の土量の損失や基礎地盤の沈下が明白な場合は原則どおりでよいが，通常避けられない土量の損失や一般的に予想される程度の少量の地盤沈下に基づく土量の増加は，実際問題としてはむしろ変化率に含ませる方が合理的である。

　以上のように変化率のもととなる地山の土量，ほぐした土量，締め固めた土量の測定値は誤差を含んだものであることから，土量の変化率については，以下のような注意が必要である。

① 変化率は，実際の土工の結果から推定するのが最も的確な決め方である。特に変化率 C については各種の損失量も含めた変化率として，類似現場の実績を活用することが実用的である。

② 変化率 C がその工事に大きな影響を及ぼす場合は試験施工によって変化率を求めることも考えた方がよい。

③ 岩石の変化率は測定そのものが極めて難しく，破砕岩または岩塊を用いた盛土の場合はその空隙を土で埋めるか埋めないかが全体の変化率に大きく影響する。したがって施工実績を参考にして計画し，実状に応じて変化率の変更をすることが望ましい。

④ あらかじめ想定した変化率 C の値が実際の施工結果と異なる場合は，土工計画を再検討し，設計変更に反映させることが望ましい。

(2) 土量の配分

　土量の配分は，切り盛り土量のバランスと運搬距離，適切な建設機械及び盛土で要求される品質（土質条件の制約）等を的確に把握して計画しなければならない。

　切土または構造物の基礎掘削等によって得られる土は，通常は盛土に流用する。しかし，その土質が盛土材料として適さない場合，また，切土地点から盛土地点までの運搬距離が長いため流用するとかえって工費が高くなるような場合には，これを他に活用するか外部の発生土受入先に搬出し，不足する盛土材料は他の土取場から補給する場合もある。このように，どの切土の発生土をどの盛土の盛土

材に流用するか，どの切土の発生土を外部の発生土受入地に搬出し，どの盛土の盛土材を土取場から補給すべきかを決定することを土量の配分といい，土量の配分計画が定まると運搬距離別の土量が明確になる。

　土量配分は，「運搬土量×運搬距離」が最小となるよう計画するのが原則であるが，その際に留意すべき事項として次のものがある。

① 土量変化率が実態に合致しないと土量が余ったり不足したりするので、土量変化率はできるだけ事前調査等により正確な値をつかむようにする。

② 橋梁やカルバート等の構造物の工程や工事用道路計画との調整を十分に行い，施工が円滑にできるよう配慮する。

③ 同一工事現場内においても切土の土質がかなり異なることがあるので，切土を盛土に利用する場合には盛土の各部で要求される品質に応じた土質のものを流用するよう計画する。

④ 残土量ができるだけ少なくなるよう心掛けるものとし，いわゆる不良土であっても土質安定処理を行うなどしてその活用を検討する。

⑤ 切り盛り土量のバランスが取れずに発生土が生じる場合，安易に受入地を計画するのではなく，周辺の土地造成工事等との調整を行って発生土の有効利用を心掛ける。

⑥ 購入土を利用する場合は、購入土の種類や性状、購入時期、運搬経路及び価格について十分検討する必要がある。

　土量配分の手法としては土積図（マスカーブ）による方法と土量計算書のみによる方法とがある。土積図による方法は一般に多く用いられる方法で，比較的土工量の多い場合に運搬距離と土のバランスの関係を的確につかむことができる。土量計算書のみによる方法は，単純な土量配分の場合や土工量の少ない場合に用いられる。

　土量の配分計画に当たっては，必ず現場をよく観察し，施工が円滑にできるように配慮しなければならない。

1) 土積図（マスカーブ）による土量の配分

　道路土工の土量配分を行い，それに必要な建設機械の運用を計画するには，土積図を利用するのが便利である。土積図の作成及び土積図による土量の配分は次

の方法による。

（i）土量計算書の作成

（a）道路の各測点毎に切土，盛土の横断図の断面積をプラニメーター（プラニメーターの場合は2～3回測ってその平均値をとる）やCAD（CADはSXF対応のソフトで「OCF検定」に合格したもの）上で求め，**解表5-2**の要領により土量計算書を作成する。この場合，切土中に土質調査の結果より数種類の土質が存在する場合には工事費の積算の区分（例：岩と土砂）と対象となる区分に分けて測定しておくとよい。特に切土中に盛土材料として流用できない不良土がある場合には，切土断面積から不良土の断面積を差し引き，流用土のみを土量計算書で計算し，不良土は別の土量計算書で土量を求め，別途計上する。切土のある箇所の土を特別の目的をもって使用する時（良質であるために路床に使う計画等）は，これを流用土には含めず別途に土量計算を行う。また，路床部に良質の補給土を用いる場合には，路床部の土量を盛土断面積より除き，別途土量計算をする。

（b）土量計算書で補正土量を求める場合は，**解表5-1**の土量の変化率Cの値等を用いて次のように計算する。土積曲線には切土量を補正して作る盛土土積図と盛土量を補正して作る切土土積図とがある。

(イ) 土積図を盛土量で作る場合には切土量を盛土量に補正する。

$$補正土量＝切土量 \times C$$

(ロ) 土積図を切土量で作る場合は盛土量を切土量に補正する。

$$補正土量＝盛土量 \times 1／C$$

切土の土質が1種類（切土の土質が2種類以上でも，土量変化率Cを次の〔注〕①により1種類とした場合もこれによる）の場合には盛土量を切土量に補正するのが便利であるが，通常は，切土量を盛土量に補正して土積図を作成するものとする。**解表5-2**の補正土量は切土量を盛土量で補正した例である。

〔注〕地山の土質が1種類でなく，土量の変化率がそれぞれ異なる場合は次のようにして補正土量を求める。

① 各工区または山毎に，土質別の切土量（$V_1+V_2+\cdots+V_n$）を計算し，加重平均によって平均の変化率を求め，盛土の補正土量を求める。

$$補正土量 = 盛土量 \times \frac{1}{C_{mean}}$$

$$C_{mean} = \frac{V_1 C_1 + V_2 C_2 + \cdots V_n C_n}{V_1 + V_2 + \cdots + V_n}$$

② 横断土層図から土質毎の切土量を測点ごとに計算し，土量の変化率から切土量を盛土量に補正する。

（c）増減土量とは，盛土中にある横断構造物（例えば，ボックスカルバート）等の空容積で土量計算書だけでは表すことのできないもので，盛土より控除すべき，あるいは盛土に加える土量を別途計算し，土量計算書における盛土の増減土量欄にその数量及び事由を記入する。

（d）土量計算書の累加土量は，差し引き土量の累加であるので，縦方向の土量のみが考慮される。このため片切り片盛りのように同一断面で盛土と切土の両方がある場合，その断面内で流用されるので，これを横方向土量として算出する。

（ⅱ）土積図の作成（**解図 5-2 参照**）

（a）道路中心線の縦断図ＡＢＣＤＥＦＧＨＩＪＫＬを描く。

（b）縦断図の直下に基線ａｚ（±0 線）を引き，土量計算書で求めた累加土量を縦断図の各測点に対応して表示し，土積曲線ａｃｅｈｋｌを描く。土積曲線は，通常ａを初めの測点とし，左から右へ測点番号を増すように描く。

（ⅲ）土積曲線の性質（**解図 5-2 参照**）

土積曲線には次のような性質がある。

（a）曲線の底点及び頂点は，それぞれ盛土から切土へ，切土から盛土への変移点である。これらの変移点は必ずしも縦断図の地盤面と盛土計画面の交差点の直下にはならない。

（b）基線ａｚに平行な任意の直線（これを平衡線という）を引いて曲線と交差させると隣接する交差点（これを平衡点という）の間の土量は，切土・盛土が平衡している。例えば曲線ｂｃｄにおいては，ｂからｃまでの切土量とｃからｄまでの盛土量は等しく，曲線ａｂｄｅの場合は，ａからｂまでの切土量とｄからｅまでの盛土量は等しい。なお，この場合の基線ａｚは，ａｂとｄｅの平衡線を兼ねている。

解表5-2 土量計算書の一例

測点	距離(m)	切土 砂 断面積(m²)	切土 砂 地山土量(m³)	切土 砂 補正土量(m³)	切土 普通土 断面積(m²)	切土 普通土 地山土量(m³)	切土 普通土 補正土量(m³)	切土 軟岩 断面積(m²)	切土 軟岩 地山土量(m³)	切土 軟岩 補正土量(m³)	① 補正切土量合計(m³)	擁壁	盛土 路体 断面積(m²)	盛土 路体 土量(m³)	盛土 増減土量(m³)	② 盛土量合計(m³)	擁壁	①-② 差引き土量(m³)	累加土量(m³)	横方向土量(m³)	測点
19+80		27.3	—		17.7	—		49.5	—										0		19+80
20+00	20	51.6	789	710	31.7	494	445	80.3	1,298	1,493	2,648							2,648	2,648		20+00
+20	〃	53.2	1,048	943	34.1	658	592	82.2	1,625	1,869	3,404							3,404	6,052		+20
+40	〃	61.1	1,143	1,029	46.2	803	723	74.9	1,571	1,807	3,559							3,559	9,611		+40
+60	20	84.8	1,459	1,313	54.9	1,011	910	51.7	1,266	1,456	3,679		0	0		0		3,679	13,290		+60
+80	〃	11.2	960	864	8.0	629	566	9.3	610	702	2,132		34.9	349	△220	129		2,003	15,293	129	+80
21+00	〃	0	112	101	0	80	72	0	93	107	280		97.4	1,323		1,323		-1,043	14,250	280	21+00
+20	〃	0	0	0	0	0	0	0	0	0	0		183.0	2,804		2,804		-2,804	11,446		+20
+40	〃												248.7	4,317		4,317		-4,317	7,129		+40
+60	〃												353.0	6,017		6,017		-6,017	1,112		+60
+70	10												355.3	3,542	△854(カルバート)	2,688		-2,688	-1,576		+70
+80	10												383.4	3,694		3,694		-3,694	-5,270		+80

測点	距離(m)	断面積(m²)	地山土量(m³)	補正土量(m³)	断面積(m²)	地山土量(m³)	補正土量(m³)	断面積(m²)	地山土量(m³)	補正土量(m³)	①補正切土量合計(m³)	擁壁	断面積(m²)	路体土量(m³)	増減土量(m³)	②盛土量合計(m³)	擁壁	①-②差引き土量(m³)	累加土量(m³)	横方向土量(m³)	測点
25+00	20	52.6	1,021	919	37.6	701	631	68.9	1,428	1,612	3,192							3,192	173		25+00
+20	〃	50.9	1,035	932	38.5	761	685	77.2	1,461	1,680	3,207							3,297	3,470		+20
合計			18,312	16,483		10,602		—	24,577		51,662			49,266	△1,074	48,192		3,470	—	1,459	合計

— 277 —

解図 5-2 土量配分図による土量の配分

（c）平衡線から曲線の底点及び頂点までの高さは，片切り，片盛り等の横方向の流用土を除いた切土から盛土へ運搬すべき正味の全土量を表す。例えば曲線ｂｃｄの場合には，全土量はｂｃの縦距によって表示される。（片切り，片盛りはあらかじめ土量計算書で差し引いておくので，土積曲線に表示されない。）

(ⅳ) 土積図による土量配分

（a）土積図で土量配分を行う場合は，土量計算書からあらかじめ盛土，切土の土量を知り，概略の配分を把握しておく必要がある。特に多量の補給土の搬入や発生土の外部への搬出を必要とするような場合は，土取場や発生土受入地の位置を考慮して，経済的な運搬距離で土工が行われるように配分しなければならない。

（b）盛土と切土がほぼ平衡している区間で平衡線を引き，図上で上下してみて最も有利な平衡点を求める。この平衡点は，必ずしも一本の連続した直線である必要はなく，土積曲線と交わる点で切ることができる。二つの平衡線の間の上下の間隔，あるいは基線と土積曲線の終点の間隔は補給土または捨土を示すことになる。例えば，**解図5－2**において基線ａｚと l の間隔は捨土量を示している。

（c）土積曲線で配分した土量は，**解図5－2**に示したように，図の上方に記入しておく。この際，土量の数値は土積図の縦距を測って求めるのではなく，必ず土積計算書から求めなければならない。もし平衡点が測点と測点との中間になった場合には，補間法によって土量を求める。

（d）切土から盛土への平均運搬距離は，切土の重心位置と盛土の重心位置との間の距離で表される。これは，図上で実用上十分正確なものを求めることができる。**解図5－3**の土積曲線ｍｋｃｌｎにおいて縦距ｒｔの中心ｓを求め，ｓを通って水平線ｐｑを引き，曲線と交わった点ｐ及びｑを通る垂直な投影線は，それぞれ切土の重心位置Ｐ及び盛土の重心位置Ｑを通過する。したがって，ｐｑの長さが平均運搬距離を表す。また，ダンプトラック等による運搬で，道路敷地外の運搬路を使用するような場合は，土積図によらないで，平面図から求めるか，あるいは実測によって平均運搬距離を求めるのがよい。

（e）土積曲線が平衡線より上にある部分，例えばｍｋｃｌｎでは，切土から盛土への運搬は図の左から右へ行われ，反対に下にある部分，例えばｄｅｆでは右から左へ行われる。したがって，平衡線を上下することによって運搬方向を変え

ることもできる。

（f）切土は両方向の盛土区間に運搬できる方が能率上有利である。平衡線 df を設定するとGFEの切土は両方向に運搬できる。もし平衡線ｄｆを少し下げれば，運搬方向が反転するF点を，この切土区間の中心に近い所にもっていくことができる。

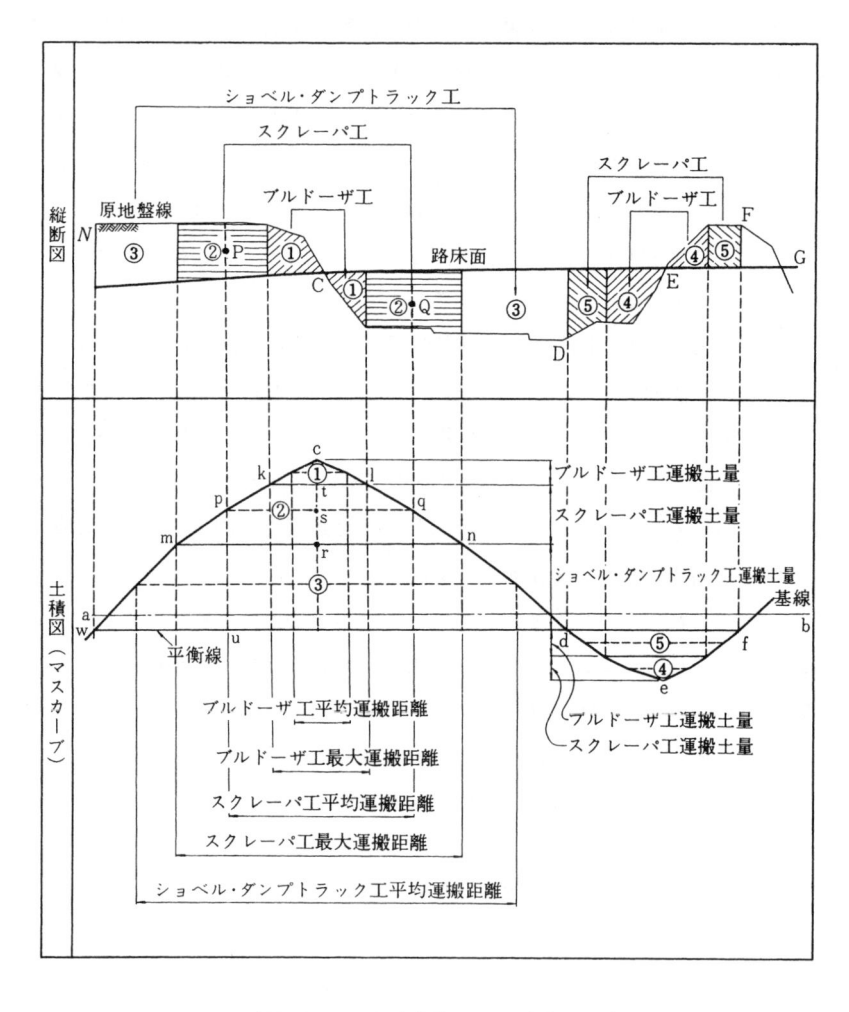

解図5-3　土積曲線による機種の選定

（g）縦断勾配が急な区間では，排水や運搬を考慮して，できるだけ縦断曲線に沿って下り勾配で掘削できるように平衡線を引くのがよい。また，盛土区間に橋梁や高架等の構造物があって，その構造物をこえてブルドーザや，スクレーパ等で土を運搬することが難しい場合は，構造物の端部で平衡させるか，あるいはダンプトラックによる土の運搬を計画する必要がある。

（ⅴ）土積曲線による機種の選定

（a）大規模な土工を含む道路工事においては，土積曲線を利用して機種及び運搬距離，運搬土量を求めるのが望ましい。

（b）土質，地形，作業能力等から，その作業現場に最も適した機種の経済的な運搬距離を決め，機種毎の掘削運搬土量（**解図5－3参照**）及び運搬距離を決定する。

　機種による経済的な運搬距離は，当該工事における各機種の代表的な施工単価を算出して，**解図5－4**に示すような施工費グラフを作成し，これにより求めることができる。なお土積図における運搬距離は水平距離を示しているが，実際の施工では勾配，地形の関係から運搬距離は異なることを理解しておくことが必要である。

（c）土工量が少ない小規模工事の施工機種の選定は，上記のような施工費のみによる経済性からだけではなく，持込機械の汎用性，投入する機械の機動性，並びに現場の施工条件等から判断されることになる。汎用性についてはブルドーザ，トラクタショベル，バックホウが，機動性についてはダンプトラックが考えられる。また，現場の条件によっては必ずしもスクレーパの使用が可能とは限らず，このような点を十分考慮しながら土積曲線上での土量配分を行い，機種を選定しなければならない。

2) 土量計算書による土量の配分

　土工量が少ない場合や，単純な土工の場合には，土積図を用いることなく，土量計算書から大略の土量配分を行うことができる。土工量が少ない場合には，土量計算書によって計算された累加土量のバランスにより土量配分を計画することができる。また，切土のみあるいは盛土のみのような単純な土工の場合には，累加土量の平均値を示す測点が切土あるいは盛土の運搬の重心位置を示すことから，

これにより容易に平均運搬距離を算出することができる。

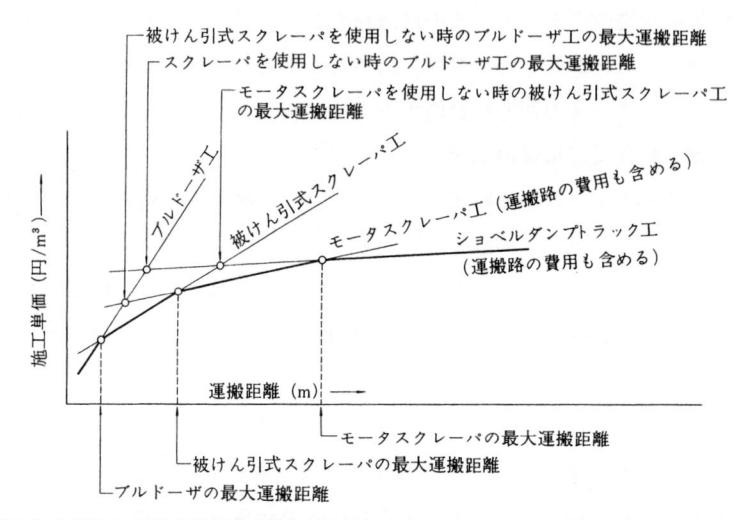

解図5-4 機種毎の経済的運搬距離の算出方法

注1）上図は大規模土工工事の場合（太線）のものであり，例えば，スクレーパの使用ができないときは，それぞれスクレーパ工を除いた工種の施工費グラフを延長し，その交点から最大運搬距離を求める。

注2）上図以外の機種（スクレープドーザ等）で経済運搬距離を必要とするときは上図に加えて求める。

注3）一般的な場合の「機種と運搬距離の関係」については，解表5-6に示してあるので参照するとよい。

3）インターチェンジ等平面土工の土量の配分

インターチェンジ等のように広い面積での土量配分については，マスカーブでの処理ができない。このような場合には，各ランプ別の土量計算書に基づいて，切土部盛土部を，それぞれ数量の分割が容易になるような大きさに区分し，各区分ごとに補正土量により，最も近い盛土箇所から順に平面的に配分を行う。この場合，「運搬土量×運搬距離」が小さくなるよう配分する。

4）土質と土量の配分

大規模な道路土工の配分計画の立案に当たっては，土質調査の結果に基づき，

— 282 —

切土から得られる材料の土質を考慮して盛土の各部に最も適した材料が配分できるように計画する必要がある。例えば、路床及び盛土の上部にはできるだけ締固めの容易な圧縮性の少ない良質な材料を配分し、粒径の大きな岩塊、含水量調節の必要な粘性土等は、高い盛土の路体下部の部分に入るように計画し、盛土材料に適さない不良土はあらかじめ土積図から除いて計画する必要がある。一方、土質と機種による配分計画との関連では、例えば大きな岩塊の発生する硬岩や、大きな径の玉石等の混入した土砂においては、被けん引式スクレーパ工及び自走式スクレーパ工は適さない場合が多いので、これらの建設機械を使用しないことがある。このように、土質条件を考慮して土量の配分計画を立てる場合には、十分な土質調査を行って土質毎の土量を把握するとともに、切り盛り土量の配分は、土量だけでなく土質並びに施工機種の適正な配置という面からも考慮しなければならない。

また、盛土材料には適さない土であっても、表土等はできるだけのり面工の被覆土等として活用することを考慮することが望ましい。施工区域内の表土の積極的利用は、長期的に見れば、管理の省力化やのり面植生の安定等につながり、効率的といえる場合が多い。

5-3-3 工区の区分及び施工順序

> 工区は構造物の位置、工種、土量配分、施工法、施工順序等を考慮して、区分しなければならない。

道路工事の施工の流れは仮設物の設置、工事用道路の築造等の後、土工関係では切土のための準備工（伐採、除根等）、盛土敷地の準備工（伐採、除根、仮排水等）、発生土受入地の準備工（伐採、排水、のり尻処理等）、表土削取り、軟弱地盤処理、切・盛土工、路床工、のり面工、排水工と進む。一方、各種構造物（擁壁、カルバート等）の関係では掘削、基礎工、コンクリート構造物の構築、埋戻し、裏込め等の順となる。

通常の施工では、この土工の流れと構造物工の流れを組み合わせて順序が決ま

る。この施工の流れは工事規模が小さいときのものであるが、工事延長あるいは区域が大きく、工事の規模がある程度以上になると、工事をいくつかの工区（施工単位）に区分したほうが施工を整然と行うことができる。工区の区分を行う場合には単に延長を等分に分割するのではなく、構造物の位置、工種、土量配分、施法、施工順序等を考慮して、全体工程の中で最も円滑な施工が期待できるようにする。次に工事全体としてはどの工区から着手するかが重要である。進入路、既設道路の切替え、用地問題、地域住民の要望、先行作業の有無、資機材の調達搬入、発生土受入地、土取場、特殊工事、労働力、工区の仕事量の大小、季節的工事休止等の事項を検討し、各工区毎の施工順序を決める。この時点では各工区の施工方法が考えられている必要があり、これが施工順序とも密接に関連する。

各工区の施工を手順良く進めるための留意点を下記に示す。

① 構造物掘削や、切土によって発生する土砂に対して流用先（盛土、埋戻し、裏込め等）の工程が適切であるか。

② 各工区個別もしくは共通する工事用設備（工事用道路、資材仮置場、沈砂池等）の切替・盛替は頻雑でないか（できるだけ長く使用できるか）。

③ 一つの工区における工程の遅延により他工区もしくは全体工程に大きな遅延が生じることのない計画となっているか（変更計画の作成が容易か）。

④ 同一工種（コンクリート打設、用排水工等の詳細工種）が同一時期に他工区と著しく重複していないか。

⑤ のり面工（夏期・冬期は不適）、切盛土工（雨期は不適）、コンクリート打設工（冬期、夏期は対策が必要）等季節的な条件は考慮されているか。

5－3－4　施工方法と機械の選定

施工方法は個々の現場条件に合わせて選定しなければならない。また、道路土工の主要部分は、建設機械を用いて施工されている。したがって、建設機械の選定の適否が直ちに工事の費用、品質、工期等に大きく影響するので、工事の実施に当たっては作業の種類、地盤条件、運搬距離と勾配及び作業場の面積、工事規模と工期及び建設機械の普及度、施工方法、その他の現場条件を十分に

> 考慮して適切な建設機械を選定しなければならない。また，現地条件に応じて環境面にも十分配慮することが必要である。

(1) 施工方法の選定

　土工には量，質によって，標準的な施工方法がある。一方，個々の工事には現場の特殊な条件があり，標準的な工法もその条件に合わせて修正しなければならない。

　各工種それぞれについて，施工方法及び使用機械が決まったら，工種毎に日当たり平均作業量を求め，機械台数と所要日数を算定する。平均作業量は従来の実績または後述の作業能力の算定方式（「5-5　建設機械の作業能力」参照）によって求める。

　次に主要工種を施工順序に従って施工した場合の総所要日数が工期内に適切に収まるよう，機種，機械台数，施工順序等を調整する。この場合，労働力，機械台数等が時期によって大きく変動せず，また工期に適当な余裕があることが必要である。

　以上の検討を幾度か繰り返して，最も能率的な施工方法を決める。

(2) 作業の種類と建設機械

　土工作業には伐開除根，掘削，積込み，運搬，敷均し，含水量調節，締固め，整地，溝掘り等の作業がある。それらの作業によく使用されている建設機械を分類して示すと**解表5-3**のとおりである。機械によっては1種類でいくつかの作業が可能であり，また作業の種類は同一でも現場条件により使用される建設機械の種類や大きさは異なってくる。具体的には，掘削する土の硬さや岩のリッパビリティ，盛土材料のトラフィカビリティ等の作業条件，運搬距離及び勾配，工事規模及び工期，建設機械の普及度等の条件を考慮して建設機械の種類と規格を選定しなければならない。作業条件に，施工対象の土質が軟弱である，多量の岩を掘削する，工事規模が大きい，工期が短い，などの要件がある場合には，それらの点に十分配慮して建設機械の選定を行わなければならない。

　一般的な土工工事では，土量の配分及び土の運搬経路等を考慮しながら，工事

全体を掘削，積込み，運搬，敷均し，締固め等の工種に区分して，それぞれの工種について一日当たりの作業の概算値をもとに，ブルドーザ，トラクタショベルまたはショベル系掘削機，ダンプトラック，条件によってはスクレーパ等の通常の汎用機械からそれぞれの工種と作業量に適した建設機械を選定する。

　なお，建設機械は常に進歩・改良され，性能の向上あるいは新機種の開発が行われていることから，将来の施工技術の進歩のために新機種の積極的な採用が望まれるものである。さらに，近年低騒音型・低振動型建設機械や排出ガス対応型建設機械が充実しており，公共工事ではこれらの環境対応型建設機械の使用が義務づけられている。

解表5-3　作業の種類と建設機械

作業の種類	建設機械の種類
伐開除根	ブルドーザ，レーキドーザ，バックホウ
掘削	ショベル系掘削機（バックホウ，ドラグライン，クラムシェル），トラクタショベル，ブルドーザ，リッパ，ブレーカ
積込み	ショベル系掘削機（バックホウ，ドラグライン，クラムシェル），トラクタショベル
掘削，積込み	ショベル系掘削機（バックホウ，ドラグライン，クラムシェル），トラクタショベル
掘削，運搬	ブルドーザ，スクレープドーザ，スクレーパ
運搬	ブルドーザ，ダンプトラック，ベルトコンベア
敷均し，整地	ブルドーザ，モータグレーダ
含水量調整	プラウ，ハロウ，モータグレーダ，散水車
締固め	タイヤローラ，タンピングローラ，振動ローラ，ロードローラ，振動コンパクタ，タンパ，ブルドーザ
砂利道補修	モータグレーダ
溝掘り	トレンチャ，バックホウ
のり面仕上げ	バックホウ，モータグレーダ
さく岩	レッグドリル，ドリフタ，ブレーカ，クローラドリル

(3)　土質条件

　建設機械の選定に当たり特に考慮すべき土質条件は，①現場の土が軟弱でトラフィカビリティが問題となる場合，②掘削対象が岩や硬い土で掘削工法が問題と

なる場合，③大きな岩塊玉石等を多く混入し積込み方法等が問題となる場合，④締固め工法の選定の場合等である。

(ⅰ) トラフィカビリティ

建設機械が軟弱な土の上を走行する場合，土の種類や含水比によって作業能率が大きく異なる。特に高含水比の粘性土や粘土では，建設機械の走行に伴うこね返しにより土の強度が低下し，走行不可能になることもある。一般にトラフィカビリティは，コーン指数 q_c で示される。すなわち，現場の代表的な箇所の土または盛土材料となる土を採取してきて，室内試験により規定された方法によって締め固めてコーン指数を測定する。

解表 5-4 は各種の建設機械について，同一わだちを数回走行が可能な場合のコーン指数を示したものである。走行頻度の多い現場では，より大きなコーン指数を確保する必要がある。

解表 5-4 建設機械の走行に必要なコーン指数

建設機械の種類	建設機械の接地圧 (kN/m²)	コーン指数 q_c (kN/m²)
超湿地ブルドーザ	15〜23	200 以上
湿地ブルドーザ	22〜43	300 以上
普通ブルドーザ(15 t 級)	50〜60	500 以上
普通ブルドーザ(21 t 級)	60〜100	700 以上
スクレープドーザ	41〜56(27)	600 以上 (超湿地型は 400 以上)
被けん引式スクレーパ (小型)	130〜140	700 以上
自走式スクレーパ (小型)	400〜450	1,000 以上
ダンプトラック	350〜550	1,200 以上

(ⅱ) リッパビリティ

硬岩，中硬岩等の掘削は，人家等に近接していて発破作業が実施できない場合以外は，一般に発破によって行われている。一方，軟岩や硬い土等の掘削は，中，大型ブルドーザに装着されたリッパによって行われるのが一般的であり，ブルドーザの大型化とともに，その適応する範囲は拡大している。

一般にリッパによって作業ができる程度をリッパビリティという。リッパビリ

ティは，地山の弾性波速度が一つの目安とされているが，大型のリッパ装置付ブルドーザほど高い弾性波速度の岩盤まで掘削可能であり，現在では弾性波速度が2.0 km/sec 程度の岩盤まで掘削可能である。機械の選定では，リッパ作業が可能か否かの判定が重要であり，場合によっては試験施工が必要となることもある。

掘削土が硬い場合には，**解表 5-5** に示すように機械の掘削限界を弾性波速度によって知っておくと便利である。

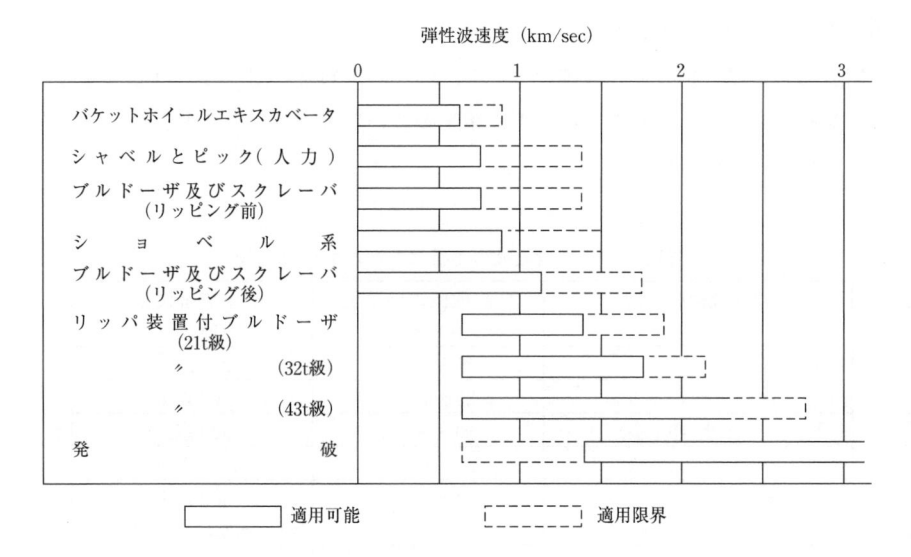

解表 5-5 掘削工法の適用限界

弾性波速度 (km/sec)

機械	適用範囲
バケットホイールエキスカベータ	
シャベルとピック（人力）	
ブルドーザ及びスクレーパ（リッピング前）	
ショベル系	
ブルドーザ及びスクレーパ（リッピング後）	
リッパ装置付ブルドーザ (21t級)	
〃 (32t級)	
〃 (43t級)	
発破	

□ 適用可能　　┊┈┈┈┊ 適用限界

(ⅲ) 岩魂の大きさ

大きな転石，岩塊を大量に含む土砂あるいは破砕された岩の掘削，積込み作業では，大きな転石や岩塊を破砕するか，またはそのまま運搬するかによって作業の方法が異なってくる。岩塊を破砕しないままで積込み運搬しようとする場合に10〜11 t 積ダンプトラックでは長径 50〜60 cm 以下である。通常，これ以上の岩魂はブレーカ等で破砕する必要がある。大きな岩塊が多量にあるときは，専用のダンプトラックが必要なこともある。

(ⅳ) 締固め機械の適用性

締固め機械は土質によって,適用性が異なるのでその選定に当たっては注意が必要である。締固めの詳細については,「道路土工－盛土工指針」を参照するとよい。

(4) 運搬距離,勾配,作業場の面積

土工では土の運搬が主要な作業であるとともに,その経費が土工費に占める割合も大きいので,大量に土を運搬する工事では,適切な運搬機械の選定を特に慎重に行う必要がある。運搬機械の選定に当たっては,特に運搬距離,勾配,作業場の面積等に注意しなければならない。

(i) 運搬距離

運搬距離に適した機械の選定は,**解図5－3**及び**解図5－4**により各現場毎に行うことになるが,通常,各運搬機械の適応運搬距離は**解表5－6**のとおりである。中小規模の土工や現場条件によってはスクレーパ施工が行われにくいので,近距離運搬ではブルドーザが使用され,中長距離運搬ではダンプトラックが使用されることが多い。

解表5－6 運搬機械と土の運搬距離

建設機械の種類	適応する運搬距離
ブルドーザ	60m以下
スクレープドーザ	40～250m
被けん引式スクレーパ	60～400m
自走式スクレーパ	200～1,200m
ショベル系掘削機＋ダンプトラック	100m以上

注) 運搬距離が60～100mの場合は現場条件に応じて,ブルドーザ及びダンプトラック等を比較して使用するものとする。

(ii) 勾配

運搬機械が坂路を上る場合には走行抵抗が急激に増大し,速度が遅くなり作業能率が低下する。反対に坂路を下るときは,一定の勾配を越すと作業が危険になる。一般に適応できる運搬路の勾配の限界は,被けん引式スクレーパやスクレープドーザが15～25%,自走式スクレーパやダンプトラックでは10%以下,坂路が短い部分でも15%以下とされている。

スクレーパに適する走行可能勾配は，**解表5-7**のようである。
(ⅲ) 作業場の面積，運搬路の程度

掘削積込み地点では作業場の面積を考慮して機械を選定する必要があり，特にスクレーパは回転するための広い面積が必要である。また，運搬路についてはその幅員等をよく確認して，運搬機械の大きさを選定する必要がある。

運搬路の幅員は，**解表 5-8** に示すように工事規模や車種に応じて確保する必要がある。

解表5-7 スクレーパの走行可能勾配

機　　種	運搬路の勾配
被けん引式スクレーパ	15～25%
タンデムエンジン自走式スクレーパ	10～15%
シングルエンジン自走式スクレーパ	5～8%

解表5-8 運搬路の幅員

車　　種	1車線（1方通行）	2車線
8～11 t 積級ダンプトラック	4.0～5.0m	8.0～10.0m
20 t 　積級ダンプトラック	6.4m	10.0～12.0m
35～45 t 積級ダンプトラック	7.0～8.0m	14.0～18.0m

(注1) 4 t 級程度以下の小型機種でも1車線3.5～4.0m程度を確保することが望ましい。

(注2) 一車線の場合，200～300m毎に待避所を設ける。

(5) 工事規模と工期及び建設機械の普及度

近年の道路土工は，大規模な工事も多く，また工事規模に比して工期が短く，短期間に多量の土工量を施工しなければならないことも多い。このため，建設機械の選定に当たっては，工事規模と工期等の施工条件のほか，建設機械の普及度を考慮しなければならない。

建設機械の選定は，原則的には工事規模に対応して行われるので，一般に大規模工事では大型建設機械が使用されている。また，小規模工事では小型建設機械を使用するのが合理的であり，実際の運用もほぼそのとおりとなっている。しかしながら，工事の規模と工期から考えて，特に大型の建設機械の使用が望ましいと思われる場合もある。小規模工事で大型建設機械の使用を検討するときには，

以下に示す点を十分考慮することが必要である。

(ⅰ) 機械の作業能力と現地条件

　一般に大型建設機械を使用するためには，その建設機械が十分に能力を発揮できる工事量及び作業現場の広さと，組み合わせる建設機械の能力が備わっていなければならない。また，その現場である程度の建設機械の償却が可能であるか，あるいは，他の現場への転用の目途があるなどの条件が整っていることが望ましい。

(ⅱ) 機械の普及度

　台数が少なく普及度の低い大型建設機械の場合，それを短期間に搬入することが難しかったり，あるいは入手できてもその工事の完了後，ほかの工事への転用が難しいなどの不都合を生じることがあり，注意が必要である。

　このため，普及度の高いすなわち市場の保有台数が多く，また生産台数も多い建設機械の中から大型のものを使用する方が工事の段取りや建設機械の手配あるいは施工経費等で有利なことが多い。

　建設機械の普及度は，年々変化しているが，現在（平成19年）の道路土工において，普及度が高い（保有台数の多い）規格（容量）の主な建設機械について**解表5－9**に示す。

　なお，ダム工事や空港工事ではさらに大型の建設機械が使用されているので必要に応じて，「ダム工事積算の解説」（(財)ダム技術センター）等，他の図書を参考にされたい。

(6) 建設機械の組合せ

　土工は掘削から締固めまでの一連の作業として相互に緊密な関連をもって施工される。このように何種類かの建設機械が密接な関連をもちながら稼働し，一貫した作業を行う建設機械を組合せ建設機械という。組み合わせた一連の作業の作業能力は組合せ建設機械の中で最小の作業能力の建設機械によって決定される。したがって，各建設機械の作業能力に大きな格差を生じないように建設機械の規格と台数を決めることが必要である。全体的に作業能力をバランスさせると作業系列全体の施工単価が安くなる。主な建設機械の組合せを**解表5－10**に示す。

解表5－9　普及度の高い建設機械の規格

機　種	普及度の高い規格
ブルドーザ	普通型　11 t，15 t，21 t，32 t　　（質量） 湿地型　13 t，16 t，20 t　　　　（〃）
リッパ装置付ブルドーザ	普通型　21 t，32 t，44 t　（質量，ただしリッパ装置を除く）
スクレープドーザ	普通型　9.5 ㎥　　　　　　　　（ボウル山積容量）
被けん引式スクレーパ	15 ㎥，22 ㎥　　　　　（ボウル山積容量）
自走式スクレーパ	シングルエンジン　24 ㎥　　（ボウル山積容量）
バックホウ	油圧式クローラ型　0.13 ㎥，0.28 ㎥，0.45 ㎥ 　　　　　　　　　0.6 ㎥，0.8 ㎥，1.0 ㎥，1.4 ㎥ 　　　　　　　　　　　　　　　（標準バケット山積容量）
ドラグライン及び クラムシェル	機械式クローラ型　0.6 ㎥，0.8 ㎥，1.2 ㎥，2.0 ㎥ 　　　　　　　　　　　　　　　（標準バケット平積容量） 油圧式クローラ型　0.3 ㎥，0.6 ㎥，0.8 ㎥，1.0 ㎥ 　　　　　　　　　　　　　　　（標準バケット平積容量）
トラクタショベル （ローダ）	クローラ型　0.4 ㎥，0.8 ㎥，1.0 ㎥，1.6 ㎥，1.8 ㎥ 　　　　　　　　　　　　　　　（標準バケット山積容量） ホイール型　1.0 ㎥，1.2 ㎥，1.5 ㎥，2.1 ㎥，2.5 ㎥ 　　　　　　　　　　　　　　　（標準バケット平積容量）
ダンプトラック	4 t積，10～11t積　（積載重量）
タイヤローラ	3～4 t，8～20 t　（質量）
振動ローラ	ハンドガイド式　0.8～1.1 t　　（質量：t） 土工用搭乗式コンバインド型（質量：t）＜最大起振力：kN＞ 2.5～2.8 t＜20～25kN＞，3～4 t＜50～70kN＞， 8～10 t＜200～250kN＞，11～12 t＜230～280kN＞， 13～15 t＜280～300kN＞，19～20 t＜320～350kN＞
ロードローラ	8～10 t，10～12 t　（質量）

解表5－10　作業と建設機械の組合せ

作業の種類	組合せ建設機械
伐開・除根・積込み・運搬	ブルドーザ＋トラクタショベル（バックホウ）＋ダンプトラック
掘削・積込み・運搬	集積（補助）ブルドーザ＋積込み機械＋ダンプトラック
敷均し・締固め	敷均し機械＋締固め機械
掘削積込み・運搬・散土	スクレーパ＋プッシャ

(7) 施工方式

以下，〔参考〕に中規模程度の土工の際の建設機械の一般的な組合せ方式の例を示す。なお，組合せ方法，使用機械の機種，規格（重量，容量等），台数は現場の地形，土質，施工方式，工事量等に応じて決定する。

〔参考〕

①片切り片盛りの土工

	掘削・運搬・敷均し	締固め
例1．	ブルドーザ（11〜21 t 級）単独施工	締固め機械
例2．	バックホウ（0.45〜0.6 m³級）・ブルドーザ共同施工	またはブルドーザ

②短距離の土工（普通土の一例）

掘削・運搬・敷均し	締固め
ブルドーザ（15〜32 t 級）	タイヤローラ（8〜20 t 級）

③中距離の土工

例1．普通土の一例

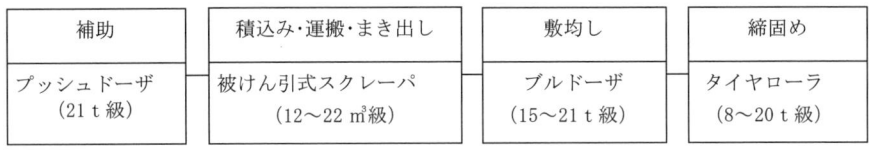

補助	積込み・運搬・まき出し	敷均し	締固め
プッシュドーザ（21 t 級）	被けん引式スクレーパ（12〜22 m³級）	ブルドーザ（15〜21 t 級）	タイヤローラ（8〜20 t 級）

例2．粘性土の一例

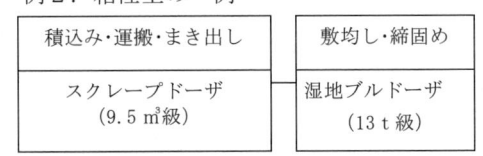

積込み・運搬・まき出し	敷均し・締固め
スクレープドーザ（9.5 m³級）	湿地ブルドーザ（13 t 級）

④中，長距離の土工

例1．礫混じり土の一例

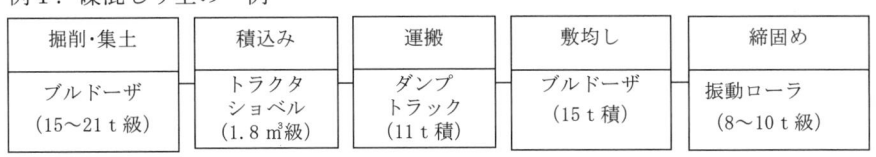

掘削・集土	積込み	運搬	敷均し	締固め
ブルドーザ（15〜21 t 級）	トラクタショベル（1.8 m³級）	ダンプトラック（11 t 積）	ブルドーザ（15 t 積）	振動ローラ（8〜10 t 級）

例2．砂質土の一例

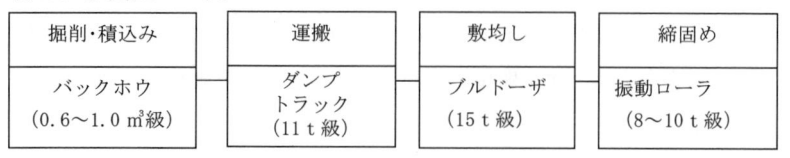

掘削・積込み	運搬	敷均し	締固め
バックホウ (0.6〜1.0 m³級)	ダンプトラック (11 t級)	ブルドーザ (15 t級)	振動ローラ (8〜10 t級)

例3．普通土の一例

補助	積込み・運搬・まき出し	敷均し	締固め
プッシュドーザ (32 t級)	自走式スクレーパ (24 m³級)	ブルドーザ (15〜21 t級)	タイヤローラ (8〜20 t級)

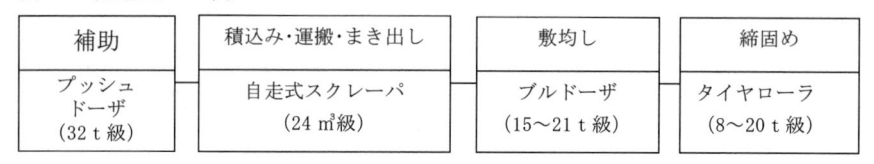

5-3-5　工程計画の検討

　工程計画は，工事を予定どおりに進めるため十分な予備調査に基づいて慎重に立てなければならない。

　工程計画は，工事を予定どおりかつ経済的に進めるために重要なもので，十分な予備調査に基づいて慎重に立てる必要がある。また，工事の各過程が計画どおりに遂行されているか常に比較対照し，計画とのずれが生じた場合に必要な是正措置が適切に講じられるようにしておくことが必要である。

(1)　工程計画の作成

　工程計画の立案においては，工事量に見合う適量の労働力と資機材の投入が重要な要素となる。工程計画は，道路土工の円滑な進行のモデルとしてバナナ曲線（**解図5-5**）がよく用いられている。工事初期においては適切な準備と現地状況を踏まえた入念な作業確認を，工事中期には効率的な工事進行を，工事後期には工事と併行して検査のための資料整理等を実施することが必要であり，全工期に対して工程（出来高）の関係が初期－中期－後期に緩－急－緩となるようなものが望ましい。

　工程計画は，その工事の施工方法と密接に関連している。工事条件に適した工法を想定し，これを前提に概略工程計画を作成し，工期内に入るように検討する。

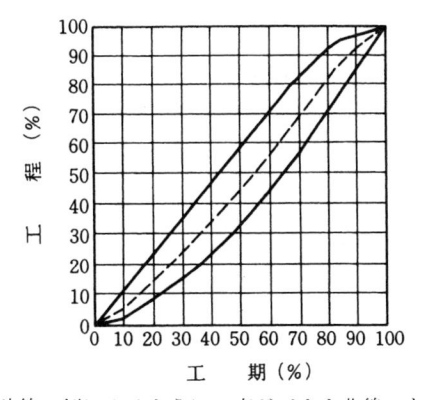

(注) 破線の例にみるように工事がバナナ曲線のなかに入っていれば円滑な工程といえる。

解図5-5 工程管理曲線（バナナ曲線）

　最後に詳細工程計画が作成されることになるが，これには下記の要素，条件を十分に考慮する必要がある。

① 工事数量
② 労働力
③ 建設機械
④ 工事用資材
⑤ 季節と気象 ⎤
⑥ 作業休止日数 ⎦ 土質によっては降雨後に施工不能のことがある。
⑦ 日作業時間
⑧ 作業の順序
⑨ 工事の準備，後片付け時間
⑩ 工期余裕期間
⑪ 用地等の取得状況
⑫ 地元条件
⑬ 許可認可関係
⑭ 隣接関連工事との関係

工事現場の気象条件及び作業内容から決まる作業休止日数（日曜・祭日は原則

として休日とする）と，現場条件で決められる日作業時間から工期内の延べ作業時間が決まり，その時間内に所定の仕事量を完成するための労働力，機械，資材等の所要量を算出する。さらに工種，工区毎に検討が加えられ，所要日数が決まる。その他，労働力，機械，資材等から各工区の作業順序が決められる。工事着手時の準備期間，用地問題，後片付けの日数等とともに，必要と考えられる場合には余裕時間を加えて，工程計画を作成する。

(2) 工程表の種類と特徴

工程計画は一般に図表を用いて管理されるが，その代表的なものは下記のものである。
① 横線式工程表（バーチャート，ガントチャート）
② 工程管理曲線
③ 座標式工程表
④ ネットワーク工程表（PERT工程表等）

解図 5-6〜解図 5-8 は同じ工事の工程表を①，②，③，④それぞれの手法で描いたものである。

横線式工程表は，作成に手間がかからず，工種毎の手順及び所要日数が一目でわかり，全体の工程把握が容易であるためよく使われている。工程管理曲線は，計画工程と実施工程との比較を行い，工事全体の出来高をつかむのによいが，これのみでの工程管理は難しく，**解図 5-6** のように横線式工程表と工程管理曲線を組み合わせて用いる。

座標式工程表は横線式工程表に比べ，施工箇所が記入できるためより具体的な工程を把握できる。道路工事のように帯状に長い工事では，特に有効である。

ネットワーク工程表は，記入情報が最も多く，順序関係，着手完了日時の検討等の点で優れた工程表である。ただし，作成に時間がかかるため，土工ではあまり利用されていない。

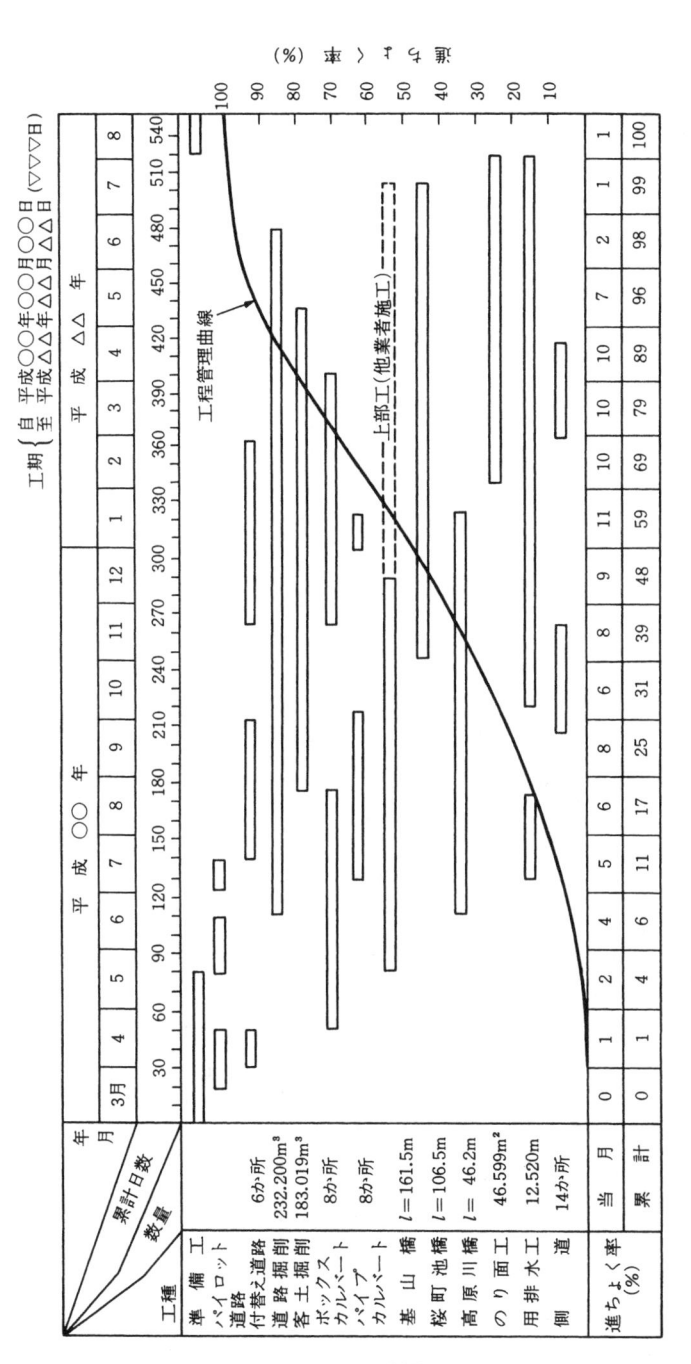

工種	数量	累計日数 年月	3月	4	5	6	7	8	9	10	11	12	1	2	3	4	5	6	7	8
			30	60	90	120	150	180	210	240	270	300	330	360	390	420	450	480	510	540
準備工																				
バイロット道路	6か所																			
付替え道路	232,200m³																			
道路掘削	183,019m³																			
ボックスカルバート	8か所																			
バイブカルバート	8か所																			
基山橋	$l=161.5$m																			
桜町池橋	$l=106.5$m																			
高原川橋	$l=46.2$m																			
のり面工	46,599m²																			
用排水工	12,520m																			
側道	14か所																			
進ちょく率(%)	当月		0	1	2	4	5	6	8	6	8	9	11	10	10	10	7	2	1	1
	累計		0	1	4	6	11	17	25	31	39	48	59	69	79	89	96	98	99	100

工期 { 自 平成○○年○○月○○日 (▽▽▽日)
　　　 至 平成△△年△△月△△日 }

解図 5-6　横線式工程表及び工程管理曲線

― 297 ―

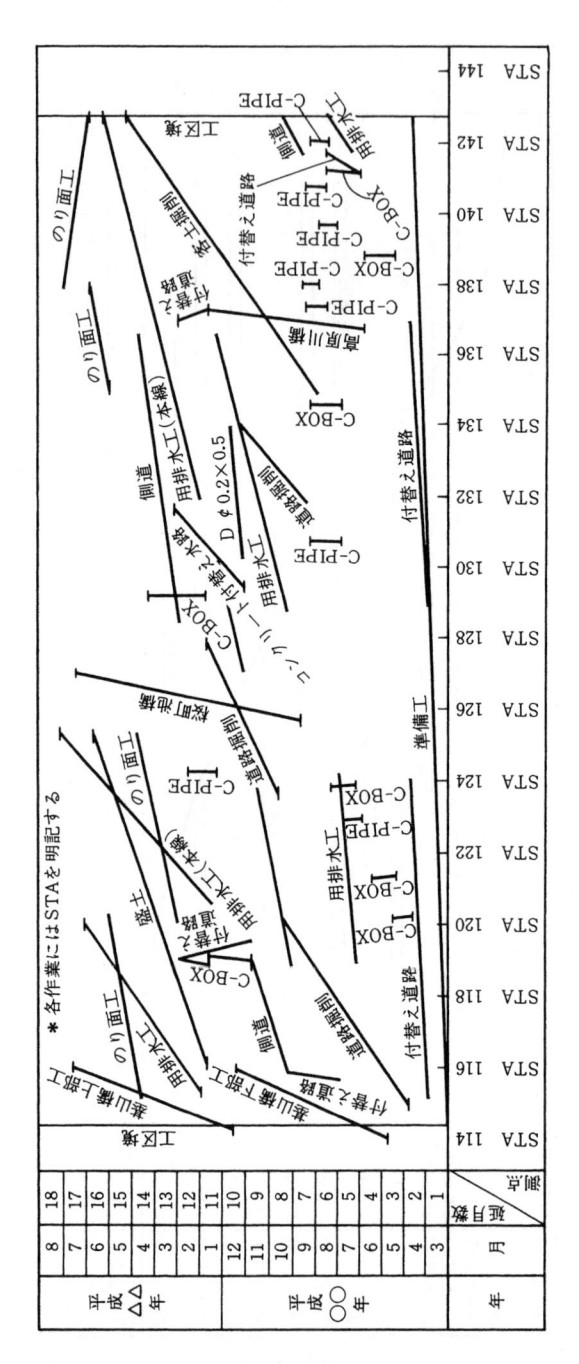

解図 5−7 座標式工程表

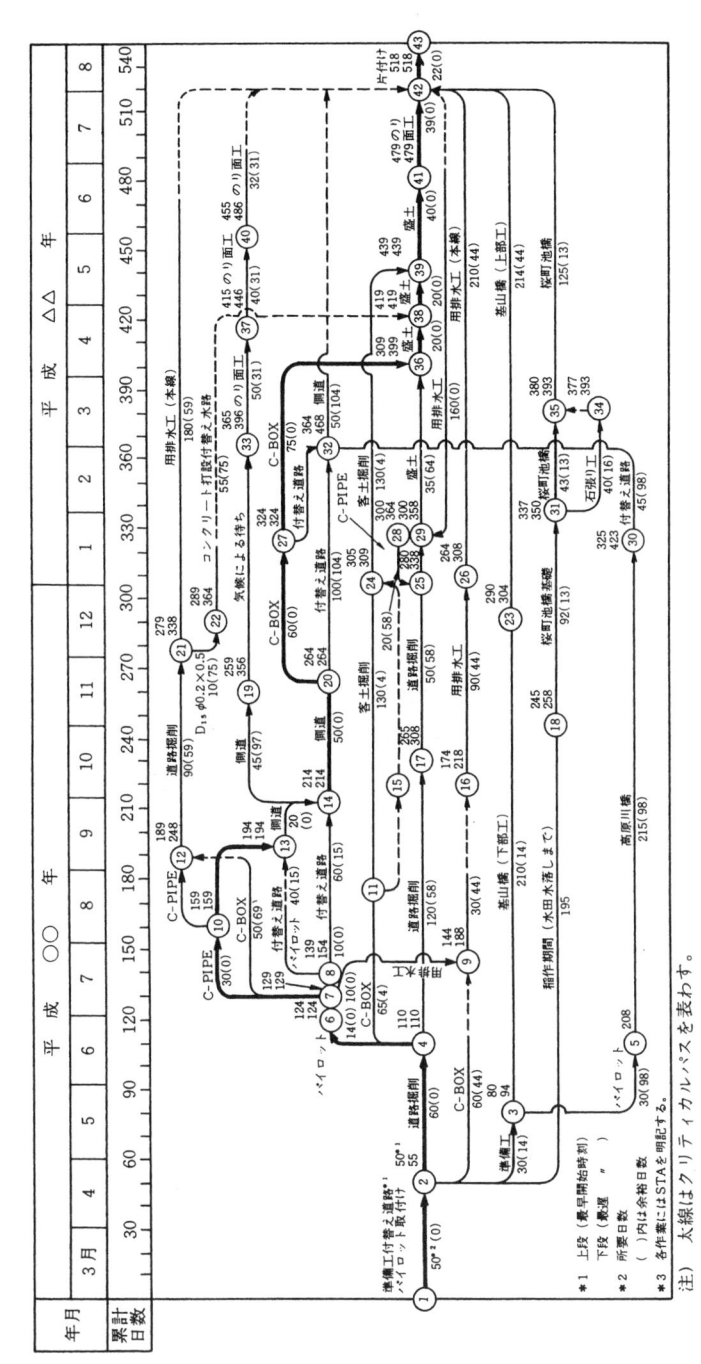

解図 5-8 ネットワーク工程表

注) 太線はクリティカルパスを表わす。

*1 上段（最早開始時刻）
   下段　〃　（最遅　〃　）
*2 所要日数
   （　）内は余裕日数
*3 各作業にはSTAを明記する。

5−4　工事用道路計画

> 工事用道路は，使用目的，運搬物の種類，運搬量，通行機種等に応じて，幅員，勾配，線形，路盤の厚さ，舗装の種類を決めなければならない。

　工事用道路は，工事用の資機材や土砂を運搬するために必要な既設の道路，新設の道路あるいは仮設される道路の総称であり，設置場所により現場内工事用道路と現場外工事用道路とに分けられる。また，主たる使用目的から土砂運搬のための運搬路とか，既設道路から工事現場までの進入路（パイロット道路）と呼ぶことがある。さらに，道路の性格から迂回路，付替え道路等と呼ぶこともある。

　工事用道路計画は，まず既設道路の利用検討から始まり，条件によっては既設道路の拡幅改良や，道路の新設が必要になることもある。道路新設の場合には，工事中だけ利用するものと工事終了後も一般道路として利用するものとがあり，後者の場合は一般の道路建設の手順に従って計画，施工する必要がある。

　工事用道路は，主な使用目的，運搬物の種類，運搬量，通行機種等に応じて，幅員，勾配，線形，路盤の厚さ，舗装の種類を決めなければならない。また，維持管理の難易も重要な要素であり，さらに運搬量等によっては環境への影響（騒音，振動，ほこり等）及び交通の安全に十分に留意する必要がある。

　工事用道路のうち仮設の道路は，簡略に施工されやすいが，維持管理及び補修にかかる費用等を考慮すると，初めから工事費をかけた方が結果として経済的になることがある。

5−5　建設機械の作業能力

> 作業能力の算定に当たっては，その算定式の適用方法をよく理解し，実際に即した算定を行う。

(1) 作業能力算定の基本
1)　作業能力の概念

土工は面的土工と線的土工に分けられ，道路土工では大規模な宅地や工場用地の開発等とは異なった工法が採用され，これを一般的に線的土工と呼んでいる。本項では，線的土工の作業能力について述べる。

　単独の建設機械または組み合わされた一群の機械の作業能力は，時間当たりの平均作業量で表現するのが実用的であり，日当たりあるいは月当たりで作業能力を表す場合の基本となっている。

　また，作業量は出来高の状態を考慮して，掘削・積込みにおいては地山の土量，盛土締固めにおいては締固め後の土量等で表わされる。

　作業能力の算定方法には，その現場あるいは作業条件が類似した現場の信頼できる作業実績から推定する方法，及び各種のデータをもとに作られた実用算定式を用いて算定する方法がある。ここでは実用算定式による方法を中心に述べるが，その適用方法をよく理解し，実際に即した算定を行うことが必要である。

2) 作業能力算定の基本式

　一般に時間当たり作業量は次式で表される。

$$Q = q \cdot n \cdot f \cdot E \quad \cdots\cdots\cdots\cdots\cdots\cdots\cdots\cdots\cdots\cdots \text{(解5-1)}$$

　ここに，Q：時間当たり作業量

　　　　　q：1作業サイクル当たりの標準作業量

　　　　　n：時間当たりの作業サイクル数

　　　　　f：土量換算係数

　　　　　E：作業効率

（ⅰ）建設機械の運転時間

　建設機械の時間当たり作業量は，建設機械の運転時間当たりとするか，実作業時間当たりとするかによって異なった値となる。建設機械の作業能力は，建設機械経費の算定等とも関連があり，運転時間当たりで算定するのが一般的であることから，以下では運転時間当たりの作業量算定について述べる。

（ⅱ）時間当たり作業量：Q

　土工における作業量は，㎥/h単位で表現されるのが一般的である。このように作業量で表す場合には，地山の土量（Q_N），ほぐした状態での土量（Q_L），締固め後の土量（Q_c）の3種類の表現方法がある。

このほか，作業により㎡/h，m/h等の単位で作業量を表現する場合もある。
(ⅲ) 1作業サイクル当たりの標準作業量：q

建設機械は，一般に一連の動作の繰返しにより作業を行う。この一連の動作の1回（1サイクル）でなされるある標準的な作業量を，1作業サイクル当たりの標準作業量という。一般に q が土量の場合，土はほぐされた状態で表現することが多い。

(ⅳ) 時間当たり作業サイクル数：n

時間当たり作業サイクル数は次のように求められる。

$$n = \frac{60}{C_m \text{ (min)}} \text{ または } \frac{3600}{C_m \text{ (sec)}} \quad \cdots\cdots\cdots\cdots\cdots\cdots\cdots\cdots\cdots\cdots \text{（解5-2）}$$

ここに，C_m はサイクルタイムで単位は機種により（min）または（sec）で示される。

一般に算定式の中では，n は直接

$\dfrac{60}{C_m}$ または $\dfrac{3600}{C_m}$ の形で表されることが多い。

(ⅴ) 土量換算係数：f

求める作業量 Q と，その算定に用いる q が同一の土の状態で表される場合には $f=1$ でよいが，異なる場合には**解表5-11**に示す土量換算係数を用いる必要がある。

解表5-11　土量換算係数 f の値

基準の作業量＼求める作業量	地山の土量	ほぐした土量	締固めた土量
地山の土量	1	L	C
ほぐした土量	1/L	1	C/L
締固め後の土量	1/C	L/C	1

注）表の L 及び C は，土量の変化率で値は解表5-1等による。

(ⅵ) 作業効率：E

建設機械の時間当たり作業量 Q は，建設機械固有の一定な値ではなく作業現場

の各種の条件によって変化する。このため，求める時間当たりの作業量は，建設機械の標準的な作業能力にそれぞれの現場の状況に応じた作業効率Eを乗じて算定する方法が用いられる。作業効率Eに影響を与える要因としては，次のようなものがある。

① 気象条件
② 地形や作業場の広さ
③ 土質の種類や状態
④ 工事の規模や作業の連続性
⑤ 交通条件，工事の段取り
⑥ 建設機械の管理状態
⑦ 運転員の技量

なお，作業効率は次のように分解して用いることもあるが，実際にこれを区分して用いることは困難なことが多い。

作業効率＝現場作業能力係数×実作業時間率

$$実作業時間率 = \frac{実作業時間}{運転時間}$$

後述の各機種毎の作業能力算定で示すように，作業効率は算定される作業量に与える影響が極めて大きいので，算定上の運用に当たっては過去の実績や経験をもとに，その現場の各種条件を勘案して慎重に取り扱わなければならない。

2) 1日当たり作業量

工程計画や作業計画を立てる場合には，1日当たり作業量を求める必要がある。1日当たり作業量は次のように表される。

　　1日当たり作業量＝運転時間当たり作業量×1日当たり運転時間

3) 作業能力の向上

作業能力は現場の各種の条件で変化するが，これを高めるために次のような注意が必要である。

(ⅰ) 実作業時間率の向上
① 建設機械の調整，整備を十分に行っておくこと。
② 段取り待ちや，ほかの組合せ機械待ちの時間を減少させること。

③ 運転員の技能，熱意を高めること。
（ⅱ）運転時間率の向上
① （ⅰ）に示したものと同様の注意を必要とするほか，次のような点に留意する必要がある。
② 工事量がまとまっていること。
③ 工事現場内がよく整理されており，また，工事用道路等がよく整備されていること。
（ⅲ）稼働日数率の向上
　稼働日数率は特に降雨すなわち水に支配されやすいので，これを少しでも克服するよう次に示す事項を留意して施工に当たる必要がある。
① 準備排水工を十分に行っておくこと。
② 盛土仕上げ面は作業終了時に，十分な締固めを行い降雨による排水勾配を確保すること。
4) 現場における作業実績の測定整理
　効率的かつ実際的な土工工事の施工計画を立案するために，土工工事の作業実績を調査測定し，整理したうえで記録しておくことが望ましい。
　測定記録を蓄積することは，本項で述べる実用算定式の精度向上においても重要な資料となる。なお，作業実績の調査測定については，その趣旨と方法を現場の関係者全員に理解徹底させ，協力できる体制を作ることが必要である。調査測定は，できるだけ施工の最初から最後まで行うことが効果的でもある。これは，土工の計画に必要な時間当たり作業量が工事期間全体を通じたものであり，瞬間的な作業能力を表すものではないためである。ただし，短時間の作業サイクルの調査は，作業能力向上の基礎研究としては大いに意義がある。したがって，調査測定にあたっては，その目的をよく理解して，それに合致した方法でなければならない。
　以下，作業実績の調査測定に当たっての留意事項を述べる。
① 作業実績の記録はありのままを正確に捕えたものでなければならない。
② 作業記録は多くの異なった現場でそれぞれ調査測定するが，将来それらの資料が普遍的に利用できるように，調査の基礎となる時間や作業量，現場

条件の表し方等について，定義を統一しておく必要がある。
③ 現場条件，作業条件は作業能力を左右する要素であり，作業計画の立案等で利用するため，できる限り明確かつ普遍性のある表し方が望ましい。

(2) ブルドーザの作業能力

ここでは，作業能力の算出例としてブルドーザについて示す。その他の機種については，ＮＥＸＣＯ土木工事積算基準等の図書を参考にされたい。

1）作業能力の算定式

運転時間当たりの作業量の算定式は次のとおりである。

$$Q = \frac{60 \cdot q \cdot f \cdot E}{C_m} \quad \cdots\cdots\cdots\cdots\cdots\cdots\cdots\cdots (\text{解} 5-3)$$

ここに，Q ：運転時間当たり作業量（m³/h）
　　　　q ：1回の掘削押土量（m³）
　　　　f ：土量換算係数
　　　　E ：作業効率
　　　　C_m：サイクルタイム（min）

（ⅰ）1回の掘削押土量：q

1回の掘削押土量はブルドーザのけん引力，土工板の寸法・形状，土質及び施工条件等により変化する。

1回の掘削押土量の求め方には，実作業中の実績から算定する方法と，下記参考のように押土実験の結果をもとに算定する方法がある。後者の方法は前者に比べて理論的ではあるが，一定条件下での実験値がもととなっているため押土量が大きく算定される場合があり，注意が必要である。

解表5-12 ブルドーザの諸元

形式	規格	出力 kW (PS)		重量 (t)	土工板寸法 (m) $L \times H$	土工板容量 (q_0) (m³)	土工板型式
普通型	3t級	29	(39)	3.8	2.17×0.59	0.52	アングル
	6t級	53	(72)	6.8	2.42×0.82	1.13	〃
	11t級	78	(106)	10.9	3.71×0.87	1.95	〃
	15t級	100	(136)	14.6	3.92×100	2.72	〃
	21t級	152	(207)	21.9	3.70×1.30	4.33	ストレート
	32t級	208	(283)	31.7	4.13×1.59	7.23	〃
	44t級	306	(403)	50.9	4.32×1.88	10.58	〃
湿地型	3.5t級	29	(39)	4.2	2.17×0.59	0.52	ストレート
	7t級	54	(73)	7.4	2.78×0.77	1.14	〃
	10t級	71	(97)	9.8	3.04×0.87	1.59	〃
	13t級	78	(106)	11.5	3.51×0.96	2.24	〃
	16t級	102	(139)	16.0	3.84×105	2.93	〃
	20t級	139	(189)	20.3	3.98×1.10	3.50	〃

注1) 本表記載の機種は「日本建設機械要覧」(社団法人日本建設機械化協会) (2007年) による。

注2) 土工板容量 q_0 は式 (解5-4) において $\phi=30°$, $=0°$, $\varepsilon=0$, $\mu=0.80$ として求めた。

〔参考〕

土工板による押土の形状を**参図5-1**のように考えると1回の掘削押土量は次の式 (解5-4) で表される。

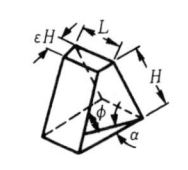

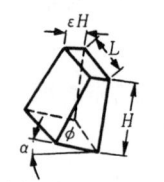

(a) 下り押土の場合　　(b) 上り押土の場合

参図5-1　土工板で押される土の形状

$$q_0 = LH^2 \left(\frac{1}{2\tan(\phi+\alpha)} + \varepsilon \right) \mu \quad \cdots\cdots\cdots\cdots\cdots\cdots\cdots\cdots\cdots\cdots \text{(解 5-4)}$$

ここに,　q_0：土工板容量（m³）

　　　　　L：土工板の長さ(m)

　　　　　H：土工板の高さ（m）

　　　　　α：運搬路の勾配（ただし，下り作業では負号をとる）（度）

　　　　　ϕ：材料により決まる角度（度）

　　　　　ε：材料により決まる係数

　　　　　μ：材料により決まる係数

なお，この算式の場合，ストレートドーザは，Hがアングルドーザに比較して大きいので，q_0が大きく出過ぎることに注意が必要である。

作業能力算定では，土工板容量q_0と押土距離lとの関連付けが困難なため，式（解5-4）を用いることは少なく，**解表5-12**に示す土工板容量q_0に**参表5-1**に示す係数ρを乗じて1回の掘削押土量qを求めることが多い。

参表5-1　押土距離，運搬路の勾配に関する係数 ρ

勾配 (%)	運搬距離 (m)	20	30	40	50	60	70	80
平たん	0	0.96	0.92	0.88	0.84	0.80	0.76	0.72
下り	5	1.08	1.03	0.99	0.94	0.90	0.85	0.81
下り	10	1.23	1.18	1.13	1.08	1.02	0.97	0.92
下り	15	1.41	1.35	1.29	1.23	1.18	1.12	1.06
上り	5	0.85	0.82	0.78	0.75	0.71	0.68	0.64
上り	10	0.77	0.74	0.70	0.67	0.64	0.61	0.58
上り	15	0.70	0.67	0.64	0.61	0.58	0.56	0.53

(ⅱ) 土量換算係数：f

　解表5-1及び**解表5-11**を参照。

(ⅲ) サイクルタイム：C_m

　ブルドーザのサイクルタイムは次のように表わされる。

$$C_m = \frac{l}{V_1} + \frac{l}{V_2} + t_g \quad \cdots\cdots\cdots\cdots\cdots\cdots\cdots\cdots\cdots\cdots\cdots\cdots\cdots\cdots \text{(解 5-5)}$$

ここに，C_m：ブルドーザのサイクルタイム（min）
　　　　l：平均掘削押土距離（m）
　　　　V_1：前進速度（m/min）
　　　　V_2：後退速度（m/min）
　　　　t_g：ギヤの入換え等に要する時間（min）

l/V_1 は掘削押土に要する時間を表わし，土質，勾配等による負荷の大きさから車速 V_1 を求める。

l/V_2 は後退時間を表し，押土の場合より負荷が少ないので速い車速を用いることができる。

〔参考〕

実際の作業における C_m を推定することは極めて難しいが，道路工事における平均的な C_m としては次式を参考にすると便利である。

$$C_m = 0.038\,l + 0.20 \quad\quad\quad\quad\quad\quad\quad\quad\quad\quad\quad\quad\quad (解5-6)$$

サイクルタイムは実際には種々の現場条件に左右されるが，作業能力の算定の場合には上式のように C_m を l のみの関数として簡単に表すことが多い。

（ⅳ）作業効率：E

ブルドーザの作業効率は，単位時間当たりに出し得る作業能力と長期の運転実績から求めた運転時間当たり作業量との間に大きな差を生じ，また実績値自体も広範囲にばらつくことが多い。

〔参考〕

ブルドーサの作業効率は，サイクルタイム等と同様に現場における要因により変化するが，1回の掘削押土量，サイクルタイムを前記の参考のように平均的な数値として固定したとすれば，実績からの参考値として**参表5-2**のように表すことができる。

参表 5-2 ブルドーザの作業効率

土の種類	作業効率	備　考
岩塊・玉石	0.20～0.35	
礫まじり土	0.30～0.55	固結しているものは，下限側となる。
砂	0.40～0.70	
普通土	0.35～0.60	
粘性土	0.30～0.60	トラフィカビリティの良否による影響が大きい

注）現場の作業条件の良否に応じ，この幅の中で変化する。作業条件のよい，普通，悪いに応じ，上限側，中央，下限側に対応する。

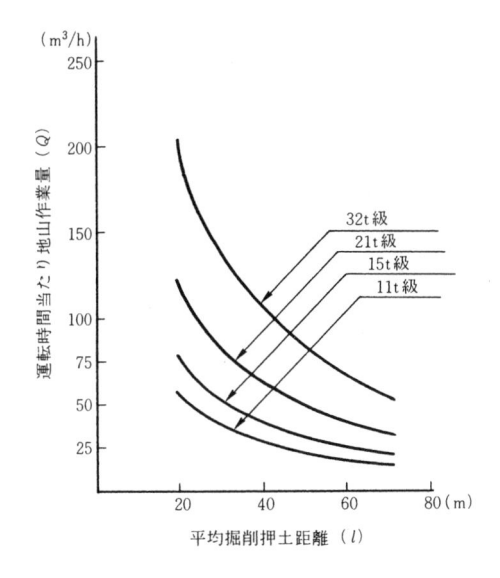

注1）ブルドーザの形式は普通ブルドーザでストレートドーザである。

注2）作業条件は次のとおりである。

$\phi = 30°$, $\alpha = 10\%$, 土の種類：普通土, $\mu = 0.8$, $f = \dfrac{l}{L} = \dfrac{l}{1.25}$

$\rho = 1.23 \sim \rho = 1.02$, $E = 0.45$
　(20m)　　(60m)

注3）本図を利用するに当たっては作業条件等を考慮して，修正する必要がある。

参図 5-2 ブルドーザ作業量

5-6 土工の工事費

> 工事費の積算は,当該官公庁及び民間各社の様式,運用方法によらなければならない。

(1) 工事費の構成

工事費の積算方式については官公庁,民間各社ともその様式,運用はまちまちであるが,**解図5-9**は最も一般的な工事費の構成を示したものである。

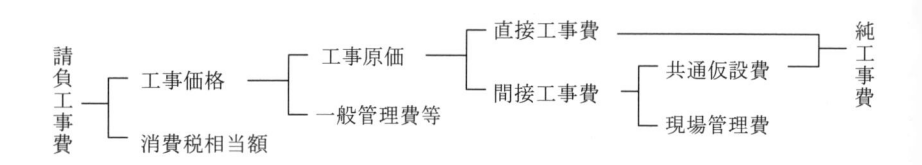

解図5-9 工事費の構成

直接工事費は,工事対象物を施工するために直接消費されるもので,工事区分にしたがって工種及び箇所別に分けられ,さらに材料費,労務費,直接経費に分けられる。

間接工事費は,直接,工事対象物の施工に使用されるものではなく,多数の施工部門に共通に使用される性質のものである。

一般管理費等は,一般管理費と利益に分けられる。

(2) 機械経費

純工事費のうち,工事の施工に必要な機械の使用に要する費用を機械経費と称している。一般に,機械経費は**解図5-10**のような構成になっている。

道路土工工事において,工事費に占める機械経費の割合は一般的に30%程度である。機械経費の内訳は,機械損料が50%,運転経費が45%,その他が5%程度となっている。

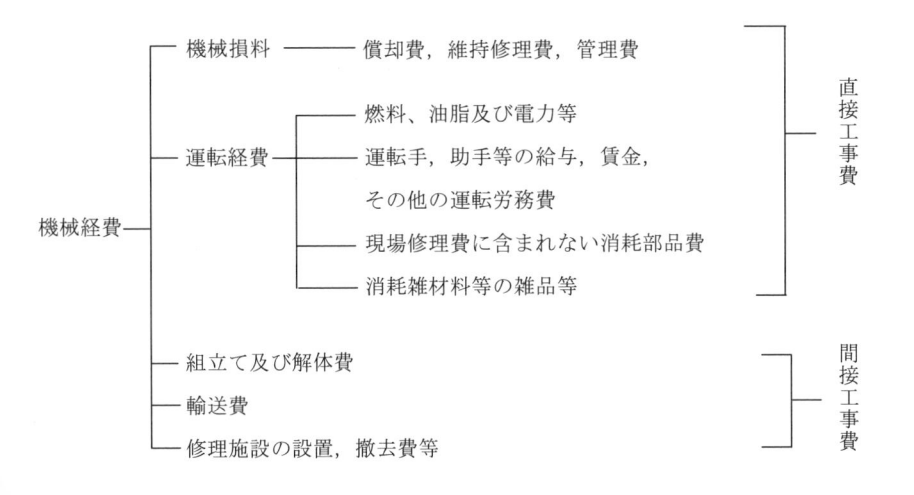

```
                                                                    ┐
        ┌ 機械損料 ──── 償却費，維持修理費，管理費                    │
        │                                                            │ 直
        │              ┌ 燃料、油脂及び電力等                        │ 接
        │              │ 運転手，助手等の給与，賃金，                │ 工
        │ 運転経費 ────┤ その他の運転労務費                          │ 事
機械経費┤              │                                              │ 費
        │              │ 現場修理費に含まれない消耗部品費            │
        │              └ 消耗雑材料等の雑品等                        ┘

        ┌ 組立て及び解体費                                            ┐ 間
        │                                                            │ 接
        ├ 輸送費                                                     │ 工
        │                                                            │ 事
        └ 修理施設の設置，撤去費等                                    ┘ 費
```

解図 5−10　機械経費の構成

5−7　環境保全対策

> 工事の計画・実施に当たっては，生活環境を守りかつ工事の円滑な執行を図るため，関連する法令・条例等を遵守するように，工法・機械の選定，作業方法等に細心の注意を払う。

(1) 法的規制

公害に関する基本法として「公害対策基本法」（昭和42年8月3日公布，同施行）があり，具体的・個別的な規制は個々の公害現象ごとに別途規制する法律がある。建設工事に関して特に関連の深いものとしては，騒音に対して「騒音規制法」が，また振動に対しては「振動規制法」が制定されている。建設工事については，このなかで特定建設作業の指定があり，これらを都道府県知事が定める指定地域内で実施する場合に対して騒音・振動それぞれの規制に関する基準が定められている。**解表5−13，解表5−14**に「騒音規制法」及び「振動規制法」による特定建設作業の規制内容を示す。特定建設作業を指定地域内で実施する際には，施工者（受注者）は所定の様式の届出を7日前までに当該市町村長に提出することが

解表 5-13　騒音規制法における特定建設作業規制内容

特定建設作業の種類		規制に関する基準				
		騒音の大きさ(dB)	作業禁止時間	1日当たりの作業時間	作業期間	作業日
くい打ち機（もんけんを除く）を使用する作業	アースオーガと併用する作業を除く	85	第1号区域：午後7時から翌日の午前7時まで 第2号区域：午後10時から翌日の午前6時まで	第1号区域：10時間を超えないこと 第2号区域：14時間を超えないこと	同一場所において連続6日を超えないこと	日曜日及びその他の休日でないこと
くい抜き機を使用する作業						
くい打ちくい抜き機を使用する作業	圧入式を除く					
びょう打ち機を使用する作業						
さく岩機を使用する作業	作業地点が連続的に移動する作業にあっては，1日における当該作業に係る2地点間の最大距離が50mを超えない作業					
空気圧縮機を使用する作業（さく岩機の動力として使用する場合を除く）	電動機以外の原動機を用いるもので原動機の定格出力が15kW以上。					
コンクリートプラントを設けて行う作業	練混ぜ機の練混ぜ容量が0.45m³以上 モルタルを製造するためにコンクリートプラントを設けて行う作業を除く。					
アスファルトプラントを設けて行う作業	練混ぜ機の練混ぜ重量が200kg以上。					
バックホウを使用する作業 トラクターショベルを使用する作業 ブルドーザーを使用する作業	一定の限度を超える大きさを発生しないものとして環境大臣が指定するものを除き，バックホウは原動機の定格出力が80kW以上，トラクターショベルは原動機の定格出力が70kW以上，ブルドーザーは原動機の定格出力が40kW以上。					

（注1）第1号区域，第2号区域の区分は，騒音規制法に基づき都道府県知事が指定する指定地域をさらに2分して定めるものである。
（注2）特定建設作業に伴って発生する騒音が85dBを超える場合にあっては1日当たり4時間を限度として作業時間を変更させることができる。
（注3）騒音の測定における聴感補正回路はA特性を用いる。
（注4）この規制に関する基準には別に適用除外が定められている。

解表 5-14 振動規制法における特定建設作業規制内容

特定建設作業の種類		規制に関する基準				
		騒音の大きさ(dB)	作業禁止時間	1日当たりの作業時間	作業期間	作業日
くい打ち機を使用する作業	もんけん及び圧入式を除く	75	第1号区域：午後7時から翌日の午前7時まで 第2号区域：午後10時から翌日の午前6時まで	第1号区域：10時間を超えないこと 第2号区域：14時間を超えないこと	同一場所において連続6日を超えないこと	日曜日及びその他の休日でないこと
くい抜き機を使用する作業	油圧式を除く					
くい打ちくい抜き機を使用する作業	圧入式を除く					
鋼球を使用して建築物その他の工作物を破壊する作業						
舗装版破砕機を使用する作業	作業地点が連続的に移動する作業にあっては，1日における当該作業に係る2地点間の最大距離が50mを超えない作業					
ブレーカーを使用する作業	作業地点が連続的に移動する作業にあっては，1日における当該作業に係る2地点間の最大距離が50mを超えない作業。手持ち式を除く。					

（注1）第1号区域，第2号区域の区分は，振動規制法に基づき都道府県知事が指定する指定地域をさらに2分して定めるものである。
（注2）特定建設作業に伴って発生する振動が75dBを超える場合にあっては1日当たり4時間を限度として作業時間を変更させることができる。
（注3）振動の大きさは，特定建設作業の場所の敷地の境界線において測定する。
（注4）この規制に関する基準には別に適用除外が定められている。

義務づけられている。さらに，規制基準を満足しないことによって周辺住民の生活環境に著しい影響を与えている場合には，市町村長より改善勧告，改善命令が出されることになっており，罰則の規定も設けられている。また，国が定めた法令とは別に，一部の地方自治体では，条例でこれらの工種以外に掘削作業，締固め作業等を規制しているところもあるので注意する必要がある。

さらに水質汚濁に関しては「水質汚濁防止法」により建設工事に関連の深い施

設としてバッチャープラント,砕石用水洗式破砕施設,水洗式分別施設等が特定施設に指定され規制の対象になっているほか,条例等により建設工事そのものを特定施設の類似施設とみなし行政指導の形で規制を行っている地方自治体も相当数あるので十分な事前調査を行う必要がある。

このほか,土運搬による土砂の飛散,じんあい,盛土による地盤沈下,切土による水の枯渇等,いわゆる工事に伴う公害現象についても,十分な事前調査並びに対策を検討しておく必要がある。

(2) 施工上の諸対策
1) 土工に関する一般的対策
　① 土砂の流出による水質汚濁等の防止については,盛土の安定勾配を確保し,防護棚等を設置する。
　② 土運搬による土砂飛散については,過積載防止,荷台のシート掛けの励行,現場から公道に出る位置に洗車設備等の設置を行う。
　③ 盛土箇所の風によるじんあい防止については,盛土表面への散水,乳剤散布,種子吹付け等による防塵処理を行う。
　④ 切土による水の枯渇防止に対しては,事前調査により対策を講ずる。
2) 騒音・振動の対策
　騒音・振動の場合,影響の大きさは,そのレベルの大きさ,発生期間の長さ,振動・騒音の周波数分布等に左右され,防止策としては,騒音・振動の絶対値を下げることはもちろん,発生期間を短縮することも検討する必要がある。

施工上の一般的な対策は次の通りである。
　① 可能な範囲で低騒音,低振動の工法や機械を採用する。
　② 現場内での機械,設備の配置を検討する。
　③ 作業時間帯,作業工程を検討する。
　④ しゃ音施設を設置する。
　⑤ 機械の運転方法を改善する。

また,工事に従事する技術者は,施工に当たってあらかじめその工事の概要を付近の居住者に周知して協力を求めるとともに,付近の居住者の意向を十分に考

慮する必要がある。

5-8 安全管理と災害防止

> 工事の計画・実施に当たっては，災害の実態と原因を把握して安全管理に対する意識を高めるとともに，安全施設の充実，安全施工の徹底等の安全管理を強化して災害を未然に防ぐよう努力するとともに，災害発生時の対応策を定めておかなければならない。

(1) 土木工事に伴う災害の現状

土木工事に伴う災害は，第三者に関連する公衆災害と工事関係者による労働災害に大きく分類される。

1) 公衆災害

公衆災害は，工事に直接関係のない第三者に被害を与えるもので，社会的に大きな問題となる場合が多いので，工事を進めるに当たっては特に注意をしなければならない。

災害の主な内容は次の通りである。

① 工事用資材等の飛散落下によるもの。
② 掘削に伴うガス管，水道管，電話線等の既設地下埋設物に対するもの。
③ 建設機械類や仮設足場等の倒壊によるもの。
④ 掘削工事中の地盤沈下や土留めの崩壊によるもの。
⑤ 第三者の工事現場内への立入りによるもの。
⑥ 架空線との接触。
⑦ 降雨による土砂流出や水質汚濁。
⑧ 土運搬中の第三者(車両，人)との接触。

2) 労働災害

労働災害は，直接工事に従事する作業員が受けるもので，特に工事の大型化と機械化が進むに伴い，機械に関連した災害が増えている。災害の主な内容は次の通りである。

① 建設機械の転倒，転落，衝突によるもの
② 掘削中の土砂崩落や落石によるもの
③ 高所からの転落や落下物によるもの
④ 発破作業によるもの
⑤ 工事現場内での交通事故によるもの
⑥ 建設機械と作業員との接触

　いずれも作業員の未熟や不注意による事故が最も多い。また，建設機械による事故は，機械に対する知識不足に起因する操作ミスや，無理な作業，整備の不良，連絡や合図の不徹底等が主な原因である。

(2) 土木工事に伴う災害の防止対策

　土木工事における災害は，そのほとんどが作業員の未熟や不注意及び事前の調査不足により起こるため，十分な対策を施すことにより未然に防止できるものである。したがって，現場管理者は以下に示す事項に注意して，適切な安全対策を確立して実行しなければならない。

① 設計・施工に際しては，災害防止を考慮した工法を選定するとともに，適切な工事計画を立てる。
② 安全設備は可能な限り十分に設置・配備するとともに，作業員の安全教育や技能訓練を徹底する。
③ 工程計画上で十分な検討を行い，無理や危険な状態にならないよう適正な工程を設定する。
④ 地下埋設物等の事前調査を十分に行い，保安上必要な措置を講じる。
⑤ 機械作業には，資格や経験を加味して適任者を当てるとともに，機械の始業点検，定期点検を的確に行う。
⑥ 安全に関する標識等を設置し，法規類の遵守を徹底する。
⑦ 災害防止のための現場巡回指導を徹底する。

　なお，安全に関する法規類としては「労働安全衛生法」，「労働安全衛生規則」，「市街地土木工事公衆災害防止対策要綱」，「道路交通法」等がある。

(3) 災害発生時の対応

　各種の災害を通じて指摘される点は施工の欠陥，巡回点検の不備に伴う異常箇所発見の遅れ，応急処置の不徹底，通報連絡行動の遅滞等がある。このため次に示すように，万が一災害が発生した場合を想定した配慮や災害発生時の処置が必要である。

① 異常状態発生の危険性に対する的確な判断力を養成する。
② 巡回点検はその密度を高め，確実に行うために所要点検項目を詳細に記入したチェックリストを作成し使用する。
③ 事故発生時の通報連絡先，避難誘導方法，緊急任務の分担等を前もって定めておく。
④ 非常用の必要機器（警報装置，連絡専用電話，ガス検知器，消火器等）を十分に配備する。
⑤ 重大な二次災害の誘発が予想される事故に対しては遅滞なく，交通止め，沿道住民の避難誘導等の臨時の処置を行う。
⑥ 非常用資材の備蓄

5-9　都市部における土工

> 都市部における土工では，当該箇所における種々の制約条件について十分な調査を行い，適切な施工計画を立案して工事を実施しなければならない。

(1) 都市部における土工の特徴

　都市部における道路建設は，用地取得の困難性や土地の高度利用の見地等から道路用地をできるだけ小さくすることが要求される。したがって，大規模な切土や盛土になることはまれであり，橋梁，トンネル等による立体構造や，擁壁によってのり長を小さくした土工構造物となる場合が多い。また，施工においても，広い道路用地はとれず限られた条件下での施工が要求される。

　都市部における土工の特徴は次のようなところにある。

① 施工空間が限定される。他の構造物に近接した施工となる。

② 施工時間，工法が限定される。特に施工時の騒音，振動，防塵等の対策が必要である。
③ 交通開放下での施工となる場合が多い。
④ 土捨て場，土砂の仮置き等が限定される。
⑤ 既設の地下埋設物の処理が必要である。
⑥ 道路占用物件との同時施工となる場合がある。
⑦ 上記各要素の複雑な組合せにより作業効率が低下する。
⑧ 施工中の災害，事故が，重大な二次災害を起こす危険性が大きい。

(2) **都市部における土工の留意事項**
1) 地下埋設物の調査とその処理

地下埋設物の有無は，工程や工期に大きな影響を与える。代表的な地下埋設物とその関係機関を**解表 5-15** に，地下埋設物の調査方法とその内容を**解表 5-16** に示す。

解表 5-15 代表的な地下埋設物と管理機関

地下埋蔵物	管理機関
上水道管	地方公共団体
下水道管	〃
ガス管	ガス会社
通信管	電信電話会社
送電，配電管	電力会社，民間企業
共同溝	道路管理者及び関係機関

解表 5-16 調査方法と内容

調査方法	調査内容	検討事項
道路台帳調査	・埋設物件の有無 ・埋設物の種類及び管理者 ・概略の位置	・地下埋設物工事との競合の程度 ・管理者との協議の必要性
管理台帳調査	・埋設位置の詳細 ・構造及び規模	・移設，撤去，補強，防護等の検討
試掘調査	・位置，構造，土被り等の確認	・処理方針の確認及び管理者協議 ・工程調整

支障物件の処理方法としては，撤去・移設，防護，補強等が考えられ，それらについて検討し，各管理機関との協議を行う。また，協議の結果，移設工事等を管理者に委託する場合も多く，このような場合には，道路本体工事との工程の調整を十分に行う必要がある。

一般に埋設物の処理は，本工事に先立って行われるため，処理の方法，規模は，本工事の着工時期，工期を設定する場合の大きな要素となる。また，本工事と施工時期が同じ場合には，本工事施工工程の中に効率的に配置する必要がある。

2) 施工箇所における交通処理

供用中の道路における施工では，何らかの交通対策が必要であり，その方法によっては，施工方法，施工時期に大きな影響がでる。交通処理方法の選択に当たっては，交通量，車線数，道路周辺の状況，施工手順と施工上の必要空間等について検討し，現況交通への支障が少ない方法を採用する。

交通規制の方法には，車線規制，通行止め，覆工板により現況交通を確保しながら施工することがある。また，夜間のみの交通規制ができる場合には，交通量の時間変化を見て規制可能な時間帯を判断し，その時間帯で施工可能な区間に分割して施工する。

これら交通規制により施工する場合には，規制方法も含めて交通管理者である警察と十分協議する。特に交差点内の規制では，信号機の現示変更，警察官による誘導を必要とする場合もあるので，綿密な連絡を取らなければならない。このほか，地元に対して規制内容を周知徹底し，重要路線においては事前に交通情報等による一般へのＰＲに努める必要がある。

都市部での工事は，交通規制下で行われるというところに特徴がある。交通安全のための施設は，規制区間長と開放車線数により異なるが，多車線を確保できる場合には通行帯を明らかにしなければならず，夜間工事においては，カラーコーン等により往復分離区間の中央線を明示する。規制方法が一定で長期に渡る場合には，新たに区画線を設置する。また，開放車線が１車線の場合には，必ず交通整理員を配置しなければならず，交通量によっては信号機も設置する必要がある。

交通開放部と工事区域は，バリケード等で明確に区分し，夜間灯を設置する。

さらに工事用車両の出入口は，一般通行者にもわかるように明示し，交通整理員を配置する。

3) 周辺の環境対策

特に都市部においては，人口が集中しているため，工事の直接の影響（騒音，振動，土砂飛散，交通渋滞等）や不安（交通事故，地盤沈下，ガス・水道・電気の事故等）に関するものが大半である。円滑な施工を進めるためには，綿密な調査と的確な施工計画はもちろん，地元関係者への周知と理解を深め，相互信頼のもとで施工するのが基本である。

4) 発生土の受入地及び仮置き

都市部において発生土の受入れ可能な用地を確保し，使用することは困難であるため，他の工事や事業で土砂を必要としている場所を探すこととなる。この場合，埋立地，造成地等の容量の大きい場所で一箇所で対応できることが望ましいが，一般に数箇所に分散する場合が多く，発生土量と受入容量，搬出時期等十分な調整が必要である。

発生土の受入地を選定する場合には，①運搬経路，②所要時間，③運搬車両通行時間帯等について調査し，工程上無理のない場所を選び，車両数を含めて土砂運搬計画を立てなければならない。

5) 給排水設備

給水設備を，既設の道路を横断して布設しなければならない場合には，架空，地中の2通りが考えられるが，いずれも当該道路管理者との十分な協議が必要である。

地中に布設する場合には，所定の土被りをもたせなければならないが，既設の下水道管等が，施工区域に布設されている場合には，その管内に給水管を布設し，マンホール等から給水管の取り出しを行うとよい。架空，地中とも布設が不可能な場合には，給水車とスラッシュタンク，吸水ポンプ等による貯水式の給水設備としなければならない。

排水施設は，その不備が及ぼす影響が大きいため，十分に注意して計画，施工しなければならない。現場内排水は，施工区域外への流出を防ぐため，土側溝や半割のコルゲートパイプ等を周囲に巡らし，車両が出入りする箇所はヒューム管

等により伏越しをするか敷鉄板により水路部を確保する。また，流末処理については，近傍の下水道や河川を利用するのがよいが，場合によっては沈砂池を設ける必要がある。

6) 交通開放部及び民地に近接する掘削

都市部では，施工区域が限られているため，掘削面積を広く必要とする開削工法の採用は困難である。したがって，施工地点の条件を考慮して，次のような掘削方法を比較検討する。

① 掘削面を順次移行する分割掘削

② 山留工による掘削

③ 覆工板による掘削

④ 薬液注入等により周辺地盤を固結させての掘削

⑤ 上記掘削法の組合せ

掘削地点に近接して構造物がある場合には，山留工によりそれらの保護に努めなければならない。特に近接している場合には，土留板の背面部に薬液等を注入して固結状態にする必要が生じることもある。

路面への影響を小さくするために，土留工による保護に努めなければならない。土留位置は掘削深さにより異なるが，一般には開放面から掘削深さ分以上離すとよい。また，供用中の路面の掘削は，覆工板により交通を確保しながら行う。施工区域が広い場合には，道路を分割して順次施工するのがよい。

掘削は，場所によって大型機械による大量掘削が困難な場合が多く，作業半径やブーム長が小さく，しかも作業性のよい機種が採用される。したがって，掘削能力による機種の選定は難しい。このため，都市部における掘削では，掘削能力の低下は避けられず，掘削経費は割高とならざるを得ない。

7) 掘削中の埋設物の処置

掘削工事中に地下埋設物を露出させる場合は，素早くかつ確実に防護措置を講じる必要がある。

防護工法として一般的なものは吊り防護工である。この場合の掘削は，抜掘りとし，仮吊りの後全体的に調整し，**解図5－11**に示すような吊り防護をする。

このほか，受け防護では，埋設物の伸縮部前後，曲がり部，分岐部等を支承台

等で受ける。**解図 5-12** にその一例を示す。なお，**解図 5-13** に示すような曲がったガス管，下水道管は継手部がはずれやすいので注意が必要である。

また，埋設物の管理機関において防護工法が指定される場合には，これに従わなければならない。

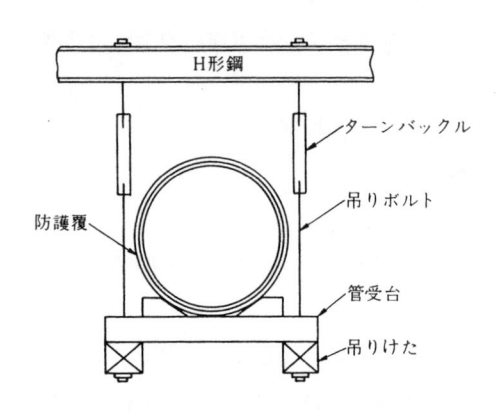

解図 5-11 吊り防護の一例

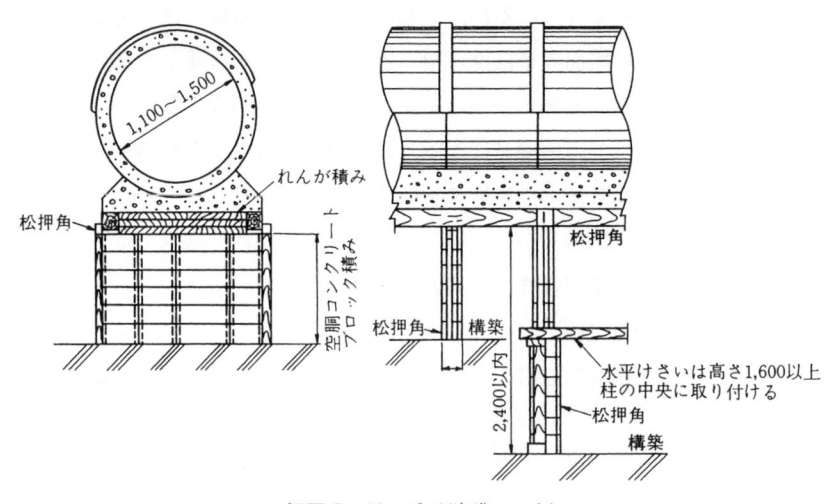

解図 5-12 受け防護の一例

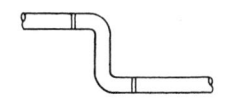

解図 5−13　はずれやすい管の例

5−10　近接施工

> 建造物，橋梁基礎，道路工作物，鉄道あるいは地下埋設物等に近接して，盛土・切土・掘削等の施工を行う場合，既設構造物の内容，周辺地盤，地下水等の状況を調査して安全性，対策工法や変状計測の計画等について十分な検討を行う。

　既設構造物にどの程度近づいた場合が近接施工であるかの判断は，既設構造物の種類，老朽の程度，周辺の地盤・地下水の状況，実施しようとする工事の内容等により異なる。このため，既設構造物の管理者と協議の上，当該工事の埋設構造物への影響を判断し，必要に応じて適切な措置を講じる。

　対策工法の選定は，地盤条件，構造条件，施工条件，環境条件等で異なり，当事者間の協議により決定する。その判断は，過去の施工実績に基づいた経験的知識が必要とされ，判断によっては対策工法に大きな差が生じることもある。したがって，対策工法の選定に当たっては，安全性の確保を第一に，工期・工費等の問題を含めた総合的な判断を加えながら協議することが望ましい。

　解表 5−17，**解図 5−14** に，一般的に採用されている対策工法の種類及び対策工事の例を示す。

　計測管理は，計算上の推定値と実際の挙動を比較することによって，既設構造物及び工事施工の安全性を確認するものであり，近接施工における適切な施工管理手法である。その内容は施工条件によって異なるが，代表的なものを**解表 5−18** に示す。

解表 5-17　対策工法の種類及びその例

対策工法	対策項目		例
新構造物の構造の強化	a) 盛土工法	ⅰ) 側方流動対策	杭・矢板
		ⅱ) 周辺地盤の引込み沈下対策	杭・矢板
	b) 開削工法	ⅰ) 剛性の高い土留壁の採用	鋼矢板・地下連続壁鋼管矢板
		ⅱ) 切梁・腹起しの間隔の工夫	間隔の縮小・早期架設・切梁へのプレロード
		ⅲ) 矢板の引抜きの是否	矢板の埋殺し・引抜き跡の間隙充填
		ⅳ) 支保工の架設・撤去・盛替え時対策	アースアンカー，逆巻工法（上床，下床等の構造物先行）
		ⅴ) 脱水による圧密沈下対策	鋼矢板・地下連続経木・薬液注入
既設構造物の補強	a) アンダービニング工法 b) 仮受けの設置 c) 基礎の補強 d) 躯体の補強		下受け桁・添梁・地中梁・逆巻工法・増し杭・アースアンカー・タイロッド
周辺地盤の強化改良	a) 強化・改良 b) 止水		薬液注入・噴射固結・石灰杭・深層混合・薬液注入
遮断防護	a) 遮断壁の設置		鋼矢板・杭・地下連続壁

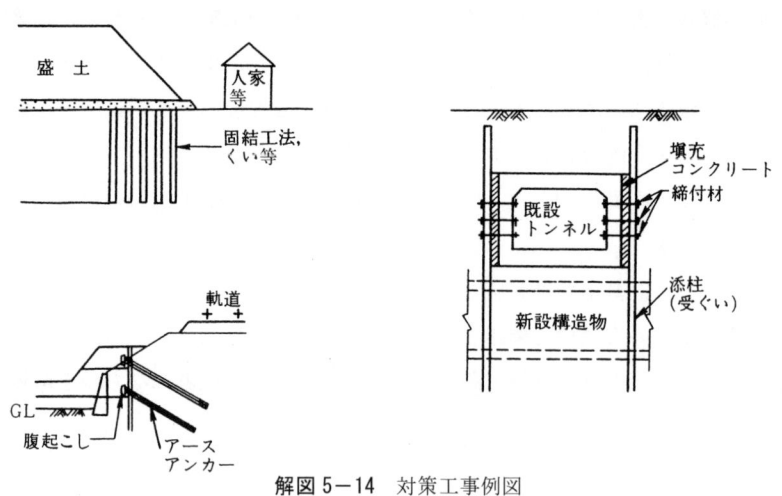

解図 5-14　対策工事例図

解表 5−18 測定種別及び測定項目

測定種類		測定項目	
既設構造物		変位	鉛直
			水平
		傾	斜
		躯体応力	
山留め	山留め本体	土 圧	
		水 圧	
		変 形	
	切梁・腹起し	切梁の軸力・変形	
		腹起しのたわみ・応力	
既設物の補強工遮断防護工等		対策工の変形	
		対策工の応力	

第6章　監督と検査

6-1　一般

> (1) 本章は，道路土工において各種土工構造物を構築するに当たり，発注者が実施する工事の監督と成果物の検査に関して述べるものである。
> (2) 発注者は，要求した品質で目的物が完成するように，受注者が行う工事について適切に施工状況の監督行為を行うとともに，工事が完成あるいは部分的に完了した段階において，工事目的物が契約に定められたとおり構築されているか検査を行う。

　道路土工工事における発注者の役割は，全般的な事業計画の策定，具体的施設計画，実施設計，積算，工事の請負契約後における工事監督，完成検査，完成後の各種構造物の維持管理等であるが，本章では工事契約後において発注者が実施する監督・検査について，受注者が実施する施工管理との関連を踏まえながら述べる。

　公共工事は，主に受注者の一切の責任の下で行う請負工事となっているが，工事の目的物は国民全体の社会資本となり，その原資は税金によって賄われていることから，疎漏工事は単に経済的損失のみならず，国民の経済活動に多大な影響を及ぼすことになる。

　このようなことから，会計法において「契約の適正な履行を確保」がなされているか否かの監督業務が発注者に課せられおり，また監督業務と同様工事検査についても，監督業務と同様に会計法において「給付の完了の確認」として，発注者に義務付けられている。

　また，平成17年度から施行されている「公共工事の品質確保の促進に関する法律」により，行政的責任の観点から工事の適正かつ能率的な施工を確保するとともに，工事に関する技術水準の向上に資することを目的に従来から実施している「技術検査」が法的に位置付けられた。

6-2 監　　督
6-2-1　施工条件の明示

> 道路土工工事の契約に当たり，目的物の品質管理及び工事施工の円滑化を確保するため，施工条件を契約上明らかにしておくことが重要である。

　道路土工は，盛土，切土，擁壁，カルバート等の各種構造物の設計図書に規定された規格値を満たすことにより，要求された性能を満足することが見込まれるものである。
　しかしながら，土木工事は工事現場毎に数々の制約条件（施工条件）を受けて実施されることから，目的物の品質や工事施工の円滑化を確保するため，これらの施工条件を契約上明らかにしておくことが重要である。
　各種土工構造物の施工においては，複雑な施工条件の影響を受けながら諸条件・調査結果等は絶えず変化するという不確定要素（材質，天候，湧水，地質等）が多いことから，これら予想される要素について，予め設計図書に施工条件として明示しておく必要がある。
　また，発注者は適正な工事価格の設定に当たり，現場条件の把握と調査結果から想定される施工計画をもとに，それらに見合った的確な工法を選定して設計積算を行い，受注者においては工事を進めるに当たり設計図書に明示してある施工条件に十分配慮して施工計画・工程計画を立案することが求められる。

6-2-2　施工状況の確認

> 発注者は，要求した目的物の性能を満足するために，監督業務を通じて施工状況の把握や確認を適切に実施しなければならない。

　監督業務は，設計図書等に示す条件等を基に，所定の工事目的物が適正に契約の内容に沿って履行されているか否かを確認するために，発注者が行うものである。施工管理は，工事の完成のために受注者が行うものであって，発注者が監督

の過程で気づいたことについて指摘や助言を行っても，発注者が自ら施工管理を行うことはない。このため，発注者が行う監督と受注者が行う施工管理は，ともに良質な目的物を完成させる手法であるが，異なった性質のものである。

　発注者が行う監督業務の主な役割は，契約履行について受注者側の現場代理人・管理技術者に対する，指示や協議又は承諾，及び受注者が作成する施工のための詳細図等の必要図書の承諾，設計図書に基づく工程管理，段階確認，材料確認，施工状況の把握等の業務である。

　近年では，受注者が行う施工管理においても情報技術の進展とともに，各種の品質管理，施工管理が可能になってきている。例えば，地盤改良による軟弱地盤対策においては支持層への着底を管理するため電流値を計測したり，盛土の締固めについてもトータルステーションやGPSを用いて転圧回数管理を行う方法があり，電子データによる管理・監督が可能になってきている。このため，受注者は，目的物の要求性能を確認する施工管理方法について発注者と協議し，適切に実施する必要がある。

　例として，国土交通省の「土木工事監督技術基準（案）」に示す盛土工に関する監督業務のうち，段階確認を**解表 6－1**，施工状況の把握を**解表 6－2**に示す。

解表 6－1　盛土工に関係する段階確認

段階確認一覧

種　別	細別	確認時期	確認項目	確認の頻度
河川土工（掘削工） 海岸土工（掘削工） 砂防土工（掘削工） 道路土工（掘削工）		土(岩)質の変化した時	土(岩)質、変化位置	1回/土(岩)質の変化毎
道路土工（路床盛土工） 舗装工（下層路盤）		プルフローリング実施時	プルフローリング実施状況	1回/1工事

解表6-2　盛土工に関係する施工状況の把握頻度

施工状況把握一覧

一般：一般監督
重点：重点監督

種　別	細別	確認時期	確認項目	確認の頻度
盛土工 　河　　川 　海　　岸 　砂　　防 　道　　路		敷均し・転圧時	使用材料， 敷均し・締固め状況	一般：1回/1工事 重点：2～3回/1工事

6-3　検　　査
6-3-1　工事の検査

> 　発注者は，完成した工事目的物について，所用の品質・性能を満たしているかの確認を行うとともに，工事に関する技術水準の向上を目的として受注者の技術評価を行う工事検査を実施する。
> 　また受注者は，検査に当たって必要な準備を適切に行う。

　公共土木工事においては，請負契約の適正な履行の確保と引渡し（給付）を受けるための確認が不可欠であることから，会計法等において国や地方治自体等の監督や検査が義務付けられている。

　また，公共土木工事の目的物は公共施設であるので，工事の遅延や完成後の瑕疵発生を防止し，工事の能率的な施工と技術水準の向上を図るため，技術上の検査も重要である。

　そこで国土交通省の土木工事では，工事検査を会計法上の検査と技術上の検査として**解図6-1**に分類して実施している。

　検査の内容としては，工事の実施状況の検査，工事の出来形及び品質の検査，出来ばえの検査等があるが，工事現場で直接行う実地検査と書類によって行う書類検査に分けて実施される。

　検査の順序は，工事の種類，検査員や検査時の状況等によって異なるが，標準的な例を示すと**解図6-2**のようになる。

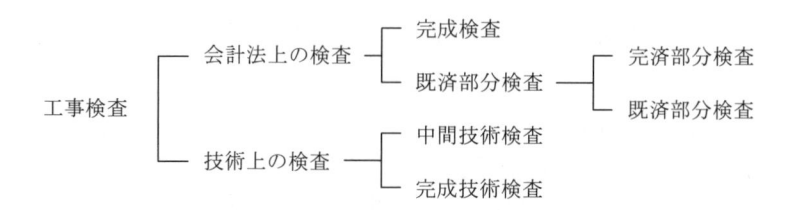

```
                                  ┌─ 完成検査
                ┌─ 会計法上の検査 ─┤                    ┌─ 完済部分検査
                │                 └─ 既済部分検査 ──────┤
工事検査 ───────┤                                      └─ 既済部分検査
                │                 ┌─ 中間技術検査
                └─ 技術上の検査 ──┤
                                  └─ 完成技術検査
```

注1）完成検査　　　工事の完成時に行う給付完了の確認のための検査をいう。
注2）完済部分検査　工事の完成前に指定部分の完成を確認し代価の一部を支払って引取るための検査をいう。
注3）既済部分検査　工事完成前に代価の一部を支払う必要がある場合に行う検査をいう。
注4）技術検査　　　技術的な観点から工事中及び完成時の施工状況の確認及び評価を行う。

解図6-1　工事検査の分類

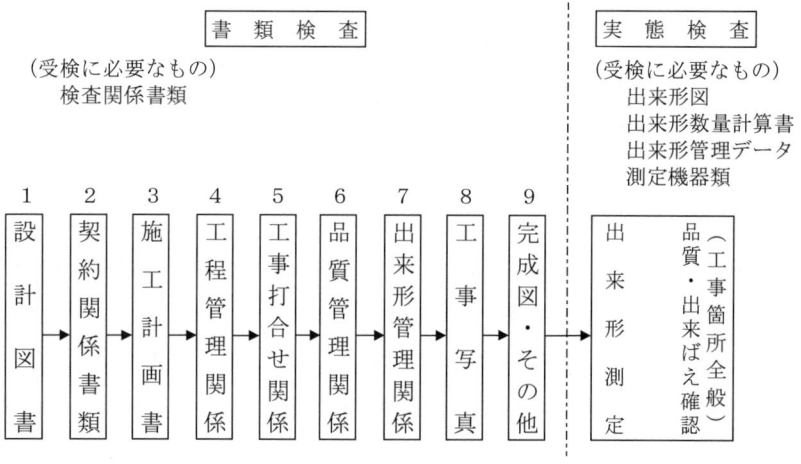

書類検査／実態検査

（受検に必要なもの）
　検査関係書類

（受検に必要なもの）
　出来形図
　出来形数量計算書
　出来形管理データ
　測定機器類

1	2	3	4	5	6	7	8	9	出来形測定	品質・出来ばえ確認（工事箇所全般）
設計図書	契約関係書類	施工計画書	工程管理関係	工事打合せ関係	品質管理関係	出来形管理関係	工事写真	完成図・その他		

注）1および2は監督職員が，3以降は現場代理人などが検査員に説明する。

解図6-2　検査の順序

(1)　**書類検査**

　土木工事は地中埋設部が多く，工事完成時において出来形や品質等の現物の全体確認が困難である。したがって，その部分の検査は工事途中における記録をまとめた書類によって行われることになり，書類検査が重要となる。
　書類検査は，出来形管理，品質管理，その他工事の実施状況に関する各種の記

録（写真による記録を含む。）について，設計図書，仕様書等と対比し，施工管理状況及び施工内容の適否の判定を行う。

　検査に当たって，あらかじめ準備すべき関係図書としては次のようなものがある。

① 契約書
② 数量内訳表及び図面
③ 仕様書（共通仕様書，特記仕様書）
④ 請負代金内訳書（必要な場合）
⑤ 施工計画書
⑥ 工事打合せ書（指示，承諾，協議，その他）
⑦ 材料検査票
⑧ 規格値及び施工管理基準による資料
⑨ 工事記録写真
⑩ 出来形図面，出来形数量計算書
⑪ 完成図
⑫ 台帳関係
⑬ その他

工事関係書類の整理について留意事項を**解表6-3**に示す。

解表6-3 工事関係図書整理要領

分 類	内 容
契約関係図書	契約書,設計図書(図面,仕様書),現場代理人及び主任技術者通知書等を整備する。
施工計画書・実施工程表	工事の計画とその施工履歴を示すものである。施工計画書は受注者の自主性を最も発揮させるものであり,施工もこれに合わせて実施することになるので,工事途中で施工方法を変更した場合の施工計画書の整理には十分気を付けなければならない。実施工程表は,当初の計画と施工の実態が一目でわかるように作成する。
材料検査資料	設計図書で検査を必要とする材料について,材料検査票,施工検査データ,記録写真等を整理する。
品質管理資料	設計図書(例えば国土交通省では土木工事施工管理基準)で定められた項目が全て実施されているか管理過程と試験内容について十分に管理されているかどうか,さらに試験数値が所定の規格値を満足しているかどうか判断できるよう適切な資料整理を行う。
工事写真	国土交通省の場合を例にとると土木工事共通仕様書において写真管理基準が定められている。これには撮影場所,施工段階,位置,表示方法等が示されており,特に不可視部分については適正な施工が行われたことがわかる写真が必要となる。
出来形管理資料	出来形管理図表と出来形数量計算書の整備,出来形数量と契約数量を対比した過不足の程度をチェックする出来形数量調書,出来形寸法が規格値等(例えば国土交通省の場合は土木工事施工管理基準による)を満足しているかどうかのチェック等の資料の整備が必要である。
完成図	工事完成図は工事目的物の維持,修繕等の管理に必要なものである。従って,その作成に当たっては慎重に出来形の実態を示さなければならない。特に埋殺しとなったものについては別途参考資料を添付する等の処置を忘れてはならない。

(2) 実地検査

　実地検査は,全部の数量について実施することが困難であることから抜取検査を行うが,観察等の補助手段を併用して実施するのが一般的である。

　また,工事の出来形及び品質を検査するために,特別な場合には不可視部分の確認を行うために非破壊検査等をすることがある。検査に当たっては適正な機器を用い,適正な操作により試験・測定を行い,また,目視等による場合は,個人による差が生じないように注意することが必要である。このため,工事の内容,重要度,検査に要する時間や費用を勘案し,科学的で簡便かつ効果的な検査方法

を選ぶことが重要である。
（ⅰ）実地検査の準備

実地検査を合理的に行うため，受注者は検査に先立ち次のような準備を行う。

① 標示板

現場の起終点，各測点及び主要な構造物には，適当な大きさの標示板を立てて明示するとともに，出来形管理時に測定した箇所には，必ずペイント，ピン，くぎ等でマーキングしておく。

② 現場整理

積雪や湛水箇所の除雪や排水，検査のための足場や梯子等については，あらかじめ発注者と協議を行い，事前に準備をしておく。

③ 検査器具

テープ，巻尺，レベル，スタッフ，カメラ，黒板，水準器，足場，水糸等の必要な検査器具を準備しておく。

（ⅱ）出来形検査

工事の出来形の検査は，位置，出来形寸法について設計図書と対比させながら検査基準に基づいて行う。

なお，外部からの観察，施工管理の状況を示す資料，出来形図，写真等のみで当該出来形の適否を判定することが困難な場合は，特に必要と判断されるものについて破壊検査を行うことがある。

（ⅲ）品質検査

品質の検査は，品質及び品質管理に関する各種の記録と，設計図書と対比して検査基準に基づいて行う。

（ⅳ）出来ばえの検査

出来ばえの検査は，仕上げ面，とおり，すり付け等の程度及び全体的な美観等，全般的な外観について目視・観察により行う。

（ⅴ）検査結果の処置

検査終了後，発注者は受注者に対し，検査結果の講評と通知を行う。

6−3−2　出来形の検査

> 　出来形の検査は，位置，出来形寸法及び出来形管理に関する各種の記録と設計図書とを対比し，工種により決められた検査内容及び検査密度により現地で実測して確認を行う。ただし，外部からの観察，出来形図，写真等により当該出来形の適否を判定することが困難な場合は，発注者は契約書の定めるところにより，必要に応じて破壊して検査を行う。

　出来形検査は，盛土，切土及びその他構造物の位置を確認すると同時に，基準高，長さ（距離，幅員，のり長），勾配，土量等を確認する。測定は，全測点についてすべての検測をすることはあまり効率的でなく，かつ時間を要するので平面線形や縦断線形の変化の多いところでは密に，変化の少ないところでは代表的な点を選んで行い，あとは目視により検査するのが普通である。また，測点と測点の中間においても，測点箇所と同様の要素について設計図等に示す値を満たしていなければならない。このため，目視により前後となじまないところがあれば設計図と照合するとともに，必要があれば測点箇所と同様の測定を行い確認する。

(1)　基準高の検査

　測点の中心線，のり肩，のり先等の高さを測定し，設計図の高さと対比し検査する。

(2)　長さ（距離，幅，のり長）の検査

（ⅰ）縦断方向の検査

　測点間の距離，平面線形，縦断線形の変化点と測点との距離，構造物と測点の距離，盛土・切土の変化点と測点との距離等を測定し，設計図の距離と対比して検査する。

（ⅱ）横断方向の検査

　測点箇所の幅員，中心線からの距離，小段の幅員，のり長等を測定し，設計図の値と対比して検査する。

(3) 勾配の検査

　測点箇所ののり面の勾配を，水平距離，垂直距離，のり長及び勾配計により測定または計算し，設計図の値と対比して検査する。

(4) 土量の検査

　土量の検査方法には，地山検測と盛土検測とがあり，仕様条件によって使い分けられる。数量は工事出来形測定記録に基づき，出来形図及び出来形数量計算書により確認する。

（ⅰ）地山検測

　地山検測は切土または土取りした部分の体積を測定することによって，土量を検査するもので跡坪検測ともいう。

（ⅱ）盛土検測

　盛土検測は盛土の体積を測ることによって，土量を検査するもので出来形検測ともいう。この方法は盛土箇所の基礎地盤が軟弱で沈下するようなところでは沈下部分についての確認が必要である。

(5) 出来形寸法基準

　国土交通省で適用されている出来形寸法基準の抜粋を**解表6-4**に示す。

解表6-4　出来形寸法検査基準（案）

工　種	検査内容	検査対象	摘　要
土　工	基準高，幅，法長	200mにつき1箇所以上（ただし，施工延長200m以下の場合は2箇所以上）	
地盤改良工	基準高，幅，厚さ，延長	同上	
道路改良	基準高，幅，厚さ，高さ，延長	100mにつき1箇所以上（ただし，施工延長100m以下の場合は2箇所以上）	
石・ブロック積（張）工	基準高，幅，厚さ，延長	同上	
その他構造物	工種に応じ，基準高，幅，厚さ，高さ，深さ，法長，長さ等	同種構造物毎に適宜決定する。	

※施工延長とは施工延べ延長をいう。

6−3−3　品質の検査

> 品質の検査は，品質及び品質管理に関する各種の記録と設計図書を対比し，適切な検査内容及び検査方法により行う。外部からの観察，品質管理の状況を示す資料，写真等により当該品質の適否を判定することが困難な場合は，検査職員は契約書の定めるところにより，必要に応じて破壊して検査を行う。

　品質検査は，仕様書に基づき施工者の提出した資料をもとに発注者が行うのが通常であるが，これとは別に発注者自らが品質試験を行って検査することもある。いずれの場合も資料のもととなる試験や測定等は信頼できるものであることが前提であり，熟練した技術者の指導によって適正に行われることが必要である。
　道路土工の品質検査は，盛土材料と締固め度の検査がほとんどであり，付随的にのり面の植生の出来ばえや小型コンクリート構造物等の品質検査がある。

(1)　盛土材料の検査
　盛土材料の品質検査は品質試験の結果が設計図書で指定された品質に合格しているかどうかを資料により判定するのが一般的である。
　盛土材料の品質が万一不合格であった場合の処理は極めて難しいので，施工当初及び中間段階での品質の確認，土取場の調査等を確実に実施しておくことが何よりも必要である。

(2)　締固め度の検査
　締固め度の検査は、日々の測定記録が設計図書に指定された基準値あるいは試験施工により定められた基準値に合格しているかどうかを判定することにより行う。締固め度の検査は、締固め土工が適切に行われていることを確認するとともに、基準値を下回る結果が得られたら施工方法を見直すことが本来の目的であるので、施工段階で日常的に行うように努める必要がある。ただし路床の仕上がり面等について、必要な試験を完成時に行う検査で実施することも可能である。検査に当たっては，特に路端や構造物付近の締固めが十分かどうかに注意する必要

がある。

(3) たわみ量による検査

路床について全面にプルーフローリングを行う。さらにたわみの大きい箇所についてベンケルマンビームによるたわみ量測定を行い、支持力を確認する方法もある。

(4) 品質検査基準

品質検査実施の参考例として、国土交通省の地方整備局での検査内容の一例を**解表6-5**に示す。

解表6-5 品質検査基準（案）（国土交通省地方整備局の例）

工　種			検　査　内　容	検　査　方　法
共通	材　料		(1) 品質及び形状は、設計図書と対比して適切か	(1) 観察又は品質証明により検査する (2) 場合により実測する
	基　礎　工		(1) 支持力は、設計図書と対比して適切か (2) 基礎の位置、上部との接合等は適切か	(1) 主に施工管理記録及び観察により検査する (2) 場合により実測する
	土　工		(1) 土質、岩質は、設計図書と一致しているか (2) 支持力又は密度は設計図書と対比して適切か	
	無筋、鉄筋コンクリート		コンクリートの強度、スランプ、塩化物総量、アルカリ骨材反応対策、水セメント比等は、設計図書と対比して適切か	
	構造物の機能		構造物又は付属設備等の性能は設計図書と対比して適切か	主に実際に操作し検査する
道路	舗装	路盤工	(1) 路盤材料の合成粒度は設計図書と対比して適切か (2) 支持力又は締固め密度は設計図書と対比して適切か	(1) 主に施工管理記録及び観察により検査する (2) 場合により実測する
		アスファルト舗装工	アスファルト使用量、骨材粒度、密度及び舗設温度は設計図書等と対比して適切か	(1) 主に既に採取されたコア及び現地の観察並びに施工管理資料により検査する (2) 場合により実測する

(5) 出来ばえの検査

　出来ばえの検査は，仕上げ面，とおり，すり付け等の程度及び全体的な美観等，全般的な外観について目視，観察により行う。

　例えば，コンクリートの表面仕上げは豆板もなく美しく仕上がっているか，擁壁，ブロック積，路肩等は法線のとおりかどうか，のり面処理，雨水処理の構造が良好か，取付部分のすり付け施工は良好かなどを実施する。

(6) 検査結果の処置

　検査終了後，発注者は受注者に対し検査結果の講評と通知を行う。

6-3-4 合否判定の方法

> 　工事検査においては，工事目的物の設計値に対する誤差が，構造物の機能上支障がない範囲以内であるか否かによって合格，不合格を判定する。

　工事検査においては，工事目的物の設計値に対する誤差，構造物として機能上支障がない範囲以内におさまっているかどうかによって合格，不合格を判定する。
　許容される誤差の範囲は，工事各部分の必要な機能，施工性，経済性等から決められるもので，工事の性格，内容及び施工条件（使用材料，施工場所，施工方法）によって異なるが，土工においては，特別のものを除き，過去の実績から調査して定めることができる。合否の判定基準はあらかじめ仕様書等で示し，契約条件とすることが必要である。
　道路土工における合否判定の方法には，次の2つの方法がある。

(1) 規格値による方法

　原則として全体検査とし，検査時の測定値のいずれもが規格値（設計図，仕様書に示された設計値に対する許容誤差）を満足していれば合格とする。一般には，構造物の外形寸法等の検査に用いられる。

(2) 合格判定値による方法

　抜取検査の場合，ロットの大きさ及びロット毎の抜取個数を定めて測定し，その結果が下記を満足していれば合格とする。

　　　　上限合格判定値≧測定値の平均値≧下限合格判定値

　合格判定値は通常，規格値を全体の 95% が満足するものを合格とするように設定されることが多い。一般には品質等の検査に用いられる。

　検査に用いる規格値及び合格判定値について，国土交通省関東地方整備局の参考例[1]を**解表 6-6** に示す。

解表6－6　出来形管理基準及び規格値（例）

検査対象		規格値 単位：mm	測定基準	測定箇所
工種	項目			
掘削工	基準高▽	±50	施工延長40mにつき1箇所，延長40m以下のものは1施工箇所につき2箇所。 基準高は，道路中心線及び端部で測定。	
	法長 l＜5m	－200		
	法長 l≧5m	法長－4％		
	幅 w	－100		
路体盛土工 路床盛土工	基準高▽	±50	施工延長40mにつき1箇所，延長40m以下のものは1施工箇所につき2箇所。 基準高は，道路中心線及び端部で測定。	
	法長 l＜5m	－100		
	法長 l≧5m	法長－2％		
	幅 $w_1 w_2$	－100		
石積（張）工	基準高▽	±50	施工延長40m（測点間隔25mの場合は50m）につき1箇所，延長40m（又は50m）以下のものは1施工箇所につき2箇所。厚さは上端部及び下端部の2箇所を測定	
	法長 l＜3m	－50		
	法長 l≧3m	－100		
	厚さ（石積・張）t_1	－50		
	厚さ（裏込）t_2	－50		
	延長 L	－200		
場所打擁壁工	基準高▽	±50	施工延長40m（測点間隔25mの場合は50m）につき1箇所，延長40m（又は50m）以下のものは1施工箇所につき2箇所。	
	厚さ t	－20		
	裏込厚さ	－50		
	幅 $w_1 w_2$	－30		
	高さ h＜3m	－50		
	高さ h≧3m	－100		
	延長 L	－200	1施工箇所毎	

種別	測定項目	規格値	測定基準	摘要
側溝工 （プレキャストU型側溝）（L型側溝工）（自由勾配側溝）（菅渠）	基準高▽	±30	施工延長40m（測点間隔25mの場合は50m）につき1箇所，施工延長40m（又は50m）以下のものは1施工箇所につき2箇所。	
	延長L	－200	1箇所/1施工箇所	
場所打水路工	基準高▽	±30	施工延長40m（測点間隔25mの場合は50m）につき1箇所，施工延長40m（又は50m）以下のものは1施工箇所につき2箇所。	
	厚さ t_1 t_2	－20		
	幅w	－30		
	高さ h_1 h_2	－30		
	延長L	－200	1施工箇所毎	
場所打函渠工	基準高▽	±30	両端，施工継手及び図面の寸法表示箇所で測定。	
	厚さ $t_1 \sim t_4$	－20		
	幅（内法）w	－30		
	高さh	±30		
	延長L＜20m	－50		
	延長L＜20m	－100		

参考文献

1) 国土交通省関東地方整備局：「土木工事施工管理基準及び規格値」(H19.4)
 （ほかの地方整備局にも同様の図書がある）

巻 末 資 料

(注:「資料—3」,「資料—4」の図は(社)日本道路協会のホームページを参照されたい)

資料— 1　地震動の作用
資料— 2　岩の地質学的分類
資料— 3　降雨の地域特性を示す係数 β^{10} 図
資料— 4　全国確率時間降雨強度 (R_n) 図
資料— 5　流入時間の算出方法
資料— 6　下水管きょ布設例
資料— 7　メチレンブルー凍結深度計による凍結深さの測定方法
資料— 8　熱電対による凍結深さの測定方法
資料— 9　凍結指数
資料—10　多層系地盤の凍結深さの計算
資料—11　雪の熱伝導率
資料—12　凍上性判定のための土の凍上試験方法
資料—13　土の凍上試験方法

資　料－1　地震動の作用

　道路土工指針の各指針においては，土工構造物の設計に際し，地震動の作用として「道路橋示方書Ⅴ耐震設計編（平成14年3月）」に規定されているレベル1地震動及びレベル2地震動の2種類の地震動を想定することとしている。ここに，レベル1地震動とは供用期間中に発生する確率が高い地震動，また，レベル2地震動とは供用期間中に発生する確率は低いが大きな強度を持つ地震動をいう。レベル2地震動としては，プレート境界型の大規模な地震を想定したタイプⅠの地震動，及び，内陸直下型地震を想定したタイプⅡの地震動の2種類を考慮する。

　地震動の作用で想定するレベル1地震動及びレベル2地震動の特性を、加速度応答スペクトルを用いて表すと(1)及び(2)の通りである。地震動の特性を表現する方法は様々であるが、任意の固有周期および減衰定数を持つ一自由度系の最大応答加速度として定義される加速度応答スペクトルは、地震動の一般的な表現方法として広く用いられている。

　土工構造物の性能照査に際しては、上述した地震動の作用に伴う荷重として、自重に起因する慣性力、裏込め土の地震時土圧、地震時地盤変位、地盤の液状化や流動化の影響等を、構造物の特性に応じて設定する。これらの荷重は、耐震解析の入力条件であり、解析手法に応じて適切に定める必要がある。例えば、円弧すべり安定解析や震度法等の静的解析法を用いる場合の荷重の算定には、(1)及び(2)の特性を踏まえた水平震度を用いる。また、動的有限要素解析やニューマーク法等の動的解析法を用いる場合の荷重の算定には、(1)及び(2)の特性を反映した時刻歴波形を用いる。ここに、地震動の作用に伴う荷重の詳細については、各指針を参照されたい。

(1)　レベル1地震動

　レベル1地震動の加速度応答スペクトルは，(5)に規定する耐震設計上の地盤面において与え、式（資1-1）により算出する。

$$S = c_z c_D S_0 \quad \cdots\cdots\cdots\cdots\cdots\cdots\cdots\cdots\cdots\cdots\cdots\cdots\cdots\cdots (資1-1)$$

ここに,S：レベル1地震動の加速度応答スペクトル（1gal単位に丸める）

c_z：(3)に規定する地域別補正係数

c_D：減衰定数別補正係数であり，減衰定数 h に応じて式（資1-2）により算出する．

$$c_D = \frac{1.5}{40h+1} + 0.5 \quad \cdots\cdots\cdots\cdots\cdots\cdots\cdots\cdots\cdots\cdots\cdots (資1-2)$$

S_0：レベル1地震動の標準加速度応答スペクトル(gal)であり，(4)に規定する地盤種別及び固有周期 T に応じて**資表1-1**の値とする．

資表1-1　レベル1地震動の標準加速度応答スペクトル S_0

地盤種別	固有周期 $T(s)$ に対する S_0 (gal)		
Ⅰ種	$T<0.1$ $S_0 = 431\,T^{1/3}$ ただし，$S_0 \geqq 160$	$0.1 \leqq T \leqq 1.1$ $S_0 = 200$	$1.1 < T$ $S_0 = 220/T$
Ⅱ種	$T<0.2$ $S_0 = 427\,T^{1/3}$ ただし，$S_0 \geqq 200$	$0.2 \leqq T \leqq 1.3$ $S_0 = 250$	$1.3 < T$ $S_0 = 325/T$
Ⅲ種	$T<0.34$ $S_0 = 430\,T^{1/3}$ ただし，$S_0 \geqq 240$	$0.34 \leqq T \leqq 1.5$ $S_0 = 300$	$1.5 < T$ $S_0 = 450/T$

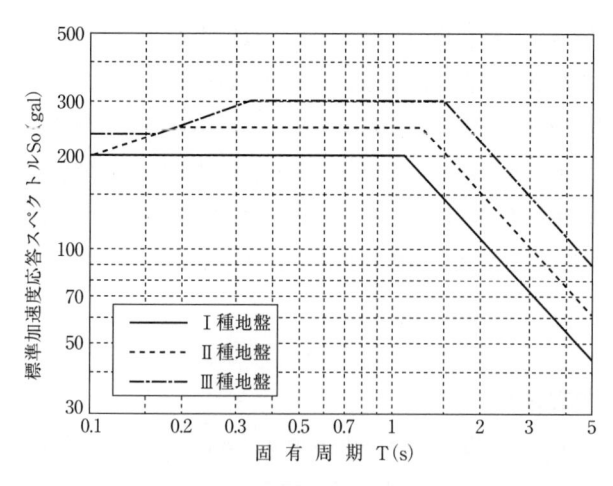

資図1-1　レベル1地震動の標準加速度応答スペクトル S_0

(2) レベル2地震動

レベル2地震動の加速度応答スペクトルは，(5)に規定する耐震設計上の地盤面において与え，地震動タイプに応じてそれぞれ式（資1-3）及び式（資1-4）により算出する。

$$S_{\mathrm{I}} = c_z c_D S_{\mathrm{I}0} \cdots\cdots\cdots\cdots\cdots\cdots\cdots\cdots\cdots\cdots\cdots\cdots\cdots\cdots\cdots\cdots\cdots\cdots\cdots\cdots (資1-3)$$

$$S_{\mathrm{II}} = c_z c_D S_{\mathrm{II}0} \cdots\cdots\cdots\cdots\cdots\cdots\cdots\cdots\cdots\cdots\cdots\cdots\cdots\cdots\cdots\cdots\cdots\cdots\cdots (資1-4)$$

ここに，S_{I}：タイプⅠ地震動の加速度応答スペクトル（1gal単位に丸める）

S_{II}：タイプⅡ地震動の加速度応答スペクトル（1gal単位に丸める）

c_z：(3)に規定する地域別補正係数

c_D：減衰定数別補正係数であり，減衰定数 h に応じて式(資1-2)により算出する。

$S_{\mathrm{I}0}$：タイプⅠ地震動の標準加速度応答スペクトル(gal)であり，地盤種別及び固有周期 T に応じて**資表1-2**の値とする。

$S_{\mathrm{II}0}$：タイプⅡ地震動の標準加速度応答スペクトル(gal)であり，(4)に規定する地盤種別及び固有周期 T に応じて**資表1-3**の値とする。

資表1-2 タイプⅠ地震動の標準加速度応答スペクトル $S_{\mathrm{I}0}$

地盤種別	固有周期 $T(s)$ に対する $S_{\mathrm{I}0}$ (gal)		
Ⅰ種	$T<1.4$ $S_{\mathrm{I}0}=700$		$1.4<T$ $S_{\mathrm{I}0}=980/T$
Ⅱ種	$T<0.18$ $S_{\mathrm{I}0}=1,505\,T^{1/3}$ ただし，$S_{\mathrm{I}0}\geqq 700$	$0.18\leqq T\leqq 1.6$ $S_{\mathrm{I}0}=850$	$1.6<T$ $S_{\mathrm{I}0}=1,360/T$
Ⅲ種	$T<0.29$ $S_{\mathrm{I}0}=1,511\,T^{1/3}$ ただし，$S_{\mathrm{I}0}\geqq 700$	$0.29\leqq T\leqq 2.0$ $S_{\mathrm{I}0}=1,000$	$2.0<T$ $S_{\mathrm{I}0}=2,000/T$

資表1-3 タイプⅡ地震動の標準加速度応答スペクトル $S_{\mathrm{II}0}$

地盤種別	固有周期 $T(s)$ に対する S_0 (gal)		
Ⅰ種	$T<0.3$ $S_{\mathrm{II}0}=4,463\,T^{2/3}$	$0.3\leqq T\leqq 0.7$ $S_{\mathrm{II}0}=2,000$	$0.7<T$ $S_{\mathrm{II}0}\geqq 1,104/T^{5/3}$
Ⅱ種	$T<0.4$ $S_{\mathrm{II}0}=3,224\,T^{2/3}$	$0.4\leqq T\leqq 1.2$ $S_{\mathrm{II}0}=1,750$	$1.2<T$ $S_{\mathrm{II}0}\geqq 2,371/T^{5/3}$
Ⅲ種	$T<0.5$ $S_{\mathrm{II}0}=2,381\,T^{2/3}$	$0.5\leqq T\leqq 1.5$ $S_{\mathrm{II}0}=1,500$	$1.5<T$ $S_{\mathrm{II}0}\geqq 2,948/T^{5/3}$

資表1-2, 資表1-3を図示すると, それぞれ, **資図1-2, 資図1-3**のようになる.

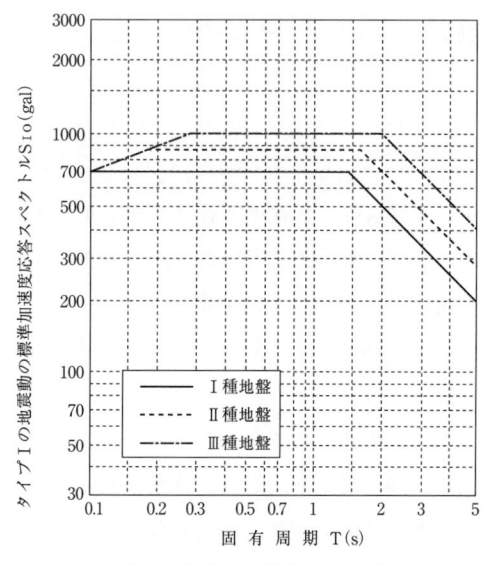

資図1-2 タイプⅠ地震動の標準加速度応答スペクトル S_{I0}

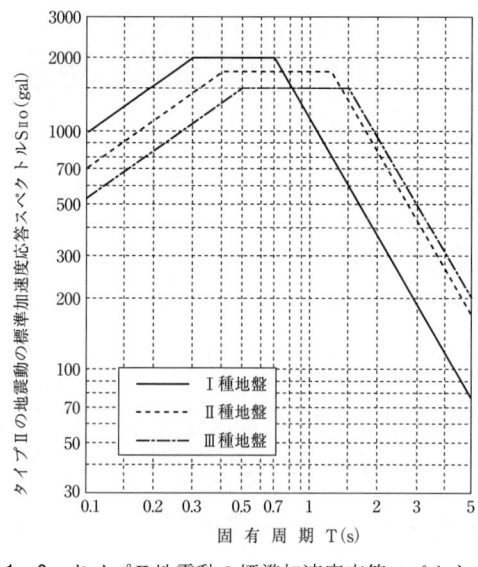

資図1-3 タイプⅡ地震動の標準加速度応答スペクトル S_{II0}

(3) **地域別補正係数**

地域別補正係数は，地域区分に応じて**資表1-4**の値とする。

資表1-4 地域別補正係数 c_z

地域区分	地域別補正係数 c_z	対象地域
A	1.0	下記2地域以外の地域
B	0.85	「Zの数値，R_t及びA_iを算出する方法並びに地盤が著しく軟弱な区域として特定行政庁が指定する基準」（建設省告示）第1項（Zの数値）表中（二）に掲げる地域
C	0.7	「Zの数値，R_t及びA_iを算出する方法並びに地盤が著しく軟弱な区域として特定行政庁が指定する基準」（建設省告示）第1項（Zの数値）表中（三）及び（四）に掲げる地域

資表1-4に示す地域区分の具体的な対象地域は，**資表1-5**のとおりである。また，**資表1-4**に従って作成した地域区分図を**資図1-4**に示す。

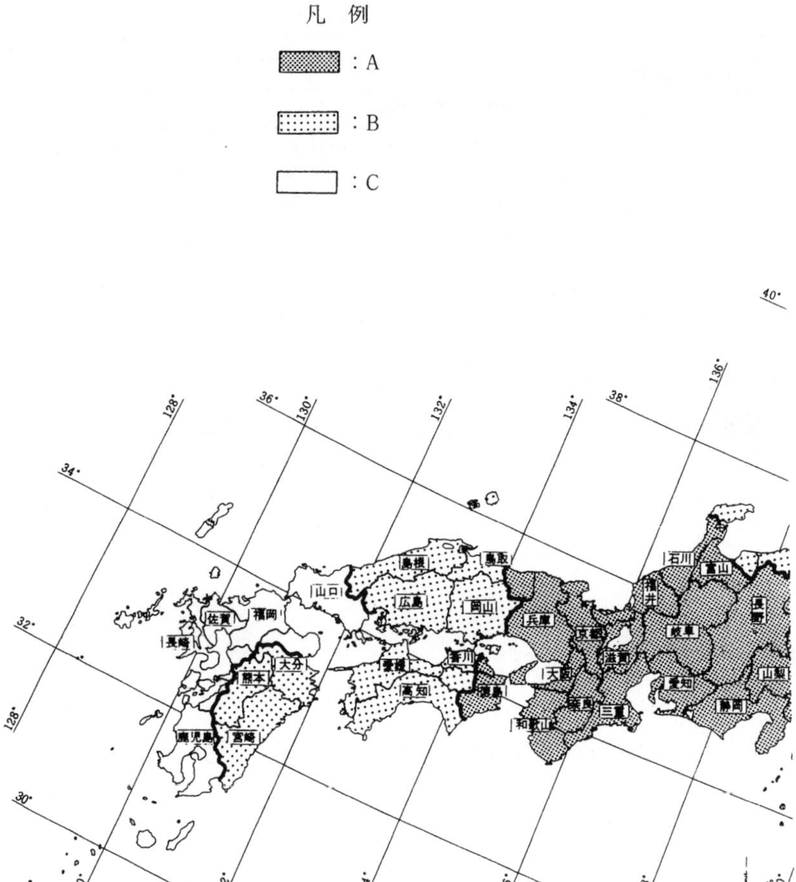
凡　例
：A
：B
：C
佐賀
福岡
長崎
熊本
大分
鹿児島
宮崎
山口
島根
広島
鳥取
岡山
愛媛
香川
高知
徳島
兵庫
京都
大阪
奈良
和歌山
滋賀
三重
福井
石川
富山
岐阜
愛知
長野
山梨
静岡

資図 1−4

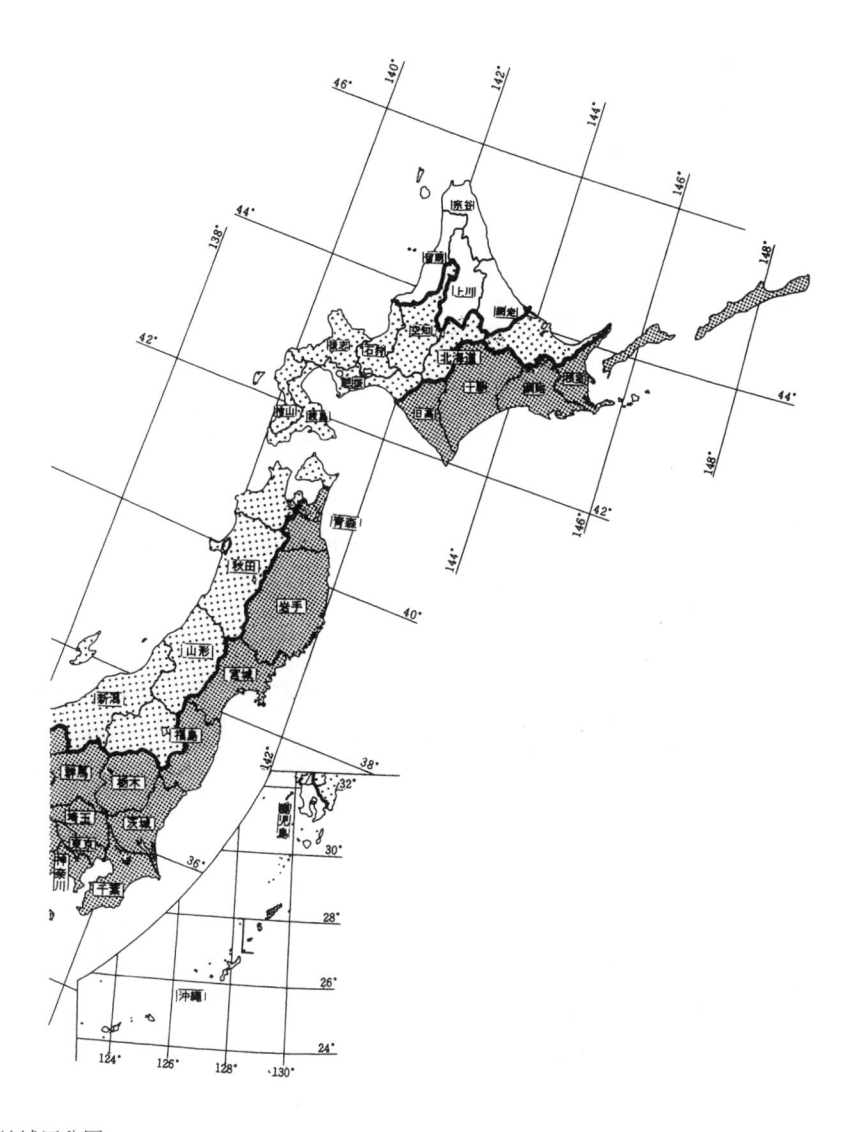

地域区分図

資表1-5 地域別補正係数の地域区

地域区分	地域別補正係数 C_2		対 象 地 域
A	1.0	(一)	(二)から(四)までに掲げる地方以外の地方
B	0.85	(二)	北海道のうち札幌市，函館市，小樽市，室蘭市，北見市，夕張市，岩見沢市，網走市，苫小牧市，美唄市，芦別市，江別市，赤平市，三笠市，千歳市，滝川市，砂川市，歌志内市，深川市，富良野市，登別市，恵庭市，伊達市，札幌郡，石狩郡，厚田郡，浜益郡，松前郡，上磯郡，亀田郡，茅部郡，山越郡，檜山郡，爾志郡，久遠郡，奥尻郡，瀬棚郡，島牧郡，寿都郡，磯谷郡，虻田郡，岩内郡，古宇郡，積丹郡，古平郡，余市郡，空知郡，夕張郡，樺戸郡，雨竜郡，上川郡(上川支庁)，のうち東神楽町，上川町，東川町及び美瑛町，勇払郡，網走郡，斜里郡，登呂郡，有珠郡，白老郡 青森県のうち青森市，弘前市，黒石市，五所川原市，むつ市，東津軽郡，西津軽郡，中津軽郡，南津軽郡，北津軽郡，下北郡 秋田県，山形県 福島県のうち会津若松市，郡山市，白河市，須賀川市，喜多方市，岩瀬郡，南会津郡，北会津郡，耶麻郡，河沼郡，大沼郡，西白川郡 新潟県 富山県のうち魚津市，滑川市，黒部市，下新川郡 石川県のうち輪島市，珠洲市，鳳至郡，珠洲郡 鳥取県のうち米子市，倉吉市，境港市，東伯郡，西伯郡，日野郡 島根県，岡山県，広島県 徳島県のうち美馬郡，三好郡 香川県のうち高松市，丸亀市，坂出市，善通寺市，観音寺市，小豆郡，香川郡，綾歌郡，仲多度郡，三豊郡 愛媛県，高知県 熊本県（(三)に掲げる市及び郡を除く。） 大分県（(三)に掲げる市及び郡を除く。） 宮崎県
C	0.7	(三)	北海道のうち旭川市，留萌市，稚内市，紋別市，士別市，名寄市，上川郡(上川支庁)のうち鷹栖町，当麻町，比布町，愛別町，和寒町，剣淵町，朝日町，風連町及び下川町，中川郡(上川支庁)，増毛郡，留萌郡，苫前郡，天塩郡，宗谷郡，枝幸郡，礼文郡，利尻郡，紋別郡 山口県，福岡県，佐賀県，長崎県 熊本県のうち八代市，荒尾市，水俣市，玉名市，本渡市，山鹿市，牛深市，宇土市，飽託郡，宇土郡，玉名郡，鹿本郡，葦北郡，天草郡 大分県のうち中津市，日田市，豊後高田市，杵築市，宇佐市，西国東郡，東国東郡，速見郡，下毛郡，宇佐郡 鹿児島県（名瀬市及び大島郡を除く。）
		(四)	沖縄県

(4) 地盤種別

耐震設計上の地盤種別は，原則として式（資1−5）により算出する地盤の特性値 T_G をもとに，**資表1−6**により区別するものとする。地表面が耐震設計上の基盤面と一致する場合は，Ⅰ種地盤とする。

$$T_G = 4 \sum_{i=1}^{n} \frac{H_i}{V_{si}} \quad \cdots\cdots\cdots\cdots\cdots\cdots\cdots\cdots\cdots\cdots\cdots\cdots\cdots\cdots\cdots\cdots \text{（資1−5）}$$

ここに，T_G：地盤の特性値（s）
　　　　i：当該地盤が地表面から耐震設計上の基盤面まで n 層に区分されるときの地表面から i 番目の地層の番号
　　　　H_i：i 番目の地層の厚さ(m)
　　　　V_{si}：i 番目の地層の平均せん断弾性波速度(m/s)

資表1−6 地盤種別と地盤の特性値（c_z）

地盤種別	地盤の特性値 T_G(s)
Ⅰ種	$T_G < 0.2$
Ⅱ種	$0.2 \leq T_G < 0.6$
Ⅲ種	$0.6 \leq T_G$

平均せん断弾性波速度 V_{si} は，弾性波探査やＰＳ検層によって測定するのが望ましいが，実測値がない場合は式（資1−6）によって N 値から推定してもよい。この場合の N 値は各層の平均的な N 値で代表し，むやみに計算を繁雑にする必要はない。

　　粘性土層の場合
　　　　$V_{si} = 100 N_i^{1/3}$ 　　（$1 \leq N \leq 25$）
　　砂質土層の場合　　　　　　　　　　　　　　　　$\cdots\cdots\cdots\cdots$（資1−6）
　　　　$V_{si} = 80 N_i^{1/3}$ 　　（$1 \leq N \leq 50$）

ここに，V_{si}：i 番目の地層の平均せん断弾性波速度（m/s）
　　　　N_i：標準貫入試験による i 番目の地層の平均 N 値
　　　　I：当該地盤が地表面から耐震設計上の基盤面まで n 層で区分されるときの地表面から i 番目の地層の番号

ここで，耐震設計上の基盤面とは，粘性土層の場合は N 値が 25 以上，砂質土層の場合は N 値が 50 以上の地層の上面，もしくはせん断弾性波速度が 300m/s 程度以上の地層の上面をいう．

地盤調査結果に基づく地盤種別の区別を原則とするが，地盤種別の区別に必要な情報が得られていない場合には，Ⅰ種地盤は良好な洪積地盤及び岩盤，Ⅲ種地盤は沖積地盤のうち軟弱地盤，Ⅱ種地盤はⅠ種地盤及びⅢ種地盤のいずれにも属さない洪積地盤及び沖積地盤と考えてもよい．ここでいう沖積層には，がけ崩れなどによる新しい堆積層，表土，埋立土並びに軟弱層を含み，沖積層のうち締まった砂層，砂れき層，玉石層については洪積層として取り扱ってよい．

(5) 耐震設計上の地盤面

耐震設計上の地盤面は，長期に渡り安定して存在し，地盤抵抗が期待できる地盤の上面とする．ただし，地震時に地盤抵抗が期待できない土層がある場合には，その影響を考慮して耐震設計上の地盤面を適切に設定するものとする．

耐震設計上の地盤面とは，設計地震動の入力位置であるとともに，その面より上方の構造部分には地震力を作用させるが，その面よりも下方の構造部分には地震力を作用させないという耐震設計上仮定する地盤面のことである．ただし，ごく軟弱な土層，あるいは，液状化する砂質土層で耐震設計上地盤抵抗が期待できない土層がある場合には，耐震設計上の地盤面はその層の下面に設定する．

資　料－2　岩の地質学的分類

　岩石は成因的に火成岩，堆積岩，変成岩に分類され，さらに造岩鉱物の種類・組織・粒度・変成度等の違いにより細かく分類される。しかし，現在規格化された分類法はなく大まかには**資表2-1，2-2，2-3**に示すように分類される。岩石学的にはさらに細かく分類され，また有色鉱物石，典型的に発達する場所名，地質時代名をつけて呼ぶ場合が多い。

資表2-1　火成岩の分類

産状＼主要造岩鉱物	酸性岩 石英＋正長石＋雲母	中性岩 斜長石＋角閃石または黒雲母	塩基性岩 斜長石＋輝石
（噴出岩） 火　山　岩	流　紋　岩 石英粗面岩	安　山　岩	玄　武　岩
半　深　成　岩	石　英　斑　岩 花こう斑岩	ひ　ん　岩	輝　緑　岩 粗粒玄武岩
深　成　岩	花　こ　う　岩	せ　ん　緑　岩	は　ん　れ　い　岩

資表2-2　堆積岩の分類

成因		粒度	細粒　――――→　粗粒
砕せつ堆積岩	火山砕せつ	未固結｜固結	火　山　灰　――→　火　山　礫 凝　灰　岩　――→　集　塊　岩
	水成砕せつ	未固結｜固結	泥　　　　　砂　　　　　　礫 泥岩　　　砂岩　　　　礫岩　　角礫岩 頁岩　　　硬砂岩

成因＼生成物質	けい酸質	石灰質	硫黄質	炭質	瀝青質	鉄質	塩類
化学的堆積岩	けい華 チャート	石灰華 石灰岩	硫黄華			褐鉄鉱	岩塩
有機的堆積岩	けいそう土放散虫チャート	白亜石灰岩		泥炭 石炭	土瀝青岩		

資表 2-3　変成岩の分類

接触変成岩	ホルンフェルス				結晶質石灰岩
動力変成岩　広域変成作用	粘板岩	千枚岩	結晶片岩	片麻岩	蛇紋岩
動力変成岩　圧砕変成作用	圧砕岩				

　岩石は，風化，変質や割れ目の間隔・状態によって，また土工によって原岩の組織を破壊することにより著しく性質を異にする場合がある。このような岩石の性質の変化等，土工上問題となる岩石の主なものとその性質は次の通りである。

(1)　花こう岩

　花こう岩類は，風化して砂状（まさ化）になっている場合があり，また風化は一般に深部にまで及んでいる。一般にまさ土は締固めの効果がよく，盛土材として良好である場合が多いが，細粒で雲母の多いまさ土等は盛土材として不適な場合がある。切土の場合まさ土は貧栄養である，根が下の方へ張らない，ガリ浸食を起こしやすいなどの理由から植生工特に播種工（種子吹付工）は適さないことがある。

(2)　安山岩，玄武岩

　安山岩や玄武岩は柱状または板状の節理が発達し，切土の場合のり面の安定を損なうことがあるので注意を要する。また風化すると粘土化し，土工上問題となることが多い。安山岩が変質した変朽安山岩は地山の状態では硬いが，いったん土工によって乱され，土砂化すると著しく性質は悪化し，トラフィカビリティー

や盛土の安定に支障をきたすことが多い。

(3) 火山灰,凝灰岩

関東ロームやしらす等の火山灰は土工によって原岩組織を破壊すると著しく強度が低下する。切土のり面においても高さ 10m程度までは直に切っても自立し,一見安定しているように見えるが,乾裂による柱状の割れ目や流水による浸食等で安定性を損なうことが多い。

凝灰岩及び凝灰質岩石は固結が不十分な場合には表層剥離が起こりやすい。また掘削時の新鮮な時は硬いが,土工による土地の悪化が著しく,また時には多量の膨潤性粘土を含んでおり切り取りによって地表に露出すると応力開放や含水によって粘土化し,大きな崩壊や地すべりを起こすことがある。

凝灰質岩石を手軽に見分けるには一般に凝灰質岩石は比重が軽いことから,手で持って軽いものは凝灰質とみてよい。

(4) 泥岩,泥岩砂岩互層

泥岩は固結度も低く,強度も弱いことから,雨水と流水による浸食抵抗も弱く崩壊しやすい。また切り取りによって表層剥離を起こしやすい。また土工によって急速に細粒化しやすく,土性が悪化し,トラフィカビリティーや盛土の安定性に問題をきたすことが多い。

泥岩砂岩のように硬軟互層の場合は軟岩部の風化が進行し,軟岩部の崩壊が硬岩部を伴って大きく崩壊することがある。

また,泥岩や泥岩砂岩互層地域は地すべり地が多いので十分留意する必要がある。

(5) 粘板岩

粘板岩は層理や節理が発達し,特に断層や破砕帯の周辺では細片状に破砕され風化が進んで粘土状になっている場合がある。このような箇所では割れ目や断層に沿ってすべりを起こしやすいので切り取りには十分な注意が必要である。

(6) 片岩

　片岩は異方性が高く，偏平に割れやすい性質を有し，特に黒色片岩や一部の緑色片岩は絹雲母や石墨，滑石等の滑材を含み，風化によって崩壊や岩盤すべりを起こす傾向が強い。

(7) 蛇紋岩，黒緑色岩石

　蛇紋岩は吸水膨張する性質があり，切土による応力開放や浸水によって強度が低下したり，トンネルや擁壁においては高い土圧によって破壊することがある。蛇紋岩に限らず，黒緑色岩（特に輝緑凝灰岩）は蛇紋岩化作用によって一部蛇紋岩に変質している場合がある。

(8) 温泉余土

　温泉地周辺において安山岩や凝灰質岩石等が熱水変質作用によって変質され粘土化したもので，スメクタイト（モンモリロナイト等の膨潤性の粘土鉱物）を含み，盤ぶくれや大きな土圧を発生することが多い。

(9) その他

　流紋岩や石英面岩は一般に比重が軽く，偏平に割れる傾向を示す，風化物は細片状または長石の多いものは粘土状態となる。

　ひん岩は岩脈として存在することが多く，一般に風化して暗緑色を示すことが多い。切り取りによってひん岩脈が弱層になって崩壊を起こすことがある。

　礫岩，特に第三紀層以降の礫岩は礫とマトリックスとの硬軟の差が著しく，食性が悪く，ガリ浸食や落石を起こしやすい。

　チャートは極めて堅硬であるが，板状の割れ目が発達し細片状になることが多く，崖すい状になっている箇所がある。このような箇所を切土すると小崩落や上部の岩塊を伴って崩壊することがある。

資　料－3　降雨の地域特性を示す係数 β^{10} 図

　降雨の地域特性を示す係数 β^{10} 図は，全国150箇所の気象官署における48年間（1961～2008年）の降雨資料から確率年3，5，7，10，20，30年に対応する10分間降雨強度と60分間降雨強度の比を求め，それらの平均値をとって図示したものであり，（公社）日本道路協会のウェブサイトでも提供されている。また，2008年以降の降雨資料も用いて求めた β^{10} の全国図も（公社）日本道路協会のウェブサイトで提供されているので，参照されたい。

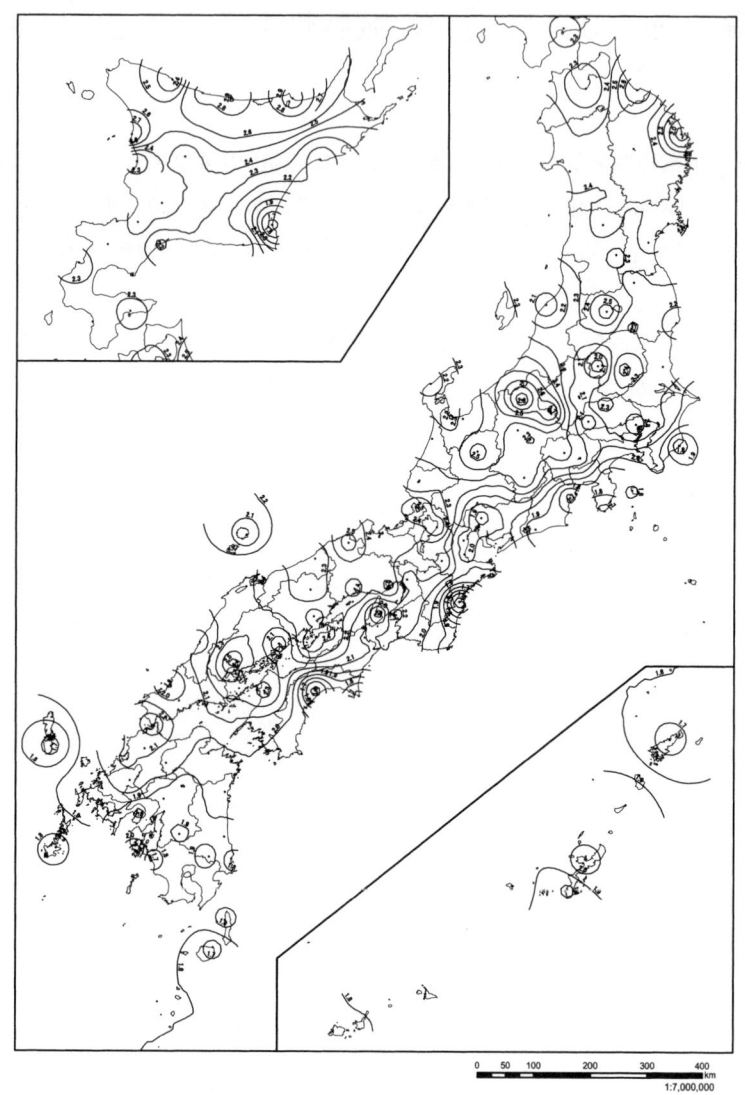

資図 3-1 降雨の地域特性を示す係数 β^{10} 図

資　料－4　全国確率時間降雨強度（R_n）図

　n年確率60分間降雨強度R_nの全国図は，全国約1,300地点のアメダス観測地点における33年間（1976～2008年）の降雨資料から、確率年3，5，7，10，20，30年に対応する値をそれぞれ求め図示したものである。ここでは代表として3年確率60分間降雨強度図を示すが，各確率年の60分間降雨強度図は（公社）日本道路協会のウェブサイトで提供されている。また，2008年以降の降雨資料も用いて求めたR_nの全国図も併せて提供されているので，参照されたい。

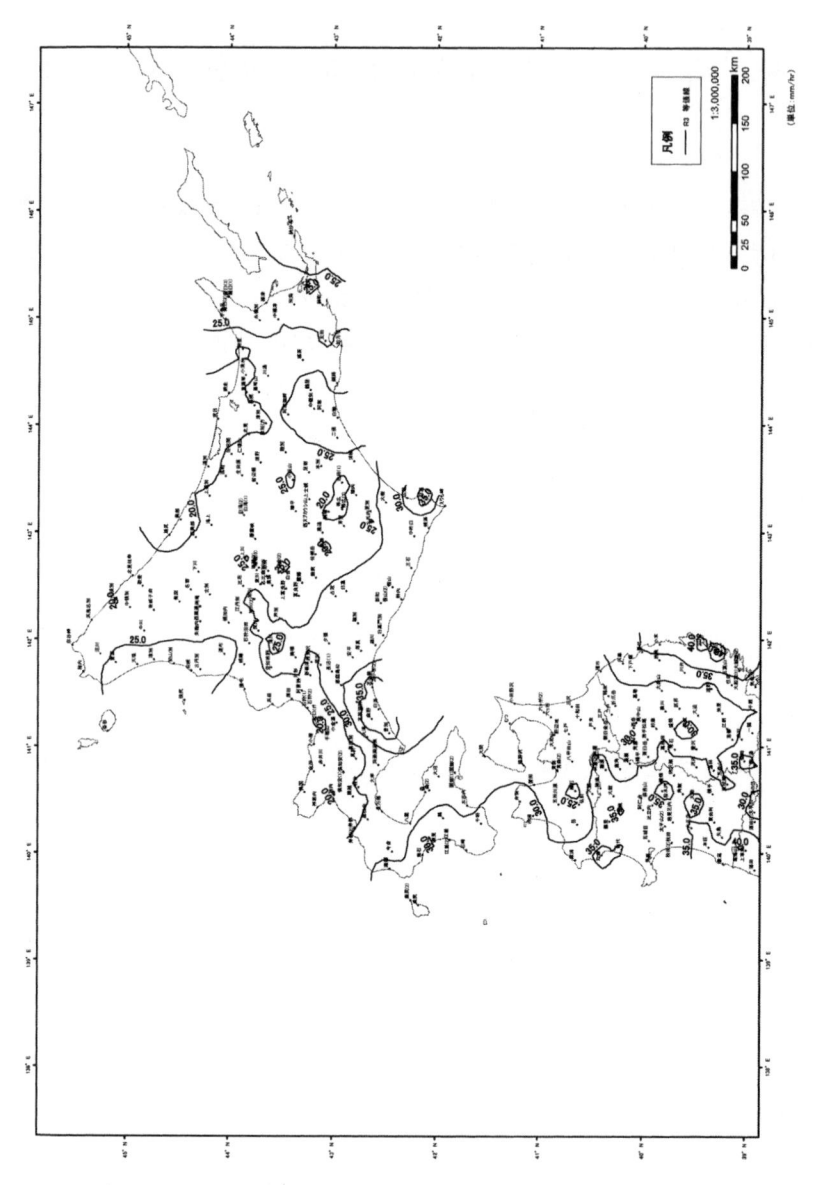

資図 4-1　全国確率時間降雨強度（R_n）図（北海道・北東北）
（3 年確率 60 分間降雨強度）

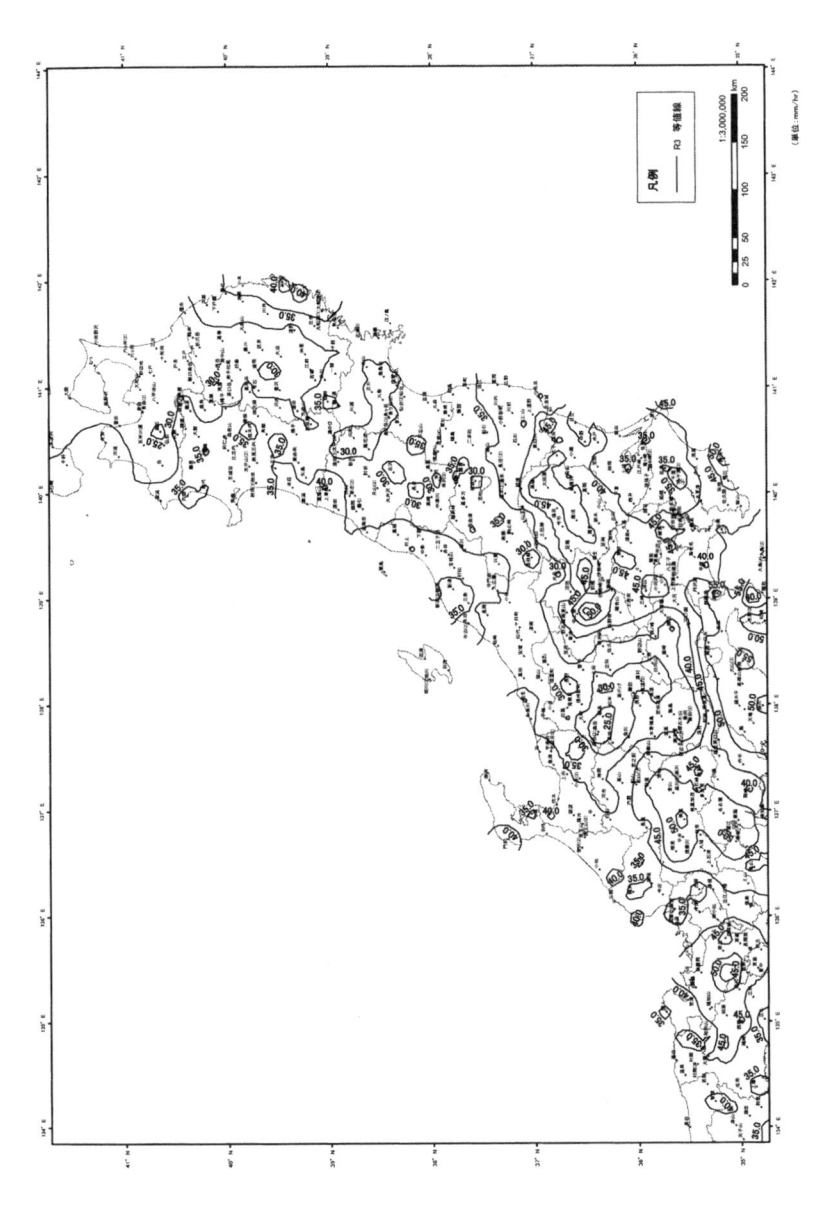

資図4－2　全国確率時間降雨強度（R_n）図（東北・関東・北陸）
（3年確率60分間降雨強度）

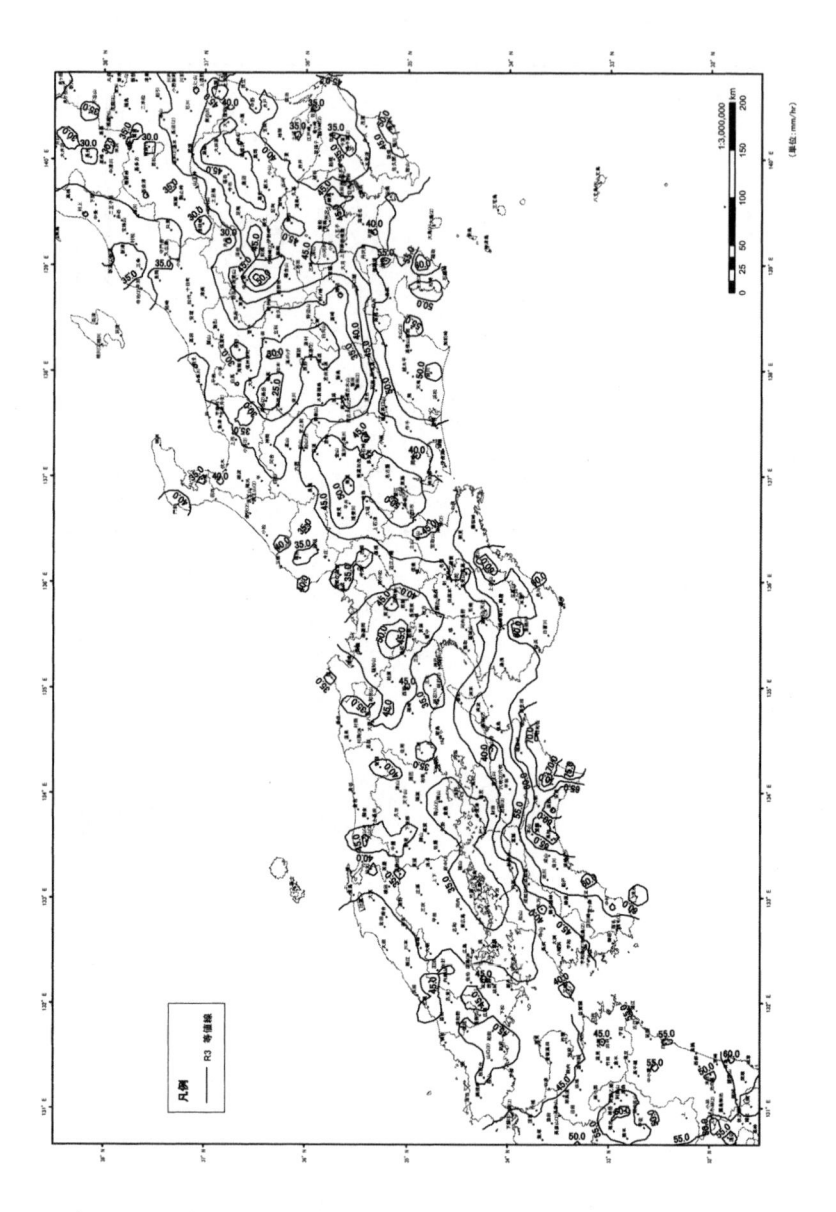

資図4-3 全国確率時間降雨強度（R_n）図（東海・近畿・中国・四国）
（3年確率60分間降雨強度）

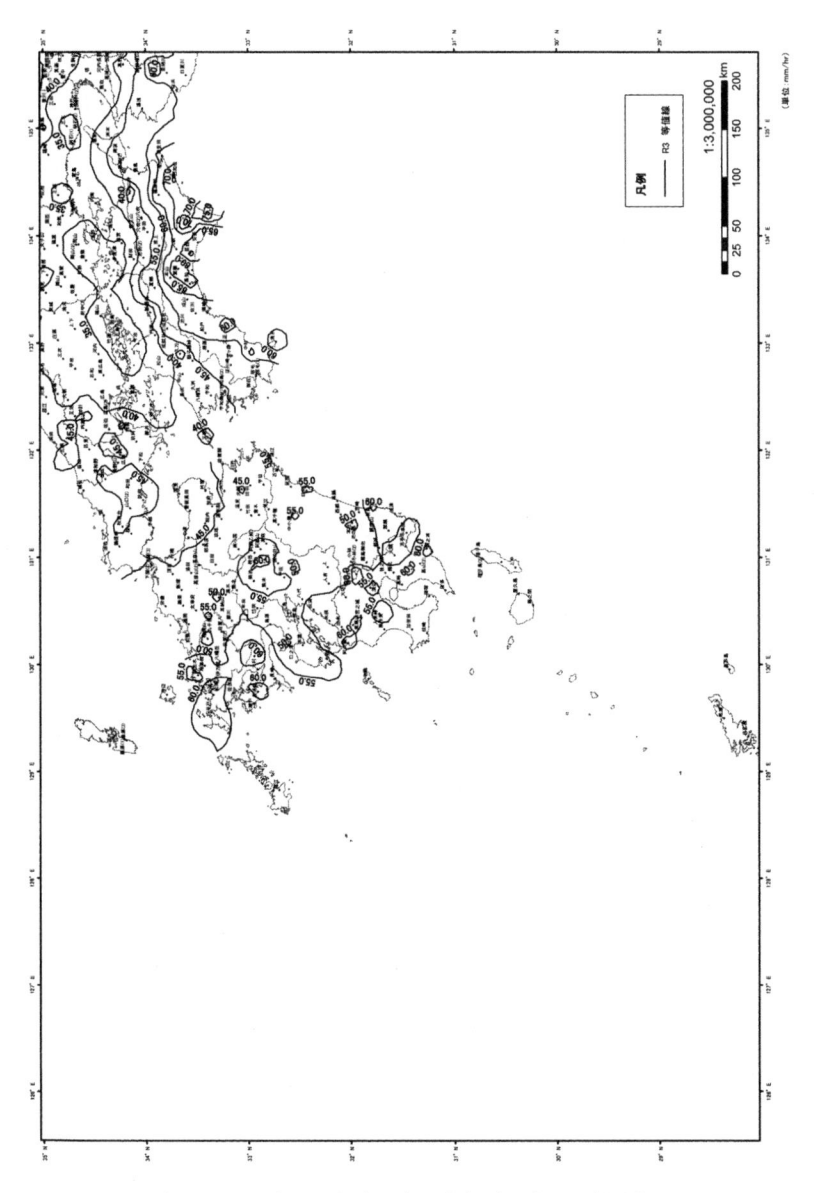

資図4-4　全国確率時間降雨強度（R_n）図（九州）
（3年確率60分間降雨強度）

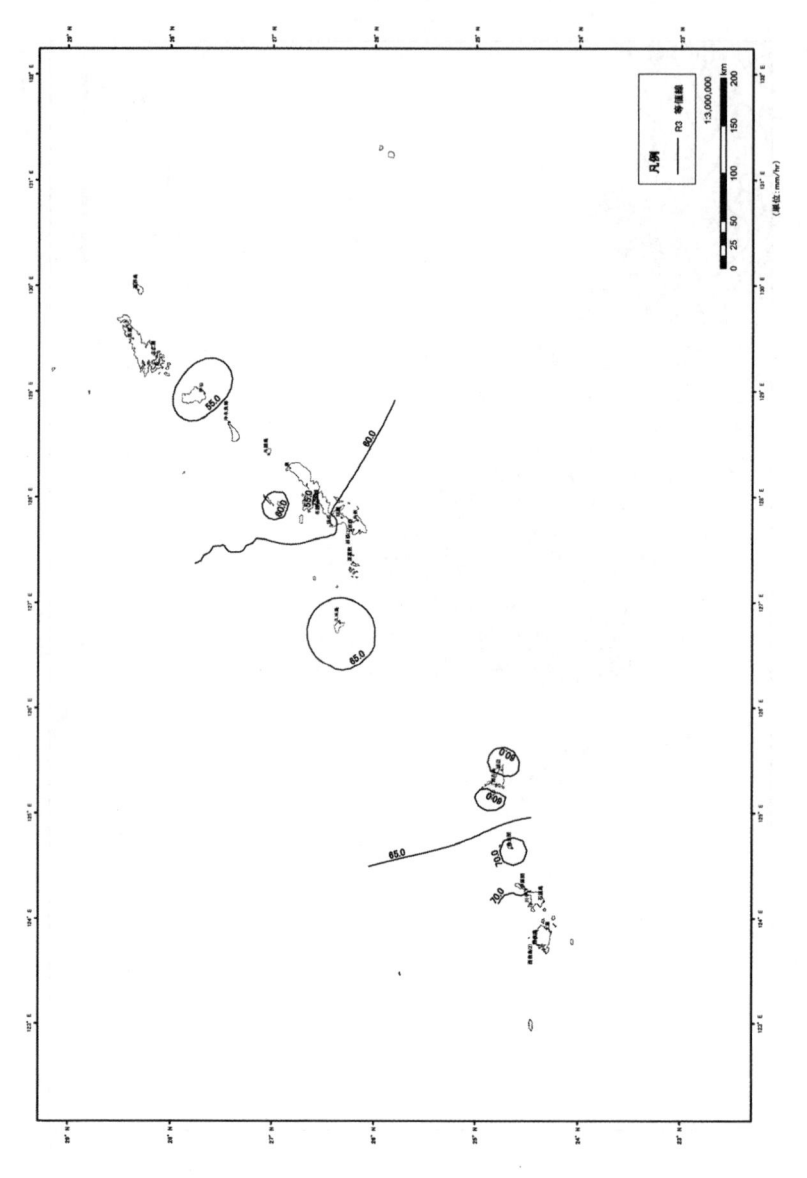

資図4−5　全国確率時間降雨強度（R_n）図（沖縄）
（3年確率60分間降雨強度）

資料－5　流入時間の算出方法

流入時間あるいは流達時間の算出方法については既にいくつかの数式が提案されているが，これらは特定の条件の実験あるいは野外観測によって求められたものである。したがって，流入時間の算出にあたっては適用条件を十分検討しておく必要がある。

資表5－1　流入時間の算出式

手法名（発表年）	流入時間の推定式（分）	適用
Kirpich(1940)	$t_1 = 0.0195 \dfrac{L^{0.77}}{S^{0.385}}$	$0.03 < S < 0.10$ アスファルト面の場合には，さらに t_1 を0.4倍する。
Izzard(1946)	$t_1 = 525.2 \dfrac{L^{0.33}(2.76 \times 10^{-5} i + k)}{S^{0.33} \cdot i^{0.667}}$	$i \cdot L \leqq 3810 (\text{mm/h} \cdot \text{m})$
Kerby(1959)	$t_1 = 1.445 \left(\dfrac{N \cdot L}{\sqrt{S}} \right)^{0.467}$	$L \leqq 370\text{m}$
Kinematic wave	$t_1 = 6.92 \left(\dfrac{n \cdot L}{\sqrt{S}} \right)^{0.6} i^{-0.4}$	均一な面上の乱流に対して有効

t_1：流入時間（min），　　L：流下長（m），　　S：勾配
i：降雨強度（mm/h），　k：遅滞係数（**資表5－2参照**）
N：Kreby の粗度係数（**資表5－3参照**），
n：マニングの粗度係数（共通編　**解表2－6参照**）

資表5－2　Izzard の遅帯係数 k

工　　種	遅帯係数 k
滑らかなアスファルト	0.0070
砂混じりのタール舗装	0.0075
スレート	0.0082
コンクリート	0.012
砂利混じりのタール舗装	0.017
芝地	0.060

資表5-3 Kerbyの粗度係数 N

工　種	粗度係数 N
アスファルト，コンクリート面	0.013
滑らかな不浸透面	0.02
滑らかな締固め土面	0.10
低密な芝地面，耕地	0.20
芝地牧草地	0.40
落葉樹林	0.60
針葉樹林	0.80

資料－6　下水管きょ布設例

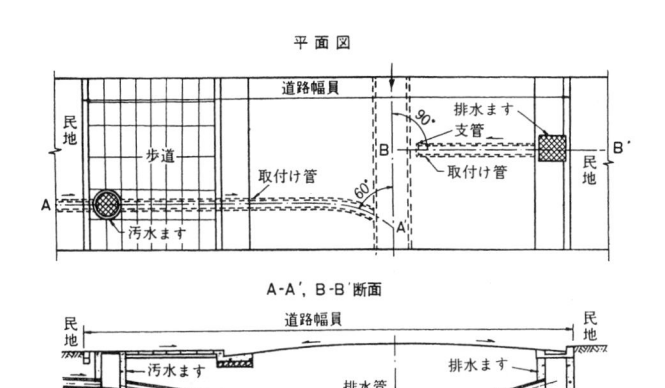

平面図

A-A′, B-B′ 断面

(1) 合流式の例

平面図

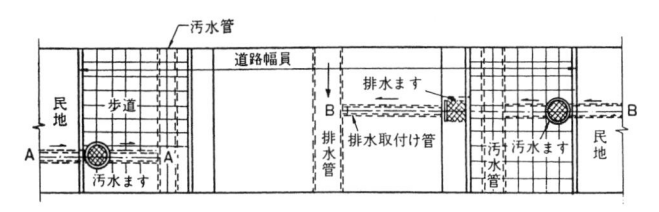

A-A′, B-B′ 断面

(2) 分流式の例

資料-7 メチレンブルー凍結深度計による凍結深さの測定方法

7-1 適用範囲

　この測定方法は，メチレンブルー凍結深度計によって地中の0℃線を測定するのに適用する。

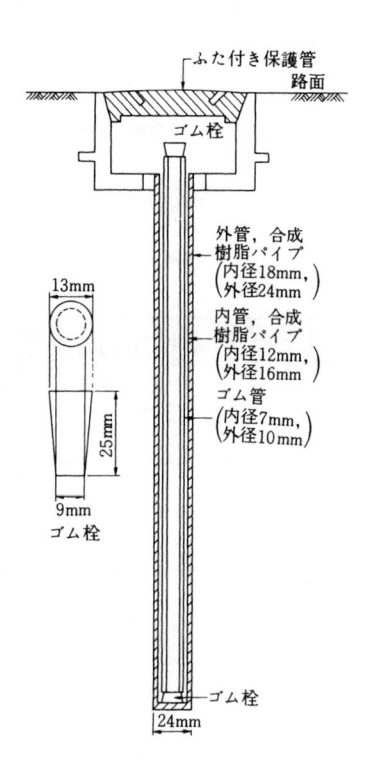

資図7-1　メチレンブルー凍結深度計

7-2 測定用具(資図7-1参照)

(1) 内　管:内径12㎜,外径16㎜の合成樹脂パイプで透明なもの。
(2) ゴム管:内径7㎜,外径10㎜のゴム製で内管の長さより30㎜程度長い寸法のもの。
(3) 外　管:内径18㎜,外径24㎜の合成樹脂パイプで一端を密閉したもの。内管とほぼ同じ長さとする。
(4) ゴム栓:一方の端の径9㎜,他方の端の径13㎜,高さ25㎜のゴム製のもの。
(5) メチレンブルー溶液:メチレンブルーの粉末を0.03%重量比で蒸留水に溶かしたもの。
(6) ふた付き保護管:**資図7-1**に示すような寸法で,鋳鉄製のもの。

7-3 凍結深度計の作製方法

(1) 内管にゴム管を挿入し,ゴム管の両端をゴム栓で内管に固定する。
(2) 上方のゴム栓をはずし,ゴム管と内管との間にメチレンブルー溶液を満たしたのち,再びゴム栓で固定する。
(3) 内管のゴム栓の上端が外管の上端より3㎝程度高くなるように内管を外管に挿入する。

7-4 埋設方法

(1) 凍結深さを測定しようとする地盤にオーガーまたは径3㎝程度の鉄の棒で所定の深さまで穴を掘る。
(2) 深度計を掘削した穴に入れ,**資図7-2**に示すふた付き保護管で深度計の頭部を保護する。このとき保護管のふたの上面が路面と同じ高さになるように調節する。

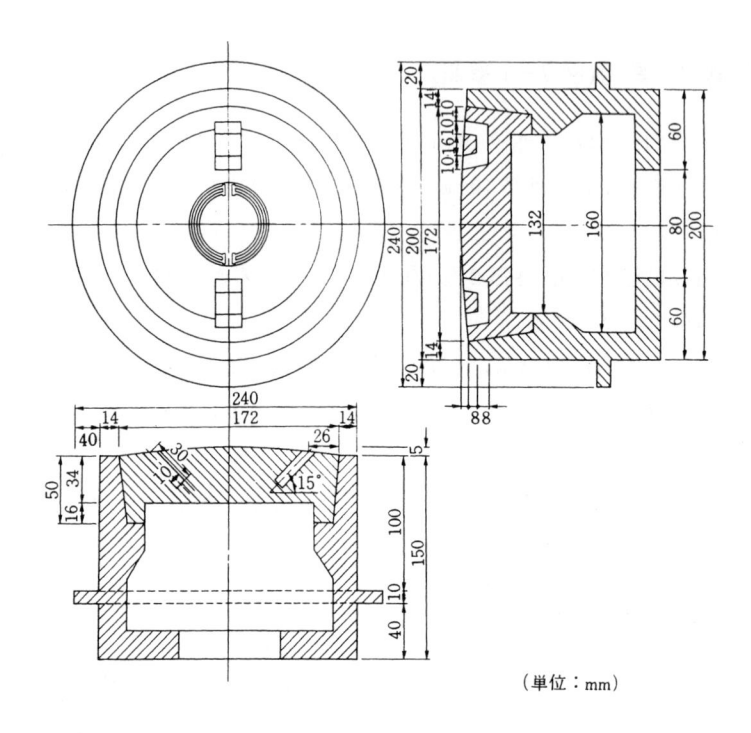

資図7-2　ふた付き保護管

7-5　凍結深さの測定方法

(1) 凍結深度計付近の路面の高さ(h_g)を凍結期前に不動の基準点から正確に測定する。

(2) 凍結期において凍結深度計のゴム栓の頂部の高さ(h_m)を不動の基準点から正確に測定する。

(3) 内管を引き出し，その頂部から青色と白色の変わり目までの長さ(l)を鋼尺を用いて測定する。

(4) 凍結深さ(Z)は次式から求められる。

$$Z = h_g - (h_m - l)$$

7-6 報　告

次の事項について報告する。

(1)　測定地点
(2)　測定年月日時分
(3)　天候，気温
(4)　凍結深さ（cm）

資　料－8　熱電対による凍結深さの測定方法

8－1　適用範囲

　この測定方法は，熱電対による温度計測によって地中0℃に線を推定するのに適用する。

8－2　測定用具（資図8－1参照）

(1) 熱電対：耐水・耐熱用被覆熱電対で低温用のもの。一般的にはJISのT型（銅－コンスタンタン）熱電対を使用している例が多く，被覆はビニール又はポリエチレン製の規格もの。
(2) 温度測定ロッド：熱電対の先端部を固定する材質としては，塩化ビニールパイプや木材等の熱伝導の影響を受けにくいものとする。

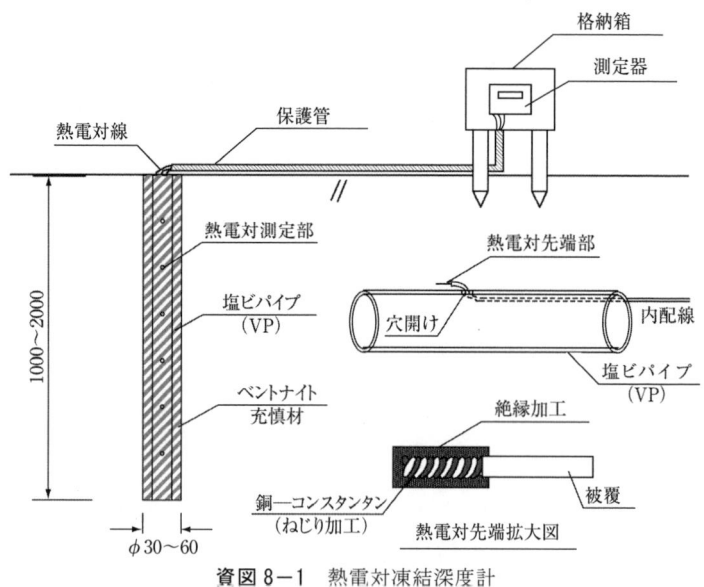

資図8－1　熱電対凍結深度計

(3) 埋め戻し材：熱電対を埋設する際は，本来現地材料で埋め戻すことを基本とするが，条件により不可能な場合には発熱作用のない粘土系のベントナイトを用いてもよい。
(4) 測定器：Ｔ型熱電対の測定処理が可能なもので，多点対応で定期観測記録できるもの。
(5) 格納箱：多点測定器の格納用可能で，内部が断熱材等で保温されているもの。
(6) 配線材料：熱電対を保護するものとして，可とう性の波付硬質ポリエチレン管等を用いる。

8－3 熱電対凍結深度計製作方法

(1) 所定の長さで熱電対を切断し，２種の金属線の末端が完全に接触するようにねじり加工する。
(2) 決められた測定間隔で熱電先端部を温度測定ロッドに固定する。温度測定ロッドに塩化ビニールパイプを用いる場合には，内側から熱電対を挿入し，あらかじめ開けられた穴（φ2～3mm程度）から外側に先端を出して固定する。塩化ビニールパイプの内部は，「8－2 (3) 埋戻し材」と同様とする。
(3) 温度測定ロッドに設置された熱電対群は，測定点に影響を及ぼさないように配線する。
(4) 一連により多点の熱電対温度測定ロッドができあがる。
注1) 熱電対の先端の２種の金属は外れたり断裂しないように接続する。また，長期測定の場合には特に腐食を防止するために絶縁処理するなどの先端部の処理を要する。

8－4 据付方法

(1) 凍結深さを測定しようとする地盤に人力によるオーガーボーリングまたは鉄棒・単管等を打ち込み（地盤や現場条件によっては機械ボーリングを用いる），所定の深度までの孔を堀る。径は熱電対測定ロッドが挿入出来る孔径のものと

する（φ30～60 mm程度）。

(2) **資図8-2**のように製作した熱電対温度測定ロッドを所定の深度まで挿入し，地表面からの測定深度を確認し，原則として掘削対象材料を隙間に埋め戻し固定する。

(3) 埋め戻しの際には，温度測定ロッド周囲の突き固めで測定部が破損しない様に十分注意をするとともに，熱電対先端部は対象土に接するように測定ロッドの埋設方向を調節し，埋め戻し材の影響をできるだけ受けないようにする。

(4) 各深度別熱電対群を測定器に接続し，格納箱に収納し保護する。

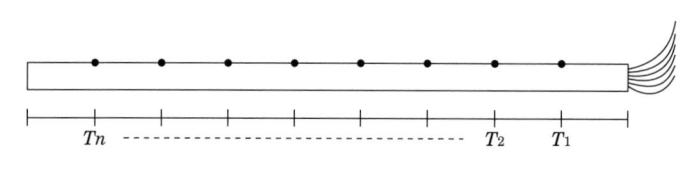

資図8-2 熱電対温度測定ロッド

8-5 凍結深さの測定方法

(1) 熱電対温度測定ロッド据付付近の高さ（h_g）と温度測定ロッド頭部の高さ（h_m）を凍結期前に不動点又は基準点より水準測量等により求め，凍上による影響を受けた場合には深度の補正をする。

(2) 熱電対温度測定ロッドの頭部から測定部までの距離 T_1，T_2…T_nをあらかじめ計測しておく。

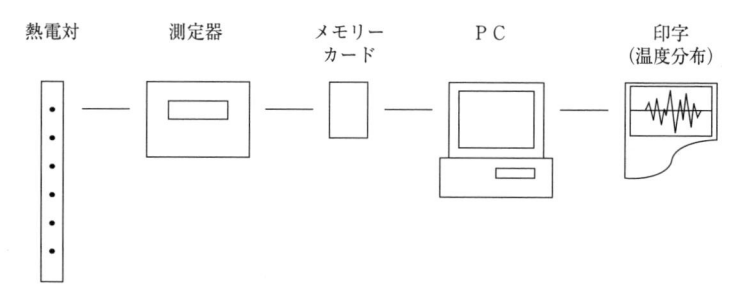

資図8-3 測定機器の概要

(3) 各点の温度は任意のインターバルで自動計測される。
(4) 0℃の推定は，プラス・マイナス温度境界深度の上下の測定点から，測定点間隔で比例配分して求める。
(5) 同時に外気温の測定も行うことを原則とする。

8-6 報 告

次の事項について報告する。
(1) 測定地点
(2) 気温データ
(3) 測定年月日と時間，並びに温度データ
(4) 任意の日時による凍結深さ（cm）の経時変化
(5) 使用測定機器諸元

8-7 注意点

熱電対による温度測定の注意点について記す。
(1) 熱電対先端の加工の際には，接触部に異物等が入らないように十分注意する。
(2) 温度分布測定等多点で使用する場合には，同一規格の熱電対を使用する。
(3) 熱電対は比較的短期測定等の手軽な温度測定媒体である。長期や恒久的用途の場合には，白金抵抗体等の別方式を採用する。
(4) 熱電対同士を接続して延長することは基本的には誤差の要因となるので避けなければならない。ただし，やむを得ず延長する場合には補償導線を使用する。

資料-9 凍結指数

9-1 概説

　凍結指数は，冬期間の凍結期間内における氷点下の温度の大きさとその継続時間の積で表されるもので，かつては積算寒度とも呼ばれていた。
　この凍結指数の求め方には，月平均気温，旬平均気温によるものもあるが，精度の問題から日平均気温による方法を採用する。この日平均気温の求め方にも，2点法（1日の最高・最低気温の平均値から求める），3点法（6時・10時・14時の平均気温から求める），8点法（3時間毎に平均する），12点法（2時間毎に平均する）と最も精度の高い24点法（24時間分を平均する）があり，現在はコンピューターによる処理能力の向上により24点法を採用している。以下に，この24点法による凍結指数の求め方を説明する。

9-2 凍結指数の求め方（24点法）

　凍結指数を求める場合，**資表9-1**のように日平均気温が＋から－に変わる日を初日とし，融解期に日平均気温が－から＋に変わる日までのものを積算し，日平均気温積算値の±最大値をⒶ欄に記入する。凍結指数はⒶ欄に記入した±最大値の絶対値を加え合わせたものである。
　以上のことを図示したものが**資図9-1**である。

資表9−1 日平均気温から求めた凍結指数

		1	2	3	〜	23	24	25	26	27	28	29	30	31	Ⓐ
11	日平均気温	8.7	4.1	3.7	〜	1.5	6.0	8.8	-0.7	0.0	1.2	6.0	1.3		+最大 112.9
	累計	8.7	12.8	16.5	〜	90.3	96.3	105.1	104.4	104.4	105.6	111.6	112.9		
12	日平均気温	-4.5	-5.8	-5.7	〜	-6.2	-8.8	-11.0	-11.9	-12.8	-7.0	-9.1	-8.5	-6.9	
	累計	108.4	102.6	96.9	〜	-6.9	-15.7	-26.7	-38.6	-51.4	-58.4	-67.5	-76.0	-82.9	
1	日平均気温	-5.7	-6.7	-9.2	〜	-6.1	-9.1	-8.1	-4.2	0.4	-5.2	-6.2	-11.2	-11.9	
	累計	-88.6	-95.3	-104.5	〜	-285.0	-294.1	-302.2	-306.4	-306.0	-311.2	-317.4	-328.6	-340.5	
2	日平均気温	-11.4	-10.7	-1.3	〜	3.8	-1.2	-3.0	-4.7	-6.0	-7.1				
	累計	-351.9	-362.6	-363.9	〜	-498.6	-499.8	-502.8	-507.5	-513.5	-520.6				
3	日平均気温	-4.2	-1.2	2.7	〜	0.8	-0.2	0.3	3.9	5.7	2.6	1.4	5.0	5.0	-最大 551.4
	累計	-524.8	-526.0	-523.3	〜	-550.2	-550.4	-550.1	-546.2	-540.5	-537.9	-536.5	-531.5	-526.5	

凍結指数 112.9＋551.4＝664.3℃・days

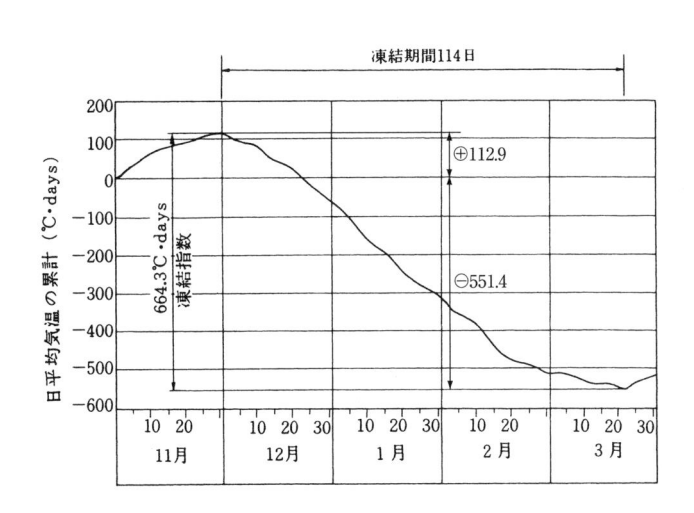

資図9−1 日平均気温から求めた凍結指数と凍結期間

9−3　n 年確率凍結指数の推定方法

　凍結指数の度数分布曲線は，対数正規分布曲線によく合致する。したがって，凍結指数の n 年確率値を推定する場合は，各年の凍結指数を対数値に変換して推定するとよい。

　資表 9−2 にある地域の最近 11 年間における凍結指数のデータから，10 年確率凍結指数を推定する場合の計算例を示す。なお，n 年確率凍結指数を推定する場合に必要なデータ数は，n 年の値にかかわらず 10 個（10 年分）以上が望ましい。

　n 年確率凍結指数（X）は，
$$\log_{10} X = \sigma_0 \cdot \zeta + \log_{10} X_0$$
によって求められる。

　ここに，X ： n 年確率凍結指数
　　　　　　　　（n 年に 1 回起こると推定した凍結指数，℃・days）
　　　　X_0 ：凍結指数対数値の平均値
　　　　　　　（ $\overset{k}{\Sigma} \log_{10} X_I / k$ ） $= \log_{10} X_0$ となる X_0 の値
　　　　σ_0 ： $\log_{10} X_i$ の標準偏差
　　　　ζ ：確率年数（n）に対応する統計値（**資表 9−3 参照**）
　　　　X_i ：各年の凍結指数（℃・days）
　　　　k ：データ数（個）

とする。

　資表 9−2 より，
$$\overline{X} = \Sigma X_i / k$$
$$= 2,168/11 = 197$$
$$\log_{10} X_0 = \Sigma \log_{10} X_i / k$$
$$= 25.042/11 = 2.277$$
$$\sigma^2_0 = \Sigma (\log_{10} X_i - \log_{10} X_0)^2 / k$$
$$= 0.1697/11 = 0.0154$$
$$\therefore \sigma_0 \fallingdotseq 0.124$$

と求められる。また，**資表 9−3** より，確率年数 10 年に対応する ζ の値は，$\zeta =$

1.28であるから，

$$\log_{10} X = \sigma_0 \cdot \zeta + \log_{10} X_0$$
$$= 0.124 \times 1.28 + 2.277 = 2.436$$
$$\therefore X \fallingdotseq 273 \text{（℃・days）}$$

となる。

したがって，10年確率凍結指数（10年に1度起こるであろう凍結指数）は，273（℃・days）と推定される。

資表9-2 n年確率凍結指数の計算例

データNo. ($k=11$)	ある地域の最近11 年間における凍結 指数 Xi(℃・日)	計　算　値		
		$\log_{10} X_i$	$\log_{10} X_i - \log_{10} X_0$	$(\log_{10} X_i - \log_{10} X_0)^2$
No. 1	156	2.193	-0.084	0.0071
2	255	2.407	0.130	0.0169
3	157	2.196	-0.081	0.0066
4	152	2.182	-0.095	0.0090
5	123	2.090	-0.187	0.0350
6	150	2.176	-0.101	0.0102
7	243	2.386	0.109	0.0119
8	177	2.248	-0.029	0.0008
9	303	2.481	0.204	0.0416
10	172	2.236	-0.024	0.0017
11	280	2.447	0.170	0.0289
計	2,168	25.042	—	0.1697
平　均	197	2.277	—	0.0154

資表9-3 確率年数と対応する統計値

確率年数 (n)	対応する統計値 (ζ)	確率年数 (n)	対応する統計値 (ζ)
1	—	15	1.50
2	0.00	20	1.64
3	0.43	30	1.83
4	0.67	40	1.96
5	0.84	50	2.05
6	0.97	60	2.13
7	1.07	70	2.19
8	1.15	80	2.24
9	1.23	90	2.29
10	1.28	100	2.33

9-4 各地の凍結指数

　凍結指数は，理論最大凍結深さを求める際に使用されるもので，出来るだけ長い年数のデータに基づく最大凍結指数（再現確率値）を採用するのが望ましいとされている。計算に用いるデータは，現地実測データを用いることが望ましく，近接する気象データを用いる場合においても，使用目的に応じた計算方法を採用するのが良い。

　旧排水工指針においては,最近10年間の最大の凍結指数をとる方法を原則にしていたが，それは，地域気象観測網(AMeDAS)のデータ蓄積がまだ少なかったためである。今回の改訂に当たり，参考値としてわが国の代表的な観測地点の1976～2008年のAMeDAS観測データによる10年及び20年確率凍結指数を**資表9-4**に示す。

資表 9-4 各地の 10 年及び 20 年確率凍結指数（℃・day）（その 1）
（1976 年～2008 年のアメダスデータに基づく）

地名	n年確率凍結指数 n=10	n年確率凍結指数 n=20	標高 (m)	データ数	地名	n年確率凍結指数 n=10	n年確率凍結指数 n=20	標高 (m)	データ数
北海道					朱鞠内	1090	1140	255	30
宗谷岬	610	680	26	30	幌加内	1010	1070	159	31
船泊	560	630	8	26	石狩沼田	880	940	63	32
稚内	590	650	3	32	深川	840	900	55	31
浜鬼志別	810	870	13	30	空知吉野	800	840	100	30
沼川	910	970	15	31	滝川	830	890	48	32
沓形	510	570	14	31	芦別	730	780	90	30
豊富	770	830	12	31	月形	690	740	50	31
浜頓別	880	950	13	31	美唄	740	800	16	31
中頓別	1080	1160	25	31	岩見沢	630	690	42	32
北見枝幸	760	830	7	32	長沼	710	770	13	31
歌登	1060	1130	14	31	夕張	790	840	293	32
中川	950	1020	22	31	美国	490	540	75	31
音威子府	1000	1070	40	31	神恵内	320	370	50	31
美深	1070	1140	77	31	余市	460	510	20	31
名寄	1120	1190	89	32	小樽	400	450	25	32
下川	1080	1140	140	31	岩内	400	440	33	31
士別	1010	1070	135	31	蘭越	500	550	24	31
朝日	970	1020	225	31	倶知安	670	720	174	32 a
和寒	970	1030	138	31	寿都	310	370	16	32 a
江丹別	1090	1140	140	31	真狩	800	850	440	30
比布	1000	1060	167	31	喜茂別	850	910	264	31
上川	980	1040	324	31	黒松内	510	560	27	31
旭川	840	900	112	32 a	雄武	830	900	14	32
東川	970	1030	215	31	興部	880	950	8	31
忠別	920	950	310	15	西興部	950	1010	118	31
美瑛	1040	1090	250	31	紋別	720	790	16	32 a
上富良野	980	1040	220	31	湧別	870	940	6	31
富良野	1010	1080	174	32	滝上	990	1060	165	31
麓郷	1000	1060	315	30	常呂	880	960	4	31
幾寅	1010	1070	350	31	遠軽	960	1030	90	31
占冠	1180	1240	332	31	佐呂間	1080	1160	59	31
天塩	700	760	9	31	網走	720	790	38	32
遠別	740	790	10	31	宇登呂	710	770	144	30
初山別	570	620	5	31	白滝	990	1020	475	15
焼尻	440	500	34	31	生田原	1080	1140	198	31
羽幌	550	610	8	32	北見	1010	1080	84	32
達布	750	800	30	31	小清水	910	980	22	31
留萌	520	570	24	32 a	斜里	860	930	15	31
増毛	400	450	36	30	留辺蘂	1120	1180	325	30
幌糠	780	840	20	31	境野	1130	1200	184	31
浜益	420	460	3	31	美幌	1020	1090	60	31
厚田	470	520	5	31	津別	940	1010	100	20
新篠津	710	770	9	30	羅臼	610	640	82	17
山口	490	550	5	31	標津	730	800	3	31
石狩	510	550	5	18	中標津	850	920	35	31
札幌	440	490	17	32 a	計根別	830	890	110	26
西野幌	710	770	22	23	別海	840	900	22	31
恵庭島松	730	790	30	31	根室	520	590	26	32
支笏湖畔	560	600	290	31	納沙布	480	540	12	31

資表9-4 各地の10年及び20年確率凍結指数（℃・day）（その2）
（1976年～2008年のアメダスデータに基づく）

地 名	n年確率凍結指数 n=10	n年確率凍結指数 n=20	標高(m)	データ数	地 名	n年確率凍結指数 n=10	n年確率凍結指数 n=20	標高(m)	データ数
厚床	750	810	30	31	八雲	410	470	6	31
川湯	1130	1200	133	31	森	380	450	18	26
弟子屈	900	960	198	28	南茅部	310	370	25	31
阿寒湖畔	1230	1290	430	31	大野	420	480	25	31
標茶	940	1000	32	31	函館	340	400	33	32 a
鶴居	860	920	42	31	木古内	300	360	6	31
中徹別	910	980	71	31	松前	160	210	30	31
榊町	700	760	2	31	瀬棚	270	320	10	31
太田	690	750	85	31	今金	420	470	19	31
白糠	750	810	9	31	奥尻	340	430	9	23
釧路	620	680	32	32 a	熊石	270	330	34	31
知方学	570	610	145	30	鶉	420	470	53	28
陸別	1250	1320	207	31	江差	190	260	4	32 a
糠平	1270	1330	540	32	青森県				
上士幌	900	960	295	31	大間	140	200	14	32
足寄	1000	1070	90	31	むつ	250	320	3	32
本別	940	1010	60	32	小田野沢	220	280	6	32
新得	720	770	178	31	今別	180	240	30	32
鹿追	790	850	213	30	脇野沢	180	240	15	32
駒場	930	990	112	31	市浦	160	220	20	32
芽室	930	990	80	31	蟹田	250	320	3	32
帯広	800	870	38	32 a	五所川原	230	290	9	32
池田	910	970	42	31	青森	220	300	4	32 a
浦幌	780	840	20	31	野辺地	230	290	43	32
糠内	1110	1170	70	30	六ヶ所	240	300	80	26
上札内	930	990	255	31	鰺ヶ沢	160	210	40	32
更別	970	1020	190	31	深浦	130	190	66	32
大津	870	930	4	31	弘前	250	320	30	32
大樹	950	1010	87	31	黒石	270	330	40	32
広尾	520	570	32	32	酸ヶ湯	1420	1760	920	32
厚真	780	850	20	31	三沢	210	270	39	32
穂別	930	1000	56	31	十和田	270	330	42	32
大滝	870	920	390	31	八戸	190	250	27	32
森野	590	640	150	31	碇ヶ関	330	380	145	32
苫小牧	370	410	6	20	休屋	420	460	405	32 a
大岸	490	540	8	31	三戸	260	310	38	32
白老	470	520	7	31	秋田県				
鵡川	680	740	10	30	能代	120	180	6	32
伊達	460	510	84	31	鷹巣	240	300	29	32
登別	500	550	197	31	大館	290	350	59	32
室蘭	280	340	43	32 a	鹿角	320	370	123	32
日高	880	940	280	31	湯瀬	320	360	236	32
日高門別	640	710	10	32	八幡平	540	580	578	30
新和	800	870	60	31	男鹿	140	190	20	32
静内	420	470	10	31	大潟	120	180	-3	31
三石	540	590	10	31	五城目	190	260	6	32
中杵臼	710	760	80	30	阿仁合	260	310	120	32
浦河	330	380	34	32 a	秋田	110	160	9	32 a
えりも岬	270	310	63	30	岩見三内	220	290	55	32
長万部	510	570	10	31	角館	240	300	56	32

資表 9-4 各地の 10 年及び 20 年確率凍結指数（℃・day）（その 3）
（1976 年～2008 年のアメダスデータに基づく）

地 名	n年確率凍結指数 n=10	n年確率凍結指数 n=20	標高(m)	データ数	地 名	n年確率凍結指数 n=10	n年確率凍結指数 n=20	標高(m)	データ数
田沢湖	320	370	230	32	山形県				
大正寺	180	240	20	32	差首鍋	180	230	90	32
大曲	250	300	30	32	金山	230	280	170	32
東由利	190	240	117	32	狩川	130	170	17	23
横手	220	270	59	32	新庄	230	280	105	32
矢島	130	170	72	32	向町	270	320	212	32
湯沢	220	260	74	32	肘折	190	240	365	32
湯の岱	280	330	335	32	尾花沢	180	240	110	26
岩手県					楯岡	290	340	118	30
種市	170	220	70	32	大井沢	220	290	440	31
軽米	340	390	153	32	左沢	140	200	133	32
二戸	280	340	87	32	山形	180	230	152	32
山形	330	370	290	31	長井	110	150	230	32
久慈	170	230	5	32	小国	200	250	140	32
荒屋	380	430	290	32	高畠	200	250	220	32
奥中山	500	540	430	31	高峰	160	220	250	32
葛巻	420	470	390	32	米沢	190	270	239	15
普代	190	240	7	32	福島県				
岩手松尾	380	440	275	32	桧原	470	520	839	30
好摩	360	420	205	32	喜多方	200	270	212	32
岩泉	200	250	112	32	鷲倉	750	800	1210	32
小本	150	210	10	31	飯舘	220	280	452	32
藪川	770	820	680	32	西会津	130	170	110	32
雫石	330	390	195	32	猪苗代	300	360	521	32
盛岡	250	320	155	32	金山	170	220	324	32
区界	650	700	760	31 a	若松	140	190	212	32
宮古	110	160	43	32 a	船引	180	240	460	32
紫波	270	320	170	32	只見	210	260	377	32
川井	200	260	192	31	川内	180	240	410	32
沢内	360	400	327	32	南郷	300	350	494	32
大迫	300	360	140	32	湯本	240	280	640	20
山田	140	210	4	32	小野新町	170	220	433	32
湯田	320	360	250	32	田島	320	370	570	32
遠野	340	400	273	32	石川	100	150	290	32
北上	210	270	61	32	桧枝岐	430	470	930	30
若柳	240	300	100	32	東白川	110	150	217	32
江刺	230	300	42	32	茨城県				
住田	170	230	80	31	筑波山	170	220	868	25 a
宮城県					栃木県				
駒ノ湯	340	380	525	32	那須	250	310	749	31
気仙沼	110	160	62	32	五十里	250	310	620	31
川渡	170	210	170	32	土呂部	440	490	925	31
築館	160	220	25	32	日光	470	520	1292	32
米山	150	220	5	32	群馬県				
古川	120	170	23	32	藤原	310	360	700	31
大衡	110	160	55	32	水上	180	220	520	31
鹿島台	110	160	3	32	草津	460	510	1230	31
新川	180	230	264	32	沼田	110	150	430	31
川崎	140	210	200	29	田代	500	540	1230	31

— 385 —

資表 9-4 各地の 10 年及び 20 年確率凍結指数（℃・day）（その 4）
（1976 年～2008 年のアメダスデータに基づく）

地名	n年確率凍結指数 n=10	n年確率凍結指数 n=20	標高 (m)	データ数	地名	n年確率凍結指数 n=10	n年確率凍結指数 n=20	標高 (m)	データ数
長野県					河口湖	140	180	860	32
野沢温泉	200	250	571	30	山中	290	340	992	31
信濃町	360	400	675	30	愛知県				
飯山	240	280	313	30	稲武	100	140	505	30
白馬	320	360	703	30	岐阜県				
長野	150	200	418	32	河合	210	260	471	30
大町	330	380	784	30	神岡	150	190	455	30
信州新町	180	230	509	30	白川	160	200	478	30
菅平	680	730	1253	30	栃尾	270	320	765	30
上田	130	170	502	32	高山	210	270	560	32
穂高	160	200	540	30	六厩	580	630	1015	30
東部町	310	360	958	30	宮之前	420	470	930	30
軽井沢	400	450	999	32	長滝	110	150	430	30
松本	130	180	610	32	黒川	110	160	460	20
立科	270	330	715	30	新潟県				
佐久	230	290	683	30	入広瀬	110	150	230	30
奈川	390	430	1068	30	津南	210	260	452	30
諏訪	210	280	760	32	湯沢	110	150	340	30
開田	520	570	1130	30	和歌山県				
檜川	260	310	900	30	高野山	130	160	795	30
辰野	200	260	729	30	岡山県				
原村	340	390	1017	30	千屋	110	150	525	30
野辺山	580	630	1350	30	広島県				
木曽福島	230	290	750	32	高野	150	190	570	30
伊那	160	200	674	16	鳥取県				
高遠	260	350	780	17	茶屋	110	140	490	30
南木曽	140	180	560	30	長崎県				
飯島	150	190	728	30	絹笠山	100	130	849	26
浪合	270	320	940	30	熊本県				
山梨県					阿蘇山	140	160	1143	18
大泉	110	140	867	31					

注1) 本表は，1976 年 8 月 1 日～2008 年 7 月 31 日（最大 32 回の冬期間）のアメダス日平均気温データを用い，「3-3 n 年確率凍結指数の推定方法」によって 10 年及び 20 年確率の凍結指数を求めたものである．ここでは 10 年確率凍結指数が 100 以上の地点のみ掲載した．
注2) データ数の欄における記号 a は，期間中に観測所の移動があった地点であるが，移動距離が近い（移動距離 2 km 以内，標高差 50 m 以内）ため，移動前後でデータは連続するものとした．
注3) 気温のデータがないため凍結指数が求められない地点については，その付近の既知の凍結指数及び凍結期間とその地点の標高差から次式によって求めることができる．なお，凍結期間とは凍結指数の計算における日平均気温の積算日数をいう．
　　求める凍結指数＝既知凍結指数±0.5×（凍結期間 [days]）×（標高差 [m]/100）

資　料－10　多層系地盤の凍結深さの計算

　実際の道路舗装のように多層構造からなる場合の凍結深さを熱伝導論的に扱って計算によって求めるものとして，Aldrich による修正 Berggren の式がある。以下に，この計算式及び計算例を示した。

$$Z = \alpha \sqrt{\dfrac{172{,}800\,F}{(L/\lambda)\,\mathit{eff}}}$$

ここに，Z：凍結深さ（cm）

　　　　F：凍結指数（℃・days）

$$(L/\lambda)\,\mathit{eff} = \dfrac{2}{X^2}\left\{ L_1 d_1\left(\dfrac{d_1}{2\lambda_1}\right) + L_2 d_2\left(\dfrac{d_1}{\lambda_1} + \dfrac{d_2}{2\lambda_2}\right)\right.$$

$$+ L_3 d_3\left(\dfrac{d_1}{\lambda_1} + \dfrac{d_2}{\lambda_2} + \dfrac{d_3}{2\lambda_3}\right) + \cdots\cdots$$

$$\left. + L_n d_n\left(\dfrac{d_1}{\lambda_1} + \dfrac{d_2}{\lambda_2} + \cdots + \dfrac{d_n}{2\lambda_n}\right)\right\}$$

　　　　$X = d_1 + d_2 + \cdots\cdots + d_n$：予想凍結深さ（m）

　　　　d_n：予想凍結深さ内の各層の厚さで，d_1 は最上層の厚さ（m）

　　　　λ_n：各層の熱伝導率（W/m・K　＝ J/m・sec・K）

　　　　L_n：各層の融解潜熱（J/m³）

　　　　$\alpha = f(\mu, \tau)$：補正係数

　　　　$\mu = \dfrac{Q_{wt}\cdot F}{L_{wt}\cdot t}$：融解パラメーター

　　　　t：凍結期間（days）＊1）

　　　　$Q_{wt} = (Q_1 d_1 + Q_2 d_2 + \cdots\cdots + Q_n d_n)/X$

　　　　　：加重平均による熱容量で，Q_1 は最上層のもの（J/m³・K）

　　　　$L_{wt} = (L_1 d_1 + L_2 d_2 + \cdots + L_n d_n)/X$

　　　　　：加重平均による融解潜熱で，L_1 は最上層のもの（J/m³）

Aldrichは補正係数 $\alpha = f(\mu, \tau)$, 融解パラメーター μ, 熱比 τ [*2) の関係を**資図10-1**のように示した。また, 神崎は北海道における熱比と凍結指数の関係を**資図10-2**のように求めた。

* 1) t (凍結期間)は「資料-9 **資図9-1**」に示す凍結期間
* 2) $\tau = C_2/|C_1| = C_2 \cdot t/F$

　　　C_1:凍結期間中の平均気温, C_2:年平均気温

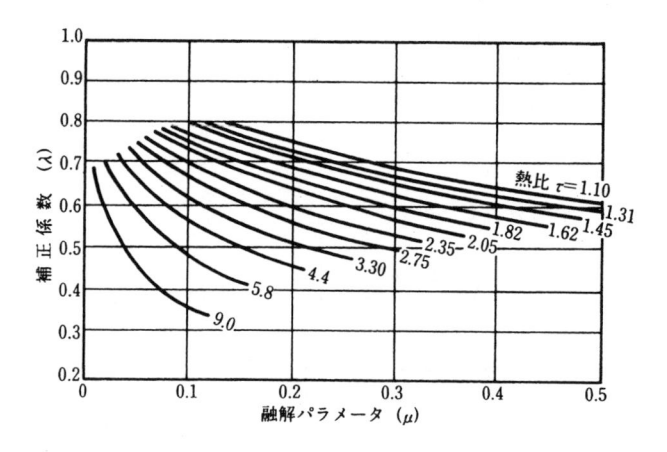

資図10-1 補正係数,融解パラメーター,熱比の関係

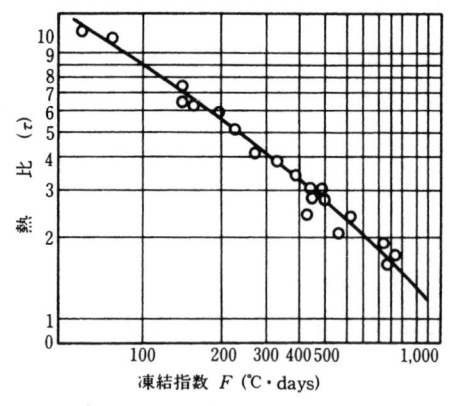

資図10-2 凍結指数と熱比の関係

土の熱伝導率は，密度，凍結または未凍結の温度，組織，鉱物成分等多くの要因によって支配されるが，特に土の含水比の影響を大きく受ける。

現場で熱伝導率を試験することは事実上困難なので，一般には次に示すKerstenの土質毎の実測式が用いられている。

シルト・粘土質土で未凍結時の場合

$$\lambda_u = \{(0.9\log w - 0.2) \times 10^{0.6242\rho_d - 3.4628}\} \cdot 418.6$$

シルト・粘土質土で凍結時の場合

$$\lambda_f = \{0.01 \times 10^{1.320\rho_d - 3.4628} + 0.025 w \times 10^{0.8739\rho_d - 3.4628}\} \cdot 418.6$$

砂質土で未凍結時の場合

$$\lambda_u = \{(0.71\log w + 0.4) \times 10^{0.6242\rho_d - 3.4628}\} \cdot 418.6$$

砂質土で凍結時の場合

$$\lambda_f = \{0.011 \times 10^{1.336\rho_d - 3.4628} + 0.026 w \times 10^{0.9114\rho_d - 3.4628}\} \cdot 418.6$$

ここに，λ_u, λ_f ：未凍結，凍結時の熱伝導率（W/m・K ＝ J/m・sec・K）

　　　　　w　　　：含水比（％）

　　　　　ρ_d　　：乾燥密度（g/cm³）

　　　　　砂質土　：0.05 mmより細かい粒子が50％未満の土

　　　　　粘土質土：0.05 mmより細かい粒子が50％以上の土

なお，予備的な調査に用いる土の熱伝導率は約 1.67W/m・Kと仮定すれば大体妥当である。また，押出し発泡ポリスチレン板のような断熱材の熱伝導率としては，一般に0.033W/m・Kが用いられている。

凍結深さを計算するときに必要な土の単位体積当たりの融解潜熱は次の式で求められる。

$$L \fallingdotseq 3.35 w \cdot \rho_d \cdot 10^6$$

ここに，L ：融解潜熱（J/m³）

　　　　w ：含水比（％）

　　　　ρ_d ：乾燥密度（g/cm³）

土の熱容量Qは次の式で求められる。

$$Q = C \cdot \rho_d \cdot 10^6$$

ここに，Q ：熱容量（J/m³・K）

C：比熱 $(0.17+0.0075w)\times 4.186$（J/g・K）

修正 Berggren の式を舗装構造での凍結深さに適用するためには，舗装を構成する各層の熱的定数を求めておかなければならない。北海道で産出される道路及び空港用材料と，現場での平均的な含水比と乾燥密度を実測して得られたものを**資表10-1**に示した。

資表10-1 各材料の一般的熱的定数

材 料 名		熱伝導 λ (W/m・K)	熱容量 Q $\times 10^6$ (j/m³・k)	融解潜熱 L $\times 10^6$ (j/m³)
押出し発泡ポリスチレン		0.0335	0.0452	0
アスファルトコンクリート		1.448	1.875	0
セメントコンクリート		0.938	2.009	0
切込砕石	$\rho_d=2.00$(g/m³), $\rho_t=2.10$(g/m³), w=5(%)	2.131	1.737	33.5
切込砂利	$\rho_d=2.00$(g/m³), $\rho_t=2.14$(g/m³), w=7(%)	2.512	1.863	46.9
砂	$\rho_d=1.65$(g/m³), $\rho_t=1.90$(g/m³), w=15(%)	1.967	1.951	82.9
凍上性細粒火山灰	$\rho_d=0.95$(g/m³), $\rho_t=1.43$(g/m³), w=50(%)	1.151	2.168	159.1
平均的火山灰	$\rho_d=1.20$(g/m³), $\rho_t=1.51$(g/m³), w=26(%)	0.996	1.833	104.5
粗粒火山灰	$\rho_d=1.35$(g/m³), $\rho_t=1.57$(g/m³), w=16.5(%)	1.193	1.662	74.6
粘性土	$\rho_d=1.15$(g/m³), $\rho_t=1.73$(g/m³), w=50(%)	1.436	2.625	192.6
普通土	$\rho_d=1.425$(g/m³), $\rho_t=1.95$(g/m³), w=37(%)	1.164	2.620	211.0
凍上性軟弱土	$\rho_d=0.90$(g/m³), $\rho_t=1.53$(g/m³), w=70(%)	1.164	2.620	211.0
A曲線（土）	$\rho_d=1.20$(g/m³), $\rho_t=1.80$(g/m³), w=50(%)	1.570	2.738	200.9
B曲線（粗粒）	$\rho_d=1.80$(g/m³), $\rho_t=2.07$(g/m³), w=15(%)	2.595	2.131	90.4

ρ_d：乾燥密度, ρ_t：湿潤密度, w：含水比

〔単位の換算〕

1 cal=4.186 J, 1 W=1 J/sec

熱伝導率 $\lambda=1$ cal/cm・sec・℃ =418.6W/m・K （=J/sec・m・K）

熱容量　$Q=1$ cal/cm³・℃ =4.186×10^6 J/m³・K

融解潜熱 $L=1\,\mathrm{cal/cm^3}=4.186\times10^6\,\mathrm{J/m^3}$

〔凍結深さの計算例〕

資図 10-3 に示すような舗装構造において,凍結期間 104 日,凍結指数 330℃・days のときの凍結深さを求める。

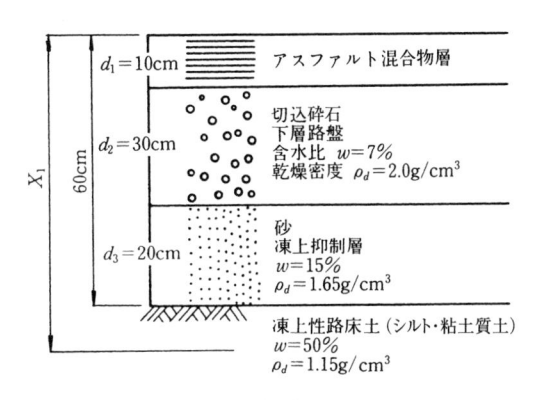

資図 10-3　凍結深さ計算断面

(ⅰ) 予想凍結深さ $X_1=0.70\,\mathrm{m}$ と仮定する。

各層の熱伝導率を Kersten の式により求める。

切込砕石の熱伝導率 λ_2 は,

$$\lambda_2 = \{0.011\times10^{1.336\rho_d-3.4628}+0.026\mathrm{w}\times10^{0.9114\rho_d-3.4628}\}\times418.6$$

$$= \{0.011\times10^{1.336\times2.0-3.4628}+0.026\times7\times10^{0.9114\times2.0-3.4628}\}\times418.6$$

$$= 0.00600\ (\mathrm{cal/cm\cdot sec\cdot ℃})\times418.6$$

$$= 2.512\ (\mathrm{W/m\cdot K})$$

砂の熱伝導率 λ_3 は,

$$\lambda_3 = \{0.011\times10^{1.336\times1.65-3.4628}+0.026\times15\times10^{0.9114\times1.65-3.4628}\}\times418.6$$

$$= 0.00470\ (\mathrm{cal/cm\cdot sec\cdot ℃})\times418.6$$

$$= 1.967\ (\mathrm{W/m\cdot K})$$

路床土の熱伝導率 λ_4 は,

〈凍結時〉

$\lambda_4' = \{0.01 \times 10^{1.320\rho_d - 3.4628} + 0.025 \text{w} \times 10^{0.8739\rho_d - 3.4628}\} \times 418.6$

　　$= \{0.01 \times 10^{1.320 \times 1.15 - 3.4628} + 0.025 \times 50 \times 10^{0.8739 \times 1.15 - 3.4628}\} \times 418.6$

　　$= 0.00447 \text{ (cal/cm・sec・℃)} \times 418.6$

　　$= 1.871 \text{ (W/m・K)}$

〈未凍結時〉

$\lambda_4'' = \{(0.9\log\text{w} - 0.2) \times 10^{0.6242\rho_d - 3.4628}\} \times 418.6$

　　$= \{(0.9\log 50 - 0.2) \times 10^{0.6242 \times 1.15 - 3.4628}\} \times 418.6$

　　$= 0.00239 \text{ (cal/cm・sec・℃)} \times 418.6$

　　$= 1.000 \text{ (W/m・K)}$

凍結時と未凍結時の平均熱伝導率 $\lambda_4 = \dfrac{1.871 + 1.000}{2}$

　　$= 1.436 \text{ (W/m・K)}$

なお，アスファルト混合物層の熱伝導率 $\lambda_1 = 1.448 \text{ (W/m・K)}$ とする。

各層の融解潜熱を求める。

切込砕石の融解潜熱 L_2 は，

$L_2 = 3.35 \text{w} \cdot \rho_d \times 10^6 = 3.35 \times 7 \times 2.0 \times 10^6 = 46.9 \times 10^6 \text{ (J/m}^3\text{)}$

砂の融解潜熱 L_3 は，

$L_3 = 3.35 \times 15 \times 1.65 \times 10^6 = 82.9 \times 10^6 \text{ (J/m}^3\text{)}$

路床土の融解潜熱 L_4 は，

$L_4 = 3.35 \times 50 \times 1.15 \times 10^6 = 192.6 \times 10^6 \text{ (J/m}^3\text{)}$

なお，アスファルト混合物層の融解潜熱 $L_1 = 0$ とする。

各層の熱容量を求める。

切込砕石の熱容量 Q_2 は，

$Q_2 = C_2 \cdot \rho_d \cdot 10^6$

$C_2 = (0.17 + 0.0075\text{w}) \cdot 4.186 = (0.17 + 0.0075 \times 7) \times 4.186 = 0.931 \text{ (J/g・K)}$

$Q_2 = 0.931 \times 2.00 \times 10^6 = 1.862 \times 10^6 \text{ (J/m}^3\text{・K)}$

砂の熱容量 Q_3 は，

$C_3 = (0.17 + 0.0075 \times 15) \times 4.186 = 1.183 \text{ (J/g・K)}$

$Q_3 = 1.183 \times 1.65 \times 10^6 = 1.952 \times 10^6 \text{ (J/m}^3\text{・K)}$

路床土の熱容量 Q_4 は,

$C_4 = (0.17 + 0.0075 \times 50) \times 4.186 = 2.281$ (J/g・K)

$Q_4 = 2.281 \times 1.15 \times 10^6 = 2.623 \times 10^6$ (J/m³・K)

なお, アスファルト混合物層の熱容量 $Q_1 = 1.875 \times 10^6$ (J/m³・K) とする。

$d_1 = 0.10$, $d_2 = 0.30$, $d_3 = 0.20$, $d_4 = X_1 - (d_1 + d_2 + d_3) = 0.10$ (m)

$$Z = \alpha \sqrt{\frac{172,800\, F}{(L/\lambda)eff}}$$

$$(L/\lambda)eff = \frac{2}{x^2} \left\{ \frac{d_1}{\lambda_1} \left(\frac{L_1 d_1}{2} + L_2 d_2 + L_3 d_3 + L_4 d_4 \right) + \frac{d_2}{\lambda_2} \left(\frac{L_2 d_2}{2} + L_3 d_3 + L_4 d_4 \right) \right.$$

$$\left. + \frac{d_3}{\lambda_3} \left(\frac{L_3 d_3}{2} + L_4 d_4 \right) + \frac{d_4}{\lambda_4} \left(\frac{L_1 d_1}{2} \right) \right\}$$

$$= \frac{2}{0.70^2} \left\{ \frac{0.10}{1.448} \left(\frac{0 \times 0.10}{2} + 46.9 \times 10^6 \times 0.30 + 82.9 \times 10^6 \times 0.20 + 192.6 \times 10^6 \times 0.10 \right) \right.$$

$$+ \frac{0.30}{2.512} \left(\frac{46.9 \times 10^6 \times 0.30}{2} + 82.9 \times 10^6 \times 0.20 + 192.6 \times 10^6 \times 0.10 \right)$$

$$\left. + \frac{0.20}{1.967} \left(\frac{82.9 \times 10^6 \times 0.20}{2} + 192.6 \times 10^6 \times 0.10 \right) + \frac{0.10}{1.436} \left(\frac{192.6 \times 10^6 \times 0.10}{2} \right) \right\}$$

$$= 4.914 \times 10^7 \text{ (sec・K/m²)}$$

予想凍結深さ内における加重平均による熱容量 Q_{wt} は,

$$Q_{wt} = \frac{Q_1 d_1 + Q_2 d_2 + Q_3 d_3 + Q_4 d_4}{X_1}$$

$$= \frac{1.875 \times 0.10 + 1.862 \times 0.30 + 1.952 \times 0.20 + 2.623 \times 0.10}{0.70} \times 10^6$$

$$= 1.998 \times 10^6 \text{ (J/m³・K)}$$

予想凍結深さ内における加重平均による融解潜熱 L_{wt} は,

$$L_{wt} = \frac{L_1 d_1 + L_2 d_2 + L_3 d_3 + L_4 d_4}{X_1}$$

$$= \frac{0\times 0.10+46.9\times 0.30+82.9\times 0.20+192.6\times 0.10}{0.70}\times 10^6$$

$$= 71.3\times 10^6 \ (\text{J}/\text{m}^3)$$

したがって，融解パラメータ μ は，

$$\mu = \frac{Q_{wt}\cdot F}{L_{wt}\cdot t} = \frac{1.998\times 10^6\times 330}{71.3\times 10^6\times 104}=0.089$$

資図 10-2 から， $F=330℃\cdot \text{days}$ → $\tau=3.9$
資図 10-1 から， $\mu=0.097$, $\tau=3.9$ → $\alpha=0.60$
よって，

$$Z=\alpha\sqrt{\frac{172,800F}{(L/\lambda)eff}} = 0.6\sqrt{\frac{172,800\times 330}{4.914\times 10^7}}$$

$$=0.646\ (\text{m})$$

(ⅱ) 予想凍結深さ $X_2=(0.70+0.646)/2=0.673$m として再計算する。

　最初に予想した凍結深さ 0.70m と求めた凍結深さ 0.646m は，0.054m の誤差があるのでこれらの平均を新たな予想凍結深さとして再計算する。計算方法は蒸気と同じであるので省略し，計算結果のみ示す。

$(L/\lambda)eff=4.511\times 10^7$

$Q_{wt}=1.973\times 10^6$, $L_{wt}=66.4\times 10^7$, $\mu=0.094$, $\tau=3.9$, $\alpha=0.59$

$$Z=0.59\sqrt{\frac{172,800\times 300}{4.511\times 10^7}}$$

$$=0.663 \fallingdotseq 0.66\ (\text{m})$$

したがって，求める凍結深さは 66 cm である。

資　料－11　雪の熱伝導率

　雪の熱伝導率は一般に凍土に比べて非常に小さく，**資図 11-1** に示すように，その密度に依存する。密度の増加に伴って雪の熱伝導率が大きくなるのは，雪中で熱伝導率の小さい空気（$\lambda=0.241W/m・K$）の体積が減少するからである。積雪密度とその熱伝導率については**資表 11-1** に各月毎に計測した結果を示す。

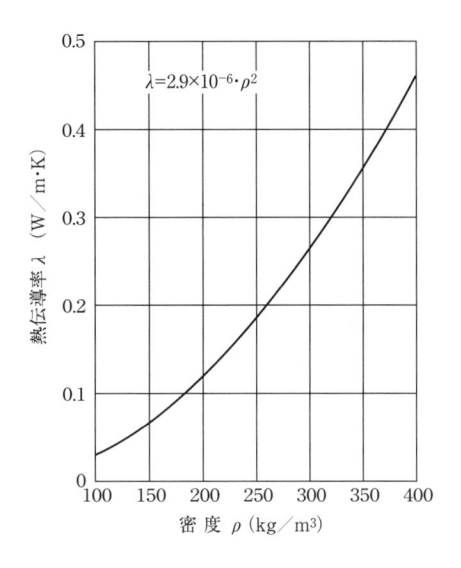

$$\lambda=2.9\times10^{-6}・\rho^2$$

資図 11-1　雪の密度と熱伝導率の関係　（Williams）

資表 11-1　積雪の熱伝導率（吉田）

月　別	12月	1月	2月	3月
熱伝導率(W/m・K)	0.071	0.084	0.096	0.121
積雪密度(g/cm³)	0.11	0.16	0.18	0.23
密度測定(月-日)	12-3	1-24	2-8	3-23

雪の密度については，日本雪氷学会によって，雪の大きさ，形，結合状態をもとに**資表11－2**に分類（大分類・小分類）され，それぞれの密度が示されている。**資図11－1**より，密度をρとすると熱伝導率λは次のようになる。ちなみに，空気，水，氷の熱伝導率はそれぞれ，$\lambda \fallingdotseq 0.241, 0.603, 2.235$W/m・K程度である。

「新雪・粉雪」の場合： $\rho \fallingdotseq 0.1$ g/cm³　　　→ $\lambda \fallingdotseq 0.029$W/m・K

「しまり雪」の場合　： $\rho \fallingdotseq 0.3 \sim 0.4$ g/cm³　→ $\lambda \fallingdotseq 0.261 \sim 0.464$W/m・K

「圧雪」の場合　　　： $\rho \fallingdotseq 0.45 \sim 0.75$ g/cm³ → $\lambda \fallingdotseq 0.587 \sim 1.631$W/m・K

また，一般的な凍結土の熱伝導率を含水比と乾燥密度により，概ね$\lambda = 1.3 \sim 1.7$ W/m・Kとすると，雪の状態によりその比は大きく異なることになる。

資表11－2　雪の分類と密度

自然積雪の分類名と密度			道路上の雪の分類と密度	
大分類	小分類	密度 (g/cm³)	分類	密度 (g/cm³)
新雪	新雪	0.1前後	新雪	0.1前後
しまり雪	こしまり雪	0.3〜0.4	こなゆき	0.27〜0.4
しまり雪	しまり雪		つぶゆき	0.28〜0.5
ざらめ雪	ざらめ雪	0.3〜0.5	圧雪	0.45〜0.75
しもざらめ雪	こしもざらめ雪	―	氷板	0.8〜0.9
しもざらめ雪	しもざらめ雪		氷膜	―
			水べたゆき	0.5〜0.6

資　料－12　凍上性判定のための土の凍上試験方法
Test Method for Frost Susceptibility of Soils
地盤工学会基準（JGS 0172－2003）

12－1　総則
12－1－1　試験の目的

　この試験は，室内において土を一次元的にかつ吸水を許して凍結させ，土の凍上性を代表する指標の一つとして，凍上速度の値を求めることを目的とする。

12－1－2　適用範囲

　19 mmふるいを通過する土を対象とする。ただし，乱れの少ない試料を用いる場合はその限りではない。

12－1－3　用語の定義

(1)　凍上とは，地盤が凍結する際，未凍土から凍結面へ間隙水が吸水され，0 ℃等温面に平行な氷層（アイスレンズ）が成長し土の体積が増加する現象をいう。
(2)　凍上量とは，凍上によって生じた供試体の鉛直高さの増加量をいう。
(3)　凍結膨張率とは，凍結前の土の体積に対する凍結による体積増加量の比を百分率で表したものをいう。
(4)　凍上速度とは，単位時間当たりの凍上量のことをいい，凍結速度とは，凍結線が未凍結土の中を進む速度のことをいう。

12－1－4　必要関連試験

(1)　この試験結果を得るために，次の試験を別途実施しておく。
　　　　JIS A 1202「土粒子の密度試験方法」

(2) 試験が締固めた土を対象とする場合は，次の試験を別途実施しておく。
　　　　JIS A 1210「突固めによる土の締固め試験方法」

【付帯条項】

12－1　本基準と部分的に異なる方法を用いた場合には，その内容を報告事項に明記しなければならない。

12－1－1
　　a．この基準は，地盤や置換材料の凍上性の判定を行うときの基本となるものである。
　　b．凍結中の吸排水量と時間の関係も求めるものとする。

12－1－2
　　a．本基準は飽和した供試体を対象とする。
　　b．自然凍結での凍上を対象とし，凍上性の判定に用いる場合は主に締固めた土で試験を行う。なお，ここで言う自然凍結での凍上とは寒冷地における自然の寒さの下で発生する凍上現象を指す。

12－1－3　凍上量は個々のアイスレンズ厚さの総和にほぼ一致する。

12－2　試験用具

12－2－1　凍上試験機

凍上試験機は，モールド，温度制御装置，温度センサーから構成され，次の条件を満たすものとする。

(1) モールド

モールドは，下部冷却盤に装着でき，上部冷却盤（ピストン）が滑らかに移動できる内面をもった内径 100 mm の円筒形のもので，アイスレンズ確認のため透明でかつ断熱性に優れたものとする。

(2) 温度制御装置

温度制御装置は，供試体上端面を冷却する装置（上部冷却盤）と供試体下端面を冷却する装置（下部冷却盤）及び冷却盤の温度を制御する装置から構成される。下部冷却盤は，供試体下端面温度を-10℃程度まで一定速度で低下させることがで

きるものとする。上部冷却盤は，供試体の変位を妨げることなくモールド内を供試体と共に移動できる構造とし，供試体上端面温度を0℃付近で一定に保つことができるものとする。両者とも温度制御精度は±0.1℃とする。また，上部の冷却盤には，供試体を飽和させるため及び凍結中の吸排水のための経路を備えていること。

(3) 温度センサー

供試体の上端面及び下端面の温度変化を±0.1℃の精度で測定できるもの。

(4) 変位計

供試体の鉛直変位を0.01 mmまで測定できるもの。

(5) 吸排水量測定装置

供試体の吸水量または排水量を0.1 cm³まで測定できるもの。

(6) 載荷装置

所定の荷重を衝撃や偏心なしに加えられるものとする。応力変動は載荷応力が100kN/m²未満では±1 kN/m²，100kN/m²以上では±1％の範囲で保持できるものとする。

12-2-2 供試体作製用具

(1) カッターリング　内面が滑らかなリングで片刃のついたもの。
(2) ワイヤーソー　ワイヤーの直径が0.2 mm程度のもの。
(3) 直ナイフ　鋼製で片刃のついたもの。
(4) トリマー　試料を所定の直径に成形できるもの。
(5) 締固めた試料を用いる場合は，10 cmモールド，カラー，2.5 kgランマー及びJIS A 1210「突固めによる土の締固め試験方法」の「12-5　試験用具」に規定するもの。

12-2-3 その他の用具

(1) 試料押出し器　モールドから試料を押し出すことのできるもの。

(2) はかり　感量 0.01 g のもの。
(3) ノギス　0.05 mm まで測定できるもの。
(4) 含水比測定器具　JIS A 1203「土の含水比試験方法」の「12-4　試験器具」に規定するもの。
(5) 低温用潤滑剤　モールドの内面に塗布し，供試体との間の摩擦を軽減するもの。
(6) ろ紙

【付帯条項】

12-2　凍上試験機の概念図を**資図12-1**に示す。

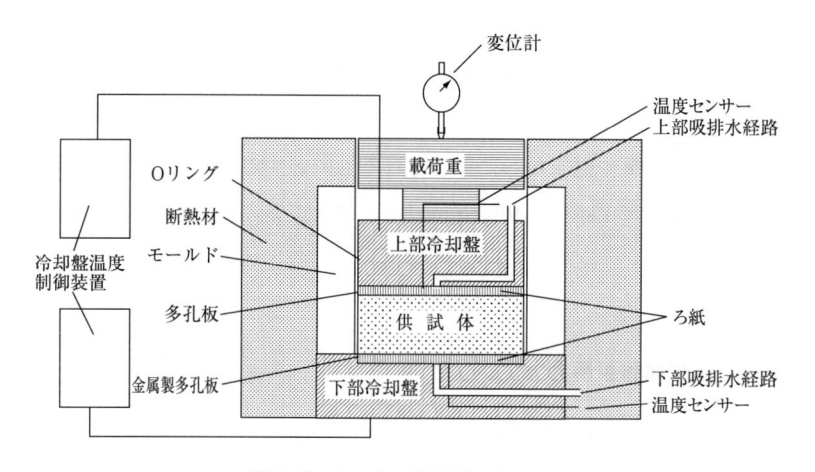

資図12-1　凍上試験機の概念図

12-2-1
(1) a．内径 100 mm のモールドを標準とする。モールドの厚さは 10 mm 以上が望ましい。
　　b．ここでいうアイスレンズとは，一般に熱流方向に対して直角方向に発達する透明な氷の層のことを意味している。
　　c．モールドはアクリル樹脂等の材質で，土との摩擦が少なく透明なものを用いる。高さは，供試体高さの 1.5 倍と上部冷却盤（ピストン）の厚さの和より充分大きいこと。

d．モールドと外部とを断熱するために，モールドを断熱材等で隙間なく包むこと。
　　　e．上部冷却盤の直径はモールドの内径より1mm程度小さく，冷却盤全体が摩擦の少ないOリング等でモールド内を上下できること。
(2)　a．直線的な温度制御をするため及び凍結終了まで凍結速度を一定に保持するために，上部冷却盤もしくは上部冷却盤の供試体に接触する部分には土と同程度の熱伝導率を持った材質のものを用いる。
　　　b．下部冷却盤には通水飽和のための吸排水経路を備えていることが望ましい。
　　　c．冷却盤の冷却に冷媒循環方式を用いる場合は，所定の温度制御精度を得るために充分な冷却能力を持つこと。
(3)　特に0℃から-10℃程度までの温度域で充分な較正がなされていること。
(4)　ダイヤルゲージまたはこれと同等以上の性能を持つ電気式変位計を用いる。
(5)　ビュレットやマリオット管または電気式水量計によるものとする。

12-3　試　　料

(1)　JGS0101「土質試験のための乱した土の試料調整方法」の4.1非乾燥法または4.2空気乾燥法により調整した後，その含水比を求める。
(2)　試料の含水比を最適含水比に調整する。
(3)　試料の含水比が変わらないように保存する。

【付帯条項】
(2)　a．締固めた土による凍上試験を行う場合は，最適含水比で調整した土を用いる。
　　　b．自然含水比が最適含水比より大きい場合は，自然含水比のままで試料として良い。
　　　c．乱れの少ない土を用いる場合は，特別な準備は必要としない。

12−4 供試体の作製

(1) 供試体の寸法は直径 10 cm，高さ 5 cm を標準とする。
(2) 「12−3」で準備した試料を JIS A 1210「突固めによる土の締固め試験方法」の表1の呼び名Ａの方法及び「12−5　試験方法」によって突き固める。
(3) カッターリング，直ナイフ，ワイヤーソー，トリマー等を用いて(2)の試料から所定の直径の供試体を作製する。
(4) 直ナイフ，ワイヤーソー等で試料の両端面を平面に成形する。
(5) 供試体の質量 m_0（g）と直径 D（cm）を測る。
(6) 供試体の高さ H_0（cm）を測定する。
(7) 内側に潤滑剤を薄く塗ったモールドに供試体を注意深く押し込む。
(8) 削り落とした試料を用いて含水比 w_0（％）を求める。

【付帯条項】
(2) 　a．モールドを用いて試料の締固めを行う場合は，JIS A 1210「突固めによる土の締固め試験方法」の表1の呼び名Ａの方法及び「12−5　試験方法」に準ずる。
　　　b．モールドを用いて試料の締固めを行う場合は，ランマーでモールドの内面を傷付けないよう，適当な薄いシートで保護するなどする。
(3) モールドと供試体（未凍結部分）との間の摩擦を軽減するために，供試体直径をモールド内径より1％程度小さく成形する。

12−5 試験方法

12−5−1 準　備

(1) 供試体の入ったモールドを下部冷却盤の上に置き，供試体上端面にろ紙を敷く。
(2) 上部冷却盤を供試体に静かに接触させる。
(3) 変位計を取り付ける。
(4) 上下の冷却盤と吸排水量測定装置とを接続する。

(5) 載荷装置により供試体に所定の荷重を載荷する。
(6) 供試体の上下端面の温度を0℃から+1℃の間に保つよう，上下の冷却盤の温度を調節する。
(7) 供試体の飽和度を高めるために吸水させるなどする。
(8) 供試体の吸排水による体積変化量ΔV_d（cm³）または変位量ΔH_d（mm）を測定する。
(9) 初期含水比w_0（％）と吸排水による体積変化量ΔV_d（cm³）から凍結過程直前の飽和度S_{r1}（％）を計算し，S_{r1}が80％程度以上あることを確認するのが望ましい。
(10) モールド全体を断熱材で包む。

12-5-2 凍結方法

(1) 供試体上下端面の温度及び変位計の読みを記録し，供試体上下端面の温度が0℃から+1℃の間であることを確認する。
(2) 供試体下端面の温度を一旦急激に下げて，供試体下面に氷核を形成する。
(3) 変位計あるいは供試体下端面の温度変化により氷核形成が確認されたら，直ちに供試体下端面の温度を形成された氷核が融解しない程度まで上げる。その後，供試体上端面温度を0℃に保持し，供試体下端面温度を所定の速度で降下させ，変位量ΔH（mm），温度（上端面温度T_w（℃）及び下端面温度T_c（℃））及び吸排水量ΔV（cm³）を連続的に記録する。
(4) 凍結線が供試体上端を完全に通過したことが確認されたら，供試体下端面の温度降下を止める。
(5) 必要に応じて新たな供試体により下部冷却盤の温度降下速度を変えて，凍結過程を繰り返す。
(6) 凍結終了時のアイスレンズの発生状況を観察し記録する。

【付帯条項】

12-5-1
(1) 下部冷却盤に排水経路を持つ装置の場合は，供試体下面と下部冷却盤との間

にろ紙等を敷く。

(5) 載荷応力 σ は 10kN/㎡ を標準とする。

(7) a．供試体の飽和度が80％程度以上あることが予め分かっている場合は，省略しても良い。

b．供試体の飽和方法にはこの他に真空ポンプ等を用いる方法もある。

(9) 飽和度が80％程度以上得られない場合は，(7)の飽和処理を再度行う。その後も飽和度が80％程度以上得られない場合は，その旨を報告書に明記し試験を続けても良い。

12－5－2

(1) 「12－5－1 (7)」を省略する場合は，供試体上下端面の温度を0℃から＋1℃の間で保持したまま6時間以上温度養生する。

(2) 供試体下面に氷核（0℃以下の水が凍結を開始するのに必要な氷の小片）を形成する方法としては，供試体下端面の温度を急激に下げて過冷却状態を回避する方法（サーマルショック法）が一般的である。

(3) a．氷核が形成されたことは，下端面温度の瞬間的な上昇や微量な凍上量の発生等により確認できる。氷核形成が確認できない場合は，確認されるまで更に温度を下げる。

b．形成された氷核が融解しない程度の温度とは0℃程度が目安となる。

c．氷核形成が確認された後，温度を上昇させるまでに要する時間は10分程度以内が望ましい。

d．温度上昇による融解で凍上による変位が元に戻った場合は，「12－5－2 (2)」を繰り返す。

e．供試体下端面の温度を0.1℃/h 程度の速度で降下させる。その結果，「12－6－2 (4)」で得られる凍結速度が1.0～2.0 mm/h程度の間とならない場合は，必要に応じて新たな試料で作り直した供試体を用いて，供試体下端面の温度降下速度を変えた試験を再び行う。

(4) 凍結線が供試体上端を完全に通過したことの確認は，供試体上端面温度，凍上変位の停滞，吸水の停止等によって判断する。

12−6 試験結果の整理
12−6−1 試験前の供試体の状態

凍結過程直前の供試体飽和度 S_{r1} （%）を次式で算定する。

$$S_{r1} = w_1 \frac{\rho_s / \rho_w}{e_1}$$

$$w_1 = w_0 + \frac{\Delta V_d \rho_w}{m_s} \times 100$$

または $w_1 = w_0 + \frac{\Delta H_d}{10} \frac{A \rho_w}{m_s} \times 100$

$$m_s = \frac{m_0}{1 + w_0/100}$$

$$e_1 = \frac{H_1}{H_s} - 1$$

$$H_1 = H_0 + \frac{\Delta H_d}{10}$$

$$H_s = \frac{m_s / \rho_s}{A}$$

w_1 ：凍結過程直前の含水比（%）
e_1 ：凍結過程直前の供試体の間隙比
w_0 ：供試体の初期含水比（%）
ΔV_d ：凍結過程直前までの体積変化量（cm³）
ΔH_d ：凍結過程直前までの変位量（mm）
A ：供試体断面積 = $\pi \frac{D^2}{4}$ （cm²）
m_s ：供試体の乾燥質量（g）
m_0 ：供試体の初期質量（g）
H_1 ：凍結過程直前の供試体高さ（cm）
H_0 ：供試体初期高さ（cm）
H_s ：供試体の実質高さ（cm）

ρ_s ：JIS A 1202によって求めた土粒子の密度（g/cm³）

ρ_w ：水の密度（g/cm³）

D ：供試体直径（cm）

12-6-2 凍結過程

(1) 縦軸に凍結開始からの供試体上端面温度 T_w（℃）及び供試体下端面温度 T_c（℃），横軸に経過時間 t（h）をとり温度－時間曲線を描く。

(2) 縦軸に凍結開始からの吸排水量 ΔV（cm³），横軸に経過時間 t（h）をとり吸排水量－時間曲線を描く。

(3) 縦軸に凍結開始からの凍上量 ΔH（mm），横軸に経過時間 t（h）をとり凍上量－時間曲線を描く。

(4) 凍結速度 U（mm/h）を次式で算定する。

$$U = \frac{10 H_1}{t_f} \quad (\text{mm/h})$$

t_f ：凍結開始から終了までの経過時間（h）

(5) 凍上速度 U_h（mm/h）を次式で計算する。

$$U_h = \frac{\Delta H'}{\Delta t'} \quad (\text{mm/h})$$

$\Delta H'$：凍上量－時間曲線の直線区間での凍上量 $\Delta H'$（mm）

$\Delta t'$：凍上量－時間曲線の直線区間での時間 $\Delta t'$（h）

(6) 凍結膨張率 ξ（％）を次式で算出する。

$$\xi = \frac{\Delta H_f}{H_1} \times 10 \quad (\%)$$

ΔH_f：凍結終了時の凍上量（mm）

【付帯条項】

凍結過程及び解凍過程における供試体高さ変化及び吸排水に関する符号は凍上を正（＋），沈下を負（－），吸水を正（＋），排水を負（－）とする。

供試体の飽和度が予め分かっている場合は，省略しても良い。

12－6－2

(5) 凍上速度 U_h の決定方法を**資図 12－2** に示す。なお，凍上量－時間曲線が全域では直線にならない場合は，最も勾配の大きい部分を直線近似して凍上速度 U_h（mm/h）とする。

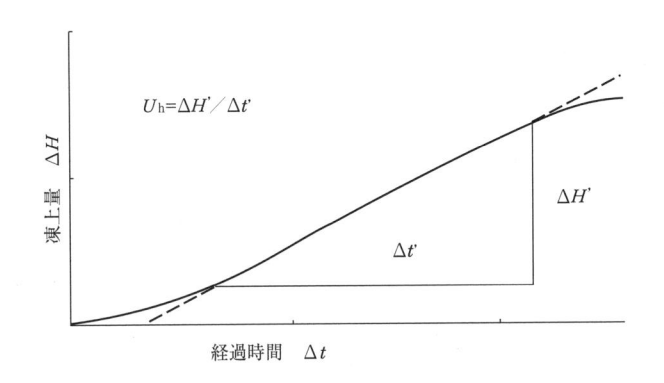

資図 12－2 凍上速度 U_h の決定

12－7 報告事項

試験結果について次の事項を報告する。

(1) 供試体の直径及び高さ
(2) 供試体の初期状態及び凍結過程直前の飽和度
(3) 凍結過程で載荷した応力
(4) 温度－時間曲線
(5) 吸排水量－時間曲線
(6) 凍上量－時間曲線
(7) 凍結速度
(8) 凍結膨張率
(9) 凍上速度
(10) 凍結終了時のアイスレンズ発生状況の観察記録

【参考】

以下に本基準の解説の抜粋を示す。

A．代表的な測定例

資表12-1は，45種類の土に対して本基準に基づく凍上試験を行った結果を示している。実験を行った試料は実構造物において非常に大きな凍上被害が現れた土から，ほとんど凍上しない市販の凍上抑制材まで広い範囲の凍上特性を持つ土を含んでいる。**資表12-1**には試験を実施したときの凍結速度及びそのときの凍上速度の結果と共に，試料の現場における所見を示した。

B．凍上性判定指標

資図12-3は，**資表12-1**の中で現場における観察から凍上性の有無が明らかである試料と凍上速度との関係をまとめた結果である。現場において凍上変位や凍上圧による構造物の変状が確認された場合は試料の凍上速度が0.3mm/h以上を示しており，逆に凍上抑制材料として使われている材料であるか，明らかに凍上変位や凍上圧が観測されていない場合はその試料の凍上速度は0.1mm/h以下であることが分かる。精度の高い判定指標を得るためには，現場での凍上挙動と凍上試験結果を対応させたデータを集積していく必要がある。本基準に基づいた試験による現場対応データの集積はこれからであるが，現時点の判定指標としては**資**

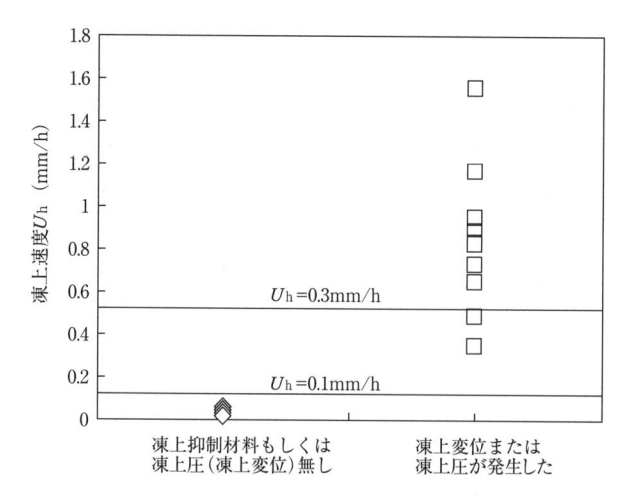

資図12-3 現場での凍上性の有無と試料の凍上速度

資表12-1 凍上性判定試験による代表的な測定例

試料No.	工学的分類(jGS-0051-2000) 小分類名	記号	0.075mm以下(%)	凍結速度 U (mm/h) 冷却速度* 0.1℃/h	凍結速度 U (mm/h) 冷却速度* 0.2℃/h	凍上速度 U_h (mm/h) 冷却速度* 0.1℃/h	凍上速度 U_h (mm/h) 冷却速度* 0.2℃/h	現場所見
1	細粒分質砂	SF	48.6		1.21		1.55	凍上による張り芝盛土方面の崩壊
2	火山灰質粘性土(I型)	VH₁	51.4	0.91	0.89	0.89	1.16	現地発生材，道路工事の埋め戻しに使用
3	細粒分質礫質砂	SFG		0.68	0.92	0.82	1.16	凍上による補強土壁の崩壊
4	火山灰質粘性土(低液性限界)	VL	94.0	1.22		0.83		凍上による補強コンクリート板のクラック
5	火山灰質粘性土(低液性限界)	VL	94.2	1.28		0.73		同上
6	火山灰質粘性土(低液性限界)	VL	53.4	0.57	1.50	0.57	0.65	1mの地下水位で，15〜20cm凍上
7	火山灰質粘性土(低液性限界)	VL			1.17		0.90	同上，バッチ違い
8	火山灰質粘性土(低液性限界)	VL			0.89		1.07	同上，試験年度違い
9	火山灰質粘性土(低液性限界)	VL			0.83		1.01	同上，試験年度違い
10	細粒分質礫質砂	SFG	58.5	0.67	0.84	0.70	1.00	No.3との同じ現場付近の土，未改良
11	シルト(低液性限界)	ML	50.5	0.88		0.95		現地発生材，畑地内水路工事
12	細粒分質礫質砂	SFG	46.9	0.74	1.01	0.60	0.95	No.3との同じ現場付近の土，未改良
13	礫まじり細粒分質砂	SF-G	37.3	0.57	0.97	0.61	0.91	市販の客土材，植生材
14	細粒分質砂	SF	42.9	0.64		0.84		現地発生材，畑地内水路工事
15	細粒分質礫質砂	SFG	41.1	0.82	1.10	0.71	0.82	凍上による補強土壁のはらみ出し
16	細粒分質砂	SF	42.6	0.63		0.82		現地発生材，畑地内水路工事
17	細粒分質砂	SF	34.4	1.08	1.20	0.65	0.73	寒冷地での補強土壁の崩壊
18	礫まじり細粒分質砂	SF-G	34.2	0.94	1.13	0.51	0.57	1m以深の路体盛土材として使用
19	火山灰質粘性土(低液性限界)	VL	52.3		1.49		0.48	毎年10cm程度の凍上発生
20	シルト(低液性限界)	ML	70.0		2.43		0.43	切土のり面，夏の堀削で凍土が現れる
21	細粒分質砂	SF	37.0	1.11		0.39		セメント系固化材で憎粒
22	砂質礫	GS	5.1		2.10		0.38	No.20と同じ現場の土
23	細粒分質砂	SF	40.3	1.00	2.18	0.35	0.38	実験用補強土壁で最大5kNの凍上圧発生

凍上性高

No	土質名	分類記号						備考	凍上性
24	礫まじり細粒分質砂	SF-G	39.0	2.40	2.28	0.28	0.29	道路工事の現地発生材	凍上性中
25	粘土（高液性限界）	MH	93.8	0.74		0.29		通称重粘土	
26	粘土（高液性限界）	MH	93.5	0.97		0.25		通称重粘土	
27	細粒分質砂	SF	41.0	1.67		0.23		No.21の造粒前の土	
28	細粒まじり砂質礫	GS-F	13.0	1.90	1.93	0.16	0.20	市販材（名称C砕石）	
29	礫まじり細粒分質砂	SF-G	30.8	1.46	1.27	0.18	0.19	埋戻し材として使用	
30	細粒分礫まじり砂	S-FG	8.8	1.56	2.18	0.19	0.19	道路工事の現地発生材	
31	礫まじり細粒分質砂	SF-G	41.2	1.87		0.17		海外土，粒度からは凍上性と判定	
32	細粒分まじり礫質砂	SG-F		1.11		0.16		コンクリート再生骨材	
33	細粒分まじり礫質砂	SG-F	6.7		2.87	0.11		No.20と同じ現場の土	
34	細粒分まじり礫質砂	SG-F			2.09	0.07		同上	
35	細粒分まじり礫質砂	SG-F	6.0	1.57	2.15	0.06	0.07	市販の凍上抑制材（道路工事用）	凍上性低
36	礫まじり細粒分質砂	SF-G	20.0	1.72	1.85	0.06	0.06	市販の凍上抑制材（道路工事用）	
37	礫まじり細粒分質砂	SF-G		1.11		0.06		市販の凍上抑制材	
38	礫まじり細粒分質砂	SF-G	17.6	1.06		0.06		市販の凍上抑制材	
39	細粒分礫まじり砂	S-FG	8.2	0.64		0.05		現地発生材，畑地内水路工事	
40	細粒分まじり礫質砂	SG-F	11.0	1.04		0.04		市販の凍上抑制材	
41	細粒分礫まじり砂	S-FG	11.3	2.36	2.36	0.04	0.05	市販の盛土材（主に道路工事）	
42	細粒分質砂	SFG	22.2	2.34	1.77	0.03	0.03	市販の凍上抑制材（道路工事用）	
43	細粒分質礫質砂	SFG	26.2	1.95	2.11	0.02	0.01	試験結果より凍上抑制層として使用	
44	礫まじり細粒分質砂	SF-G	16.4			0.01	0.00	市販の凍上抑制材（道路工事用）	
45	礫まじり細粒分質砂	SF-G	19.2		2.39	0.01		実験用補強土壁で市販の凍上圧発生は無し	

図12-3の結果が利用できるものと考えられる。この**資図12-3**の結果から凍上速度と土の凍上性の関係をまとめたのが**資表12-2**である。**資表12-2**は，土の凍上性を大きく3つに分類してそれぞれの境界における凍上速度を示したものである。この表に基づくことで，本基準による凍上試験を実施した結果から，用いた試料の凍上性を定性的に判断できることになる。また，この指標は，実構造物の凍上挙動と対応した室内凍上試験データの今後の蓄積によって，より精度の高いものになって行くべきものである。

資表12-2 土の凍上性の判定指標

凍上速度 U_h(mm/h)	凍 上 性
0.1 未満	凍上性が低い
0.1 以上 0.3 未満	凍上性は中位
0.3 以上	凍上性が高い

注意：凍上速度 U_h (mm/h) は凍結速度 U を 1～2 (mm/h) とした場合の数値である。

資料－13　土の凍上試験方法

13－1　適用範囲

この試験方法は土の凍上性を判定する室内凍上試験に適用する。

13－2　試験用具
13－2－1　供試体作製用具（資図 13－1 参照）

(1)　プランジャー，鋼製リング，締固め用モールド及び底板

これらの試験用具は，**資図 13－1** に示すような寸法をもつもので鋼製のものとする。締固め用モールドは，底板に一部はめ込みができるものとする。

(2)　プラスチック製モールド

プラスチック製モールドは，**資図 13－1** に示すような寸法をもつもので透明なものとする。このモールドは，鋼製リング及び締固め用モールドに一部はめ込みができるものとする。

(3)　締固め用ジャッキ

締固め用ジャッキは，試料の締固め及び締固め用モールドから試料をプラスチック製モールドへ移しかえるのに用いる。

(4)　ストレートエッジ

ストレートエッジは，長さ 300 mm の鋼製の片刃の付いたものとする。

12－2－2　供試体設置用具（資図 13－2 参照）

(1)　プラスチック製モールド架台

プラスチック製モールド架台は，**資図 13－2** に示すような寸法のものとする。

(2)　ポーラスストーン

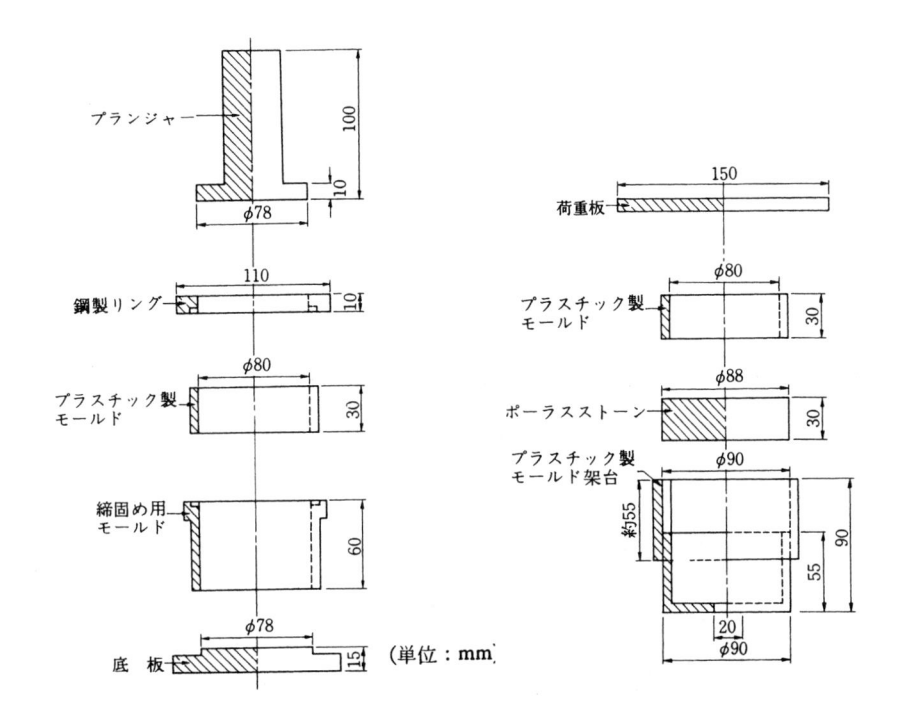

資図 13-1　供試体作製用具　　　　資図 13-2　供試体設置用具

ポーラスストーンは，直径約 88 mm，厚さ 30 mm の円板形とする。

(3) 荷重板

荷重板は，直径 150 mm，重さ 1.2kgf の金属製円板とし，メッキ仕上げとする。

13-2-3　凍上試験キャビネット（資図 13-3 参照）

凍上試験キャビネットは，上部が冷却室，下部が水槽からなる冷凍庫とする。上下部の境界に供試体を設置したとき，供試体の上端から冷却できると同時に下端から自由に水を補給できるものとする。冷却室の温度及び水槽内の水温は±0.2℃の精度で設定温度を保持できなければならない。また水槽内の水位は一定の高さに保つことができる構造とする。

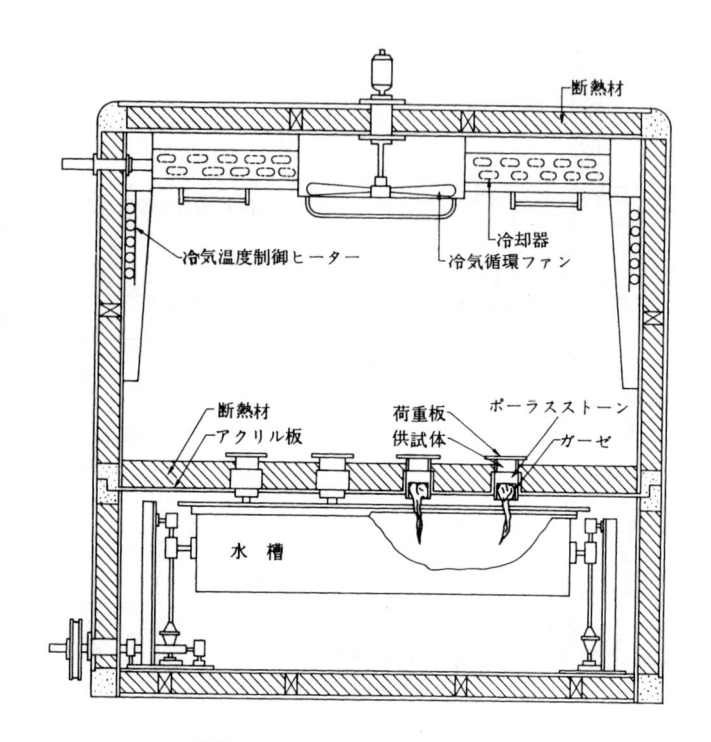

資図13-3 凍上試験キャビネット

13-3 試験順序

(1) 採取した試料を十分空気乾燥し，よくときほぐしたのち，4.75 mmふるいでふるい，通過分を試料とする。

(2) JIS A 1210「突固めによる土の締固め試験方法」によって試料の最適合含水比と最大乾燥密度を求める。

(3) 最適含水比に相当する水量を試料に加え，よく混合して資図13-4(a)に示す組立てモールドに入れる。水となじむのに時間のかかる土は，含水量が変わらないようにそれぞれ気密な容器に入れ，12時間以上放置したのち試験に供する。締固め用ジャッキを用いて試料が最大乾燥密度となるように締め固める。この場合試料の量及び試料の成形高さを調整することによって所定の密度を得る

ことができる。

(4) 資図13-4(b)に示すように，鋼製リング，組立てモールド及び試料を静かに転倒させる。この場合底板はその位置で上下面を転倒させる。つぎに締固め用ジャッキを用いて，試料を静かにモールドに移す。

(5) モールド両面の余分の土をストレートエッジで注意深く削りとり，ポーラスストーン，ガーゼを入れたモールド架台にはめ込む。

供試体は，モールド架台とともに供試体の下面まで水に浸し，24時間吸水させる。

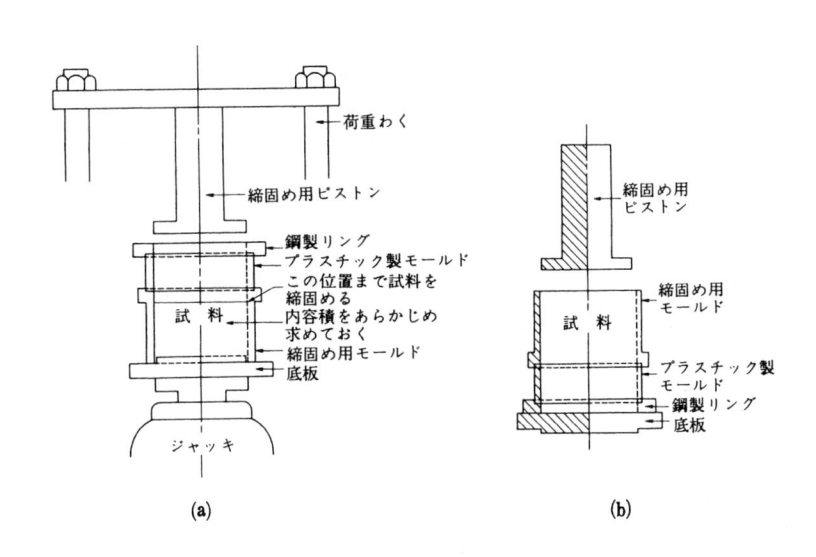

資図13-4 供試体の作成

(6) 吸水後供試体を凍上試験キャビネット内にすえつける。この場合供試体がガーゼとポーラスストーンを通じ水槽から自由に吸水できるようにする。

凍上試験は，冷却室の温度を，-4.0 ± 0.2℃，水槽内の水温を$+3.0\pm0.2$℃にして，供試体の凍上がとまるまで継続して行う。冷却期間中の冷却室の温度及び水槽内の水温を連続的に記録する。水槽内の水面とモールド架台との間隔は，資図13-5に示すように約3cmに保つ。

冷却温度 −4℃

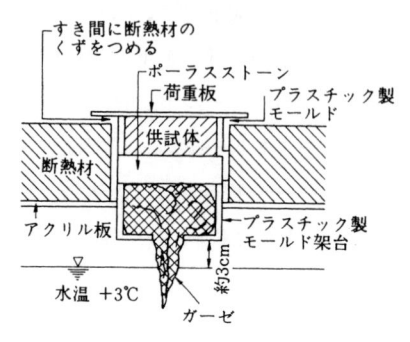

- すき間に断熱材のくずをつめる
- ポーラスストーン
- 荷重板
- プラスチック製モールド
- 供試体
- 断熱材
- アクリル板
- プラスチック製モールド架台
- 水温 +3℃
- ガーゼ
- 約3cm

資図 13−5　供試体の設置

(7) 凍上がとまった後，供試体をキャビネットから取り出してすみやかに凍上後の供試体の高さを測定する。次に供試体をモールドから抜き二つ割りにして，凍結様式をスケッチ及び写真撮影で記録する。

凍結様式のスケッチは，凍結形態の種類により**資表 13−1**を参照して行う。また凍上率を計算し，**資表 13−2**に従って凍上性の判定を行う。

注1) 供試体の下面まで凍結するのに要する期間は，土質によって異なるが，砂，火山灰等のような粒状材料では通常4日間である。

注2) 供試体の凍上量は，差動変圧器等を利用して記録するが，毎日定期的に測定してその最大値を確認するとよい。

資表 13−1　凍結様式

番　号	1	2	3	4	5
様　式	コンクリート状凍結	微細霜降状を含むコンクリート状凍結	微細霜降状凍結	霜降状凍結	霜柱状凍結
形　状					
説　明	氷晶がまったく認められない	一部に氷晶が細かく入っている	氷晶が非常にこまかく切れぎに入っている	1～2 mm厚程度の氷晶が入っている	純霜柱の発達したもの

資表13−2　判　　定

番号	凍結様式	凍上率	判定
1	コンクリート状凍結 （氷粒散を含む）	２０％未満	合　格
		２０％以上	要　注　意
2	部分的な極微細霜降状凍結を 含むコンクリート状凍結	２０％未満	要　注　意
		２０％以上	不　合　格
3	微細霜降，霜柱氷層等明らか に氷晶分離の傾向のある凍結	凍上率の大きさ に関係なく。	不　合　格
4			
5			

注）：要注意のものは，わずかの凍上も許せない場合には使用してはならない。
　　　構造物の性質によって多少の凍上を許すことのできるものは，土質試験，
　　　結果地中水の状態等を考慮し，技術者が判断して合否を決定する。

注３）供試体の高さの測定は，供試体円周の４方向について行う。

注４）凍上率は次の式によって求める。

$$凍上率(\%) = \frac{供試体の凍結後の高さ - 供試体の初めの高さ}{供試体の初めの高さ} \times 100$$

13−4　報　　告

つぎの事項について報告する。

(1)　凍結様式のスケッチ及び写真
(2)　凍上率
(3)　判　定

執筆者（五十音順）

石 川 計 臣	中 島 伸 一 郎
大 下 武 志	中 嶋 規 行
落 合 富 士 男	西 本 聡
加 藤 俊 二	藤 岡 一 頼
小 橋 秀 俊	古 本 一 司
佐 々 木 哲 也	松 尾 修
篠 原 正 美	三 木 博 史
嶋 津 晃 臣	藪 雅 行
杉 田 秀 樹	

道路土工要綱（平成21年度版）

昭和58年1月31日	初　版	第1刷発行
平成2年8月10日	改訂版	第1刷発行
平成21年6月30日	改訂版	第1刷発行
令和6年4月30日		第15刷発行

編　集　公益社団法人　日　本　道　路　協　会
発行所　東京都千代田区霞が関3－3－1

印刷所　大 和 企 画 印 刷 株 式 会 社
発売所　丸　善　出　版　株　式　会　社
　　　　東京都千代田区神田神保町2－17

本書の無断転載を禁じます。

ISBN978-4-88950-414-9　C2051

日本道路協会出版図書案内

図　書　名	ページ	定価(円)	発行年
交通工学			
クロソイドポケットブック（改訂版）	369	3,300	S49. 8
自転車道等の設計基準解説	73	1,320	S49.10
立体横断施設技術基準・同解説	98	2,090	S54. 1
道路照明施設設置基準・同解説（改訂版）	240	5,500	H19.10
附属物（標識・照明）点検必携 ～標識・照明施設の点検に関する参考資料～	212	2,200	H29. 7
視線誘導標設置基準・同解説	74	2,310	S59.10
道路緑化技術基準・同解説	82	6,600	H28. 3
道路の交通容量	169	2,970	S59. 9
道路反射鏡設置指針	74	1,650	S55.12
視覚障害者誘導用ブロック設置指針・同解説	48	1,100	S60. 9
駐車場設計・施工指針同解説	289	8,470	H 4.11
道路構造令の解説と運用（改訂版）	742	9,350	R 3. 3
防護柵の設置基準・同解説（改訂版） ボラードの設置便覧	246	3,850	R 3. 3
車両用防護柵標準仕様・同解説（改訂版）	164	2,200	H16. 3
路上自転車・自動二輪車等駐車場設置指針 同解説	74	1,320	H19. 1
自転車利用環境整備のためのキーポイント	140	3,080	H25. 6
道路政策の変遷	668	2,200	H30. 3
地域ニーズに応じた道路構造基準等の取組事例集（増補改訂版）	214	3,300	H29. 3
道路標識設置基準・同解説（令和2年6月版）	413	7,150	R 2. 6
道路標識構造便覧（令和2年6月版）	389	7,150	R 2. 6
橋梁			
道路橋示方書・同解説（Ⅰ共通編）（平成29年版）	196	2,200	H29.11
〃（Ⅱ鋼橋・鋼部材編）（平成29年版）	700	6,600	H29.11
〃（Ⅲコンクリート橋・コンクリート部材編）（平成29年版）	404	4,400	H29.11
〃（Ⅳ下部構造編）（平成29年版）	572	5,500	H29.11
〃（Ⅴ耐震設計編）（平成29年版）	302	3,300	H29.11
平成29年道路橋示方書に基づく道路橋の設計計算例	564	2,200	H30. 6
道路橋支承便覧（平成30年版）	592	9,350	H31. 2
プレキャストブロック工法によるプレストレスト コンクリートTげた道路橋設計施工指針	81	2,090	H 4.10
小規模吊橋指針・同解説	161	4,620	S59. 4
道路橋耐風設計便覧（平成19年改訂版）	300	7,700	H20. 1

日本道路協会出版図書案内

図書名	ページ	定価(円)	発行年
鋼道路橋設計便覧	652	7,700	R 2.10
鋼道路橋疲労設計便覧	330	3,850	R 2. 9
鋼道路橋施工便覧	694	8,250	R 2. 9
コンクリート道路橋設計便覧	496	8,800	R 2. 9
コンクリート道路橋施工便覧	522	8,800	R 2. 9
杭基礎設計便覧（令和2年度改訂版）	489	7,700	R 2. 9
杭基礎施工便覧（令和2年度改訂版）	348	6,600	R 2. 9
道路橋の耐震設計に関する資料	472	2,200	H 9. 3
既設道路橋の耐震補強に関する参考資料	199	2,200	H 9. 9
鋼管矢板基礎設計施工便覧（令和4年度改訂版）	407	8,580	R 5. 2
道路橋の耐震設計に関する資料（PCラーメン橋・RCアーチ橋・PC斜張橋等の耐震設計計算例）	440	3,300	H10. 1
既設道路橋基礎の補強に関する参考資料	248	3,300	H12. 2
鋼道路橋塗装・防食便覧資料集	132	3,080	H22. 9
道路橋床版防水便覧	240	5,500	H19. 3
道路橋補修・補強事例集（2012年版）	296	5,500	H24. 3
斜面上の深礎基礎設計施工便覧	336	6,050	R 3.10
鋼道路橋防食便覧	592	8,250	H26. 3
道路橋点検必携～橋梁点検に関する参考資料～	480	2,750	H27. 4
道路橋示方書・同解説V耐震設計編に関する参考資料	305	4,950	H27. 4
道路橋ケーブル構造便覧	462	7,700	R 3.11
道路橋示方書講習会資料集	404	8,140	R 5. 3
舗装			
アスファルト舗装工事共通仕様書解説（改訂版）	216	4,180	H 4.12
アスファルト混合所便覧（平成8年版）	162	2,860	H 8.10
舗装の構造に関する技術基準・同解説	104	3,300	H13. 9
舗装再生便覧（令和6年版）	342	6,270	R 6. 3
舗装性能評価法(平成25年版)―必須および主要な性能指標編―	130	3,080	H25. 4
舗装性能評価法別冊―必要に応じ定める性能指標の評価法編―	188	3,850	H20. 3
舗装設計施工指針（平成18年版）	345	5,500	H18. 2
舗装施工便覧（平成18年版）	374	5,500	H18. 2
舗装設計便覧	316	5,500	H18. 2
透水性舗装ガイドブック2007	76	1,650	H19. 3
コンクリート舗装に関する技術資料	70	1,650	H21. 8

日本道路協会出版図書案内

図　書　名	ページ	定価(円)	発行年
コンクリート舗装ガイドブック２０１６	348	6,600	H28. 3
舗装の維持修繕ガイドブック２０１３	250	5,500	H25.11
舗装の環境負荷低減に関する算定ガイドブック	150	3,300	H26. 1
舗　装　点　検　必　携	228	2,750	H29. 4
舗装点検要領に基づく舗装マネジメント指針	166	4,400	H30. 9
舗装調査・試験法便覧（全4分冊）（平成31年版）	1,929	27,500	H31. 3
舗装の長期保証制度に関するガイドブック	100	3,300	R 3. 3
アスファルト舗装の詳細調査・修繕設計便覧	250	6,490	R 5. 3
道路土工			
道路土工構造物技術基準・同解説	100	4,400	H29. 3
道路土工構造物点検必携（令和5年度版）	243	3,300	R 6. 3
道路土工要綱（平成２１年度版）	450	7,700	H21. 6
道路土工－切土工・斜面安定工指針（平成21年度版）	570	8,250	H21. 6
道路土工－カルバート工指針（平成21年度版）	350	6,050	H22. 3
道路土工－盛土工指針（平成２２年度版）	328	5,500	H22. 4
道路土工－擁壁工指針（平成２４年度版）	350	5,500	H24. 7
道路土工－軟弱地盤対策工指針（平成24年度版）	400	7,150	H24. 8
道　路　土　工　－　仮　設　構　造　物　工　指　針	378	6,380	H11. 3
落　石　対　策　便　覧	414	6,600	H29.12
共　同　溝　設　計　指　針	196	3,520	S61. 3
道　路　防　雪　便　覧	383	10,670	H 2. 5
落石対策便覧に関する参考資料 ―落石シミュレーション手法の調査研究資料―	448	6,380	H14. 4
道路土工の基礎知識と最新技術（令和5年度版）	208	4,400	R 6. 3
トンネル			
道路トンネル観察・計測指針（平成21年改訂版）	290	6,600	H21. 2
道路トンネル維持管理便覧【本体工編】（令和2年版）	520	7,700	R 2. 8
道路トンネル維持管理便覧【付属施設編】	338	7,700	H28.11
道　路　ト　ン　ネ　ル　安　全　施　工　技　術　指　針	457	7,260	H 8.10
道路トンネル技術基準（換気編）・同解説（平成20年改訂版）	280	6,600	H20.10
道路トンネル技術基準（構造編）・同解説	322	6,270	H15.11
シ　ー　ル　ド　ト　ン　ネ　ル　設　計　・　施　工　指　針	426	7,700	H21. 2
道路トンネル非常用施設設置基準・同解説	140	5,500	R 1. 9
道路震災対策			
道路震災対策便覧（震前対策編）平成18年度版	388	6,380	H18. 9

日本道路協会出版図書案内

図　書　名	ページ	定価(円)	発行年
道路震災対策便覧（震災復旧編）(令和4年度改定版)	545	9,570	R 5. 3
道路震災対策便覧（震災危機管理編）(令和元年7月版)	326	5,500	R 1. 8
道路維持修繕			
道　路　の　維　持　管　理	104	2,750	H30. 3
英語版			
道路橋示方書（Ⅰ共通編）〔2012年版〕（英語版）	160	3,300	H27. 1
道路橋示方書（Ⅱ鋼橋編）〔2012年版〕（英語版）	436	7,700	H29. 1
道路橋示方書（Ⅲコンクリート橋編）〔2012年版〕（英語版）	340	6,600	H26.12
道路橋示方書（Ⅳ下部構造編）〔2012年版〕（英語版）	586	8,800	H29. 7
道路橋示方書（Ⅴ耐震設計編）〔2012年版〕（英語版）	378	7,700	H28.11
舗装の維持修繕ガイドブック2013（英語版）	306	7,150	H29. 4
アスファルト舗装要綱（英語版）	232	7,150	H31. 3

※消費税10%を含みます。

発行所（公社)日本道路協会　☎(03)3581-2211
発売所　丸善出版株式会社　☎(03)3512-3256
　　　　丸善雄松堂株式会社　学術情報ソリューション事業部
　　　　　　法人営業統括部　カスタマーグループ
　　　　TEL：03-6367-6094　FAX：03-6367-6192　Email：6gtokyo@maruzen.co.jp